陆相致密油岩石物理特征与测井评价方法

刘国强　李长喜　著

科学出版社
北京

内 容 简 介

本书以中国陆相致密油勘探开发典型层系为地质对象，以“铁柱子井”的岩石物理配套实验分析为基础，较为全面地论述了致密油的岩石物理特征、“七性”参数计算方法、“三品质”评价技术及油气“甜点”优选方法，方法与实例相结合，内容新颖实用，系统地呈现了所构建的致密油测井评价技术体系。

本书可供石油勘探开发专业技术人员使用，也可供相关院校及科研院所作为教材或辅助教材使用。

图书在版编目(CIP)数据

陆相致密油岩石物理特征与测井评价方法 / 刘国强，李长喜著. —北京：科学出版社，2019. 10

ISBN 978-7-03-062383-6

Ⅰ. ①陆…　Ⅱ. ①刘…　②李…　Ⅲ. ①陆相-致密砂岩-油气测井-研究　Ⅳ. ①P631. 8

中国版本图书馆 CIP 数据核字（2019）第 208694 号

责任编辑：焦　健　韩　鹏　陈姣姣 / 责任校对：张小霞

责任印制：肖　兴 / 封面设计：北京图阅盛世

科 学 出 版 社 出版

北京东黄城根北街 16 号

邮政编码：100717

http://www. sciencep. com

北京九天鸿程印刷有限责任公司 印刷

科学出版社发行　各地新华书店经销

*

2019 年 10 月第　一　版　开本：787×1092　1/16

2019 年 10 月第一次印刷　印张：16 1/2

字数：400 000

定价：218. 00 元

（如有印装质量问题，我社负责调换）

前　言

致密油分布广泛，勘探开发潜力巨大，是一种极其重要的非常规油气资源。近十多年来，随着北美威利斯顿和二叠纪等盆地的致密油规模有效开发，致密油已接棒了受天然气价格低迷影响而停滞不前的页岩气革命，引领了一场新型的非常规油气资源革命，并一举改变了世界石油的供给格局。比对分析北美致密油开发的成功经验，从资源、技术和经济等多方面综合考虑，致密油应是我国最为现实的非常规石油资源，是最重要的石油增储上产领域。

我国致密油大多数为陆相沉积，相比于北美海相盆地致密油，储层的纵向非均质性强、层间差异明显，横向各向异性大、连续性差，表现为岩性复杂、物性差、孔隙结构复杂，且地应力环境复杂，导致测井响应特征十分复杂、评价难度大，难以简单沿用照搬北美所形成的评价方法。因此，需针对陆相致密油的地质特点与油藏特征，研究建立与之相适宜的致密油测井评价技术体系，期以积极有力地支持中国致密油的高效勘探和有效开发。

本书以中国陆相致密油勘探开发典型层系为地质研究对象，以系统取心“铁柱子井”的配套实验分析为基础，系统地呈现了近几年来作者所构建的致密油测井评价技术体系，全书共分六章。第一章概述了中国陆相致密油形成的地质条件、基本地质特征、测井评价内容与进展。第二章较为全面地论述了致密油储层的岩性、物性、含油性、电性和岩石力学等岩石物理特征，明确了其内在地球物理本质，奠定了测井评价的物理基础。第三章系统地阐述了近几年来研发形成的较为成熟的“七性”（岩性、物性、电性、含油性、烃源岩特性、脆性和地应力各向异性）参数计算方法与解释模型，界定了具有致密油特色的测井评价基本内容、基本方法及其适用性，并进而在第四章分析了“七性”参数间所蕴含的内在相互关系，明晰了致密油的成藏特征及其主控因素。根据致密油的烃浓度持续充注成藏特征及需采用水平井大型压裂改造的开发方式，在“七性”评价基础上，第五章著述了源岩、储层和工程等“三品质”测井评价方法，以满足致密油“生烃、储集和动用”全过程所需测井技术需求。其后，第六章论述了基于“三品质”的源储配置关系评价方法，以此优选出致密油的甜点分布层段，并在多井综合对比分析基础上，优选出致密油“甜点”区，为勘探开发部署提供技术依据，为水平井设计和压裂改造提供技术支撑。

本书在刘国强教授统一组织下编写完成。全书结构安排与章节内容由刘国强拟定。各章节主要编写人：前言为刘国强；第一章为杜金虎、刘国强；第二章为刘国强、孙中春、吴剑锋；第三章为李长喜、刘国强、王振林、刘忠华；第四章为刘国强、孙中春、王长胜、吴剑锋、孙红；第五章为刘国强、李长喜、石玉江、王振林；第六章为刘国强、李长喜、周金昱。全书统一由刘国强修改、审校并最终定稿。参加编写或提供技术材料的人员还有韩成、赵杰、何绪全、丁娱娇、李潮流和汪爱云等。

在本书的撰写过程中得到了郑新权、何海清、李国欣和周灿灿等专家的悉心指导，科学出版社相关人员对出版样稿进行了详细审查和修改。在此，向给予我们大力支持及无私帮助的所有人员致以衷心的感谢！本书撰写历经三年余，四易其稿，但限于作者水平，书中难免存在不妥之处，恳请专家和学者批评指正。

目　　录

第一章　绪　　论

致密油为在紧邻或夹于优质生油层系的致密碎屑岩、致密碳酸盐岩及致密混积岩储层中聚集且未经过大规模长距离运移而成的石油资源，其一般无自然产能，或自然产能低于经济下限，需通过大规模压裂才能形成工业产能（赵政璋等，2012）。致密储层的渗透率上限一般被界定为地面空气渗透率 1mD①（相当于地下伏压渗透率 0.1mD）。陆相致密油则是指赋存于陆相沉积盆地中且与之相关的烃源岩与储层均为陆相地层的致密油，因此，其形成的地质条件和地质特征与海相致密油存在着诸多本质性差异。

中国尚未发现大规模海相致密油，目前勘探开发的主要为陆相致密油，分布广泛，在中国八大含油气盆地中均大量分布，主要分布区域有：①鄂尔多斯盆地延长组长 7 段；②松辽盆地泉头组扶余油层、青山口组高台子油层；③准噶尔盆地吉木萨尔凹陷芦草沟组；④渤海湾盆地束鹿凹陷沙三段、辽河西部凹陷沙四段、沧州凹陷孔二段；⑤柴达木盆地扎柴西地区古近系古新统（E_1）和渐新统（E_3^2）；⑥三塘湖盆地条湖组与芦草沟组；⑦四川盆地川中地区侏罗系大安寨段。

据最近的第三轮资源评价，上述 7 个主要分布区域的陆相致密油资源潜力规模可观，地质资源量近 150 亿 t，其中Ⅰ级资源量达 45 亿 t，勘探开发潜力大，是今后若干年中国原油增储上产的主力之一。

第一节　陆相致密油形成的主要地质条件

陆相湖盆多凸多凹、多沉积中心、多物源及多期构造活动的地质背景决定了陆相致密油藏既具备规模形成与分布的地质条件，同时也表现为烃源岩类型多、储层复杂、源储组合类型多、分布规模差异大、断裂发育和油层特征复杂等基本特征，其形成的主要有利地质条件描述如下。

一、沉积背景

各种原型盆地中，相对稳定的凹陷-斜坡区十分有利于烃源岩、储层与盖层的大面积分布是致密油大面积连续分布的十分有利沉积背景，如鄂尔多斯盆地的三叠系延长组致密油发育于古生界克拉通基底之上，构造沉积背景稳定，形成于拗陷湖盆宽缓斜坡-凹陷沉积背景，地层倾角 2°~5°。

凹陷-斜坡区广泛发育湖泊沉积体系，包括淡水和咸化两类陆相湖盆，按水体性质划

① $1mD=0.986923\times10^{-9}m^2$。

分为敞流淡水湖盆和封闭咸化湖盆两种类型，两类湖盆均可为致密油的形成、赋存及富集提供有利的沉积背景，如表 1-1 所示。由表 1-1 可知，致密油的有利三角洲前缘、重力流、水下扇、灰坪和云坪是致密油有利沉积环境。

表 1-1 中国陆相湖盆类型的致密油主要沉积背景

湖盆类型	湖平面变化	沉积体系	典型领域
敞流淡水湖盆	湖侵期	辫状河三角洲前缘	鄂尔多斯盆地延长组长 8_1 段、长 7_2 段、长 7_1 段，松辽盆地扶余油层
	最大洪泛期	三角洲前缘、重力流	鄂尔多斯盆地延长组长 7_3 段、松辽盆地青山口组、渤海湾盆地沧东孔二段
	湖退期	三角洲前缘、重力流	鄂尔多斯盆地延长组长 6_3 段
封闭咸化湖盆	强烈蒸发湖退期	三角洲前缘、水下扇、灰坪、云坪	准噶尔盆地芦草沟组、束鹿沙三段、辽河西部沙四段、四川盆地侏罗系大安寨段、三塘湖盆地条湖组与芦草沟组，柴达木盆地柴西 E_3^2

二、烃源岩条件

我国陆相烃源岩主要发育在中生代、新生代，断陷、拗陷和前陆盆地等均有分布，生油凹陷数量多，烃源岩分布广泛，在形成丰富的常规油的同时，也为致密油的形成奠定了资源基础，如松辽盆地青山口组，泥岩分布面积约 $6.2\times10^4km^2$，生烃强度达 400×10^4 ~ $1200\times10^4t/km^2$。广泛发育的优质烃源岩是形成规模致密油的有利烃源岩条件。

三、储层条件

中国陆相湖盆的凹陷与斜坡地区构造相对稳定且宽缓，水动力较弱，不仅烃源岩广泛发育，而且有利于形成大面积分布但物性条件较差的砂岩、碳酸盐岩和混积岩三类储层，是不同类型致密油规模形成的有利条件，这是形成致密油的关键（杜金虎，2016）。如准噶尔盆地吉木萨尔凹陷芦草沟组混积岩致密储层有利面积为 $900km^2$，单层厚度为 0.5 ~ 2m、累计厚度为 20 ~ 60m，平均孔隙度为 8.75%，平均渗透率为 0.05mD；四川盆地川中地区侏罗系大安寨段的介壳灰岩致密储层，分布面积为 $3.8\times10^4km^2$，单层厚度为 0.3 ~ 1.2m、累计厚度为 10 ~ 60m，孔隙度为 1% ~ 3%，渗透率小于 0.1mD。

四、源储配置条件

优质烃源岩与致密储层相互叠置发育、紧密接触，在较大源储过剩压差（一般为 10 ~ 15MPa）驱动作用下，原油持续向邻近致密储层充注，这种有利的源储配置关系是致密油成藏的重要条件（杜金虎等，2014）。优质烃源岩与优质储层（物性好、脆性高、厚度大）相配置，控制着致密油的“甜点”分布。

第二节 陆相致密油基本地质特征

上述陆相致密油的形成条件决定着中国陆相致密油具其特有的地质特征，这包括烃源岩、储层、源储组合和油藏四方面的特征，具体描述如下。

一、烃源岩特征

尽管陆相烃源岩主要发育在湖盆扩张期的凹陷–斜坡地区、以半深湖–深湖环境为主，岩性主要为暗色泥岩与页岩，但不同类型的陆相沉积盆地沉积史和热演化史的不同，导致烃源岩类型、有机地化指标差别较大，如表1-2所示。

表1-2 中国陆相致密油烃源岩特征对比表

烃源岩类型	沉积环境	有机质类型	TOC /%	S_1+S_2 /(mg/g)	R^o/%	典型区块
高丰度页岩	半深湖–深湖	Ⅰ-Ⅱ$_1$型	5～20	12～75	0.5～2.0	鄂尔多斯盆地长7段、准噶尔盆地芦草沟组
中–高丰度泥（灰）岩	半深湖–深湖	Ⅰ-Ⅱ$_1$型	2～8	3～21	0.5～2.0	松辽盆地青山口组、渤海湾盆地沙河街组、三塘湖盆地二叠系
低丰度泥（页）岩	旱咸化湖泊	Ⅱ$_2$-Ⅲ型	0.5～1.5	2～5	0.6～1.8	四川盆地大安寨段、柴达木盆地干柴沟组

表1-2指出，中国陆相致密油烃源岩的基本特征如下：

（1）类型多，Ⅰ型、Ⅱ$_1$型、Ⅱ$_2$型和Ⅲ型均分布发育，R^o分布范围为0.5%～2.0%。

（2）有机质丰度较高但变化较大，TOC分布范围为0.5%～20%、S_1+S_2分布范围为2～75mg/g。

二、储层特征

受盆地类型、构造特征、物源供给、沉积环境与成岩演化等因素影响，中国陆相致密油储层类型多样。陆相致密油储层可划分为致密砂岩储层、致密碳酸盐岩储层和致密混积岩储层三大类，它们的物性及分布规模存在较大差异，如表1-3所示。

表1-3 中国陆相致密油储层特征对比表

类型	盆地/地区	层位	岩性	孔隙度 /%	渗透率 /mD	分布面积 /km^2
致密砂岩	鄂尔多斯盆地	延长组长7段	粉细砂岩	4～10	<0.3	25000
	松辽盆地	扶余油层	粉砂岩、泥质粉砂岩	5～12	<1	23000
		青山口组	粉砂岩	4～12	0.02～1	15000

续表

类型	盆地/地区	层位	岩性	孔隙度/%	渗透率/mD	分布面积/km^2
致密砂岩	渤海湾盆地沧东凹陷	孔店组孔二段	粉细砂岩、白云岩	6 ~ 13	0.06 ~ 1	1500
	柴达木盆地扎哈泉地区	古近系 E_3^2 段	粉细砂岩	3 ~ 8	0.1 ~ 1	1100
致密碳酸盐岩	四川盆地	侏罗系大安寨段	介壳灰岩	1 ~ 3	<0.1	38000
	渤海湾辽河西部凹陷	沙河街组沙四段	泥晶云岩	4 ~ 12	<1	300
致密混积岩	准噶尔盆地吉木萨尔凹陷	二叠系芦草沟组	砂屑云岩、云质粉细砂岩	6 ~ 16	<0.1	900
	渤海湾盆地束鹿凹陷	沙河街组沙三下段	泥灰岩	0.5 ~ 2.5	0.04 ~ 4	270
	三塘湖盆地马朗凹陷	二叠系条湖组	沉凝灰岩	5 ~ 25	0.05 ~ 1	600

表 1-3 指出，中国陆相致密油的储层特征主要如下：

（1）岩性类型多样、整体复杂。整体上，岩性可分为砂岩和碳酸盐岩类两种，其中砂岩和纯碳酸盐岩（如四川盆地大安寨段的介壳灰岩）岩性简单、成分较单一，但混积岩的岩性复杂，砂质、云质、泥质和钙质共存，且渤海湾盆地的沙河街组常沉积方沸石。

（2）物性差、孔隙度低、渗透率低。孔隙度分布主值为 7% ~ 10%、空气渗透率为 0.3 ~ 1mD。

（3）分布规模相差大但整体相对较小，分布面积与盆地规模有关。

三、源储组合特征

源储配置是致密油的品质及其分布的主要因素之一。根据致密油源储沉积成因、源储配置方式及近源运聚成藏特征，以储层为参照位置，致密油的源储组合有近源和源内两大类型，其中源内致密油又可分为源储共生型（烃源岩和储层相互共存）和源储一体型（烃源岩是储层、储层是烃源岩），近源致密油又可分为源上型（储层位于烃源岩之上）和源下型（储层位于烃源岩之下）。具体的配置关系如图 1-1 所示。

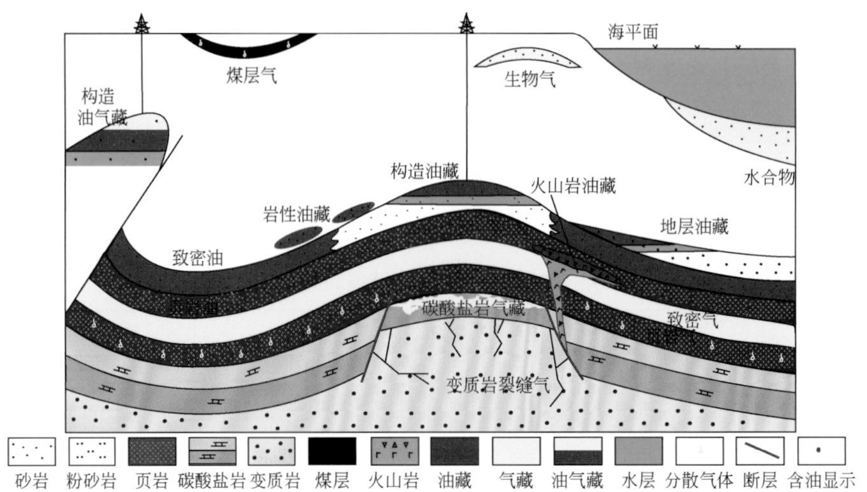

图 1-1 致密油源储配置关系模式

顾名思义，所谓源上型的源储配置关系即为储层分布于烃源岩之上，如鄂尔多斯盆地延长组长 7_2 和长 7_3 致密油；源下型的源储配置关系即为储层分布于烃源岩之下，如松辽盆地扶余致密油；源内源储共生型为源储相互叠置，如松辽盆地的高台子油层；源内源储一体型配置关系则为烃源岩与储层为一体，储层即为烃源岩、烃源岩即为储层，两者并没有清晰界线，如准噶尔盆地吉木萨尔凹陷芦草沟组和渤海湾盆地束鹿凹陷沙三段泥灰岩致密油。

由于沉积模式与源储组合的不同，不同类型的致密油具有较大差异性，如图 1-2 和表 1-4 所示，源储组合特征如下：

（1）源内致密油主要发育于封闭咸化湖盆，而敞流淡水湖盆可发育各种类型致密油。

（2）近源型致密油岩性较简单，以粉细砂岩为主。

（3）由于源内致密油源储一体、紧密接触，源储过剩压差大，烃类充注动力强，储层含油饱和度高，十分有利于原油富集。

总之，中国陆相致密油的源储组合类型多样，但源内致密油最富集。

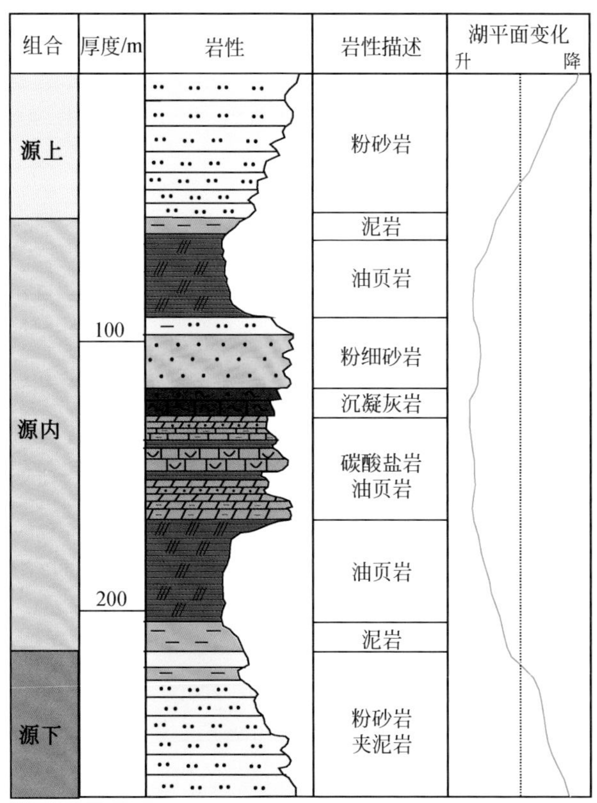

图 1-2　中国陆相致密油组合类型模式图

表 1-4 中国陆相致密油的主要源储组合

湖盆类型	源储配置	成藏组合	典型领域
敞流淡水湖盆	源下	源储紧邻	鄂尔多斯盆地长 8_1 段、长 7_2、长 7_1
	源内	源储共生	鄂尔多斯盆地延长组长 7_3 段，松辽盆地青山口组，渤海湾盆地沧东孔二段
	源上	源储紧邻	鄂尔多斯盆地延长组长 6_3 段，松辽盆地扶余油层
封闭咸化湖盆	源内	源储一体 源储共生	准噶尔盆地芦草沟组，渤海湾盆地歧口沙一段、束鹿沙三段、辽河西部沙四段、四川盆地侏罗系大安寨段，三塘湖盆地条湖组与芦草沟组，柴达木盆地柴西 E_3^2、柴西南 N_1

四、油藏特征

受构造稳定性、烃源岩热演化程度和保存条件等诸多因素的综合影响，通常致密油原油性质普遍较好，含油饱和度较高，油藏常表现为超压，如表 1-5 所示。

表 1-5 中国致密油藏特征对比表

盆地	地层	含油饱和度/%	原油密度/(g/cm³)	压力系数
鄂尔多斯	延长组	65~85	0.80~0.86	0.75~0.85
准噶尔	芦草沟组	70~95	0.87~0.92	1.1~1.8
四川	大安寨段	52~65	0.76~0.87	1.23~1.72
松辽	青山口组	40~50	0.78~0.87	1.20~1.58
渤海湾	沙河街组	60~70	0.78~0.92	0.9~1.8
柴达木	古近系	50~65	0.87	1.3~1.4
三塘湖	侏罗系	66~92	0.75~0.85	0.7~0.9

（1）在邻近烃源岩生烃持续充注作用下，原油突破储层的排替压力而成藏，含油饱和度不断加大，因此致密油的含油饱和度较高，但不同类型致密油的分布值较宽、高中低值均有发育，普遍大于 50%，最高达 95%。

（2）原油近源成藏、原油运聚距离短，且具有良好的烃源岩母质类型和保存条件，烃源岩一般为轻质油、密度较低，原油密度一般为 0.7~0.9g/cm³，黏度为 0.3~3mPa·s，与北美致密油的原油密度（0.81~0.87g/cm³）相当。

（3）致密油储层普遍具有压力异常特征。致密油成藏过程中，由邻近烃源岩将生烃作用的增压传导至致密油储层中。且在油气盖层保存条件较好、构造作用相对较弱的条件下，致密储层中的石油难以散失，储集空间内的压力难以释放，从而形成异常高压。中国致密油虽然存在压力异常，但没有北美致密油明显。与北美比较，中国陆相沉积盆地构造活动较强，致密油藏压力系数变化较大，但对于不同类型致密油，其压力系数差异较大，分布范围为 0.7~1.8。

第三节 致密油测井评价主要内容与资料基础

如本章第二节所述，中国陆相致密油烃源岩类型多样，岩性变化大，孔渗低孔隙结构复杂，层内非均质性强，井间差异较大，这就决定着中国陆相致密油的岩石物理特征和测井响应规律与北美海相致密油存在着本质的区别，不能简单地引用北美致密油的测井评价思路与方法。另外，致密油与烃源岩密切相关。由于储层品质差，整体上为劣质性资源，须采用水平井和大型压裂改造才可获得有效动用，这就决定着致密油评价内容不能简单地沿用常规油业已形成的方法与技术来界定。

一、致密油测井评价的主要内容

中国陆相致密油测井评价既不能沿用常规油藏以“四性关系”为主的测井评价方法与技术，也不能照搬移植北美致密油评价方法与技术，基于中国陆相致密油地质特征及其勘探开发的技术需求，致密油测井评价应承担以下三个方面的主要任务。

一是评价致密油储层特征及其分布，为致密油储量评估提供孔隙度、有效厚度和饱和度等关键参数。

二是评价烃源岩特征，并与储层特征相结合，筛选出各井的致密油甜点分布层段，并通过多井对比分析优选出甜点分布，支持开发建产选区。

三是为钻井和压裂改造提供技术支持，如有利层段优选、井眼轨迹方位设计和压裂参数优化等，促进致密油资源的有效经济动用。

为了完成上述三方面的任务，显然，应采用适用于致密油的非常规思路，开展针对性的岩石物理研究，建立适用的测井评价新方法与新技术。

因此，致密油测井评价可分为三个阶段，具体内容如下：

（1）既包括常规油气的岩性、物性、含油性和电性“四性关系”评价，又要考虑致密油成藏与烃源岩的关系，以及致密油的资源动用方式，增加烃源岩特性、脆性和地应力各向异性，由此构成“七性关系”评价，这是致密油评价的核心，同时也是致密油评价的基础内容。通过对目标区块的岩心分析、测井和录井等资料较齐全井即“铁柱子”井的测井精细评价，明确“七性”典型特征及其相互的基本关系，指导“七性关系”评价。

（2）基于“七性关系”评价，开展烃源岩品质、储层品质和工程品质的“三品质”评价，明确目的层段的“三品质”特征及其分布。

（3）综合考虑源储品质及其配置关系，筛选出致密油的有利层段，通过多井对比和井震结合分析，优选致密油的富集域，即“油气甜点”。

上述三个阶段的评价不断递进、不断深化，由此构成致密油测井评价的完整技术体系（图 1-3）。

二、致密油测井评价的资料基础

上述致密油评价内容，决定了致密油测井评价的资料基础，这包括针对性的岩石物理配套实验和测井采集两个方面的资料。

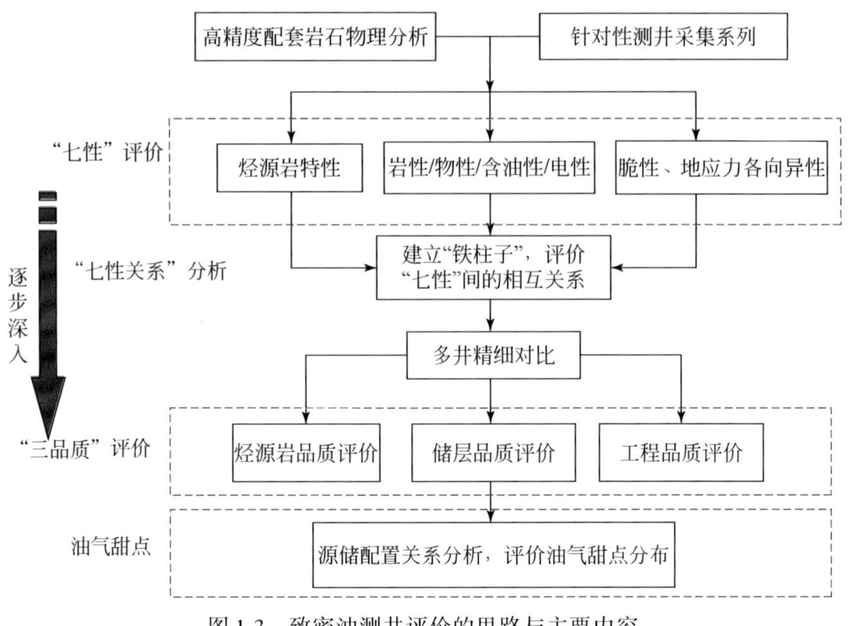

图 1-3 致密油测井评价的思路与主要内容

1. *岩石物理实验资料*

致密油岩石物理研究涉及烃源岩、储层和岩石力学三个方面的岩心实验室测量及其数据分析，其所特有的特点决定了其岩石物理实验内容及其特殊性，具体描述如下。

（1）岩样制备。致密油储层的非均质性和各向异性往往较强，不能等深度地取样，而是基于岩心描述和测井储层分类结果选取有代表性的岩心。实验前，洗油要彻底，否则，对孔渗和岩电等测量影响大，但是，致密油储层低孔低渗且含油性好，洗油困难，应多次长时间反复清洗。

（2）孔隙度测量。致密油储层孔隙度低，为保证测量精度，孔隙度实验室测量时，应注意做到：①采用气驱方式测量有效孔隙度，以便能够测取微小孔喉的孔隙采用。测量时，应用高精度的实验仪器，如采用精度为 0.01% 而非用于常规储层 0.1% 的压力传感器。②核磁共振法测量孔隙度时，仪器的回波间隔应不大于 0.3ms，并加大扫描次数和提高接收增益。③对于源储共生型致密油，可采用岩心碾碎的 GRI 方法测量，以测取发育于干酪根中的连通性差的有机质孔隙度。

（3）储层孔隙结构。复杂的孔隙结构是致密油储层的基本特征之一，也是描述储层品质的关键参数。分析致密储层孔隙结构较为有效的岩石物理实验方法有高精度核磁共振测量和恒速压汞实验分析等方法。

（4）岩电参数。由于致密油储层的连通性差，可驱动性差，常规驱替方式难以获取高驱替饱和度，求得的岩电参数真实性差，为此，可采用气驱半渗透隔板法且要求半渗透隔板的突破压力较大（如 7MPa），或者采用离心法并要求离心机具有恒温能力和较大的离心力（如最大离心力为 7MPa）。

（5）脆性指数。脆性指数测量有动态与静态两种方法。动态法通过测量岩石的纵横波速度等弹性参数进行计算，这与测井声波法的原理相同，如实验室测量时未模拟岩心地下应力环境，当以实验室动态法确定的脆性指数刻度测井声波法计算值时，要考虑到应力对弹性参数的影响。脆性指数静态法基于应力–应变曲线确定出的杨氏模量和泊松比进行计算。实验时，要对比分析动静态法脆性指数的异同性。对于薄互层状或黏土含量较多的储层，脆性可能存在较强的各向异性。

（6）地应力。致密油储层地应力各向异性一般较强，应通过三轴（水平、垂直和45°）岩心测量的纵横波与斯通滤波速度，确定出描述应力–应变关系的刚性矩阵中的各个系数，以各向异性模型计算出最小主应力。实验时，要考虑到两点，一是应力各向异性与黏土含量及其分布形态有关；二是井下取心和地面钻取岩样过程是应力环境改变的过程，这与原地层的井周应力场可能大不相同。

2. 测井资料基础

为了满足“七性关系”评价的资料需求，致密油关键井应测量以下测井项目：

（1）高精度常规测井，包括自然伽马能谱、密度、声波、中子和电阻率等。采用的测井仪器测量精度应能够满足孔隙度计算精度要求（相对误差小于8%），即要求密度测井仪器精度应小于或等于0.02g/cm^3，声波测井仪器精度应小于或等于5μs/ft①。

（2）高精度核磁共振测井。考虑到致密油储层的储集空间小，以微小孔喉为主，因此，核磁共振测井时，应做好针对性的测前设计，优选出采集参数与测量模式：①核磁共振测井仪的回波间隔要足够小（≤0.3ms），以能够充分测取这些微小孔喉的T_2谱，并加大等待时间（>6s）；②测量资料的信噪比要较高（>20），以保证其孔渗饱计算的精度较高，因此，测井作业时，电缆运动速度要低（≤80m/h），叠加次数尽可能大，并应对原始资料进行降噪处理。

即使采用了上述的优化参数，核磁共振采集资料的信噪比可能也较低，这就需要开展提高信噪比的处理，以保证孔隙度和渗透率的计算精度。

（3）元素俘获或元素全谱测井。对于混积岩等复杂岩性储层，常规测井精细计算其组分的能力较低，须采集元素俘获测井，甚至元素全谱（同时测井俘获谱和非弹散射谱）测井。元素全谱测井还可计算出总有机碳含量，这对烃源岩评价十分有益。

（4）声波扫描或阵列（偶极）声波测井。阵列声波测井用以计算岩石力学参数、判断地应力方位和计算地应力大小。如目的区块地应力各向异性强，须采用三维声波扫描测井确定水平和垂直的体积模量和泊松比等岩石力学参数，为采用各向异性地应力模型奠定资料基础。

（5）电成像测井。电成像测井的纵向分辨率高，不仅可评价裂缝产状与大小、薄互层结构特征与沉积特征（层理、韵律和古水流等），而且可据井眼崩落和诱导缝等判断地应力方位。此外，对于碳酸盐岩类储层，利用电成像测井的孔隙度谱，也可评价储层有效性和实现储层分类。

（6）多相流产液剖面测井。为了评价分段压裂效果，可测量多相流产液剖面测井，评价各压裂段的产液情况，完善压裂设计和测井压裂层段优选。

---

① 1ft=0.3048m。

第四节 致密油测井评价主要技术进展

2011 年以来，针对陆相致密油地质特点和测井评价内容，中国石油天然气股份有限公司勘探与生产分公司组织长庆、新疆、吐哈、西南、大庆、吉林等油气田和勘探开发研究院系统开展了测井评价技术攻关，取得了重大进展，形成了特色的以“七性关系”评价与“三品质”评价为核心的致密油测井评价技术体系，在各探区致密油的勘探开发中发挥了重要作用。取得的主要进展可概括为以下几个方面。

（1）明确了我国陆相致密油储层的地质特点和岩石物理特征，为致密油测井评价奠定了基础。致密油储层普遍具有储层致密且非均质性强、资源丰度低、大面积含油且局部富集的地质特征，我国陆相致密油储层岩性复杂、物性差、次生孔隙发育，含油性受孔隙结构和充注程度双重控制，含油饱和度变化大；储层电性特征受孔隙结构和含油饱和度控制作用明显，且不同充注条件下，岩电关系差异大。此外，陆相沉积的强非均质对储层电性和岩石力学特性具有较大的影响。在测井评价中须系统分析研究区致密油储层岩石物理特征，明确影响测井评价的主控因素，建立针对性的测井评价方法。

（2）建立了适用的高精度测井采集系列组合与配套的高精度岩石物理实验测量项目组合。针对陆相致密油储层孔渗差、测井信噪比低、岩石物理特征复杂等问题和测井评价需求，系统研究了测井采集系列特点及其适应性，优化采集参数和采集系列组合，提出了针对致密油勘探开发不同阶段的先进适用的高精度测井采集系列，特别是针对不同类型致密油岩石物理特征优化核磁共振采集参数，在探井和重点评价井中规模应用核磁共振测井和阵列声波测井，为储层品质和工程品质测井精细评价提供基础。致密油岩石物理实验分析与常规储层岩石物理实验有较大差异，强调配套性和精确性，须从烃源岩、储层、岩石力学性质等多方面开展岩石物理实验分析。

（3）建立了致密油“七性”参数测井计算方法与“七性关系”测井分析方法。针对致密油储层基本地质特征和岩石物理特征，提出了在测井评价中首先要建立系统取心的“铁柱子”井，并开展烃源岩特性、岩性、物性、含油性、电性、脆性和地应力各向异性的全方位“七性”特征评价，以岩石物理实验为基础，应用“岩心刻度测井”方法建立了相应的岩石物理参数测井解释模型，大大提高了对致密油储层岩石物理特征的认识与表征精度。根据致密油的源储配置关系，建立了具有致密油特色的针对性的源储组合油层测井综合识别方法。“七性关系”评价揭示了致密油岩石物理特征的内在关联性，是致密测井综合评价的基础。

（4）在“七性关系”研究的基础上，建立了烃源岩品质、储层品质和工程品质的“三品质”测井综合评价方法。提出了相应的测井表征参数，如砂体结构、孔隙结构、储隔层应力差等，可有效地对“三品质”进行定量评价，以此为基础，通过对“三品质”分类和源储配置关系评价，综合优选致密油“甜点”区，为勘探开发优化部署提供依据并为水平井设计和压裂施工提供技术支撑。

（5）应用前述技术方法对近源致密油、源内致密油进行实例解剖，阐明了测井评价技术方法在致密油勘探开发中的重要意义，为其他相似案例提供了借鉴方法。

第二章　陆相致密油的岩石物理特征

本章以中国典型陆相致密油为讨论对象，从岩性、物性与孔隙结构、含油性、电性以及岩石力学特性等方面阐述其岩石物理特征与测井响应特征，为“七性”参数计算与“七性关系”研究提供依据。

第一节　岩 性 特 征

受沉积环境、沉积作用和成岩作用等诸多因素影响，中国陆相致密油的岩性复杂，表现为矿物组分多样且纵向与横向变化大。岩性的复杂性，直接影响孔隙度、渗透率和饱和度的计算精度，影响储层品质和工程品质评价的可靠性，是致密油“七性关系”评价中的基础内容。

由第一章第二节可知，致密油的岩性可分为砂岩、碳酸盐岩和混积岩三类，下面就此分别论述它们的岩性特征及其测井响应特征。

一、砂岩致密油储层岩性特征

陆相致密油的砂岩储集层普遍发育，主要分布于鄂尔多斯盆地延长组长 7 段、松辽盆地扶余油层与高台子油层、柴达木盆地扎哈泉古近系 E_3^2 段和渤海湾盆地沧东凹陷孔二段等，由于沉积和成岩演化的作用，具有特有的岩性特征。

（一）成分成熟度

成分成熟度低是陆相砂岩致密油最显著的岩性特征之一，这主要体现在以下两个方面：

（1）长石和岩屑含量普遍较高，多为长石砂岩、岩屑长石砂岩、长石岩屑砂岩和岩屑砂岩，石英砂岩少见。图 2-1 为扶余致密油岩屑长石砂岩和长石岩屑砂岩薄片图，扶余致

(a) 岩屑长石砂岩

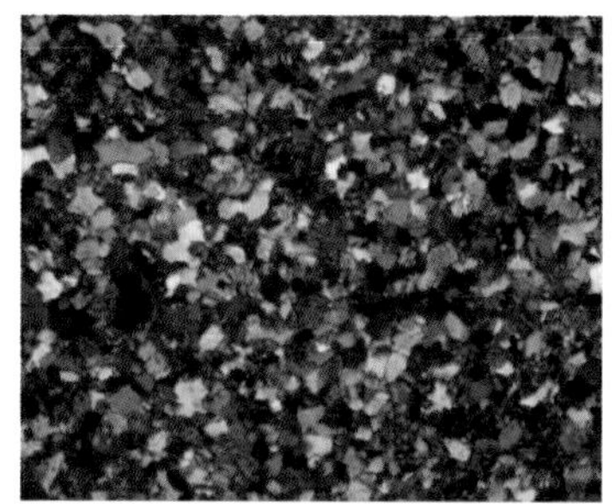

(b) 长石岩屑砂岩

图 2-1　岩屑长石砂岩和长石岩屑砂岩薄片图（松辽盆地扶余致密油）

密油以细砂岩和粉砂岩为主，石英含量、长石含量和岩屑含量相当，填隙物含量在10%左右，填隙物主要为泥质、碳酸盐和硅质胶结物。

由54口探井670块样品的鄂尔多斯盆地长7致密油薄片观察和鉴定结果（表2-1和图2-2）可知，长7致密油主要发育长石砂岩和岩屑长石砂岩两种岩石类型，姬塬地区具有高长石，低石英特征，以长石砂岩和岩屑长石砂岩为主。陇东地区具有高石英，低长石的特征，以岩屑长石砂岩为主。

表2-1　鄂尔多斯盆地延长组长7薄片鉴定表

区块	石英类/%	长石类/%	岩屑/%				云母/%	样品数/个
			岩浆岩	变质岩	沉积岩	小计		
姬塬地区	27.10	40.20	4.34	6.86	0.94	12.14	3.34	167
陇东	40.93	18.80	2.55	10.11	5.36	18.02	4.98	397

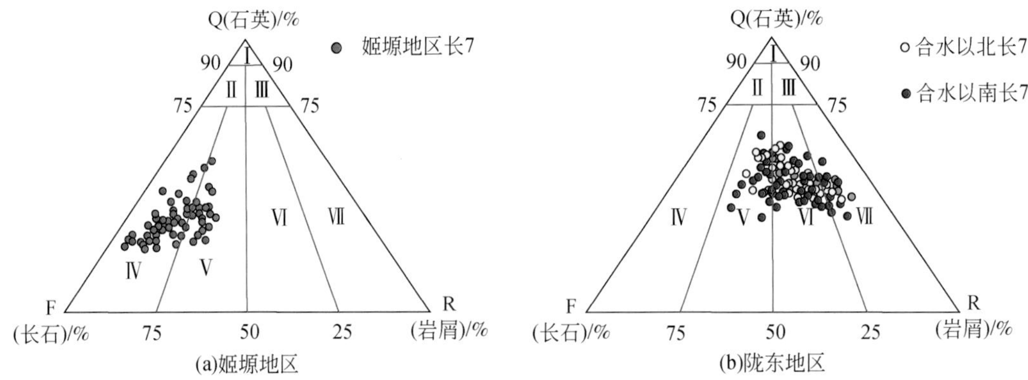

图2-2　鄂尔多斯盆地延长组长7段岩矿成分三角图

Ⅰ. 石英砂岩；Ⅱ. 长石石英砂岩；Ⅲ. 岩屑石英砂岩；Ⅳ. 长石砂岩；Ⅴ. 岩屑长石砂岩；Ⅵ. 长石岩屑砂岩；Ⅶ. 岩屑砂岩

（2）砂质含量不高，长石含量和泥质含量较高，常见云质和钙质分布，而且渤海湾盆地的沙河街组砂岩致密油储层中常见方沸石，如图2-3和图2-4所示。

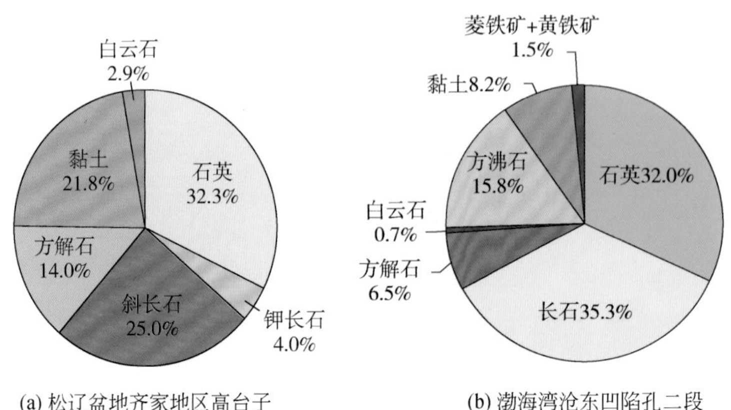

图2-3　致密储层岩石矿物组分统计图

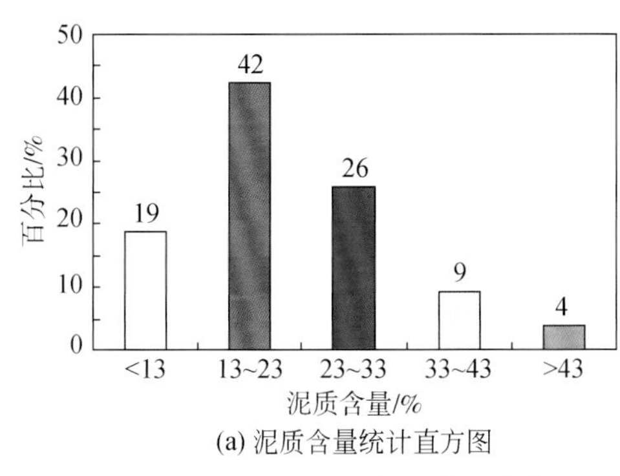

(a) 泥质含量统计直方图

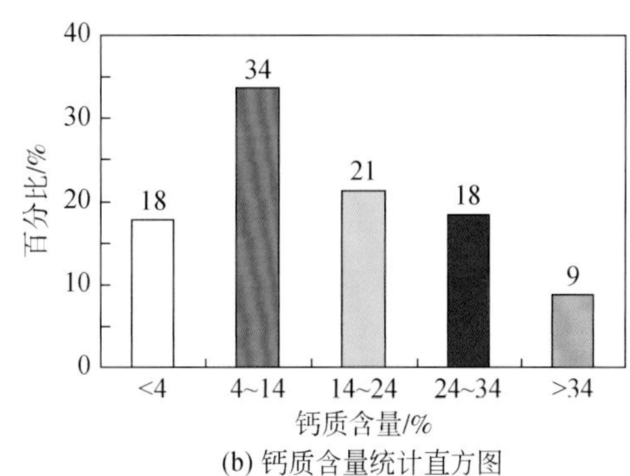

(b) 钙质含量统计直方图

图 2-4　松辽盆地齐家地区高台子油层的泥质与钙质含量分布

岩石中填隙物含量较高，成分复杂，且存在区块间差异，如表 2-2 所示。该表指出，姬塬地区填隙物以铁方解石为主，水云母、绿泥石次之；陇东地区填隙物中杂基成分含量相对较高，填隙物以水云母为主。

表 2-2　鄂尔多斯盆地长 7 致密油填隙物成分表

区块	主要填隙物/%							填隙物总量/%
	水云母	高岭石	绿泥石	方解石	铁方解石	铁白云石	硅质	
姬塬	2.85	1.67	2.05	0.13	5.02	0.55	0.89	13.4
陇东	10.2	0.06	0.19	0.13	0.81	1.90	1.24	14.8

（二）结构成熟度

陆相致密油砂岩储层另一显著特征是颗粒细、结构成熟度较好。陆相致密油砂岩储层发育于湖相沉积环境，为细粒沉积砂体，如表 2-3 所示。中国陆相致密油岩性以细粒粉细砂岩为主，颗粒直径一般为 0.03 ~ 0.25mm。由图 2-5 可以看出，鄂尔多斯长 7 致密油以细砂为主，细砂和极细砂占比平均为 77.5%。

经过由河流相、三角洲相和湖相等阶段的搬运淘洗，砂岩结构成熟度较好。如图 2-6 所示，岩石分选为中等，磨圆程度为次棱角，接触关系为线状、齿状。当然，由于沉积条件的差异，有些地区的致密油砂岩颗粒大小混杂、分选和磨圆较差。

表 2-3　中国陆相致密油主要领域的砂岩颗粒大小

盆地/地区	层位	岩性
鄂尔多斯盆地	延长组长 7 段	粉细砂岩
松辽盆地	扶余油层	粉砂岩、泥质粉砂岩
	青山口组	粉砂岩
渤海湾盆地沧东凹陷	孔店组孔二段	粉细砂岩
柴达木盆地扎哈泉地区	古近系 E_3^2 段	粉细砂岩

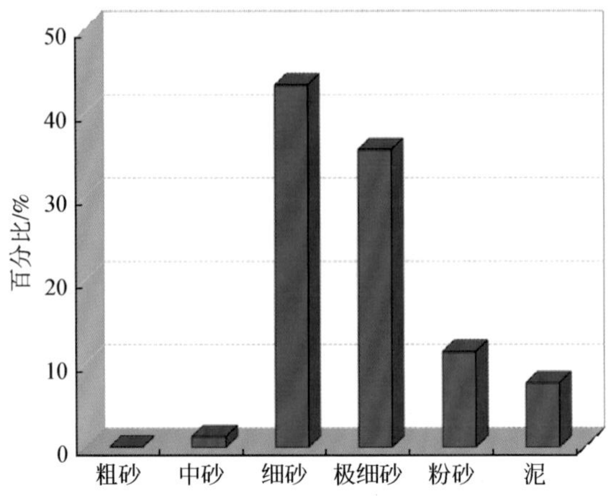

图 2-5　鄂尔多斯盆地长 7 段储层粒度分布直方图

(a) 岩屑质长石砂岩　(b) 长石质岩屑砂岩

图 2-6　致密油储层砂岩薄片图（反映结构成熟度较好）

（三）测井响应特征

砂岩致密油储层的特有岩性特征决定了其测井响应特征。如图 2-7 所示，静态电成像图上清楚地反映出柴达木盆地扎哈泉地区不同岩性致密油的电阻率差异，即泥岩<粉砂岩<细砂岩<灰质砂岩。

图 2-8 为松辽盆地齐家地区高台子致密油的测井与岩性照片对比图，该图指出，介形虫灰岩电阻率较高，可达 10Ω · m，钙质粉砂岩电阻率中等，其值为 7 ~ 8Ω · m，泥质粉砂岩电阻率最低，仅为 5Ω · m，表明电阻率测井的岩性响应敏感。但是，自然伽马、密度和声波测井值在这三种岩性上变化不大，表明它们的响应特征不足以分辨出这三种岩性，可能是地层的薄互层状结构，导致纵向分辨率较差的自然伽马、密度和声波测井曲线的岩性分辨能力降低，而且该套致密油的整体低孔隙度特征，进一步模糊了密度和声波测井的岩性响应特征。

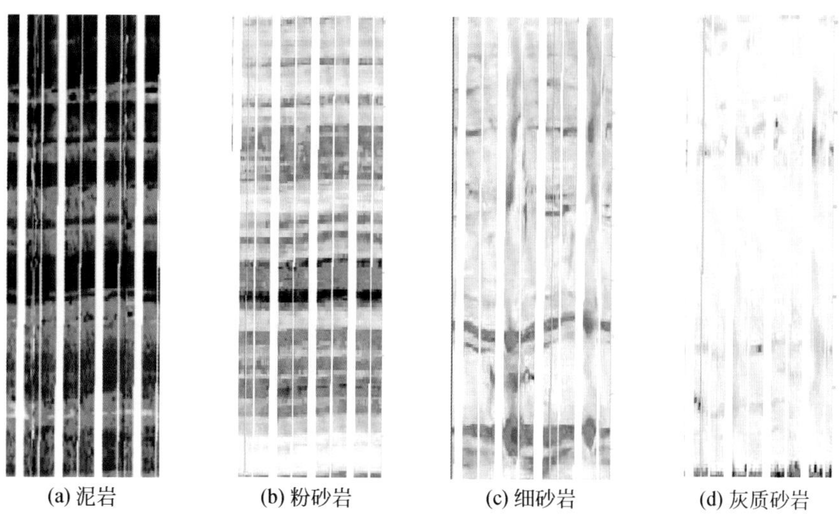

图 2-7　不同岩性的电成像测井特征

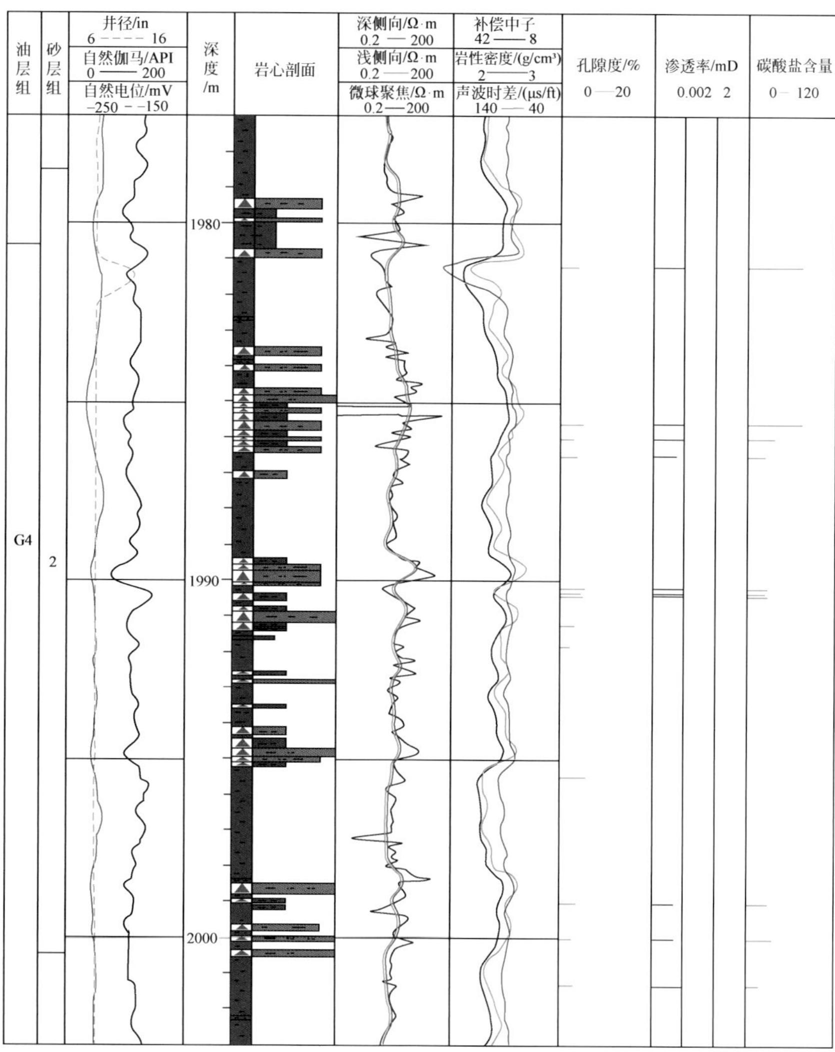

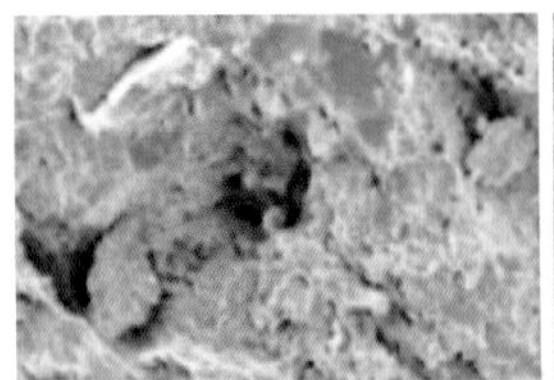
粉砂岩，粒间孔，1984.23m

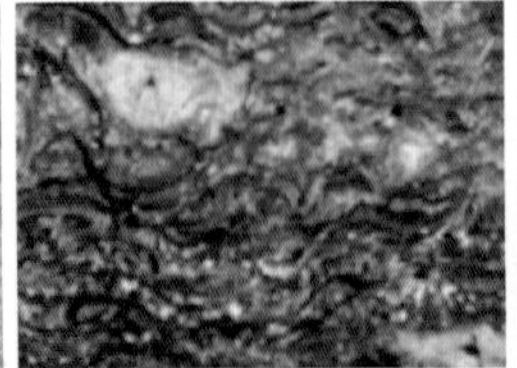
介形虫灰岩，1984.23m(+)

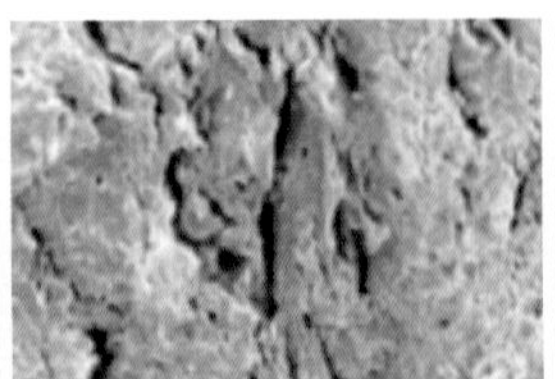
黑灰色泥岩，粒间孔，1989.84m

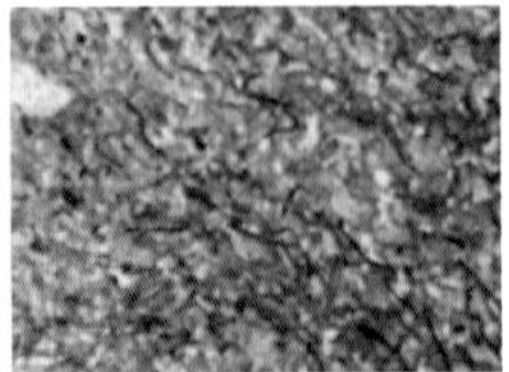
含介屑钙质粉砂岩，1989.84m(-)

黑灰色泥岩，晶间微孔隙，1994.09m

含介屑泥质粉砂岩，1994.09m(-)

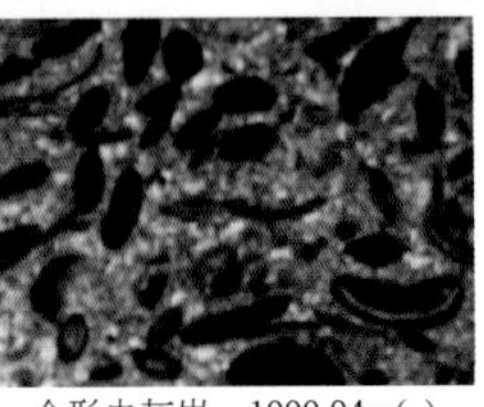
介形虫灰岩，1999.94m(-)

图 2-8　松辽高台子致密油不同岩性的测井响应特征

二、碳酸盐岩致密油储层岩性特征

根据中国陆相致密油典型区块的碳酸盐岩岩石学特征。可将岩石类型划分为介壳灰岩和云晶云岩，它们分别发育于四川盆地川中地区侏罗系大安寨段和渤海湾盆地辽河西部凹陷沙河街组沙四段，其岩性特征分述如下。

（一）介壳灰岩储层岩性特征

川中大安寨段岩石类型可划分为介壳灰岩与泥质介壳灰岩两大类，分别为灰质胶结和泥质胶结，其矿物组分见表 2-4，介壳灰岩以方解石为主、黏土含量较低，泥质介壳灰岩以方解石占多数、黏土含量也较高，两类岩石的充填物为泥晶方解石，黏土占比低。

表 2-4　川中大安寨段介壳灰岩矿物组分

岩石类型	方解石含量/%	黏土含量/%	石英含量	白云石含量	充填物
介壳灰岩	80 ~ 90	5 ~ 15	极少	极少	泥晶方解石，含少量黏土
泥质介壳灰岩	60 ~ 70	30 ~ 40	极少	少量	泥质和泥晶方解石

介壳灰岩是主要的致密油储层。如图 2-9 所示，2099 ~ 2109m 段的岩心矿物分析的灰质含量为 90% ~ 100%，泥质含量为 0 ~ 10%，其测井特征为密度测井值 2.69g/cm^3，声波时差为 54μs/ft，中子测井值为 0 ~ 2%，自然伽马值为 30API，指示岩性为灰岩且岩性较纯，另外，高阻特征明显、电阻率测井值为 2000 ~ 20000Ω · m。而 2094 ~ 2099m 段的泥质灰岩（岩心分析的灰质含量为 30% ~ 70%，泥质含量为 20% ~ 40%）测井特征为：自然伽马在 60API 左右，密度测井值为 2.65g/cm^3，声波时差为 58 ~ 70μs/ft，中子测井值为 10% ~ 20%，电阻率值为 100 ~ 200Ω · m，显然，与介壳灰岩的测井特征差异明显。

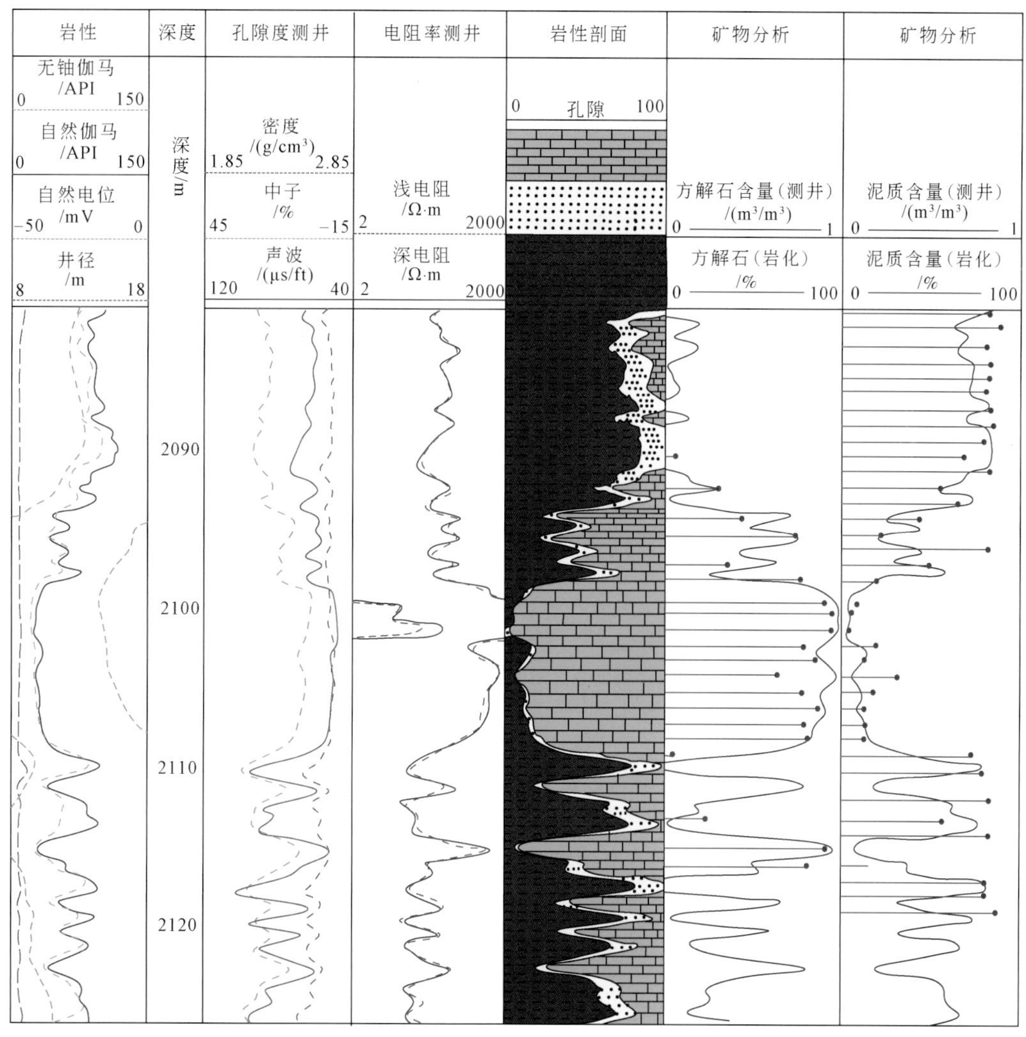

图 2-9　介壳灰岩与泥质介壳灰岩的测井特征

（二）泥晶云岩岩性特征

辽河西部凹陷北部沙四段滨浅湖-半深湖相碳酸盐岩岩性复杂，主要有泥晶云岩、含方沸石泥质云岩、云质页岩和泥岩，其中泥晶云岩为致密油储层，云质页岩为主力烃源岩，泥岩的生烃能力也较强，纵向分布特征如图 2-10 所示。

由表 2-5 可知，泥晶云岩、含方沸石泥质云岩和云质泥岩的云质含量差异大，其值分别为 60%、50% 和 30% 左右，且含方沸石泥质云岩和云质泥岩的方沸石含量在 10% 左右，其他矿物成分差异不大。

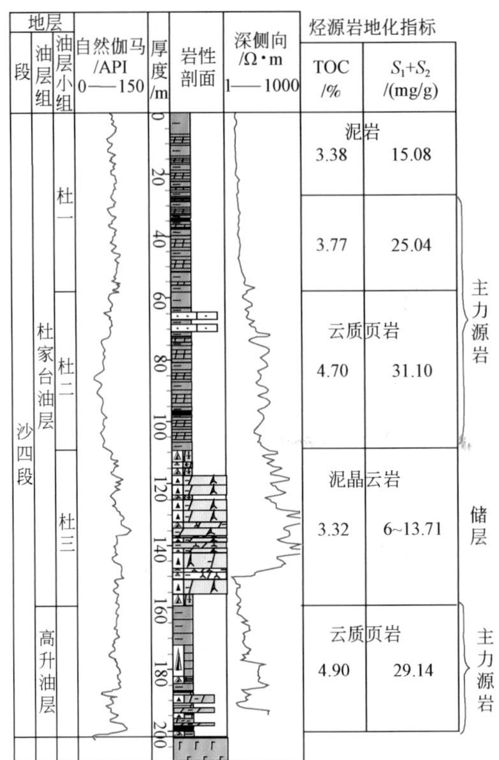

图 2-10　辽河西部凹陷沙四段致密油段岩性分布

表 2-5　辽河西部凹陷沙四段主要岩石的矿物组分　　（单位：%）

岩石类型	黏土	石英	钾长石	斜长石	方解石	菱铁矿	黄铁矿	方沸石	云质
云质泥岩	5.2	3.0	6.8	32.9	7.9	2.2	2.8	10.6	28.6
含方沸石泥质云岩	5.3	—	5.0	29.2	—	—	—	12.3	48.2
泥晶云岩	8.7	4.3	3.6	20.2	—	1.1	—	—	62.1

对比分析岩心矿物分析值与测井响应特征（图 2-11）可知，含方沸石泥质云岩（2525～2585m）的电阻率测井值高，可达 1000Ω·m，自然伽马测井值呈低值异常（220API），密度测井值为 2.5g/cm^3，声波测井值为 65～75μs/ft，中子测井值为 25%；云质泥岩电阻率值为 10Ω·m，自然伽马值和密度值与含方沸石云质岩基本相当，声波测井值为 90～105μs/ft，中子测井值为 30%～45%。因此，泥晶云岩与云质泥岩的电阻率、声波和中子测井特征差异明显，是分辨它们的有效资料。

三、混积岩致密油储层岩性特征

混积岩的最大岩性特征是岩性复杂，主要体现在岩石类型多样、矿物成分复杂且变化大，下面以中国陆相致密油典型的三类混积岩（云质岩、泥灰岩-砾岩和沉凝灰岩）为例，讨论其岩性特征及其所具有的测井响应特征。

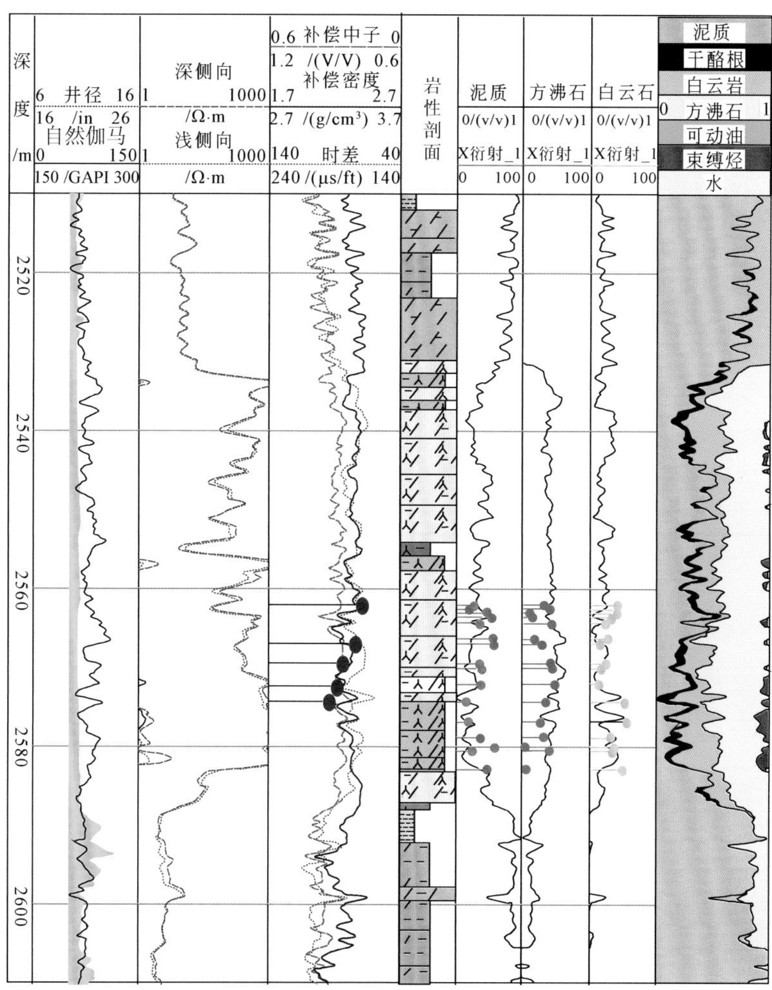

图 2-11　辽河西部凹陷沙四段岩心与测井的岩性特征

（一）云质岩岩性特征

云质岩主要形成于大面积持续沉降的咸化湖盆沉积环境大地质背景，其岩石粒级较小，是受同生或准同生期云化作用影响明显的泥质、云质和粉细砂质混积的混积岩（匡立春等，2013）。平面上，受古地貌、湖水盐度和湖水面的变化及湖水深度的影响，岩石中云质与泥质、粉细砂质呈此消彼长的关系。

吉木萨尔凹陷二叠系芦草沟组的优势岩性就是典型的云质岩，其岩性特征可用“三多”来描述：

（1）岩性多变，纵向上岩性变化快，多呈薄互层状分布，如图 2-12 所示，在不足 1m 的层段内，岩性纵向上变化了 3 次，3115. 92～3116. 32m 为云质粉砂岩，呈上细下粗的正韵律沉积，平行沉积层理发育，底面以冲刷面结束；3116. 32～3116. 42m 为泥岩，厚度仅为 10cm；3116. 42～3116. 72m 为粉砂质砂屑云岩。单一岩性的单层平均厚度仅 0. 18m。

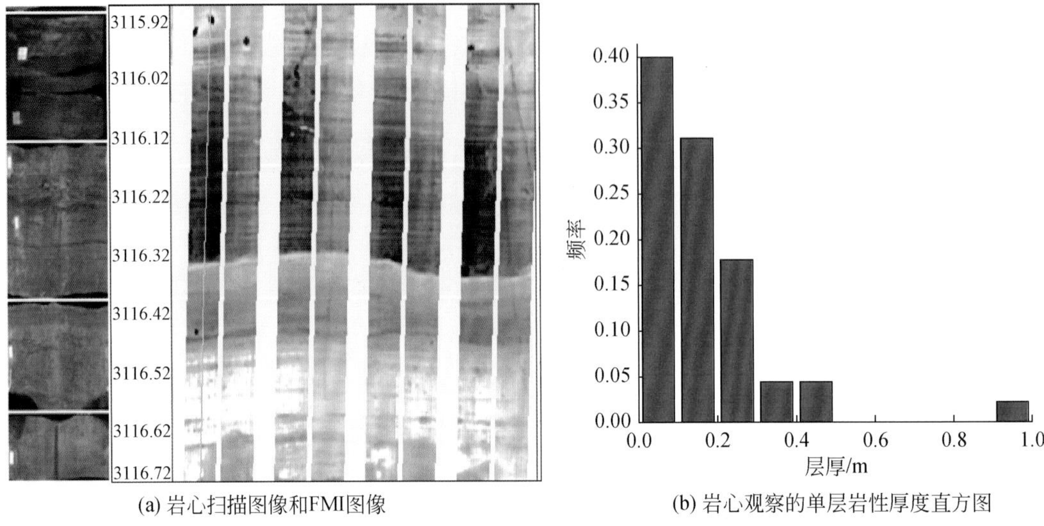

(a) 岩心扫描图像和FMI图像　　(b) 岩心观察的单层岩性厚度直方图

图 2-12　准噶尔盆地吉木萨尔凹陷芦草沟组混积岩的岩性分布特征

（2）矿物类型多样，碎屑岩和化学岩的造岩矿物共存，如图 2-13（a）所示。机械沉积的主要矿物类型为石英、斜长石和黏土类矿物，其中黏土矿物类型主要为绿蒙混层和伊蒙混层矿物。化学沉积的主要矿物类型为白云石和方解石。黄铁矿呈团块状分布，虽然多见但含量低。

（3）多为碎屑岩和化学岩相混合的过渡性岩类，如图 2-13（b）所示。该图中暖色调的为机械沉积的矿物类型，冷色调的为化学沉积的矿物类型，大多分析样品均为碎屑岩和化学岩的过渡性岩类。

这种“三多”岩性特征决定了芦草沟组的岩石类型多样，仅主要岩石类型就有粉细砂岩类、泥岩类、白云岩类和云质岩类（云质粉细砂岩、云质泥岩），其中，白云岩类与云质粉细砂岩类是芦草沟组致密油的主要储层。

白云岩类：主要由白云石组成，含量大于 50%，含较多的泥质、粉细砂及方解石、硅质和钠长石等次生矿物，岩石类型主要有泥微晶白云岩、砂屑云岩、砂质砂屑云岩、粉砂质云岩、泥质云岩、砂屑云岩和粉砂质云岩。砂质砂屑云岩和泥微晶白云岩是芦草沟组致密油的主要储层。

云质粉细砂岩类：主要由粉砂级、极细砂级和细砂级细粒陆源碎屑组成，矿物成分主要为长石、石英、中酸性火山岩碎屑、硅质岩碎屑和泥板岩等碎屑，主要岩石类型为粉细砂岩、云屑粉细砂岩、云质粉细砂岩、灰质粉细砂岩和泥质粉细砂岩。云质粉细砂岩类是芦草沟组致密油的另一类储层。

上述云质岩的岩性特征决定了其测井特征，如图 2-14 所示。该图指出：

（1）由于储层的渗透率较差，自然电位的异常幅度小，识别储层的能力弱。

（2）芦草沟组岩性整体上都细，自然伽马测井划分岩性难度大，且源储一体的特点进一步加大了这种难度，仅能够大致识别出泥岩（泥岩为主处，测井值较高）。

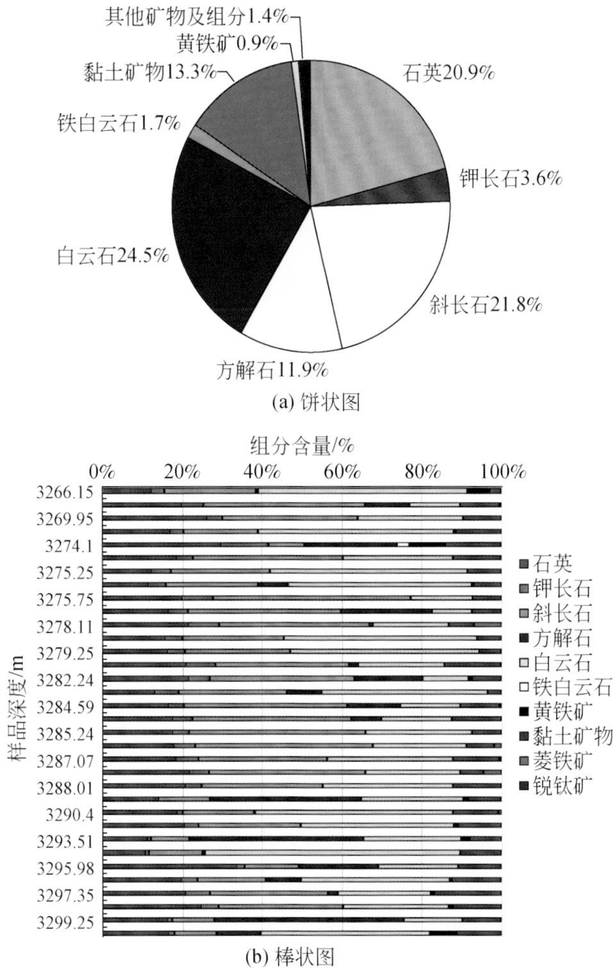

图 2-13　准噶尔盆地吉木萨尔凹陷芦草沟组混积岩的矿物含量分布特征

（3）混积岩的矿物组分多样且变化大，导致岩石骨架参数变化大，密度、声波和中子测井的岩性识别能力差，如云质和砂质为主的岩性段，密度、声波和中子的测井值基本相等，分别为 2.45 ~ 2.55g/cm^3、65 ~ 80μs/ft 和 20% ~ 30%。密度测井基本能够识别泥岩，也可分辨出储层和非储层。

（二）泥灰岩–砾岩岩性特征

泥灰岩储层为水进体系域–高位体系域的半深湖–深湖相混合沉积的产物，而砾岩则为发育于近源扇三角洲–滑塌扇相粗碎屑的沉积物，其风化程度低，分选性差、砾石颗粒直径相差悬殊。

渤海湾盆地束鹿凹陷沙三段具有典型的泥灰岩–砾岩的岩性剖面特征，可划分为砾岩、砂岩、泥灰岩和泥岩四大类，其中泥灰岩和砾岩为主体岩性。泥灰岩和砾岩矿物成分复杂（图 2-15）是其共性，但这两种岩性的各种矿物相对含量又存在一定的差异，泥灰岩的黏土、石英和长石含量较多，砾岩的方解石含量多，可达 75%。

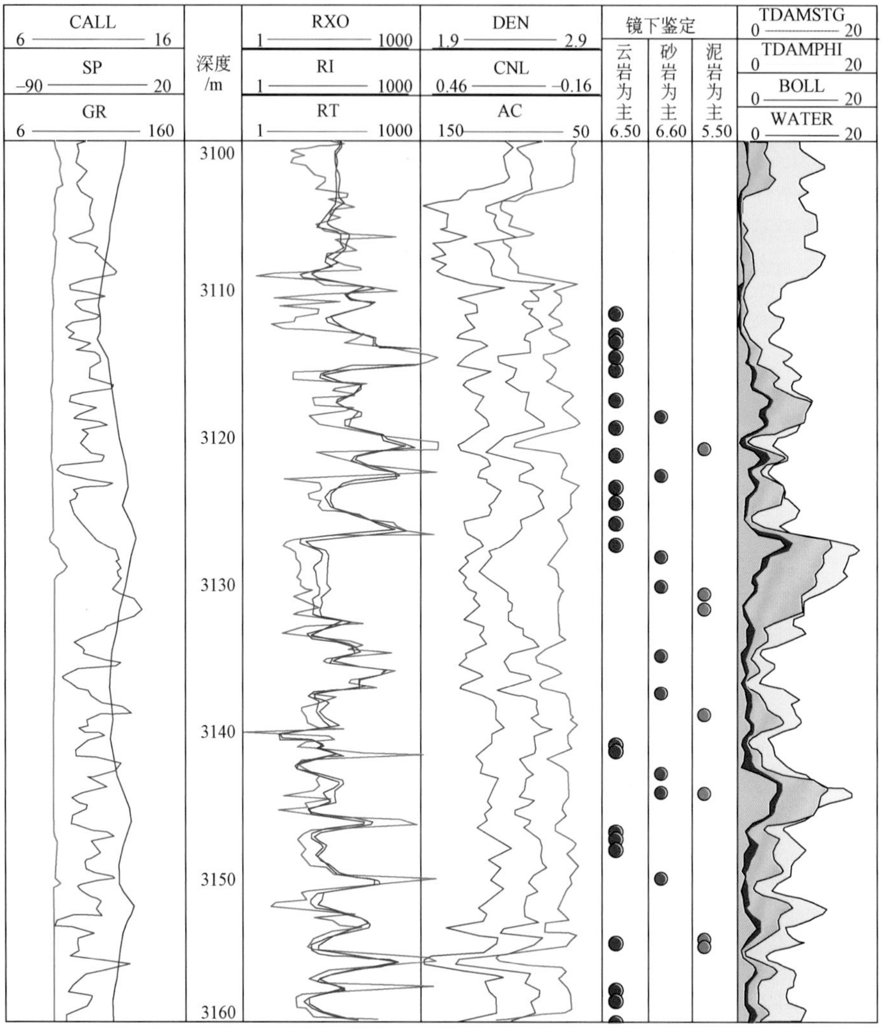

图 2-14　准噶尔盆地吉木萨尔凹陷芦草沟组测井特征

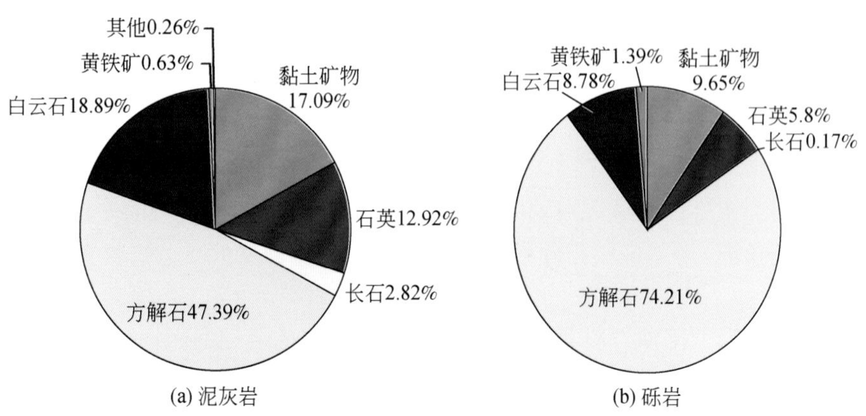

(a) 泥灰岩　　(b) 砾岩

图 2-15　泥灰岩-砾岩的矿物组分

按照岩石结构，泥灰岩进一步细分为块状泥灰岩和纹层状泥灰岩；按照岩石矿物成分，砾岩可进一步细分为灰岩砾和云岩砾，它们的测井响应特征如表 2-6 和图 2-16 ~ 图 2-19 所示。

表 2-6　泥灰岩–砾岩的测井响应特征表

岩石类型	常规测井					核磁共振测井		阵列声波测井			脆性指数	电成像
	自然伽马	电阻率	密度	声波	中子	T_2 谱主峰/ms	优势孔隙	各向异性	破裂压力	渗透性指数		
块状泥灰岩	中高	较低	低	高	高	3	小孔隙	中等	中高	低	低	块状构造，无层理和纹层
纹层状泥灰岩	中低	高	中等	中等	中等	3 ~ 10	中、小孔隙	较弱	中高	较低	中等	层理清楚，纹层发育
灰岩砾	低	高	中等	中等	中等	300	大孔隙	强	低	高	高	砾石发育，分选不好
云岩砾	低	低	中等	中等	中等	3 ~ 300	中等孔隙	弱	低	高	高	砾石发育，分选不好

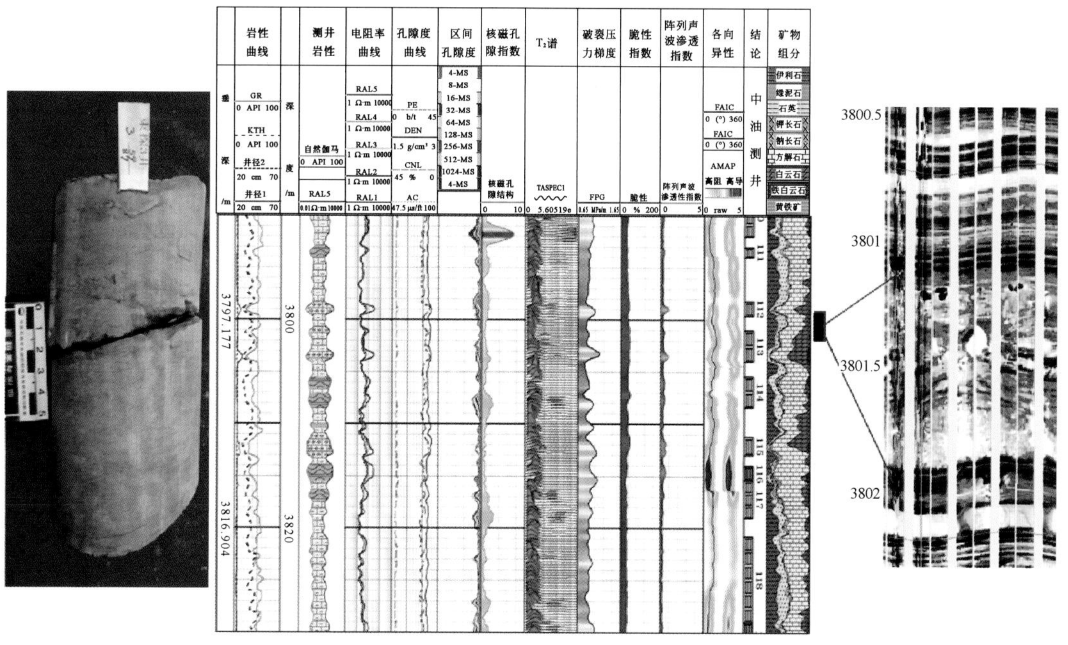

图 2-16　块状泥灰岩测井响应特征

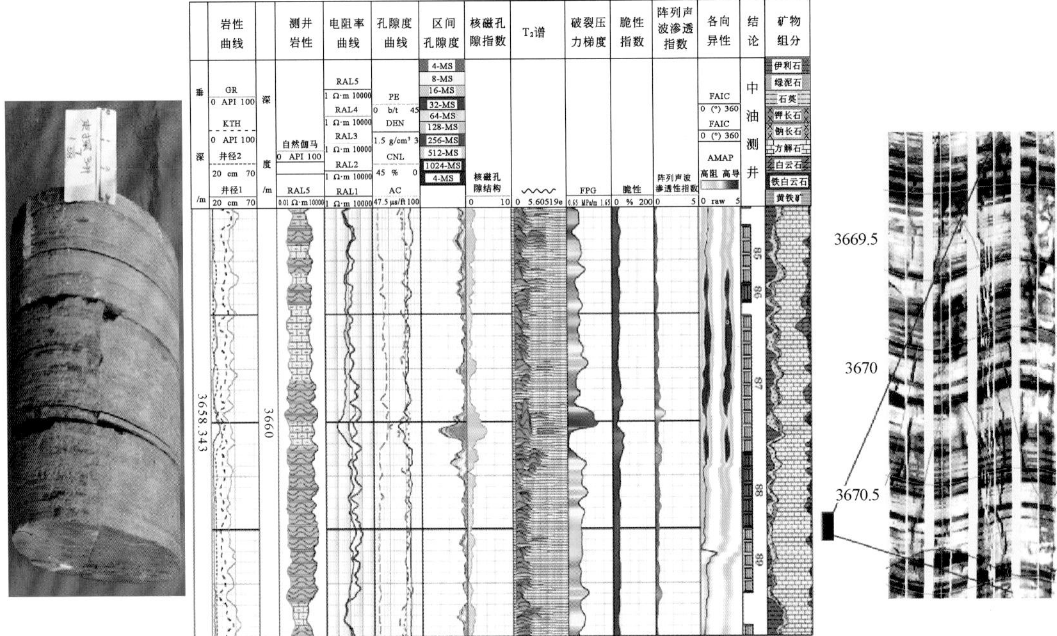

图 2-17　纹层状泥灰岩测井响应特征

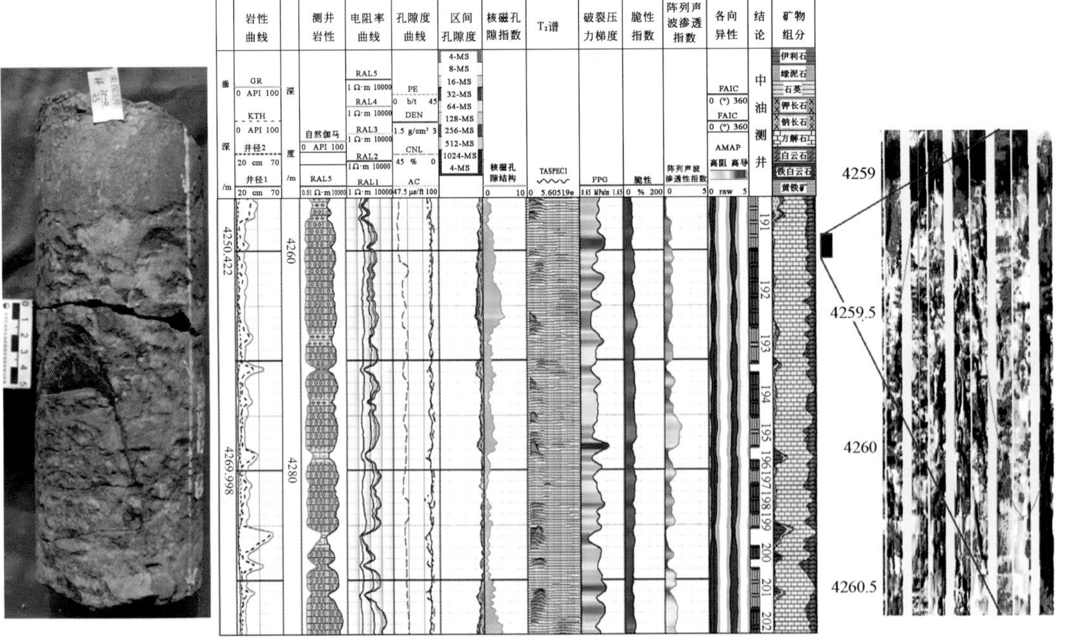

图 2-18　灰岩砾的测井响应特征

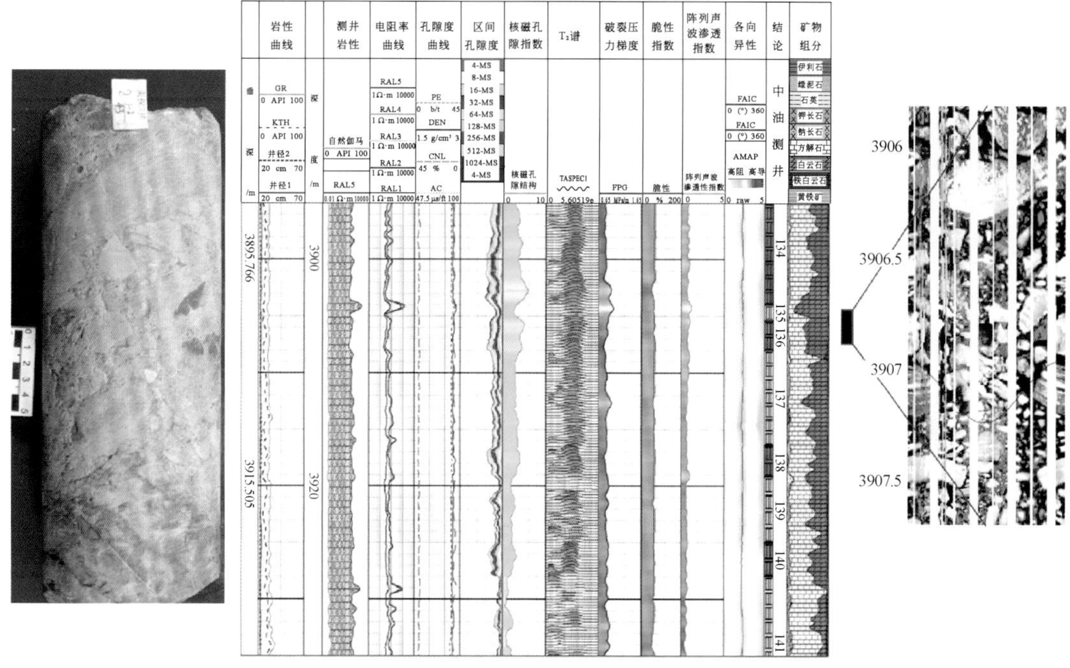

图 2-19 云岩砾的测井响应特征

（三）沉凝灰岩岩性特征

沉凝灰岩即火山尘沉凝灰岩，形成于陆源碎屑物质少的火山尘沉积期，为火山尘空落至稳定湖盆区而形成的水下沉积物，其分布较广。火山喷发期形成的大量的极细粒级火山灰和火山尘，经缓慢空降沉积顺风搬运至距火山口较远的湖泊底部并覆盖于湖底微生物上，经成岩演化过程而形成沉凝灰岩。

三塘湖盆地二叠系条湖组是典型的沉凝灰岩，为一套厚度在 20m 左右的含生物屑英安质晶屑–玻屑（玻璃质碎屑）沉凝灰岩。通过薄片鉴定、扫描电镜和电子探针观察与能谱分析，储层碎屑类型以英安质火山玻屑为主，占 85% 左右，少量长石晶屑，占 5% 左右，极少量石英晶屑，发育少量交代或自生方解石、黄铁矿等；岩石不同程度含钙化弯曲长条状生物化石碎屑和富有机质同生泥纹或泥屑。储层颗粒极细，大小主要分布在 15μm 以下，少量可达 50μm 左右，属细粉砂–极细粉砂，甚至泥级，少量为粗粉砂或极细砂；英安质玻屑普遍脱玻化，形成长英质细小隐晶、微晶微粒，如钠长石、石英、少量钾长石等，发育少量绿泥石等黏土矿物。典型的几类岩性主要有沉凝灰岩、凝灰质泥岩、玄武岩及砂砾岩（图 2-20）。

沉凝灰岩在测井资料上表现为“三高一低”的特征，即高自然伽马、高声波时差、高中子和低密度，如表 2-7 所示。该表指出，沉凝灰岩与泥岩在常规测井特征上，二者响应特征极为相似，均为“三高一低”，但电阻率值差异大，沉凝灰岩为中等电阻率，而凝灰质泥岩则为低电阻率。由于沉积背景的因素，沉凝灰岩在自然伽马能谱测井中表现出钾的含量相对泥岩要高。

(a) 火山岩凝灰岩

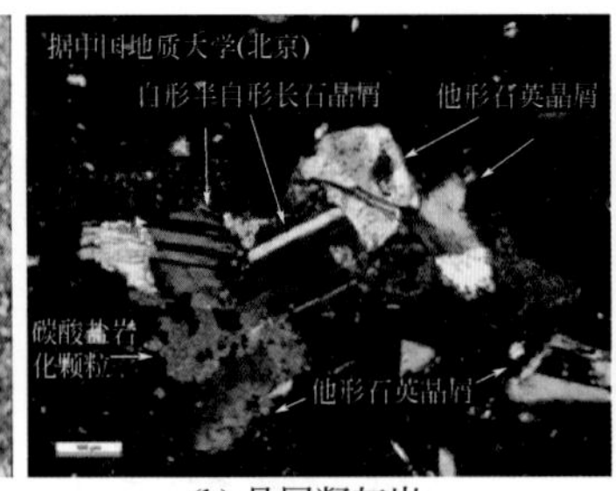

(b) 晶屑凝灰岩

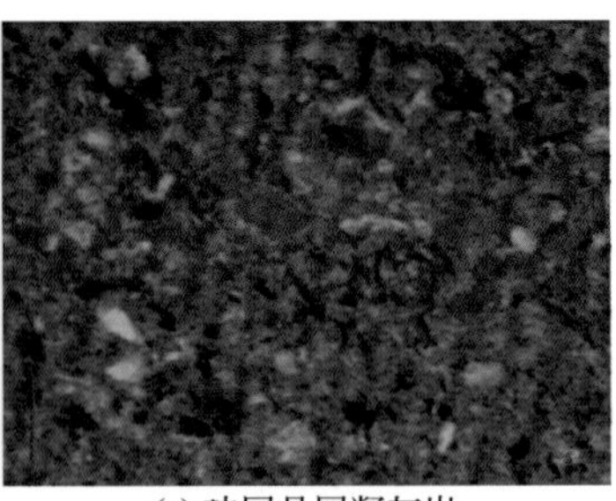

(c) 玻屑晶屑凝灰岩

图 2-20　三塘湖盆地条湖组典型的沉凝灰岩薄片特征

图 2-21 是三塘湖盆地条湖组的取心段测井曲线图，结合岩心 X 衍射分析值和薄片特征可知，由上往下电阻率逐渐升高、黏土含量逐渐降低（图 2-22）。

表 2-7　三塘湖盆地条湖组沉凝灰岩的测井响应特征

岩性	测井相应特征值				
	电阻率 /(Ω · m)	自然伽马 /API	密度 /(g/cm³)	补偿中子 /%	声波时差 /(μs/m)
凝灰质泥岩	<10	55 ~ 77	1.75 ~ 2.25	30 ~ 45	300 ~ 390
沉凝灰岩	10 ~ 200	40 ~ 90	2.10 ~ 2.50	20 ~ 45	240 ~ 310
玄武岩	5 ~ 250	15 ~ 40	2.00 ~ 2.65	10 ~ 50	189 ~ 300
砂砾岩	45 ~ 150	70 ~ 100	2.45 ~ 2.65	10 ~ 20	200 ~ 250

第二节　物 性 特 征

物性特征是致密油岩石物理特征的基本内容之一，与岩性特征、含油性特征、电性特征和脆性特征等密切相关。由于沉积背景和成岩演化等差异，相比于常规油气和北美海相致密油，中国陆相致密油具有其固有的物性特征，而且，不同类型陆相致密油之间的物性特征存在较大的差异性。本节将较为系统地阐述中国陆相致密油储层的物性特征及其测井响应特征，之后简单介绍适用于致密油储层的物性实验室分析的新技术。

一、孔渗特征

孔隙度和渗透率大小及其分布范围是描述储层物性特征的关键参数，一般地，致密油储层的孔隙度低、渗透率低即“两低”特征，与常规油的孔渗分布特征具有明显的差异，同时，相比于北美致密油，中国陆相致密油的孔渗条件更差，如图 2-23 所示。

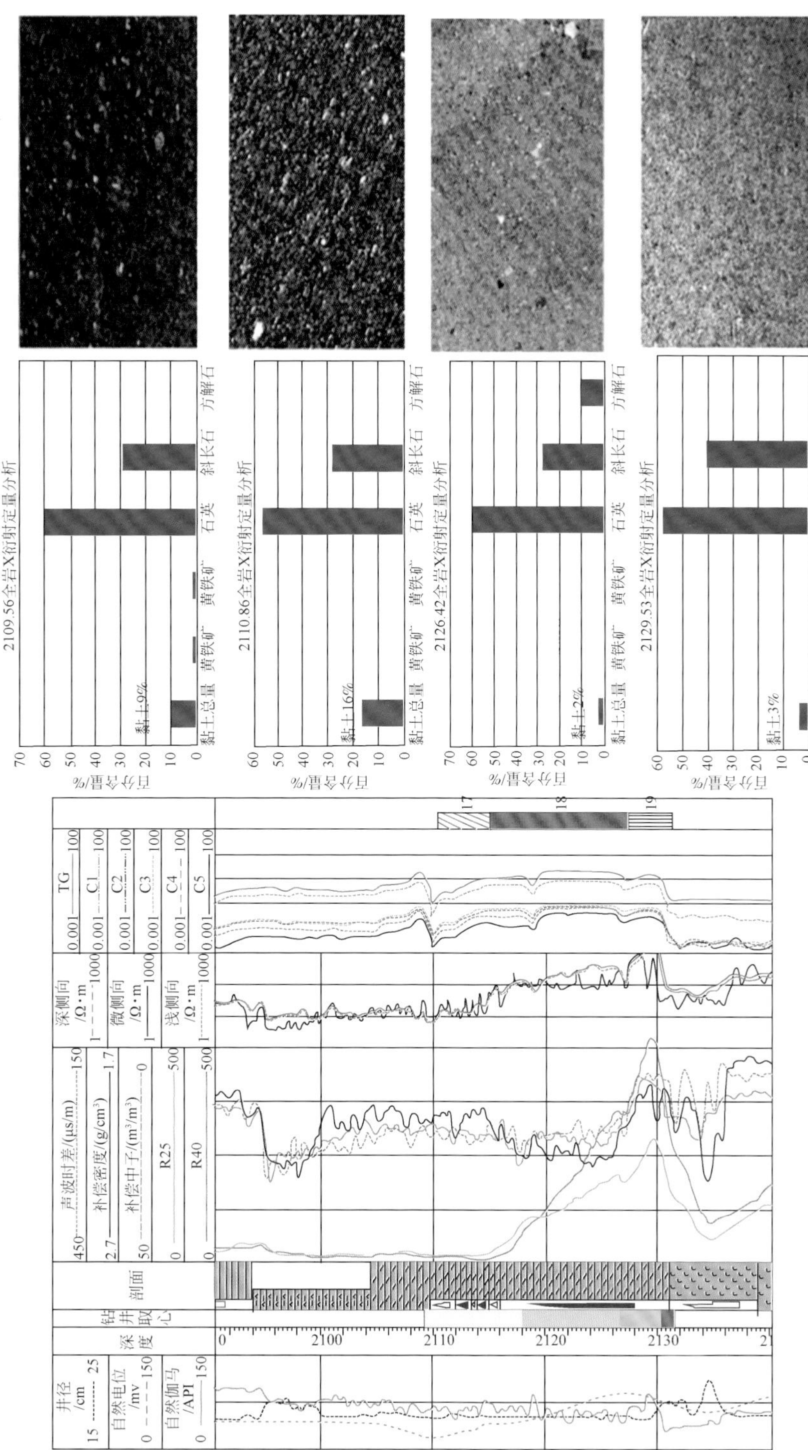

图2-21 三塘湖盆地条湖组测井曲线、X衍射分析值与岩心薄片对比图

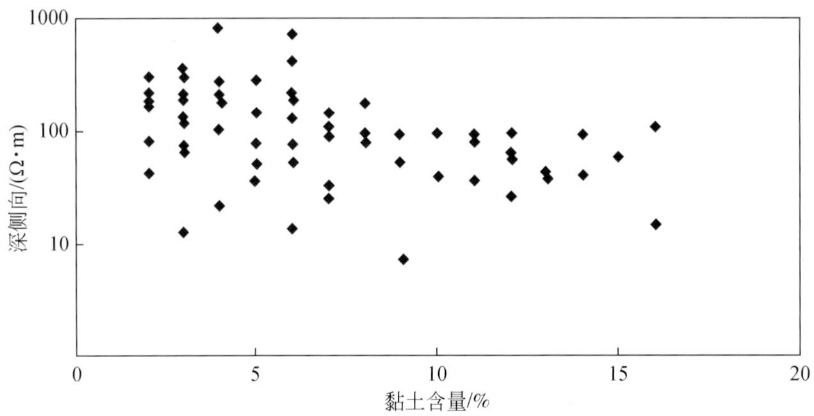

图 2-22　三塘湖盆地条湖组电阻率值与 X 衍射分析值对比图

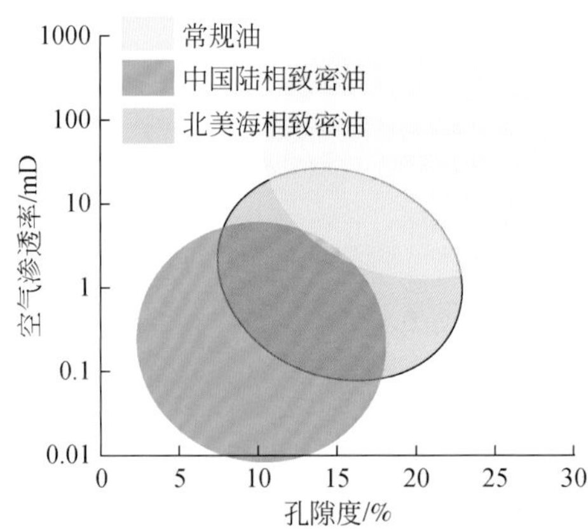

图 2-23　中国陆相致密油的孔渗分布特征

由大量岩心数据分析可知，不同类型中国陆相致密油，其孔渗特征也存在较大的差异，具体描述如下。

（一）孔渗分布特征

考虑到致密油储层的岩性控制物性这一显著特点，着重分析砂岩、碳酸盐岩和混积岩典型岩样的孔隙度和渗透率，如图 2-24 ~ 图 2-28 所示，由这些图可以看出以下两点孔渗分析分布特征：

（1）致密油储层孔隙度低和渗透率低是其基本的、共同的物性特征。砂岩、碳酸盐岩和混积岩，孔隙度主峰值均小于 10%、渗透率主峰值均小于 0.1mD。

（2）由于岩性、沉积环境、成岩作用以及后期构造活动等方面的差异，不同类型陆相致密油储层的孔隙度与渗透率分布特征（范围及其主峰值）具有较为明显的差异性，如表 2-8 所示。

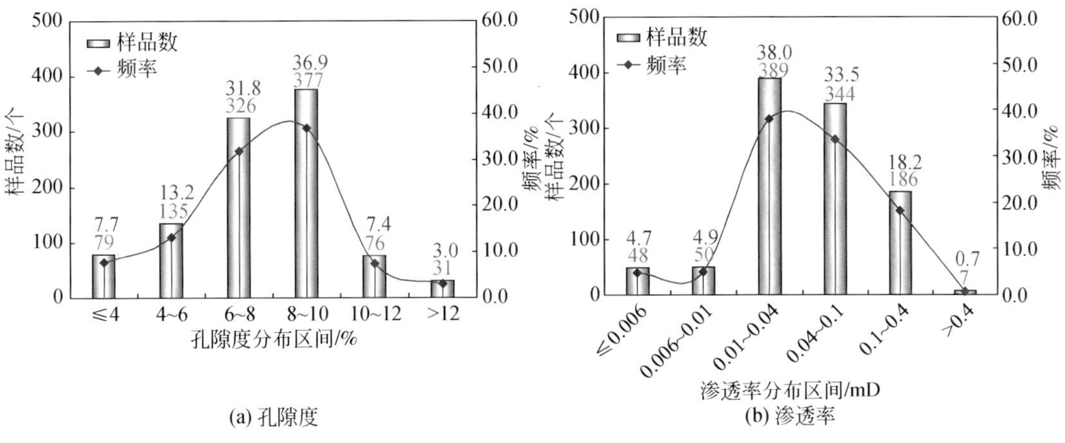

(a) 孔隙度　(b) 渗透率

图 2-24　砂岩储层孔隙度与渗透率分布（鄂尔多斯盆地陇东地区长 7）

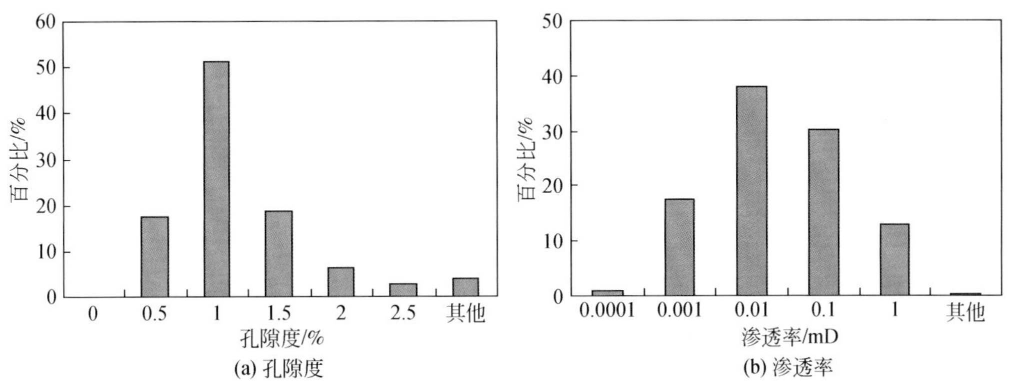

(a) 孔隙度　(b) 渗透率

图 2-25　介壳灰岩储层孔隙度与渗透率分布（四川盆地川中地区大安寨段）

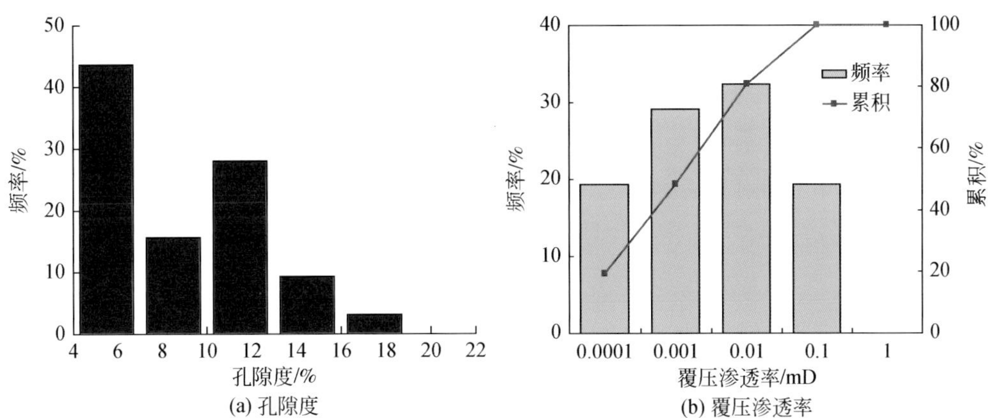

(a) 孔隙度　(b) 覆压渗透率

图 2-26　混积岩类云质岩储层的孔隙度与渗透率分布（准噶尔盆地吉木萨尔凹陷芦草沟）

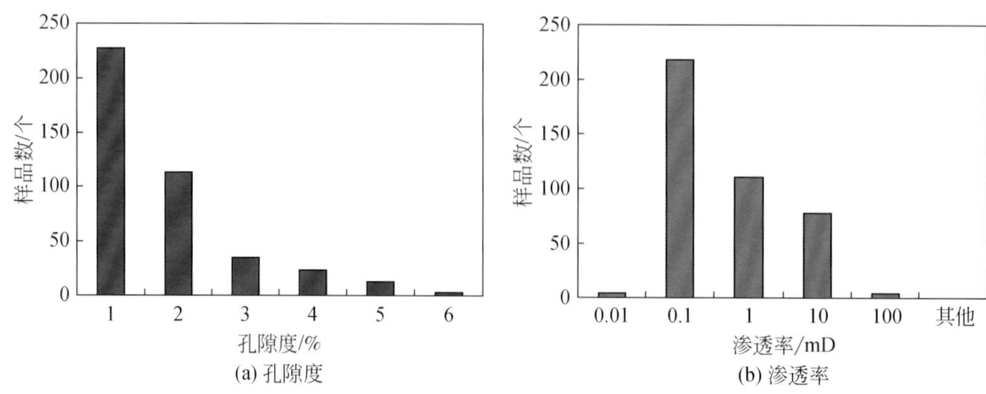

图 2-27　混积岩类泥灰岩储层的孔隙度与渗透率分布（渤海湾盆地束鹿凹陷沙三段）

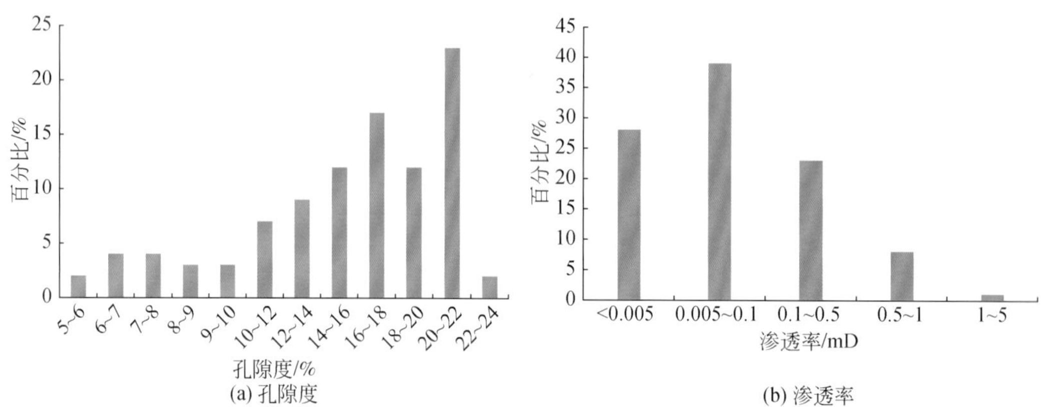

图 2-28　混积岩类沉凝灰岩储层的孔隙度与渗透率分布（三塘湖盆地条湖组二段）

表 2-8　不同岩性致密油的孔隙度与渗透率分布特征

岩性	盆地	区块	层系	孔隙度/%		渗透率/mD	
				范围	主峰值	范围	主峰值
砂岩	鄂尔多斯	陇东	长 7 段	4 ~ 12	9	0.006 ~ 0.4	0.06
石灰岩	四川	川中	大安寨段	0.5 ~ 2.5	1	0.001 ~ 1	0.01
混积岩类云质岩	准噶尔	吉木萨尔凹陷	芦草沟组	4 ~ 19	12	0.001 ~ 1	0.1
混积岩类泥灰岩	渤海湾	束鹿凹陷	沙三段	0.5 ~ 5	2.5	0.05 ~ 10	3.5
混积岩类沉凝灰岩	三塘湖	马朗、条湖凹陷	条湖组	7 ~ 22	16	0.005 ~ 1	0.1

（二）孔渗关系特征

砂岩致密油储层的孔渗特征与低渗储层和特低渗储层相比，物性更差、孔渗关系更复杂，如图 2-29 所示，孔渗分布范围较宽，特别是低值端较多，孔隙度与渗透率间相关规律较差，相近孔隙度对应的渗透率可相差达 1 ~ 2 个数量级。

碳酸盐岩致密油储层由于成岩过程中的溶蚀与胶结作用，孔渗关系更为复杂，而后期

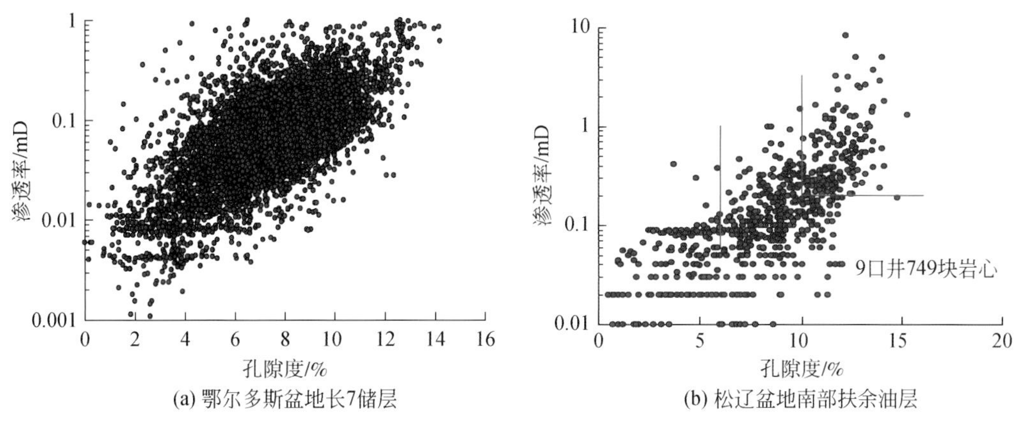

(a) 鄂尔多斯盆地长7储层 (b) 松辽盆地南部扶余油层

图 2-29 致密油砂岩类储层孔隙度-渗透率关系图

构造作用造成的裂缝分布进一步复杂化了孔渗关系，孔渗相关性差，如图 2-30 所示。该图指出：①同等孔隙度值，渗透率变化相差可达 3 个数量级，可能为裂缝分布的非均质性所致；②在孔隙度相差 2～3 倍的条件下，渗透率却基本相等，储层溶蚀作用形成的部分溶蚀孔处于孤立状态，对渗透性没有贡献但却加大了孔隙度。

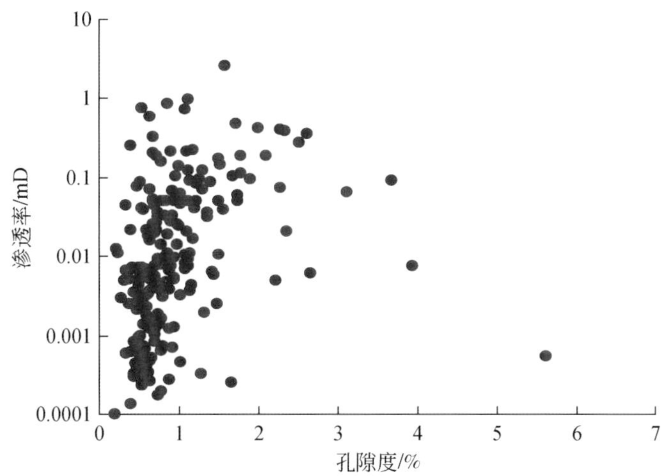

图 2-30 碳酸盐岩致密油储层的孔隙度-渗透率关系（四川川中大安寨段）

不同岩性的混积岩，储层的孔渗关系不同。图 2-31 为准噶尔盆地吉木萨尔凹陷芦草沟组云质岩致密油储层的孔渗关系，整体为中低孔特低渗，孔渗关系主要受岩性控制，不同岩性的具有不同的孔渗关系且相关性较好。

泥灰岩由微细小颗粒的泥质与灰质伴生沉积而形成，基质孔隙不发育。在后期成岩与压实作用下，残余粒间孔隙很小，但发育一定数量的溶蚀孔。泥灰岩的岩性复杂与岩石结构多样，加上后期构造作用下发育的裂缝及其非均质性，导致其孔渗关系异常复杂，整体上几乎毫无规律可言，如图 2-32 所示。以束鹿凹陷沙三段泥灰岩段为例，泥灰岩类中，纹层状泥灰岩顺层缝发育，使其孔隙度一般好于块状泥灰岩，但孔渗关系两者基本一致，

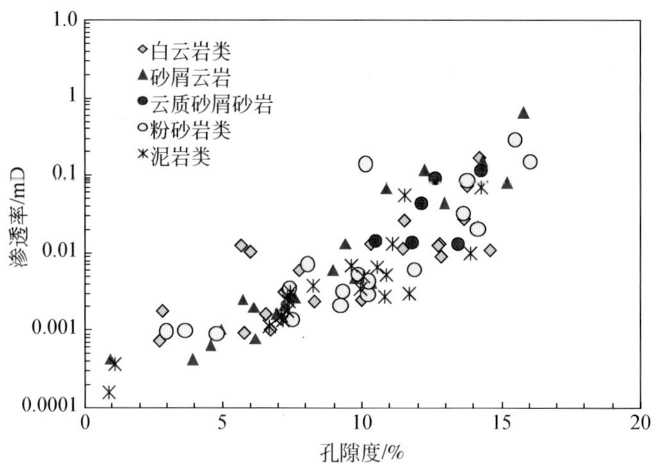

图 2-31　混积岩云质岩的孔隙度–渗透率关系图（吉木萨尔凹陷芦草沟组）

即低孔隙度（小于2%）、渗透率变化大，孔渗关系较差；砾岩类中，颗粒支撑砾岩而发育高角度裂缝，孔隙度明显好于杂基支撑砾岩，两者的孔渗关系都差。因此，以束鹿凹陷沙三段为代表的泥灰岩孔渗特征为特低孔低渗型。

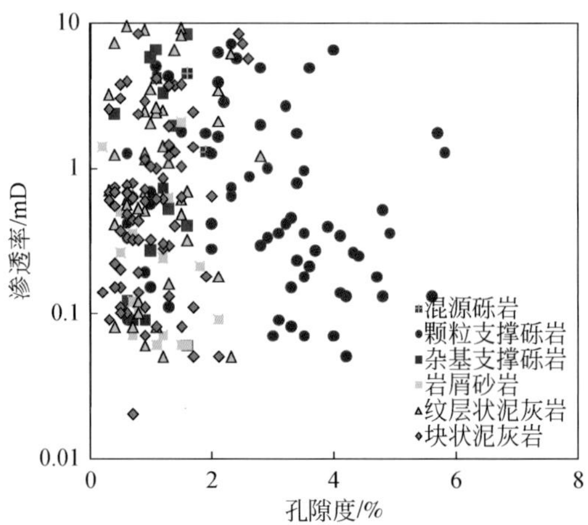

图 2-32　混积岩泥灰岩的孔隙度–渗透率关系图（渤海湾盆地束鹿凹陷沙三段）

沉凝灰岩是另一类混积岩，其成分稳定，火山灰颗粒可形成大量质点间微孔，且火山玻璃脱玻化过程中又能够形成较多的微孔，此外，火山灰中赋存的微生物死亡，分解出的有机酸进一步产生大量的溶蚀微孔，因此，沉凝灰岩的孔隙发育。显然，由于沉积环境和成岩作用的差异，沉凝灰岩的孔隙特征与云质岩和泥灰岩有根本性不同，即其孔渗特征是中高孔低渗型，如图 2-33 所示。整体上，孔渗间有一定的相关关系，但关联性并不强。

综上所述，不同类型致密油的孔渗特征明显不同，归纳起来，可分为中高孔低渗型、中低孔特低渗型、低孔特低渗型、特低孔低渗型和特低孔特低渗型五类，如表 2-9 所示。

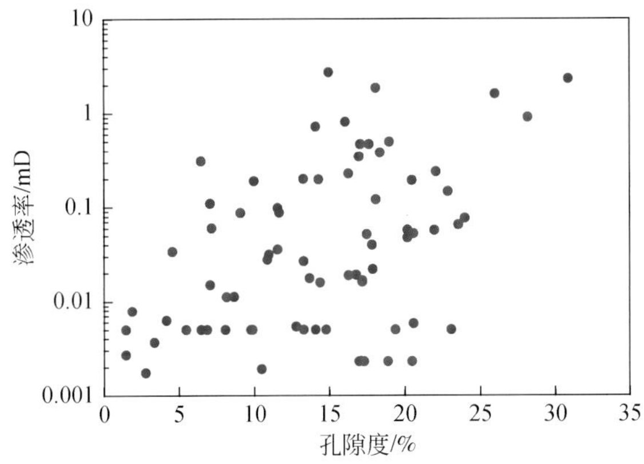

图 2-33 混积岩沉凝灰岩的孔隙度–渗透率关系图（三塘湖盆地条湖组）

表 2-9 不同岩性致密油的孔隙度与渗透率关系特征

岩性	盆地	区块	层系	孔渗特征类型
砂岩	鄂尔多斯	陇东	长 7 段	低孔特低渗
灰岩	四川	川中	大安寨段	特低孔特低渗
混积岩类云质岩	准噶尔	吉木萨尔凹陷	芦草沟组	中低孔特低渗
混积岩类泥灰岩	渤海湾	束鹿凹陷	沙三段	特低孔低渗
混积岩类沉凝灰岩	三塘湖	马朗、条湖凹陷	条湖组	中高孔低渗

结合上述分析，需要指出如下两点：

（1）表 2-8 中的储层孔渗特征整体上都差，但从图 2-24 ~ 图 2-28 不难看出，部分储层孔渗特征较好，即存在相对优质储层，这就是所谓的致密油“甜点”。

（2）通常，致密油储层尽管孔隙度低，但只要其排替压力小于烃充注压力，这些孔隙度就是有效孔隙度，可以储集原油，大型压裂改造后可将其有效开发利用。

二、孔隙结构特征

储层孔隙结构不仅决定储层电性特征，而且还决定储层储集性能和产能大小，所以在非常规储层评价中，特别是储层物性差、孔隙与喉道半径都比较小的情况下，孔隙结构的评价十分必要。

表 2-9 所述的中国陆相致密油储层五类孔渗特征，是由与之相关的孔隙结构所决定的，不同类型的孔隙结构，决定了不同类型的孔渗特征。孔喉结构包括孔喉大小及其分布、孔喉空间几何形态、孔喉间连通性等，下面结合岩心薄片、压汞毛管曲线和测井特征等分别论述砂岩、碳酸盐岩和混积岩的典型孔隙结构特征。

（一）砂岩储层孔隙结构特征

1）孔隙类型

储集层的孔隙类型主要有原生粒间孔、粒间和粒内溶孔、岩屑溶孔、微孔、自生矿物晶间孔和微裂缝等，对于源内致密油，还有可能是干酪根中的有机质孔，但由于岩石矿物成分与成岩作用的差异，不同类型致密油储层储集空间中，这些类型的孔隙分布及其占比存在一定的差异。

砂岩致密油储层的物性条件先天性就较差，在后期压实作用和较强的成岩溶蚀作用下，其原生粒间孔隙较少，以次生孔隙为主。由表 2-10 可以看出，砂岩致密油储层中长石溶孔和岩屑溶孔的次生溶蚀孔为主要孔隙类型，其占总孔隙度比例达 45% ~65%，粒间孔次之，占总孔隙度比例为 15% ~25%，并可见少量晶间孔和微裂缝。因此，砂岩储层中的可溶蚀矿物的多少及溶蚀作用的强弱共同决定了其孔渗大小、孔隙类型与孔隙结构特征。

表 2-10　砂岩致密油储层孔隙类型分布（鄂尔多斯盆地延长组长 7 储层）（单位：%）

区块	粒间孔	长石溶孔	岩屑溶孔	晶间孔	微裂隙	面孔率
姬塬	1. 36	1. 32	0. 10	0. 10	0. 09	2. 97
陇东	0. 51	1. 54	0. 21	0. 01	0. 01	2. 28

尽管砂岩致密油储层天然裂缝一般不发育，但仍有少量裂缝存在，甚至有时还较为发育，可达 2 ~3 条/m。部分储层中，还能够见成岩缝发育。这些裂缝具有开度小、充填低的特点，储集空间很小，但可有效改善储层的渗流能力。

对于源内致密油，往往存在干酪根中的有机质孔，如图 2-34 所示。从图 2-34 中可以看出，干酪根的孔隙类型有呈气孔状有机质孔和微裂隙，有机质孔富含油气，是有效孔隙，其大小与干酪根含量及其热演化作用有关。微裂隙的存在则沟通一般呈孤立状分布的有机质孔，改善其渗流能力。

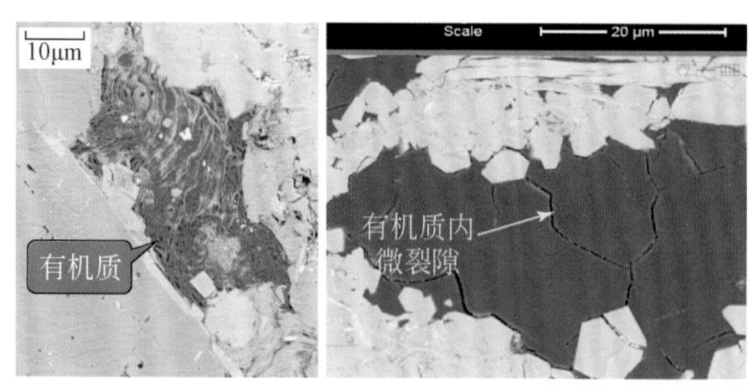

图 2-34　有机质孔分布（鄂尔多斯盆地延长组长 7_3 段）

2）孔喉分布

按照孔喉大小划分，砂岩储层可分为大孔喉、中孔喉、小孔喉、微米级孔喉和纳米级孔喉五种，相比于常规油储层，中国陆相致密油储层的孔喉半径分布普遍偏细（图 2-35），基本都属于小孔喉、微米级孔喉和纳米级孔喉，这是致密油储层孔隙结构的主要特征，如表 2-11 和图 2-36 所示。由表 2-11 和图 2-36 可以看出，鄂尔多斯盆地延长组长 7 段储层以小孔隙、微孔隙和纳米孔隙为主，孔喉半径小于 10μm、主峰小于 2μm；松辽盆地扶余致密油的孔喉分布与此有相类似。

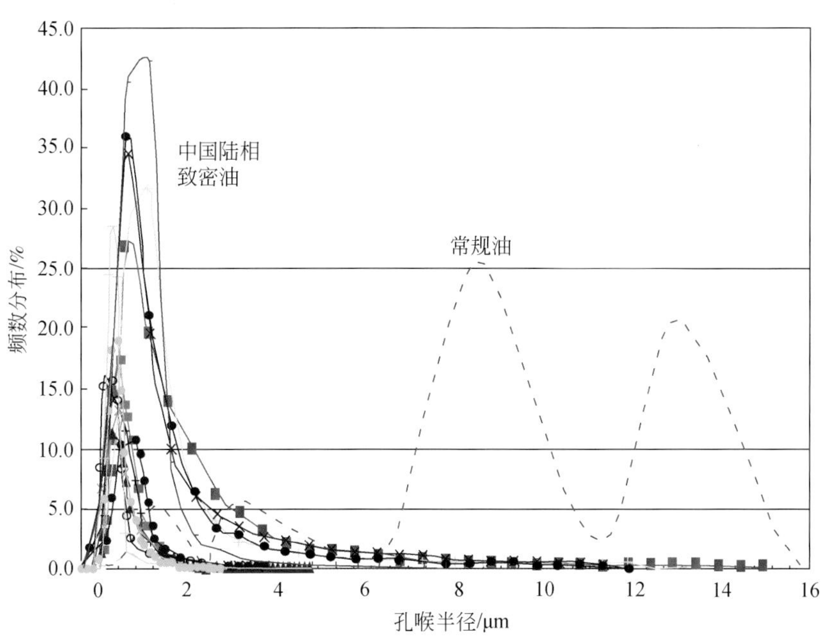

图 2-35 致密油与常规油的孔喉半径分布

表 2-11 砂岩致密油储层孔喉大小分布表（鄂尔多斯盆地延长组长 7 储层）

孔喉分类	大孔喉	中孔喉	小孔喉	微孔喉	纳米孔喉
孔喉半径/μm	>20	20～10	10～2	2～0.5	<0.5
数量描述	少	较少	多	丰富	很丰富

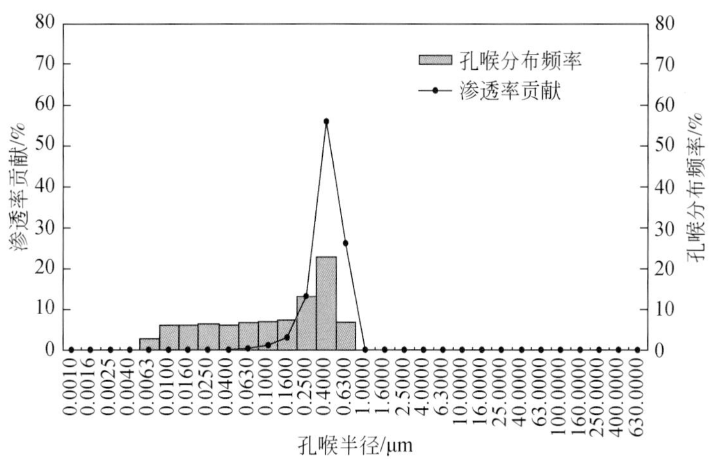

图 2-36 砂岩致密油储层的孔喉半径分布图（松辽盆地扶余油层扶余致密油）

尽管砂岩致密油储层的孔喉半径整体小，但不同类别储层的孔喉半径相差较大，如图 2-37 所示，Ⅰ类储层的孔喉半径大于 0.3μm，而Ⅲ类储层的孔喉半径则几乎均小于

0.1μm。图2-38则进一步指出，Ⅰ类和Ⅱ类储层的孔喉半径以大于0.2μm为主，分别占总孔隙的50%和40%，当然，这两类储层也发育大量的微细孔喉分布，小于0.05μm的孔喉占比分别为25%和30%；Ⅲ类储层则以小于0.05μm为主，占比为45%。因此，砂岩致密油储层的细小孔喉分布特征与常规砂岩有着显著差别，且不同类别储层的孔隙结构特征差异性也明显，由此形成了其固有的孔隙度与渗透率关系复杂性。

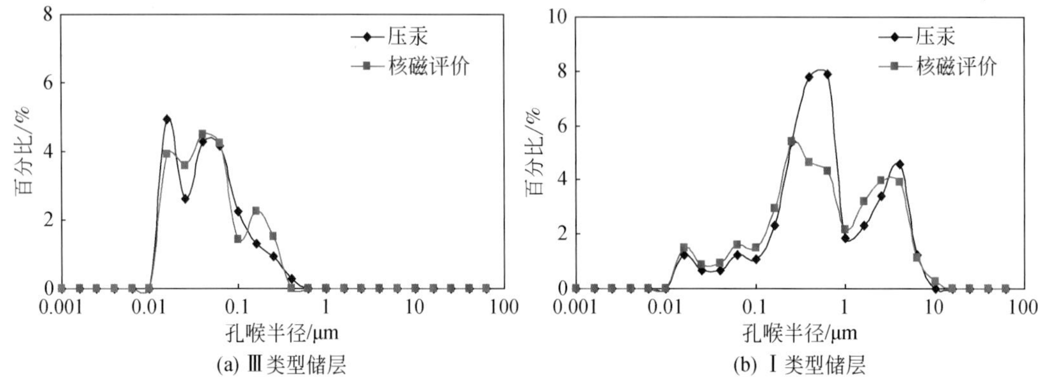

图2-37　不同类别储层的孔喉半径分布（柴达木盆地扎哈泉地区 N_1）

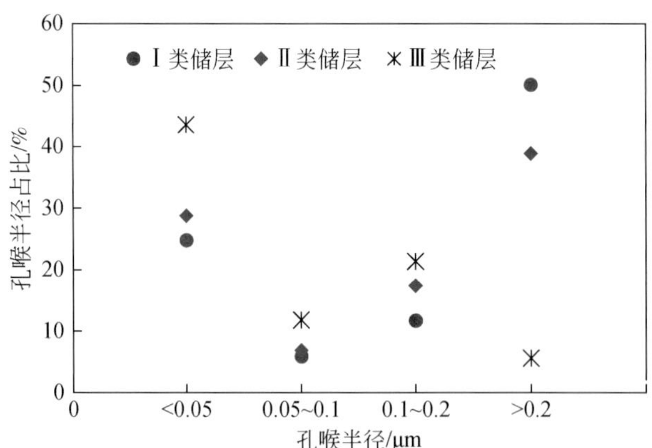

图2-38　不同类别储层的孔喉半径占比分布（柴达木盆地扎哈泉地区 N_1）

核磁共振测井是目前评价储层孔隙结构最有效的技术，它通过分析 T_2 谱分布特征与压汞毛管曲线确定的孔喉半径分布，确定出大孔、中孔和小孔的 T_2 截止值，并对比毛管曲线确定的储层类型，确定出不同储层的不同尺度孔隙占比分布，从而实现储层孔隙结构评价与分类。如图2-39所示，Ⅰ类储层以大于40ms的孔隙为主，占比65%左右；Ⅱ类储层以大于4ms的中大孔隙为主，占比60%；Ⅲ类储层以小于4ms的小孔隙为主，占比50%。以确定出的这种分类标准，实现了基于核磁共振测井资料的储层孔隙结构评价及其储层分类，如图2-40所示。该图指出，A井2t B井的压裂段储层孔隙结构好，以Ⅰ类储层为主，压后日产能分别为25t和20t，而C井压裂段的储层孔隙结构差，以Ⅲ类储层为主，压裂后为干层，表明核磁共振测井评价的储层孔隙结构特征正确。

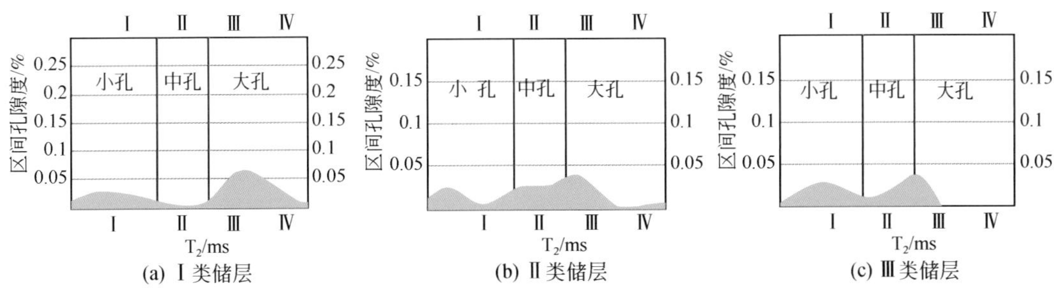

(a) Ⅰ类储层 (b) Ⅱ类储层 (c) Ⅲ类储层

图 2-39 不同类别储层的 T_2 谱分布特征图

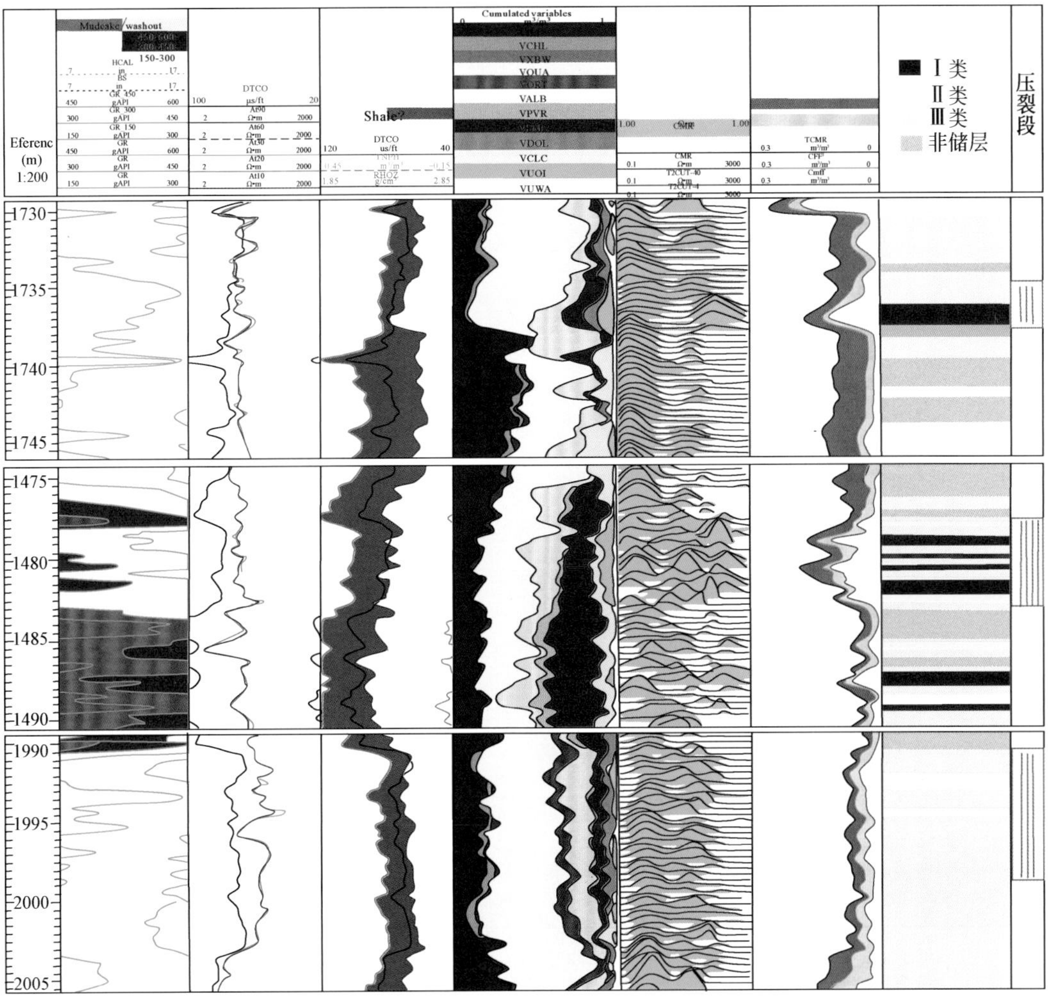

图 2-40 核磁共振测井确定的储层类别（鄂尔多斯盆地延长组长 7 段）

上部为 A 井；中部为 B 井；下部为 C 井

（二）碳酸盐岩储层孔隙结构特征

1）孔隙类型

碳酸盐岩类致密油储层具有成岩作用强且复杂的特点，其孔隙类型可划分为四类：一是孔隙型，孔隙类型有粒间孔隙、晶间孔隙、生物格架孔隙等，物性条件较好；二是溶蚀孔洞型，孔隙类型以溶蚀孔隙及溶洞为主，物性条件较好；三是裂缝型，多见于较薄的脆性碳酸盐岩，裂缝既是储集空间，又是油气运移通道，多属于中低孔隙度储层；四是复合型，原生孔隙、次生孔隙和裂缝三者同时出现或出现其中的两种。

四川盆地侏罗系大安寨段介壳灰岩储集空间以孔隙与裂缝复合型为主，发育有构造缝和成岩缝两类，成岩缝规模小数量大，构造缝规模大数量少，裂缝以低斜、水平小缝、微缝为主，水平、低角度裂缝占 84.6%。高角度、大中缝不发育，充填程度不高；泥质含量越低，越有利于裂缝发育。介壳灰岩含有少量晶间微孔，并在后期构造作用下可形成一定数量的网格状微裂缝（图 2-41），局部具有溶蚀扩大现象，可形成较好的储层。介壳之间多被泥质和泥晶方解石充填（图 2-42），局部偶见小溶洞，因此孔隙度和渗透率均较差，一般仅能成为差的储集岩类。

虽然大安寨介壳灰岩的基质物性很差，但裂缝的存在对储层的整体物性起到了极大的改善作用。裂缝主要发育在岩性较纯的介屑灰岩中，泥质介壳灰岩和含泥质介壳灰岩裂缝很少。泥质含量越低，越有利于裂缝发育。

(a) 泥晶介壳灰岩,构造微缝,未充填

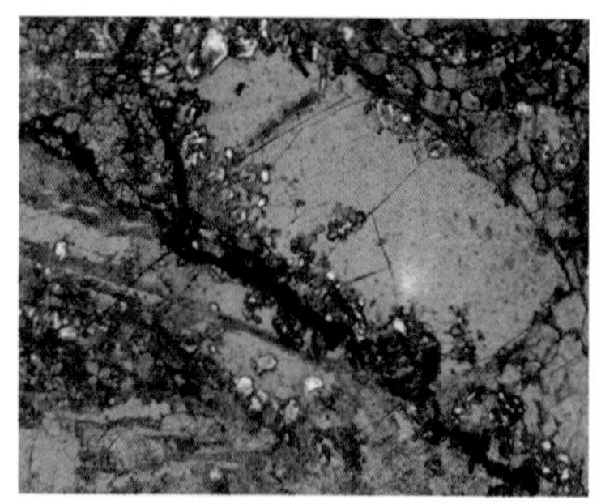

(b) 泥晶介壳灰岩,介壳内溶孔,未充填

图 2-41　介壳灰岩铸体薄片图

(a) 褐灰色泥质介壳灰岩

(b) 泥质介壳灰岩,构造缝切破介壳,断续状,为灰质、硅质充填

图 2-42　泥质介壳灰岩岩心及铸体薄片图

辽河拗陷雷家地区沙四段湖相碳酸盐岩致密油储层的储集空间类型复杂，孔隙、裂缝均比较发育，且不同岩类储集空间类型不同。白云岩类储集空间以次生溶孔、压溶缝、收缩缝为主，如图 2-43 所示。

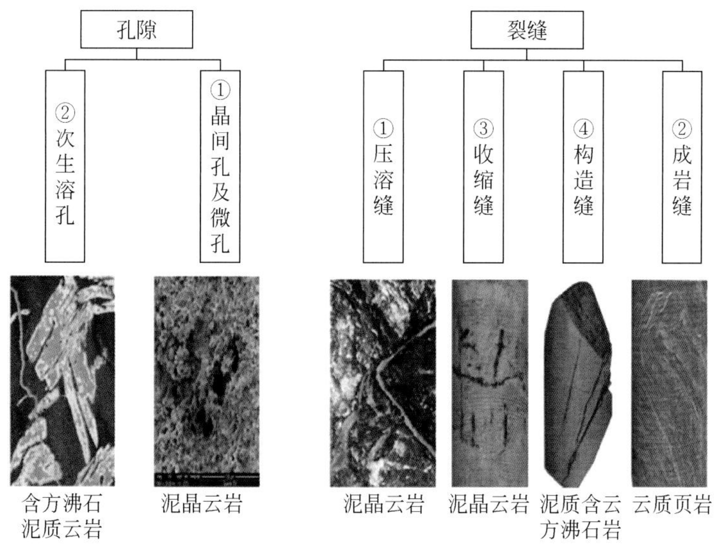

图 2-43　湖相碳酸盐岩的孔隙类型（辽河杜家台油层）

2）孔喉分布

与致密砂岩相比，不论是生物成因的灰岩（如四川川中大安寨段）还是湖相沉积的碳酸盐岩（如辽河凹陷西部沙四段），致密碳酸盐岩的储层孔隙结构复杂多变，基质孔隙空间小，孔喉尺寸微细、非均质性强且连通性差。

图 2-44 是大安寨最好储层（孔隙度为 5% ~7%）的样品资料，可以看出尽管排驱压力较小，有部分较粗孔喉存在，但分选极差，退汞效率很差，反映了孔与喉的匹配性很差。

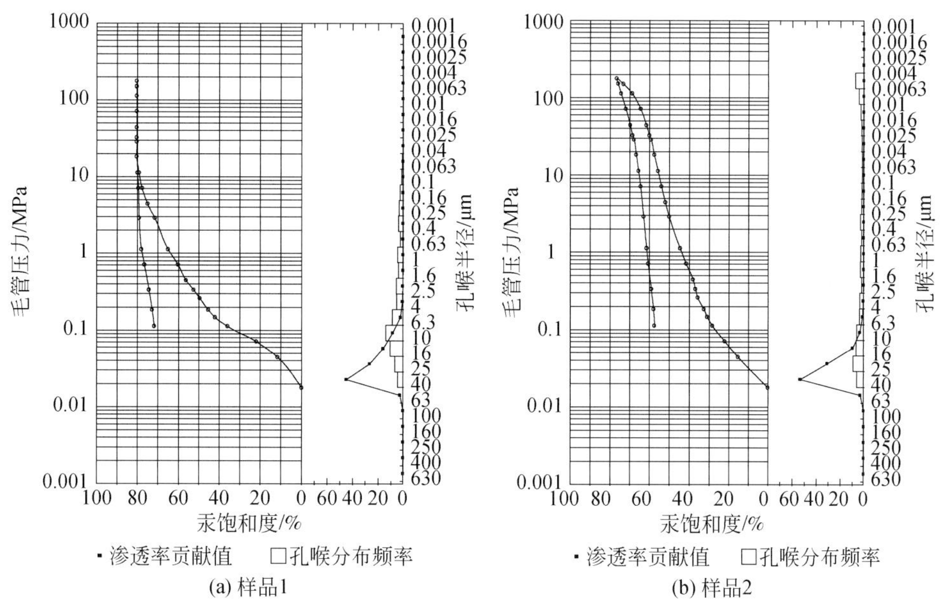

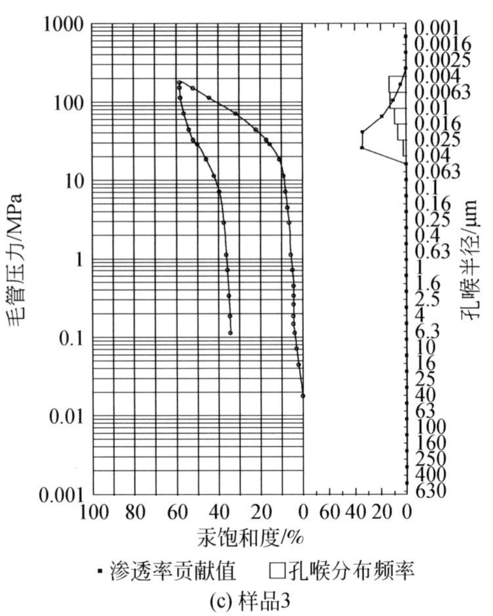

(c) 样品3

图 2-44　大安寨介壳灰岩毛管压力曲线

而该层位广泛发育储层的基质平均孔隙度一般小于 2%，其孔隙结构特征见表 2-12（邹才能，2014）。据 2741 个样品分析结果统计，孔隙度平均值为 1.04%，孔隙度大于 2% 的样品仅占 7.5%，渗透率平均值为 0.53mD，渗透率大于 0.1mD 的样品仅占总数的 19%。这些孔隙度小于 2% 的储层比图 2-44 所示的前两块样品差很多，全为偏向于极细孔喉的单峰型孔喉分布。

表 2-12　川中侏罗系大安寨致密灰岩压汞曲线参数（邹才能，2014）

孔隙区间 /%	平均孔隙度 /%	毛管压力曲线特征参数			
		P_c（S_{Hg}=10%）/MPa	r_c（S_{Hg}=10%）/μm	P_c（S_{Hg}=10%）/MPa	r_c（S_{Hg}=10%）/μm
2～3	2.21	3.43	0.22	12.33	0.06
1～2	1.23	13.94	0.08	65.19	0.02
<1	0.73	39.44	0.02	133.35	0.01

由于白云岩储集空间的次生溶孔、压溶缝、收缩缝发育，辽河拗陷雷家地区沙四段的湖相碳酸盐岩储层孔喉分布变化大（图 2-45），既有储层发育大孔喉，孔喉半径为 5～50μm；也有储层发育小孔喉，孔喉半径为 0.02～0.4μm。储层双峰分布特征明显，为孔隙类型分布的复杂性所致。

图 2-46 是以核磁共振测井转换出的毛管压力曲线确定出的湖相碳酸盐岩孔喉半径分布，该图指出：①纵向上，储层的平均孔喉分布差异大，为 0.05～1μm；②同一深度上，孔喉半径的非均质性强，既有 0.03μm 极小孔喉，也有 1μm 的较大孔喉。

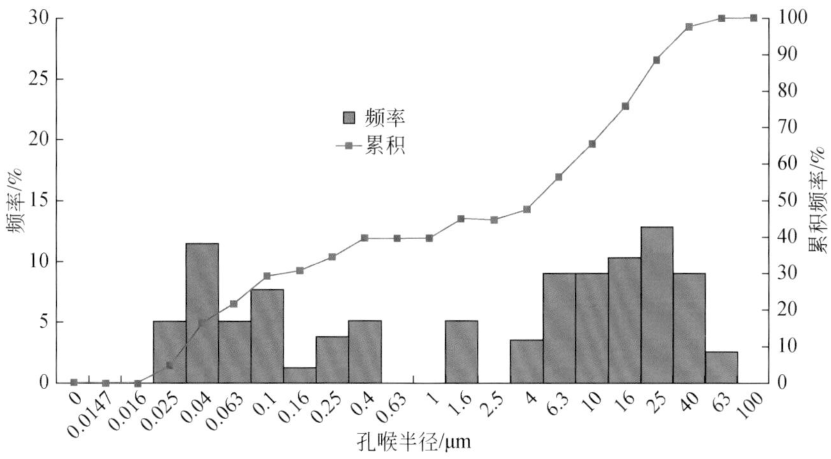

图 2-45　湖相碳酸盐岩的孔喉分布特征（雷家地区杜三段油层 78 块）

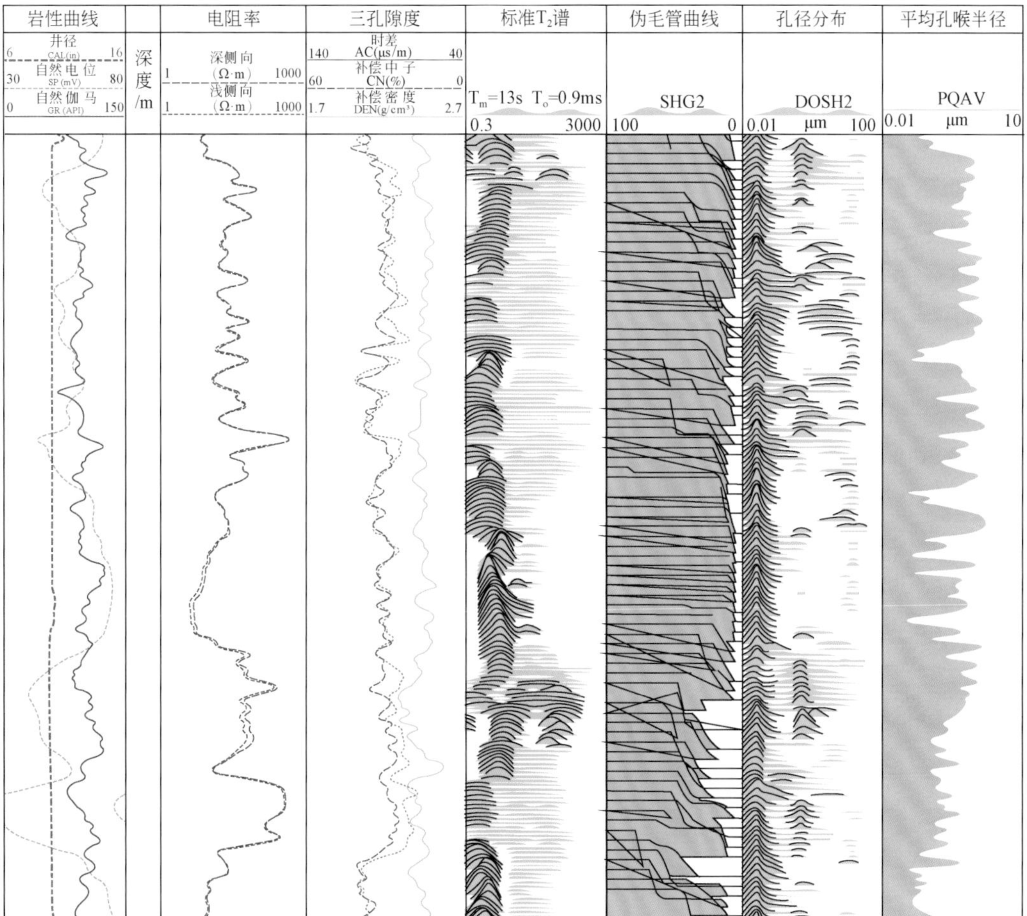

图 2-46　湖相碳酸盐岩核磁共振测井确定的孔喉分布

（三）混积岩储层孔隙结构特征

与前面所述相同，下面将分别论述云质岩、泥灰岩和沉凝灰岩三类混积岩的孔隙结构特征。

1）云质岩

云质岩的原生孔隙少见，孔隙类型为成岩阶段发育的次生溶蚀孔隙，主要有粒间/晶间溶孔、粒内/晶内溶孔和晶间孔类型，但各类云质岩间也存在较大差异，孔隙类型及其孔喉大小分布由其岩石矿物组分与成岩作用决定。孔隙结构类型主要有以下三类（图 2-47）：

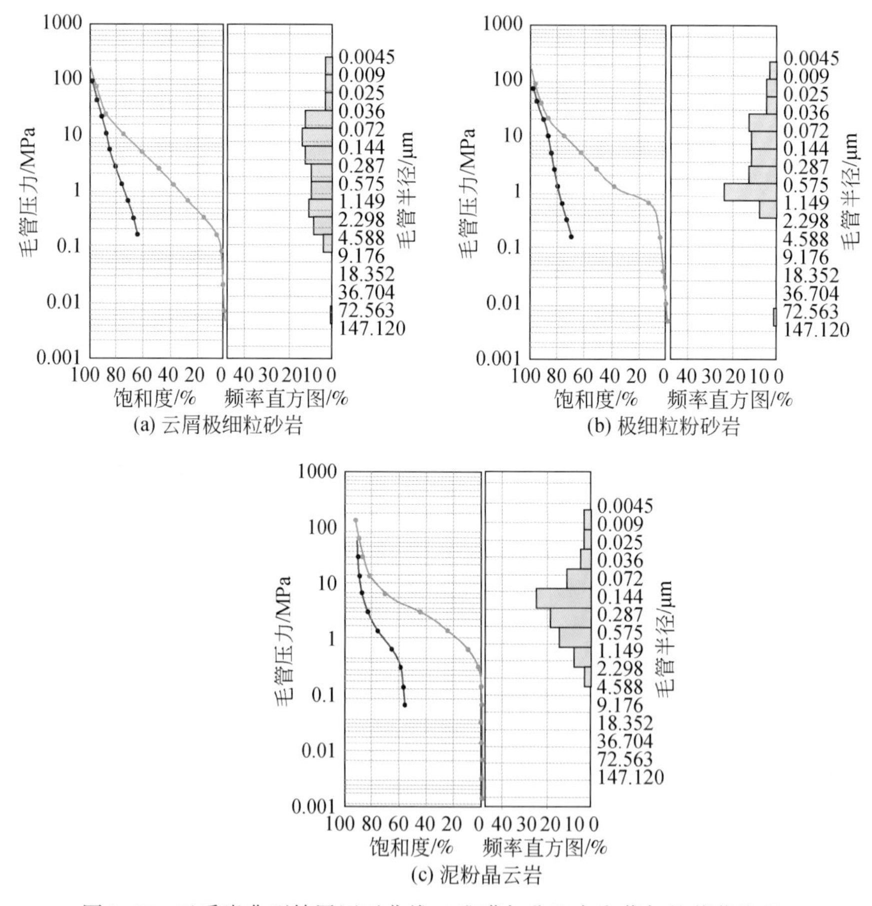

图 2-47　云质岩典型储层压汞曲线（准噶尔盆地吉木萨尔的芦草沟组）

一是以粒间溶孔为主，含少量晶间孔、粒内溶孔的孔隙组合，这种组合储集条件好，常见于颗粒云岩和云屑极细粒砂岩，其最大孔喉半径分别可达 16.13μm 和 5.29μm，平均孔喉半径分别为 1.78μm 和 1.35μm。孔喉半径分布于 2～10μm，孔隙连通性较好。

二是以粒内溶孔和粒间溶孔为主的孔隙组合，主要见于白云质粉砂岩和粉砂质白云岩段，储集条件较好。粒内溶孔主要为砂屑或岩屑内（交代）溶蚀孔隙，孔喉半径主要分布于 1～20μm，变化范围较大，局部可达几百微米，但连通性差。粒间溶孔主要为钠长石溶蚀孔隙，孔喉半径多分布于 5～30μm，连通性好。白云质粉砂岩和粉砂质白云岩孔喉分布存在一定的差异，其最大孔喉半径分别为 0.88μm 和 2.24μm，平均孔喉半径分别为 0.26μm 和 0.67μm。

三是以晶间溶孔和晶内溶孔为主的孔隙组合，这主要存在于泥晶白云岩，储集条件较差，但微裂缝较为发育。晶间溶孔孔喉半径为 0.75～1μm，局部可达 5～10μm。晶内溶孔主要为白云石晶内溶蚀孔隙，少量为石英溶蚀，孔喉半径多数小于 0.75μm，局部达 5～30μm。孔隙连通性差。

云质岩的储集空间孔喉普遍细小，核磁共振测井 T_2 谱也清楚地指出了这一点。如图 2-48 所示，云质岩储层的 T_2 谱基本都小于 100ms，这与纯碳酸盐岩 T_2 截止值 92ms 基本相当，表明储层孔隙偏小。

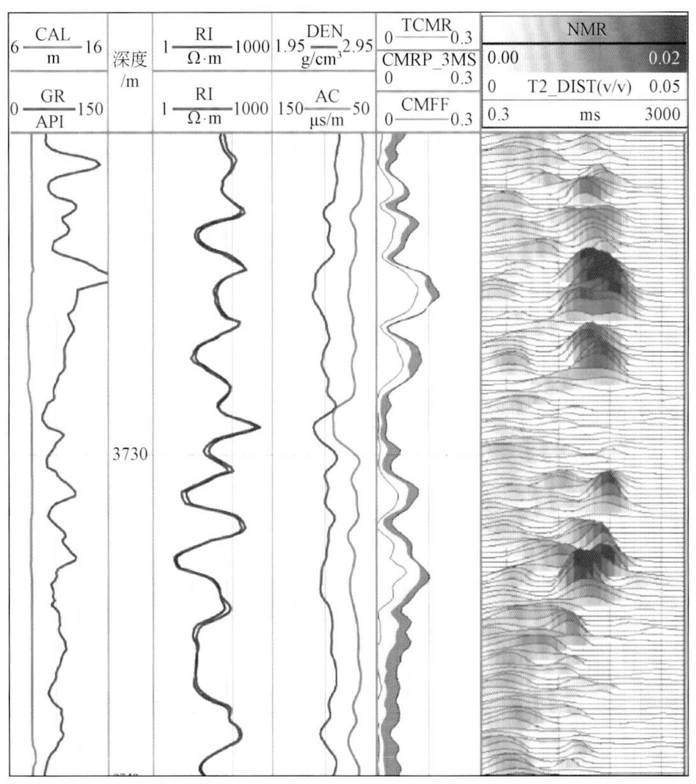

图 2-48　云质岩的核磁共振测井 T_2 谱分布

2）泥灰岩

泥灰岩储层一般为裂缝孔隙型储层，发育裂缝和孔洞两种孔隙类型，如图 2-49 所示。该图指出，纹层状泥灰岩顺层缝较发育且未被充填，既可作为有效储集空间，也可改善储层渗流能力；陆源颗粒支撑的砾岩，发育一定量的粒内溶孔及其粒间杂基内的微孔。

如图 2-50 所示，泥灰岩的孔喉半径微小，半径小于 0.1μm 的孔喉占比达 80%，极细孔喉的单峰分布特征十分明显，但是也存在少量孔喉较大（4～25μm）的储集空间，此为溶蚀作用较强的溶蚀孔。

(a) 纹层状泥灰岩顺层未充填缝

(b) 陆源颗粒支撑砾岩粒间杂基内微孔、粒内溶孔

图 2-49　泥灰岩的孔隙类型

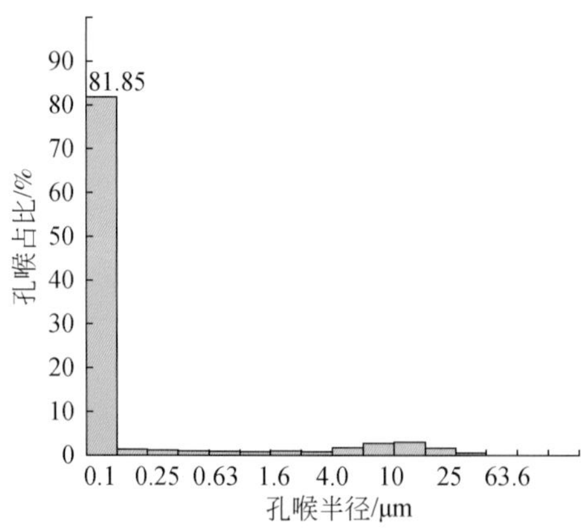

图 2-50　泥灰岩的孔喉半径分布（渤海湾盆地束鹿凹陷沙三下段）

3）沉凝灰岩

如图 2-51 所示，沉凝灰岩储层发育四类孔隙，即微粒火山灰成分以长英质为主，具刚性特征，抗压性强，火山灰、火山尘质点间原生微孔发育；火山灰中火山玻璃质碎屑不稳定，遇水易水解脱玻化，一部分成分转移和流失，另一部分成分重结晶转化为次生石英、(钾）钠长石、少量绿泥石等，同时体积缩小，形成众多脱玻化微孔；微粒火山灰质点中不稳定长石晶屑在弱酸性水介质中溶蚀形成颗粒次生微孔，溶蚀程度较强时可形成溶蚀微洞；凝灰质的脱水收缩作用形成微收缩缝隙。因此，沉凝灰岩孔隙类型具有“四微”特征，即凝灰质质点间微孔、基质与晶屑溶蚀微孔、脱玻化晶间微孔和微裂隙，这“四微”十分发育，导致沉凝灰岩储层的孔隙度较高。

由扫描电镜和压汞毛管曲线等实验资料分析知，沉凝灰岩的孔隙半径细小，主要为几微米或纳米级，少数可达 10μm，微溶蚀洞可达几十微米。孔喉半径中值为 0.05μm，主要渗透率贡献范围的孔喉半径为 0.06 ~ 0.1μm，压汞曲线形态（图 2-52）指出，储层具有孔

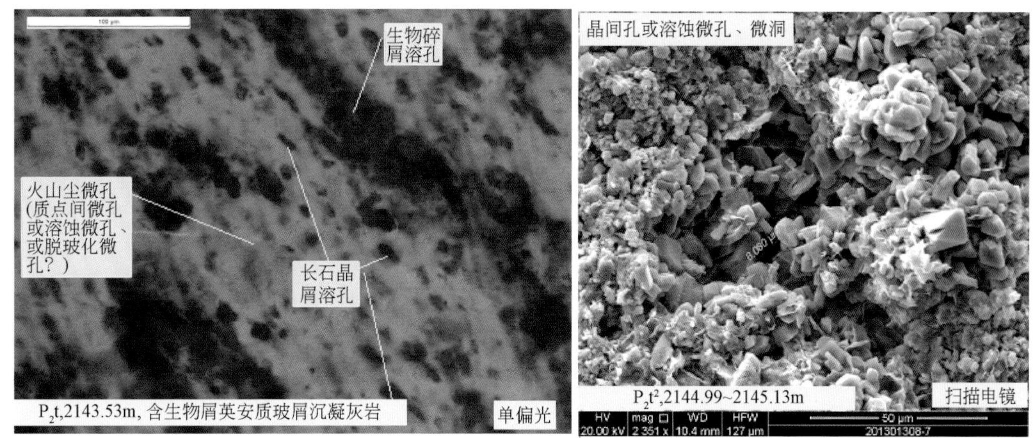

图 2-51　沉凝灰岩的微观孔隙发育特征（条湖组二段）

喉细小但分选好的特点。

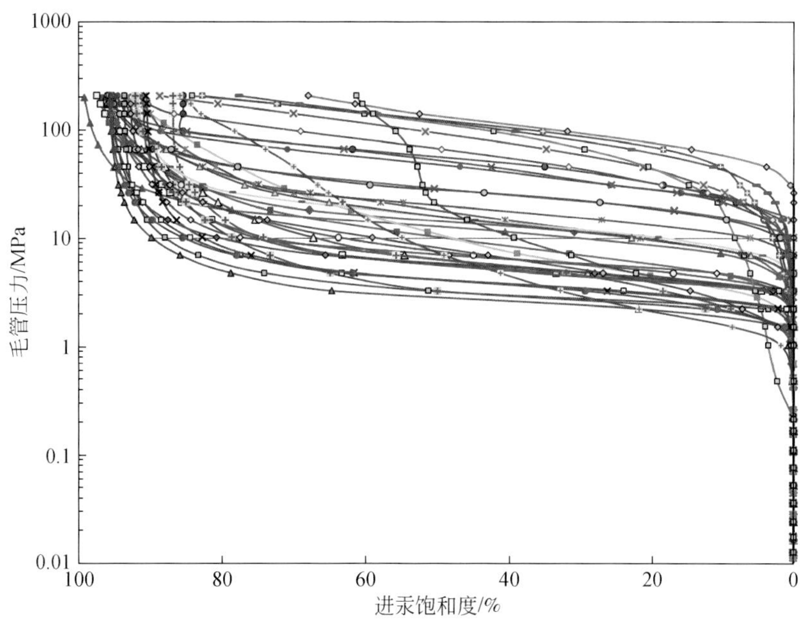

图 2-52　沉凝灰岩的压汞曲线特征（马朗凹陷条湖组二段）

综上所述，中国陆相致密油的物性特征是孔隙度低和渗透率低，而且储层孔隙结构复杂，即具有“两低一复杂”的特征，但是不同类型的致密油储层，这种“两低一复杂”的特征又存在较大差异，进一步复杂化了致密油储层物性特征。

第三节　含油性特征

致密油气的近源成藏与源储共生的成藏模式、储层孔隙喉道细小与孔隙结构复杂及原油的赋存状态等特点决定了其含油性特征与常规油气具有本质性的差异，本节以典型中国陆相致密油区块为例，论述不同成藏模型致密油的含油性特征。

一、原油赋存特征

致密油储层中的原油赋存特征，决定其含油性，进而控制含油饱和度的分布。如果不同孔喉尺度的储集空间均赋存原油，则含油性好，含油饱和度就高；反之亦然。在同等烃源岩品质以及相同的源储配置条件下，影响致密油原油赋存状态主要为储层品质和储层润湿性。具体分述如下。

（一）储层品质

扫描图像和 X 射线能谱测定数据表明，致密油砂岩储层中原油的赋存状态具有如下特点（邹才能等，2015）：

（1）以薄膜状涂抹于颗粒表面，呈条带状或团块状分布。

（2）以短柱状集合体（油粒）发育于颗粒间微孔内，原油相互粘连，呈不规则粘连丝状弥漫分布。或者以油粒状黏结赋存于裂缝内壁，相互连接呈残余状分布。

上述两类赋存状态中，原油的富聚程度与储层品质明确相关。图 2-53 是松辽盆地南部扶余致密油扫描电镜测量的碳元素含量与储层孔喉半径分布图，该图指出，孔喉半径越大，碳元素质量百分比越高，Ⅰ类和Ⅱ类储层的含碳质量百分比为 40% ~90%，而Ⅲ类储层只有 15% ~30%；原油分布于孔喉半径几十纳米至几百纳米的微细孔喉中，小于 40nm 的空间基本上未见碳元素。

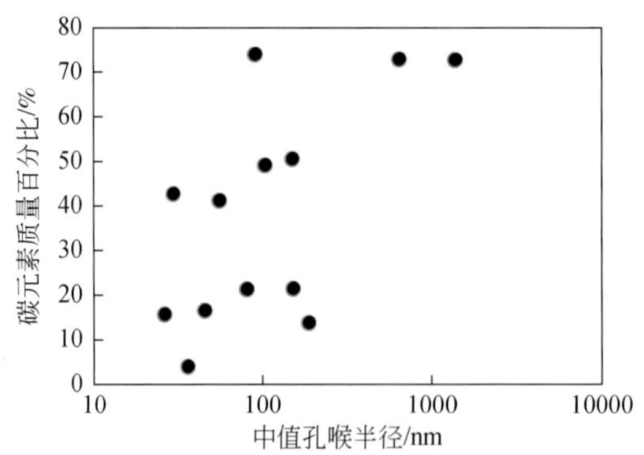

图 2-53　致密油原油富聚与孔喉半径间关系

（二）储层润湿性

岩石润湿特征指当呈液相态的油或水与岩石接触时，沿着岩石表面扩散铺展开的能力，是影响岩石原油赋存状态的关键因素之一。

通过实验室测量获取储层的液固相接触时液体扩散速率，判断储层的润湿性特征。图 2-54 是吉木萨尔凹陷芦草沟组致密油储层的润湿性实验，其上部一排为滴水实验，下部一排为滴油实验，对比这两排滴液扩散时间可以看出，油滴在 1s 的时间内就扩散完毕，而水滴需要 10min，据此判断这些岩样具亲油润湿的特征。反之，如果油滴较水滴的扩散速率慢，可判断实验岩样具亲水润湿性。如果油滴较水滴的扩散速率基本相当，这判断实验岩样具中性润湿特征。

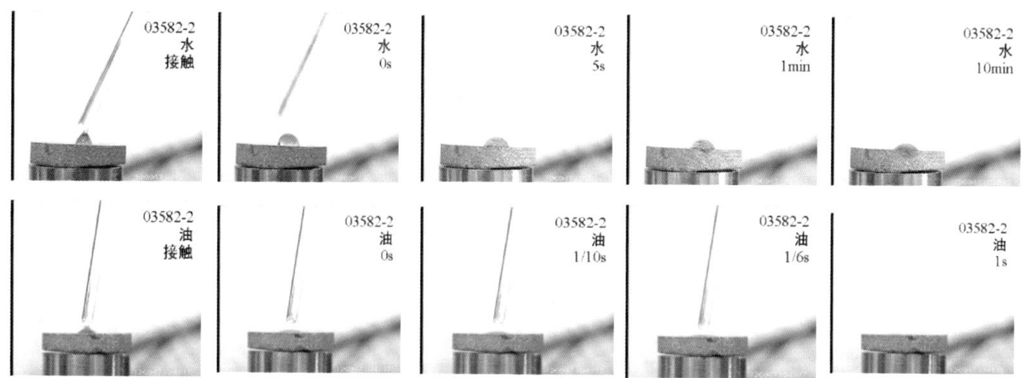

图 2-54　储层的滴液扩散性对比

致密油储层尤其是源内致密油储层，往往多具有亲油润湿性特征。如图 2-55 所示，岩石中大量发育的微晶状钠长石、石英和白云石等矿物晶间孔，多被油膜包裹，并且这种晶间孔被油膜充填及包裹的现象，随着对岩石断面观察时间的延长有增加的趋势，由早期的主要是微米级的孔隙被油膜充填和包裹逐渐发展至纳米级晶间孔也被油膜充填，被油膜包裹与充填的孔隙比例也相应增加。

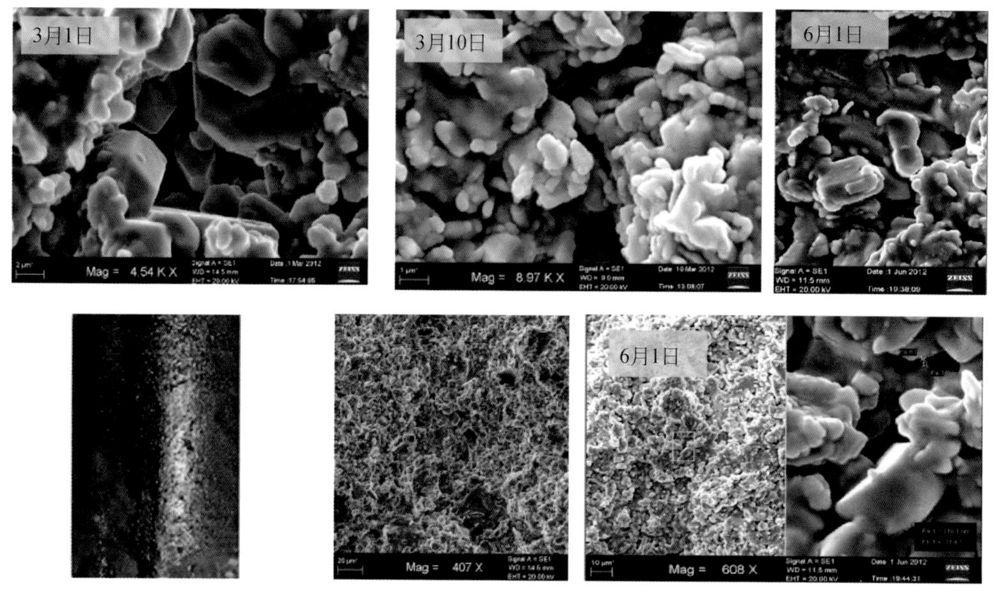

图 2-55　不同岩样不同阶段新鲜断面含油性扫描电镜照片对比

进一步地，将氩离子抛光后岩样新鲜断面置于环境扫描电子显微镜下，可清晰地观察到岩石的矿物排列、颗粒形态、孔隙的大小与结构及原油的分布特征。对于亲油储层，如图 2-56 所示，钠长石、石英和白云石等矿物中的微晶状晶间孔及矿物表面多为油膜充填与包裹，整体上油膜厚度较均匀，但也可见部分矿物晶体表面油膜断续分布，并存在脱落和叠置的现象。此与矿物晶体的黏附油膜能力存在差异有关。

图 2-56　亲油储层的孔隙结构与油膜特征

（a）对岩样新鲜断面进行氩离子抛光；环境扫描电镜 ×125；（b）岩石中微纳米级晶间孔发育，氩离子抛光、环境扫描电镜 ×500；（c）部分钠长石、石英、白云石等矿物晶体表面分布有断续的油膜，氩离子抛光、环境扫描电镜×3. 57k；（d）部分油膜具脱落及叠置的现象，氩离子抛光、环境扫描电镜×10. 74k

为了进一步了解油膜的特征，对亲油岩样新鲜断面进行氩离子抛光、镀膜和场发射扫描电镜分析（图 2-57）可知：①部分微米级、纳米级微孔中充填有油膜，部分微孔孔壁表面吸附有大量油分子集合体［图 2-57（a）］。②低真空条件下，随着时间的延长和温度的升高，油分子扩散能力增强，纳米孔中油膜的厚度在均匀增加。当油膜厚度增加到约 35nm，由于受到重力和表面张力等因素影响，吸附油膜发生滑塌现象并进一步转化为游离油［图 2-57（c）、（d）］，此即表明在一定温度和压力差条件下，致密油中吸附油可转化为游离油，且可流动的游离油要求的喉道半径下限至少为 35nm。

当源储共生或源储一体时，原油可使储层中部分无机矿物由于其吸附作用而由亲水向亲油转变，从而使得储层出现混合润湿性或部分亲油润湿相，如图 2-58 所示。图 2-58（a）的

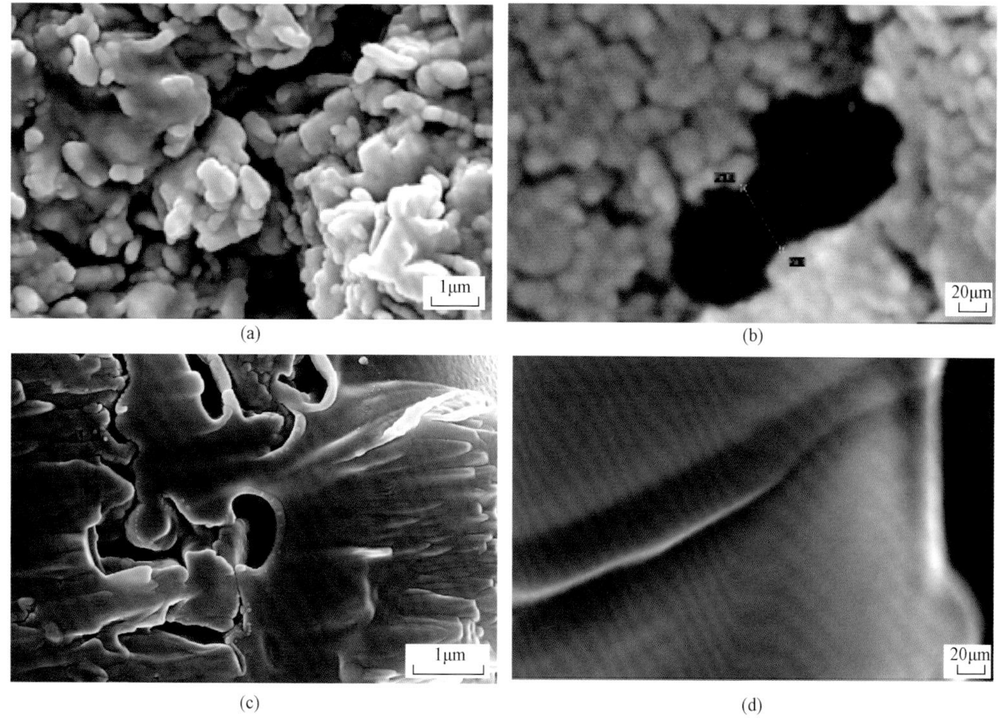

(a)　(b)　(c)　(d)

图 2-57　亲油致密油储层的纳米级微孔中油膜特征

(a）含泥质含云质极细粒粉砂岩，岩石中除发育微米级剩余粒间孔及粒间溶孔外，见大量纳米级微粒石英及钠长石晶间孔及晶间溶孔，纳米级微孔被油膜充填包裹，场发射扫描电镜 ×9.0k；（b）含云质泥质粉砂岩，纳米级白云石晶内溶孔表面吸附有油膜，场发射扫描电镜 ×300k；（c）含云质极细粒粉砂岩，纳米级微孔较发育，微孔中被油膜充填包裹，氩离子抛光场发射扫描电镜×14.36k；（d）含泥质粉砂质云岩，纳米级微孔中的油膜，氩离子抛光场发射扫描电镜×226.55k

黏土矿物发生溶蚀作用，其表面为油膜所包裹；图 2-58（b）的片状绿泥石表面吸附有油膜。除了黏土矿物外，油优先运移到大孔隙中，接着发生有机质沉淀，形成混合润湿相。

(a)　(b)

图 2-58　黏土表面的吸附油膜分布

显然，储层岩石的润湿性决定了流体在岩石孔隙内的微观分布与原始分布状态。若岩石亲油或者部分亲油，与常规的亲水油藏相比，会大大提高含油饱和度的数值。

此外，原油品质对其赋存状态也有一定影响。当原油品质较好时，原油在致密储层中的可流动性变强，可进入较细孔喉的储集空间中，导致储层的含油性好；反之亦然。一般地，受成藏模式的控制，中国陆相致密油的原油品质都较好。

二、含油性分析

大量岩心扫描照片和核磁共振实验研究均表明，致密油储层的含油性与其地下原油赋存状态密切相关，而原油赋存状态与源储配置关系十分密切，不同源储配置关系，石油的微观赋存状态存在明显差异。有利的赋存状态，则含油性好，反之亦然。下面就源内致密油和近源致密油分别讨论致密油的含油性特征。

（一）源内致密油的含油性

一般地，源内致密油含油性好。一方面得益于源储共生，烃源岩生排烃后，油气优先充注这类与烃源岩直接接触的储层；另一方面，源内致密油的储层往往具亲油润湿相。下面从微观物性和宏观物性分别论述源内致密油的含油性。

在品质优良的烃源岩作用下，源内致密油的储层含油性则完全受控于储层品质，原油连续地赋存于大孔到纳米孔隙各类储集空间中，且微孔至纳米孔隙含油饱满，岩屑的含油级别高。图 2-59 指出，无论是细砂岩还是粉砂岩的岩心，原油均呈油浸状分布且沿微裂缝和微裂隙渗出，含油性非常好。

(a) 细砂岩的含油照片

(b) 粉砂岩含油照片，宁112井 长7_2 1516.98m 粉砂岩，沿裂缝渗油

图 2-59 源储品质好的孔隙型储层含油性岩心照片

渤海湾束鹿凹陷沙河街组泥灰岩是裂缝型源内致密油，其含油空间主要为裂缝、晶（粒）间孔、颗粒边缘和颗粒内（图 2-60），但根据储层类型的不同，其含油性差异较大，具体如下：

（1）裂缝型储层。基质孔隙度小，其含油性很弱，主要为裂缝空间的含油性好，相应的气测曲线呈尖峰状高值。

（2）裂缝孔隙型储层。孔隙和微裂缝均含油，气测连续异常但数值不太高，全烃小于10%。

（3）致密型储层。裂缝不发育，基质孔隙低，如泥灰岩等，由于其本身就富含有机质，所以有一定的含油性，气测值低但呈连续性分布。

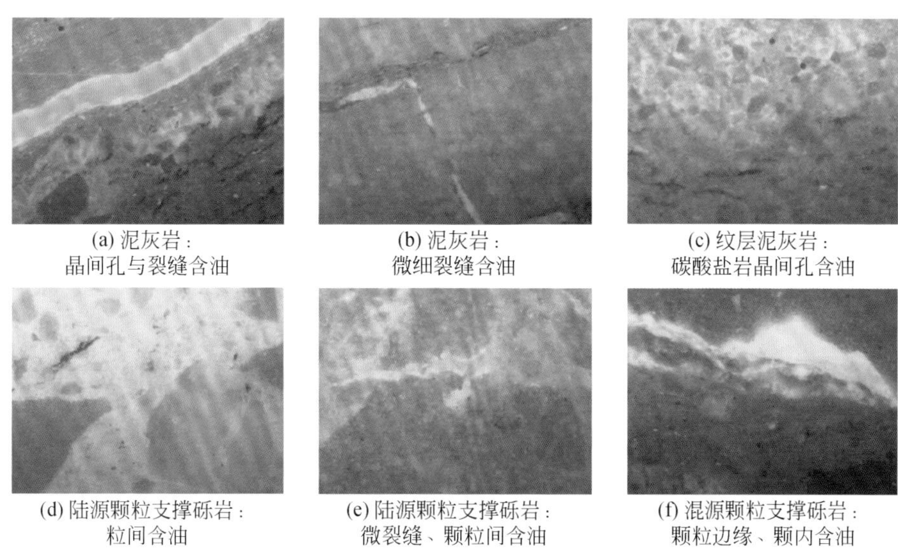

(a) 泥灰岩：晶间孔与裂缝含油　(b) 泥灰岩：微细裂缝含油　(c) 纹层泥灰岩：碳酸盐岩晶间孔含油

(d) 陆源颗粒支撑砾岩：粒间含油　(e) 陆源颗粒支撑砾岩：微裂缝、颗粒间含油　(f) 混源颗粒支撑砾岩：颗粒边缘、颗内含油

图 2-60 裂缝型源内致密油的含油性特征

图 2-61 所示则进一步指出，不同宏观物性（孔隙度和渗透率）条件下表现出明显的含油性差异。当孔隙度大于6%、覆压渗透率大于0.001mD时，岩屑才开始有油迹显示；孔隙度大于10%、覆压渗透率大于0.01mD时，岩屑的油气显示主要为油斑级；而孔隙度

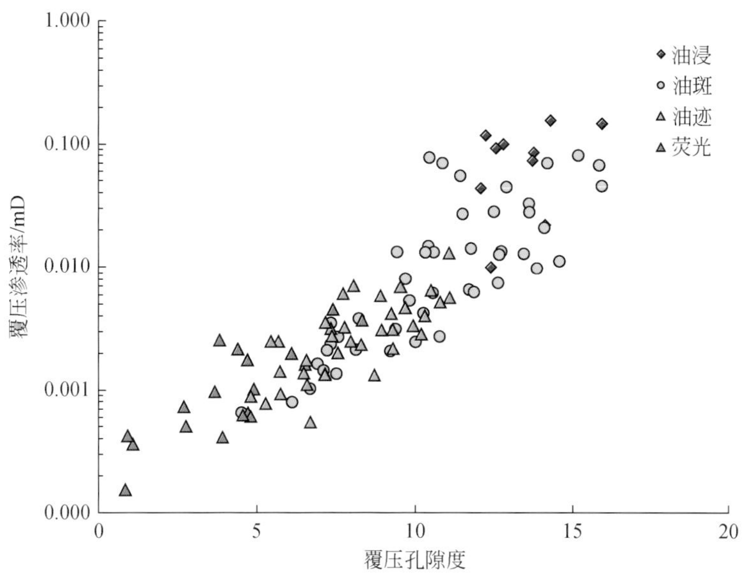

图 2-61 孔隙型源内致密油的岩屑含油性特征

大于12%、覆压渗透率大于0.1mD时，油气显示则为油浸显示。显然，储层物性控制含油性特征的规律性十分突出。

图2-62是泥灰岩基质孔隙度、裂缝孔隙度与气测全烃之间的关系图，该图指出，当储层孔隙度和裂缝孔隙度较大时，气测全烃显示值高，含油性受物性控制作用明显。需要指出的是，电成像测井解释出的裂缝较发育段，有时气测异常并不明显且现场岩心观察的含油性也较差，但是，对钻取的岩样烘烤时，发现岩心表面不断渗出原油，表明裂缝发育段虽然气测无异常但是含油性并不差。

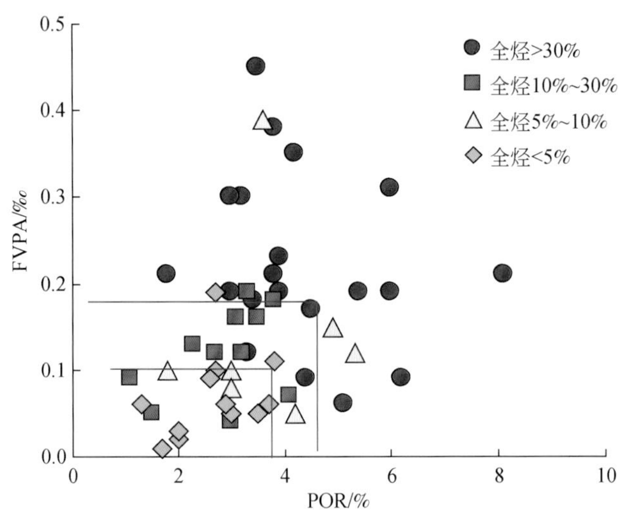

图2-62　储层物性与气测全烃关系图

吉木萨尔凹陷芦草沟组为源内致密油，烃源岩品质好，有机碳含量均值在3%以上，氯仿沥青“A”含量均值在0.25%以上，泥岩 S_1+S_2 均值为15.70mg/g，如图2-63所示，1号和2号层邻近优质烃源岩，有效孔隙度较高（12%～15%），气测值高，达1000ppm[①]以上，含油饱和度可达70%～85%。3号、4号和5号层，烃源岩品质及其储层品质均较差，气测值和含油饱和度都较低，整体表现为含油性较差。

因此，当烃源岩品质较好时，储层的含油性就好，气测显示好、含油级别高，含油饱和度高（可达70%～85%）；并且物性越好，含油性越好，两者呈正相关规律。

（二）近源致密油的含油性

对于近源致密油，含油性取决于源储品质、源储间距离及致密油类型，其差异性的成藏特征明显、含油性差异大。

当源储品质相当时，源储间距离是决定含油性的关键因素，距离越大，含油性变差。松辽盆地泉四段致密油（扶余油层）的烃源岩是青一段泥岩，为源上型致密油。如图2-64所示，在泉四段储层物性基本相同（声波时差基本相等）的条件下，随着源储距离加大，储

① $1ppm=10^{-6}$。

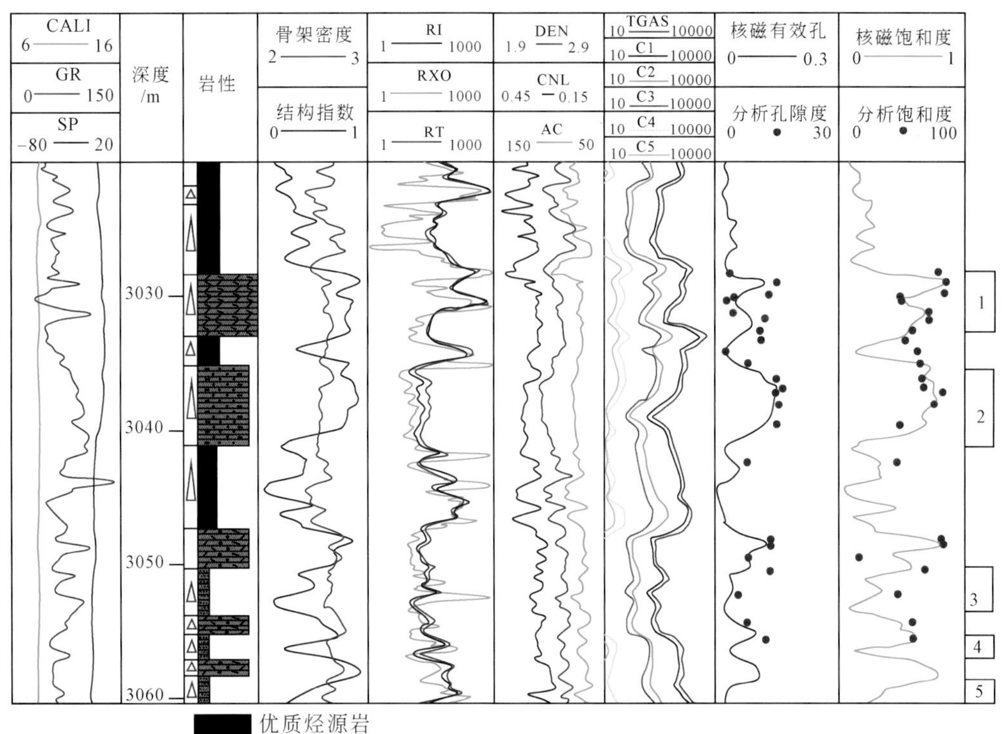

图 2-63　孔隙型源内致密油的含油性特征

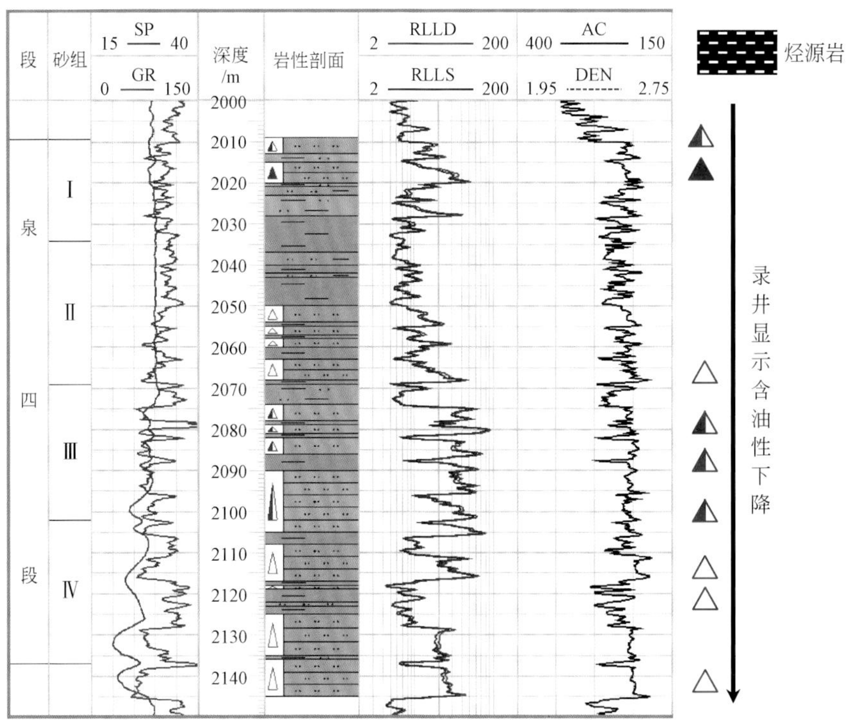

图 2-64　源上型致密油的含油性特征

层的录井含油级别由油斑变为油迹、显示级别具有不断降低的趋势，并且测井电阻率变小、自然电位幅度加大，表明测井曲线指示的含油性也明显变差。

当源储距离相当、烃源岩品质一定时，则含油性取决于储层品质，微细孔喉含油性差，而中高孔喉含油性则较好，即油气赋存在中大孔喉中，纳米孔喉基本不含油。如图 2-65 所示，渗透率小于 0.06mD 时，岩心基本没有油气显示或显示级别低（荧光或油迹）；而当渗透率大于 0.2mD 时，油气显示才以油浸为主。按照该区致密油储层的孔喉半径与渗透率转换公式：

$$r = e^{\frac{\ln K - \ln 3.0967}{1.6296}} \tag{2-1}$$

式中，K 为渗透率，mD；r 为孔喉半径，μm。

由式（2-1）计算知，在孔喉半径小于 0.1μm 的储集空间中，基本不含油；只有当孔喉半径大于 0.2μm 时，原油赋存才较饱满，达到油浸级别。

当然，在储层品质和源储距离一定时，烃源岩品质越好、生烃增压作用越强，原油可在多尺度孔孔喉的低渗透致密砂岩赋存，其微细孔喉甚至纳米孔隙中都可饱含原油，含油性好；否则，只有孔喉条件较好的储集空间才含油，储层含油性整体较差。

在源储品质和源储间距离等条件变化不大时，源上型和源下型致密油的含油性也存在差异，通常后者好于前者，这是由两者成藏机理的差异所致。对于源上型致密油成藏时，油气是由上向下以烃浓度扩散方式运移，这就需要克服储层与源岩间的上覆地层压力差，压差越大，成藏越困难，含油性越差。相反地，对于源下型致密油，该压差是有利于成藏的，油气在该压差作用下自下而上运移。源储上覆地层压差与源储间垂直距离密切相关，即该距离越大，源上型与源下型的含油性差异可能就大。

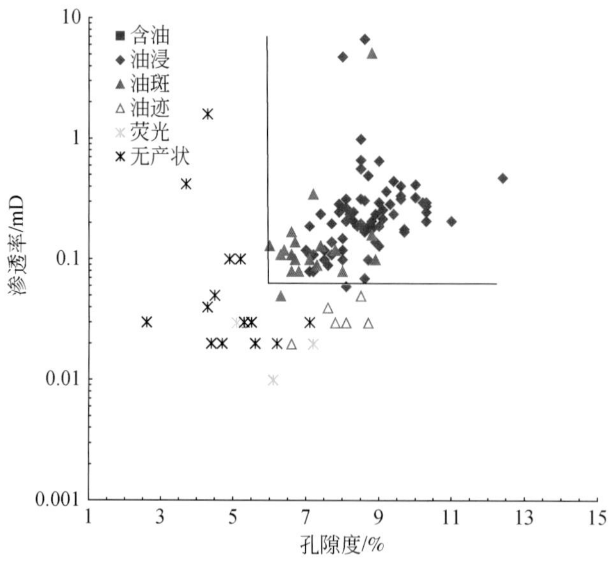

图 2-65　近源致密油的含油性分布

三、饱和度分布特征

储层的含油饱和度与其含油性密切相关。由前述的致密油含油性特征知，含油饱和度受烃源岩品质、储层品质以及源储配置关系三类主要因素控制。其中，烃源岩品质主要包括源岩的总有机碳含量、成熟度、生排烃强度、厚度和分布面积等；储层品质主要包括储层的孔隙度、渗透率、排驱压力和厚度等；源储配置关系则主要指源储品质匹配、源储水平距离及源储垂直距离。当致密油来自于同一源岩，则饱和度主要受储层品质、源储水平距离和源储垂直距离等影响。显然，这与常规油气饱和度分布主要受烃柱高度、储层孔隙结构和烃水密度差（油气与地层水的密度之差）控制有着根本的不同，这也导致致密油与常规油气的饱和度分布规律存在较大的差异，如图 2-66 所示。该图指出，相比于常规油气，致密油的储层类别以Ⅲ、Ⅳ为主，需要较大的毛管压力驱动才可成藏，但含油饱和度较高且分布范围较宽，可从 40% 变化至 80% 甚至更高。

致密油的饱和度差异较大，主要受制于成藏三要素的作用程度不同。下面就源内与近源两类致密油分别讨论其饱和度的分布特征。

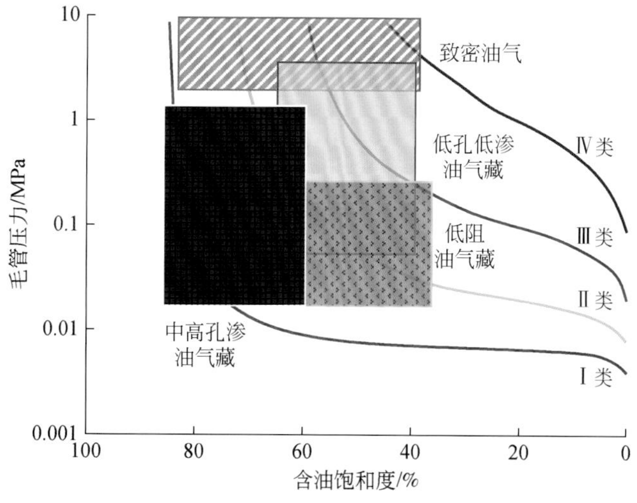

图 2-66　不同类型油藏饱和度–储层类型关系图

（一）源内致密油饱和度分布

源内致密油具有如下两方面的成藏特征：

第一，源内致密油成藏时，储层品质下限要求相对较低。当烃源岩品质达到一定程度时，即可排出烃类物质并逐步增大源岩中的烃浓度，由此将产生压力增加（即生烃增压）。当该烃压力渐升至一定值时，就能够突破排驱压力较小的孔喉，即油气被注入这些储集空间中。在源岩持续生排烃作用下，烃压力不断增大，能够进一步突破排驱压力较大的微细孔喉并向其充注油气，导致储层中油气饱和度进一步增大。当烃压力与储层排驱压力达到动态平衡时，储层中的油气饱和度达最大值。因此，烃源岩品质决定成藏储层下限值（主要为孔隙度和渗透率下限)。

第二，储层一般为中性或亲油型润湿相，意味着源内致密油储层的束缚水饱和度可能会很低、可动水饱和度较大，为成藏过程中油气充注预留较大的空间，即具备形成较大油气饱和度的潜力。

因此，源内致密油具有高含油饱和度，除非烃源岩品质太差。

为了进一步研究源内致密油的饱和度分布特征，测定鄂尔多斯延长组长 7_3 段、准噶尔吉木萨尔芦草沟组、松辽北部青山口组、三塘湖盆地条湖组和四川盆地川中侏罗系大安寨段等典型陆相源内致密油的孔隙度、渗透率、总有机碳含量和含油饱和度数值，以此分析饱和度与总有机碳含量和储层物性间的关系，如图 2-67 所示。该图中，物性指数指的是单位孔隙度的渗透率开平方再乘 100，用以表征储层的孔隙结构，该值越大，储层孔隙结构越好。图 2-67 指出：

(1) 源内致密油的含油饱和度都高，一般大于 70%，表明成藏充分，导致含油饱和度高。

(2) 含油饱和度与 TOC 关系密切（相关系数可达 0.78)，而与储层物性几乎没有关系（相关系数小于 0.1)，因此，可推测源内致密油的含油饱和度受烃源岩品质影响大，在较好品质的烃源岩作用，储层品质的差异不是含油饱和度变化的关键因素。

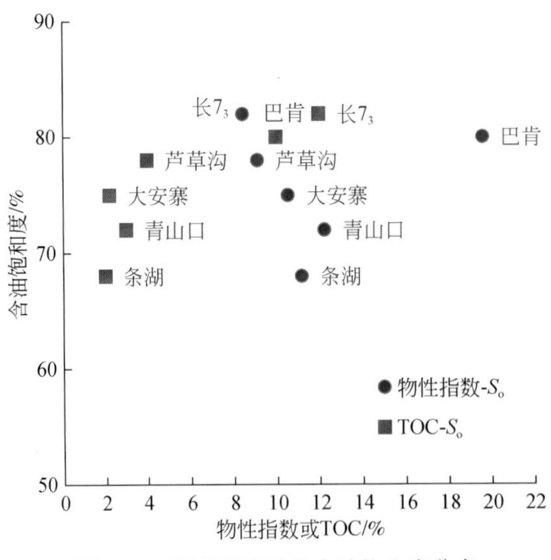

图 2-67　源内致密油的含油饱和度分布

(二) 近源致密油饱和度分布

为了分析近源致密油的饱和度分布特征，就烃源岩品质、储层品质和源储距离三要素分别讨论。

1) 饱和度与烃源岩品质的关系

无论哪类致密油，其含油饱和度与烃源岩品质均密切相关。在其他控藏因素不变的区块，烃源岩品质越好，含油饱和度越高。例如，柴达木盆地扎哈泉古近系 E_3^2 和鄂尔多斯

盆地陇东地区长 7_2 致密油均紧邻烃源岩，两者物性相当，即储层品质和源储距离两者基本相等，但两者的含油饱和度差异大，E_3^2 为 50%～60%，长 7_2 为 70%～85%，究其原因是两者的烃源岩品质差异大。相比长 7_2 烃源岩，E_3^2 烃源岩 TOC 仅为长 T_2 烃源岩的 1/5～1/10、厚度约为 1/5。

2）饱和度与储层品质的关系

以鄂尔多斯盆地陇东地区长 7_2 近源致密油为例分析饱和度受储层品质作用的程度。图 2-68 是饱和度与孔隙度的关系图，从中可以看出：

（1）随着孔隙度增加、储层品质变好，含油饱和度基本呈线性增大。

（2）尽管储层孔隙度不大、平均值仅为 7.2%，但平均含油饱和度却达 77%，最高可达 85%。当孔隙度在 6% 左右时，含油饱和度就达到了 70%～80%，表明该套致密油的烃源岩品质好，生烃增压能力强。这也进一步说明，只要烃源岩品质较好，即使储层品质差一些，仍然可形成含油饱和度较高的近源致密油。

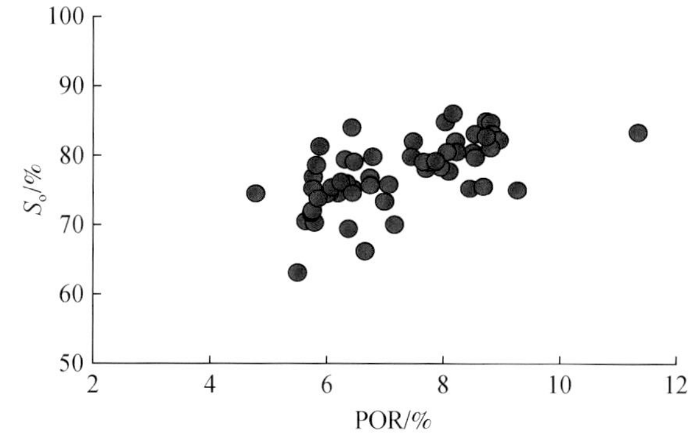

图 2-68　近源内致密油经挥发校正后密闭取心分析饱和度分布

同样地，图 2-69 的岩心驱替实验指出，同样驱替压力作用下（此可等效视为生烃增

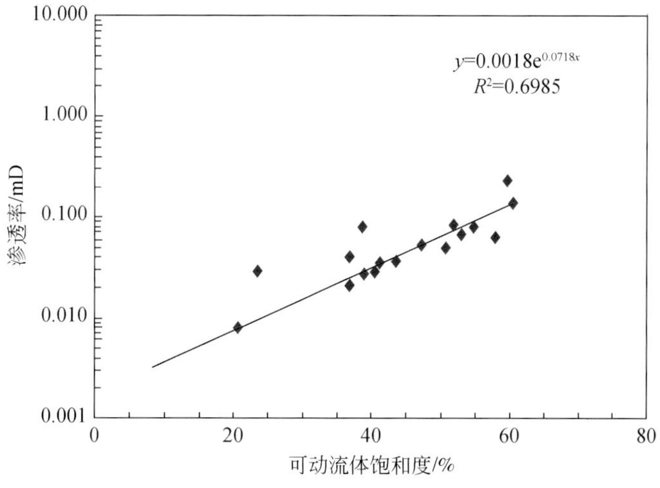

图 2-69　近源致密油的可动流体饱和度分布

压成藏)，储层中可动流体饱和度与渗透率呈正相关关系。由此可知，在相同烃源岩条件下，如果不考虑源储距离的因素，近源致密油的含油饱和度则完全受控于储层品质，储层物性越好，含油饱和度越高。

3）饱和度与源储距离的关系

源储距离包括源储间的绝对距离大小和上下相对距离两个方面，下面分别讨论它们与含油饱和度的关系。

一般地，随着源储距离加大，烃浓度的扩散作用变弱，生烃增压所产生的源储压差减小，突破同等品质的储层而成藏的能力变小，由此将导致含油饱和度较低。

图 2-70 为鄂尔多斯盆地长 7_3 段近源致密油层段上的两口密闭取心井的含油饱和度与孔隙度间的关系图，其中 W1 为生烃中心附近，W2 井离生烃中心 300m 左右。从中可以看出：

（1）W1 井的高含油饱和度高、主体值为 70% ~80%，并且随着孔隙度加大，含油饱和度有增大的趋势。这表明，生烃成藏作用有利条件下，物性较好的储层，成藏更加充分；W2 井的含油饱和度就低得多，其分布主值为 40% ~50%，且许多样品点值小于 30%，尤其是饱和度与孔隙度基本上没有关系。由此可知，源储距离的不同导致烃源岩对成藏控制作用差异大。

（2）同等储层孔隙度条件下，W1 井的含油饱和度明显高于 W2 井的值，可见，为了掌握近源致密油的饱和度分布特点，须明确储层与生烃中心之间的距离。距离越大，在烃浓度扩散作用下，到达储层处的烃压减小，突破储层排驱压力能力变弱，导致含油饱和度不高。

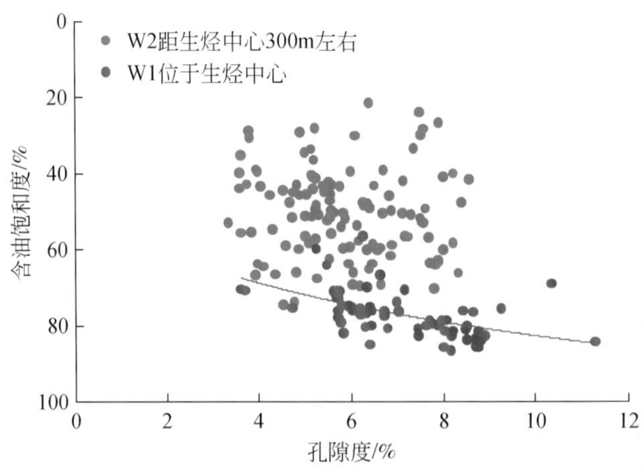

图 2-70　同等源储品质但不同源储距离的饱和度分布特征

图 2-71 为松辽盆地扶余近源致密油的可动油饱和度分布图。该图进一步指出，源储距离不大时（小于 20m），可动油饱和度与孔喉半径成正比，即可动油主要分布于喉道半径为 0.10 ~0.50μm 的储集空间，占 31.25%；但随着与青山口组烃源岩距离的加大，可动油饱和度越来越低，且这种关系不受储层孔喉半径大小的影响，如喉道半径大于 0.5μm，可动油饱和度为 7.97%。而喉道半径大于 1.0μm 时，则几乎没有可动油。图 2-71 与图 2-70 所

揭示的规律完全一致。

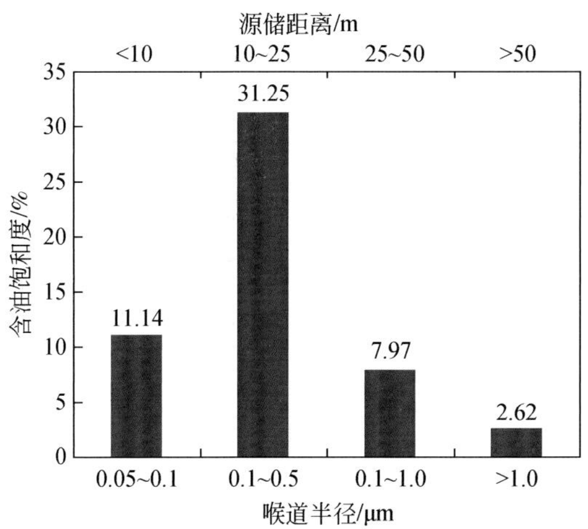

图 2-71　不同源储距离近源致密油的可动油饱和度分布

为了进一步考察饱和度与储层品质、源储距离的综合关系，将这三因素制作在同一张图上，如图 2-72 所示。从中可知：

（1）对于同一套源岩、相同源储距离，含油饱和度与储层品质密切相关，即储层品质好，含油饱和度高。

（2）对于不同品质的储层，如达到相同含油饱和度，则要求品质较差的储层，源储距离要小；而品质较好的储层，则要求源储距离可以相对大一些。

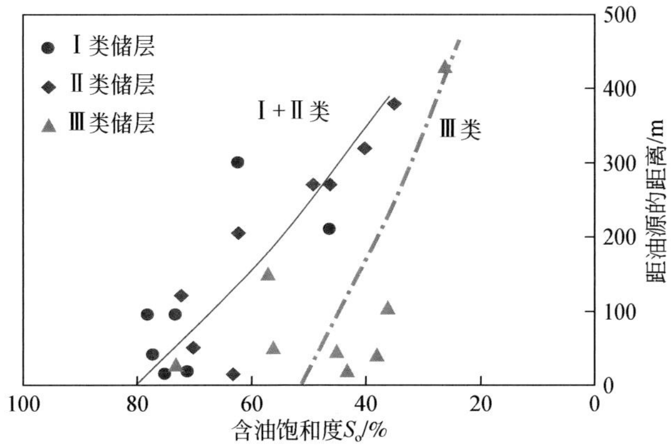

图 2-72　近源致密油饱和度-储层类型-源储距离间的变化关系

此外，考虑到近源致密油存在源储空间上下叠置关系的不同，下面分别讨论源下型和源上型致密油的饱和度分布特点。如表 2-13 所示，松辽盆地青一段烃源岩，其上覆的青二段和青三段为源下型油层近源致密油。随着源储距离加大，油气充注力减小，电阻率降低，含油饱和度减小。青一段的下伏泉四段和泉三段为源上近源致密油，随着源储距离加大，含油饱和度不断降低。但是，对于源上型致密油，油气倒灌成藏时要克服源储间的上覆地层压力差，相比于源下型致密油，不易突破较大排驱压力的储层而成藏，且随着源储距离加大，这种能力逐渐降低，因此，相同物性条件下，电阻率变得较低，含油饱和度较小。

表 2-13　近源致密油不同源储配置关系的饱和度特征

地层	青三段	青二段	青一段	泉四段	泉三段
致密油类型	源下型		源内	源上型	
距生油距离/m	50～100	<50	—	<50	50～100
深侧向电阻率/Ω·m	20～50	50～80	70～110	20～50	20～30
含油饱和度/%	<50	55	72	45～50	<45

第四节　电 性 特 征

储层的电性特征由孔隙度、孔隙结构、含油饱和度和地层水电阻率等多种因素综合决定。对于致密油储层，由于孔隙度低、渗透率低和孔隙结构复杂的“两低一复杂”特征及其成藏模式，决定着其电性特征与常规油储层在许多方面存在差异，形成特有的电性特征。并且中国陆相致密油的类型多样，不同类型致密油之间的电性特征也存在一定的差异，水平井中可能存在的电各向异性使得这种差异更加复杂化。因此，致密油具有其特有的电性特征，这些特征直接影响油层识别与饱和度计算的思路及其采用的方法技术。本节主要介绍致密油储层的电性特征尤其是电各向异性特征，之后介绍致密油储层的岩电特征。

一、电性响应特征

就源内致密油和近源致密油分别讨论其电性特征。

（一）源内致密油电性特征

源内致密油储层与烃源岩共生，含油性饱满、含油饱和度高，因此，含油性和地层水电阻率不是影响源内致密油储层电性特征存在差异的主因，其电性特征主要受储层孔隙结构（孔隙度与孔隙结构）、干酪根（含量及其分布、有机孔大小及其连通性）以及储层宏观结构等因素影响，但变化规律十分复杂，叙述如下。

1）不同孔隙结构储层的电性特征

采用阿尔奇公式以数值模拟方法探讨源内致密油的电性特征。模拟中选定参数为：考虑到源内致密油的含油饱和度较高取值为70%，地层水（源内致密油基本上没有自由水，地层水以束缚状态存在）电阻率为0.1Ω·m，饱和度指数为2，模拟结果如图2-73所示。由该图可知，源内致密油储层的电性特征具有如下几个特点：

（1）当孔隙度变小时（储层致密化），电阻率值快速增加，且随着孔隙指数 m 加大（孔隙结构变差），电阻率增大倍数加大。例如，当孔隙指数为1.6和2.4时，当孔隙度值由14%降低至6%时，电阻率增大倍数由3.88增至7.64，增大了3.76。

（2）当孔隙指数变大时（储层孔隙结构变差），电阻率值快速增加，且随着孔隙度加大，电阻率增大倍数加大。例如，当孔隙度分别为 14% 和 6% 时，孔隙指数由 1.6 增至 2.4，电阻率增大倍数由 4.82 增至 9.49，增大了 4.67。

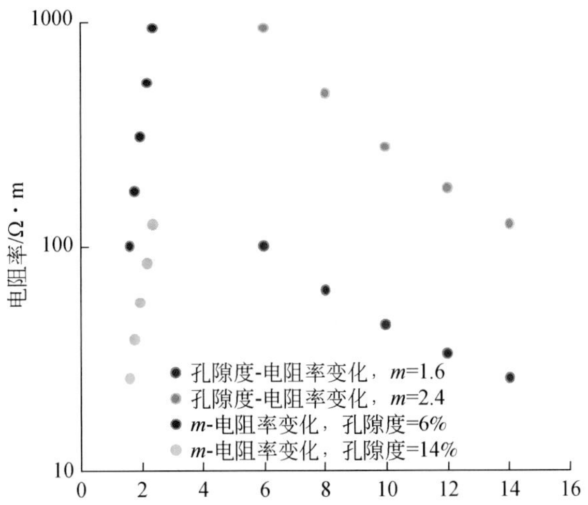

图 2-73　源内致密储层孔隙结构–电性特征的模拟分析

由上可知，当源内致密油储层含油饱和度较高（与图 2-73 模拟值 70% 相当），致密储层电阻率对孔隙结构和孔隙度的变化敏感，且孔隙结构的控制作用大于孔隙度对电性特征的控制作用，因此，掌握致密油储层的电性特征首先要清楚储层孔隙结构特征，针对不同孔隙结构类型，分析储层的电性特征。

图 2-74 为不同孔隙结构储层的电性特征，从中可以看出：

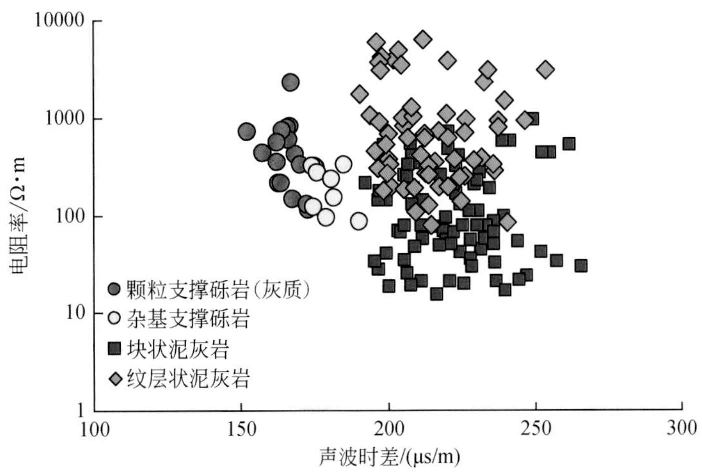

图 2-74　不同孔隙结构的泥灰岩储层电性特征

（1）不同岩石结构的泥灰岩电阻率差异大，同等声波时差条件下，纹层状泥灰岩电阻率大于块状泥灰岩电阻率。

（2）不同支撑方式的砾岩电阻率差异大，同等声波时差条件下，颗粒支撑砾岩电阻率小于杂基支撑砾岩电阻率。

中国陆相源内致密油常见裂缝，如渤海湾盆地束鹿凹陷沙四段和四川盆地川中大安寨段的致密油储层裂缝就较发育孔隙结构，其电性特征明显受控于裂缝发育程度。如图 2-75 所示，裂缝孔隙度较大处，电阻率曲线明显降低，相反，基质孔隙度较大处，电阻率往往较高，其他成因如下：

（1）由于本井段上，裂缝未填充、沟通性较好，且本井采用高矿化度钻井液，从而形成高导裂缝，大幅降低储层电阻率。

（2）由于为源储一体型储层，基质孔隙的储积空间中为原油所饱和，因而基质孔隙发育处，电阻率测井值较高。

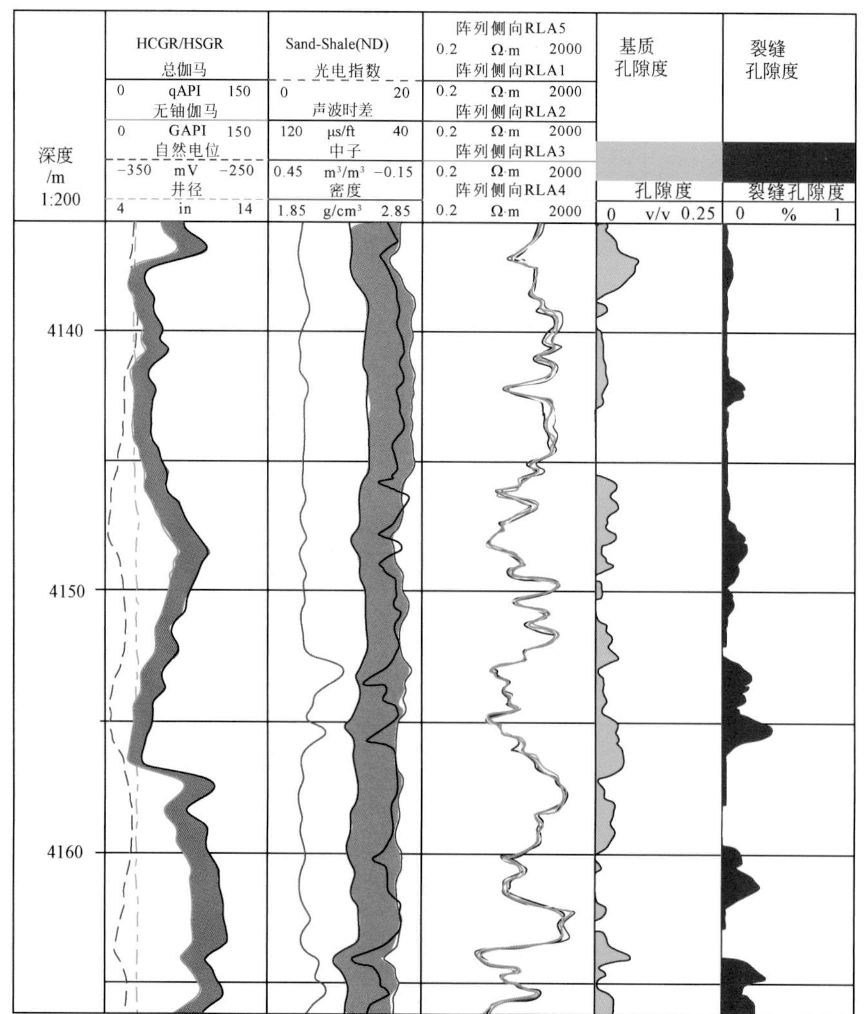

图 2-75　裂缝储层的电性特征

2）含干酪根储层的电性特征

源储一体型致密油储层中存在干酪根。一般认为，干酪根是非导电物质，但当干酪根成熟度较高时，纳米孔隙较发育甚至十分发育（如四川盆地龙马溪组干酪根），比表面积大，可以构成以束缚水为主的导电网络，其导电能力取决于地层水矿化度和比表面积，因此，干酪根电阻率变化范围很大，从几十欧姆到非导电体，是影响源内致密油储层电性特征的主要因素之一。

本节采用数值模拟方法分别讨论干酪根的含量、分布状态、电阻率和孔隙度等因素对源储一体型致密油储层电性特征的影响特点。模拟的共同参数为：储层为孔隙型储层，基质孔隙度为4%，100%饱和电阻率为0.05Ω·m的盐水，模拟结果见图2-76～图2-78。

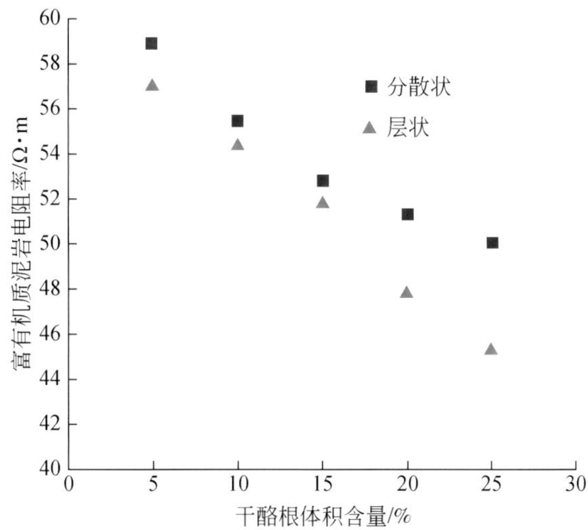

图2-76 不同干酪根含量与分布状态的储层电性特征

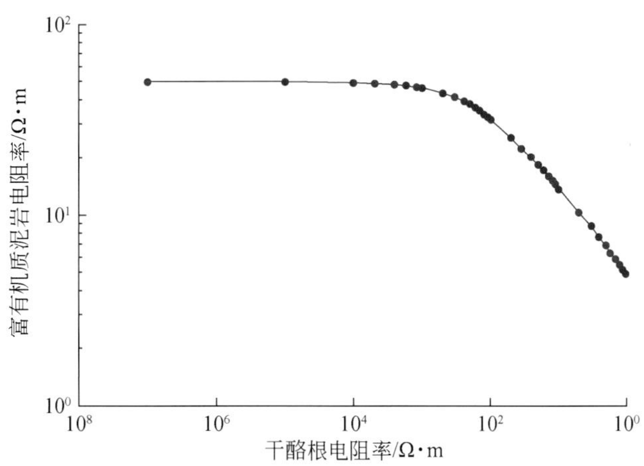

图2-77 不同电阻率干酪根的储层电性特征

图2-76描述了导电能力较强的干酪根含量及其分布状态对储层电性特征的影响规律，数值模拟结果表明：

（1）当干酪根含量从5%增大至25%时，储层电阻率呈线性降低。

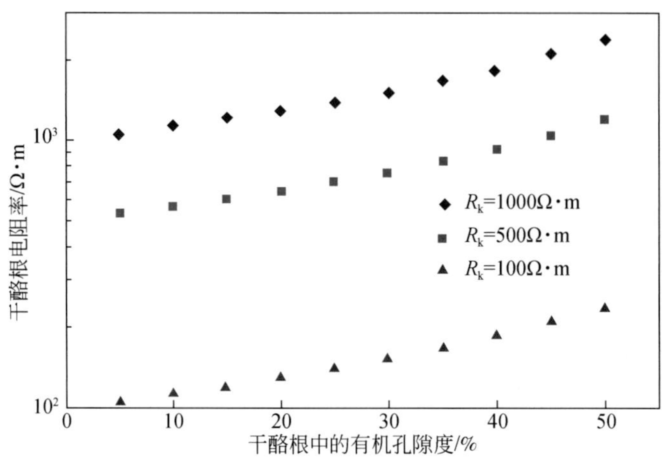

图 2-78　干酪根有机孔隙度与干酪根电阻率的关系

（2）同等干酪根含量条件下，层状分布的干酪根较分散状分布的干酪根对储层电阻率降低量更大，且随着干酪根含量增大，这种降低幅度差值不断加大，即不同分布状态的干酪根对储层电性特征影响程度不同。若采用感应测井并联测量方式模拟，导电能力较强的干酪根呈层状分布时，对储层电阻率降低能力显然较分散状分布强。

假定干酪根含量为 20%，储层电阻率与干酪根电阻率间的变化规律如图 2-77 所示。该图指出：当干酪根电阻率大于 1000Ω · m 时，储层电阻率受干酪根电阻率影响小；但是当干酪根电阻率小于 1000Ω · m 时，储层电阻率随着干酪根电阻率的降低而快速减小，即受干酪根电阻率的影响大。

当干酪根电阻率很大时（如大于 1000Ω · m），其导电能力差，储层的导电作用主要依赖于孔隙中高矿化度盐水，如采用感应测井测量方式模拟储层电阻率时，干酪根电阻率对储层电阻率影响小；相反地，干酪根电阻率较小时，储层导电性则由孔隙水与干酪根共同作用所致，对储层电阻率有显著影响，与图 2-77 所揭示的规律一致。但是，如采用侧向测井测量方式模拟时，则干酪根电阻率对储层电阻率的影响规律正好与图 2-77 相反。

干酪根成熟程度较高时，常于其中形成有机孔，有机孔的发育程度取决于干酪根类型和成熟度。有机孔的孔隙尺度大，远远大于干酪根中的纳米孔隙，在干酪根排烃过程中，有机孔优先充满烃类物质，是不导电的孔隙，可显著提高干酪根的电阻率，模拟结果如图 2-78 所示。

（1）当饱和烃类的不导电有机孔隙度增加时，干酪根电阻率随之呈指数增大。

（2）干酪根骨架电阻率增大时，有机孔隙度对干酪根电阻率的增大作用更强。

上述两种模拟结果，描述如下：

$$R_{\mathrm{effK}}=0.924R_{\mathrm{K}}\mathrm{e}^{1.78\phi_{\mathrm{K}}} \tag{2-2}$$

式中，R_{effK}为干酪根电阻率，Ω · m；R_{K}为干酪根骨架电阻率，Ω · m；ϕ_{K}为干酪根中的有机孔孔隙度，%。

3）薄互层结构的储层电性特征

源内致密油的储层受沉积环境的影响，厚度一般不大，多为厘米级的薄层，常呈薄互层状结构，对于这类宏观结构的储层，其典型电性特征如图 2-79 所示，双侧向电阻率曲线呈振荡型剧烈变化。

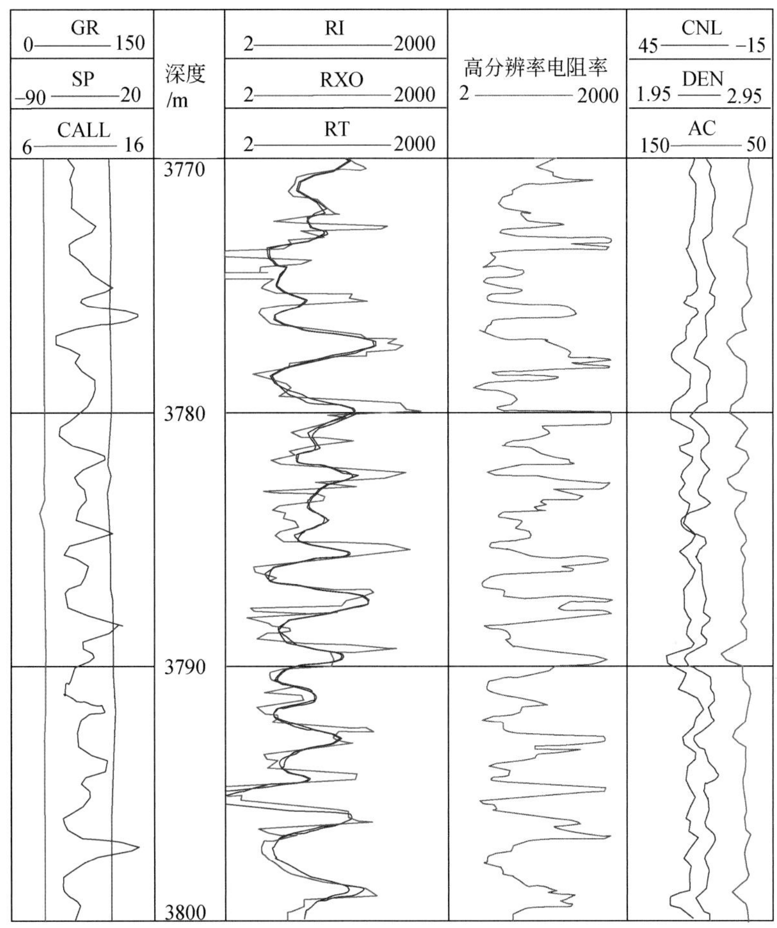

图 2-79　薄互层结构的储层电性特征

由于双侧向测井的纵向分辨厚度大于 0.4m，对于厚度小于 0.5m 的薄层无法有效识别，而图 2-79 中的单一层厚度基本为 0.1 ~ 0.2cm，因此，其值难以代表储层真电阻率。为进一步说明这一点，以分辨率达 0.05m 的电成像测井资料确定出高分辨率电阻率（示于该图中的“高分辨率电阻率”道），将其与双侧向电阻率对比可知，两者电阻率差异很大，差值大致为一个数量级。由此可见，由于不同电测井纵向分辨率的差异，薄互层结构的储层电性特征与所采用电测井仪器密切相关，应采用高分辨率电阻率仪进行测井采集，以尽可能取得能够反映储层真实电性特征的资料。

（二）近源致密油电性特征

相比于源内致密油储层，近源致密油储层的电性特征与之存在明显不同，这主要由两者具有不同的控制因素所决定。近源致密油电性特征主要受两种因素控制：

一是含油性，近源致密油含油性与源储距离密切相关，源储距离越大，含油性越低，电阻率随之减小。当含油性降低时，含油饱和度降低，此即意味着储集空间中可能含可动地层水，由此也就带来地层水矿化度变化将改变储层电阻率。

二是储层孔隙结构，储层电性特征受其控制程度与源内致密油储层基本相同，不同之处是这种控制程度受储层含油性（含油饱和度）影响。

下面就这两种因素分别论述源内致密油储层的电性特征。

1）不同孔隙结构的储层电性特征

由本章第三节的论述可知，相比于源内致密油，近源内致密油的含油饱和度较低。仍然采用阿尔奇公式以数值模拟方法探讨近源致密油的电性特征。模拟中选定含油饱和度较高取值为 50%，地层水电阻率为 0.1Ω·m，饱和度指数为 2。对比分析源内致密油可知，近源致密油储层的电性特征具有如下几个特点：

（1）当孔隙度变小时（储层致密化），电阻率值快速增加，且随着孔隙指数变大（孔隙结构变差），电阻率增大倍数变大，此变化规律与源内致密油电性特征基本一致，其差别仅在于相比于较高含油饱和度的源内致密油，近源致密油含油饱和度较低导致其电阻率较低。孔隙度和电阻率的关系如图 2-80 所示。

（2）当孔隙指数变大时（储层孔隙结构变差），电阻率值快速增加，且随着孔隙度变大，电阻率增大倍数变大，此变化规律与源内致密油电性特征基本一致，两者的差别仅在于近源致密油含油饱和度较低，其电阻率较低。孔隙指数和电阻率的关系如图 2-81 所示。

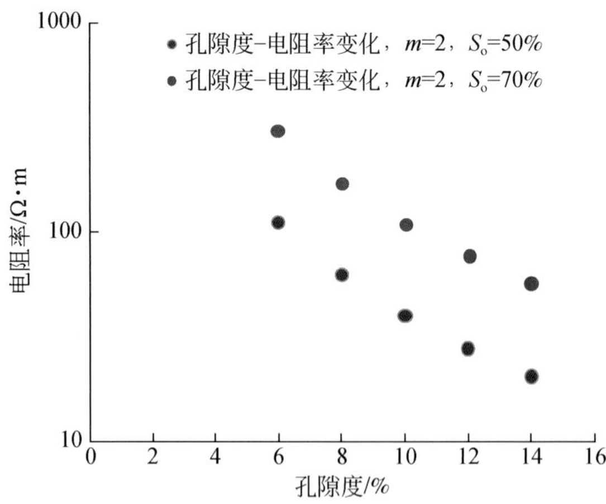

图 2-80　不同含油饱和度的孔隙度-电阻率关系对比

2）不同含油程度的储层电性特征

对于近源致密油，由于近源致密油的含油程度即含油饱和度受源储配置（主要为源储距离）的影响大，如源储距离较长，储层含油性变差、含油饱和度降低，电阻率变小，与源储距离密切相关。因此，不同类型的近源致密油的含油饱和度之间差异大，导致它们之间的电阻率值差异大。

采用前面所用的方法与参数，模拟分析电阻率与含油饱和度的变化特点，如图 2-82 所示。该图指出，对于孔隙指数分别为 1.6 和 2.4 的储层，当含油饱和度由 40% 增大至 80% 时，电阻率分别由 6.5Ω·m 增大至 58.1Ω·m、由 111.2Ω·m 增大至 1072.8Ω·m，

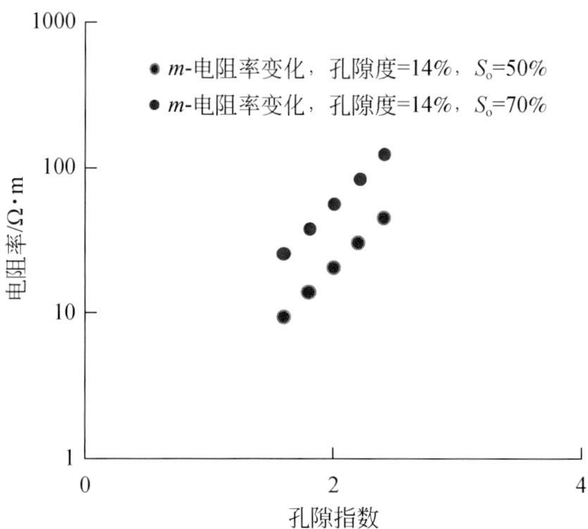

图 2-81　不同含油饱和度的孔隙指数-电阻率关系对比

但增大倍数两者相同，均为 9。

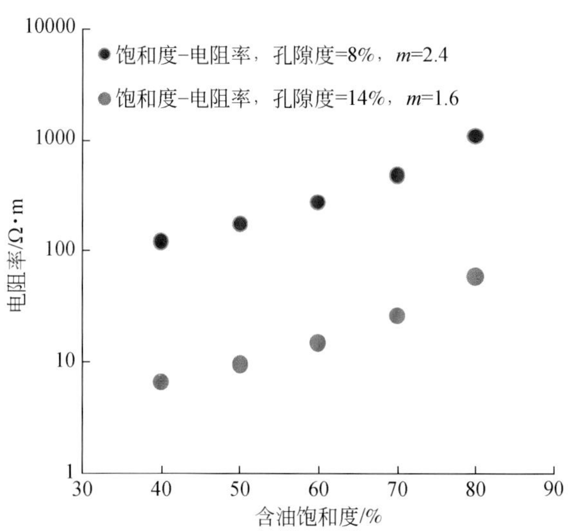

图 2-82　不同孔隙结构储层的含油饱和度-电阻率关系对比

图 2-83 揭示了不同含油性程度的储层电阻率变化特点，优质烃源岩位于下部，其紧邻储层的电阻率较高（大于 10Ω · m），测井解释为油层，并为试油所证实。而上部储层电阻率为 3 ~ 4Ω · m，解释为水层。因此，由于烃源岩品质较差，源控含油范围小，近源为油层，稍远即为水层，因而出现油水层倒置现象，即水层在上，油层在下。此类致密油为非典型致密油。

图 2-84 进一步揭示了源储距离对含油性控制进而影响近源致密油电性特征的规律，它由两口井的密闭取心段拼接而成，烃源岩位于取心段之下。该图指出：

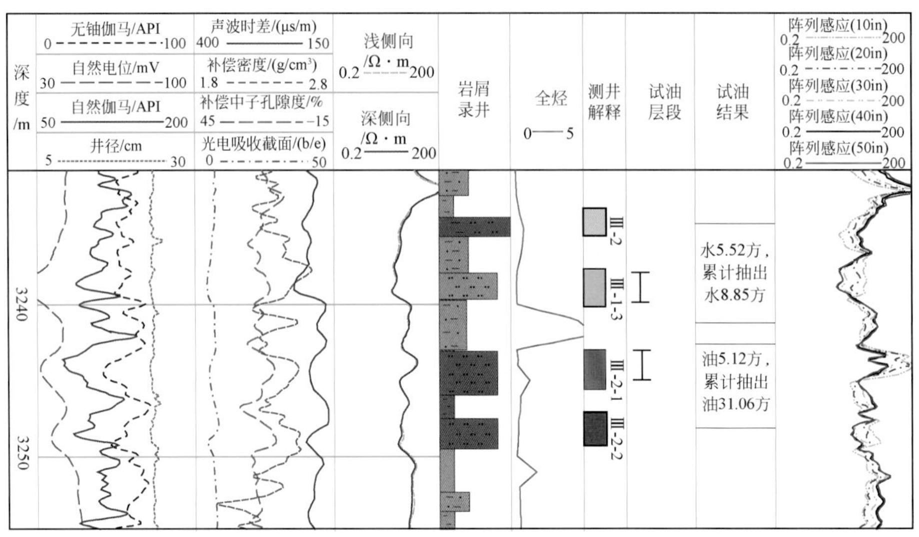

图 2-83　近源致密油储层的电性特征

1in＝2. 54cm

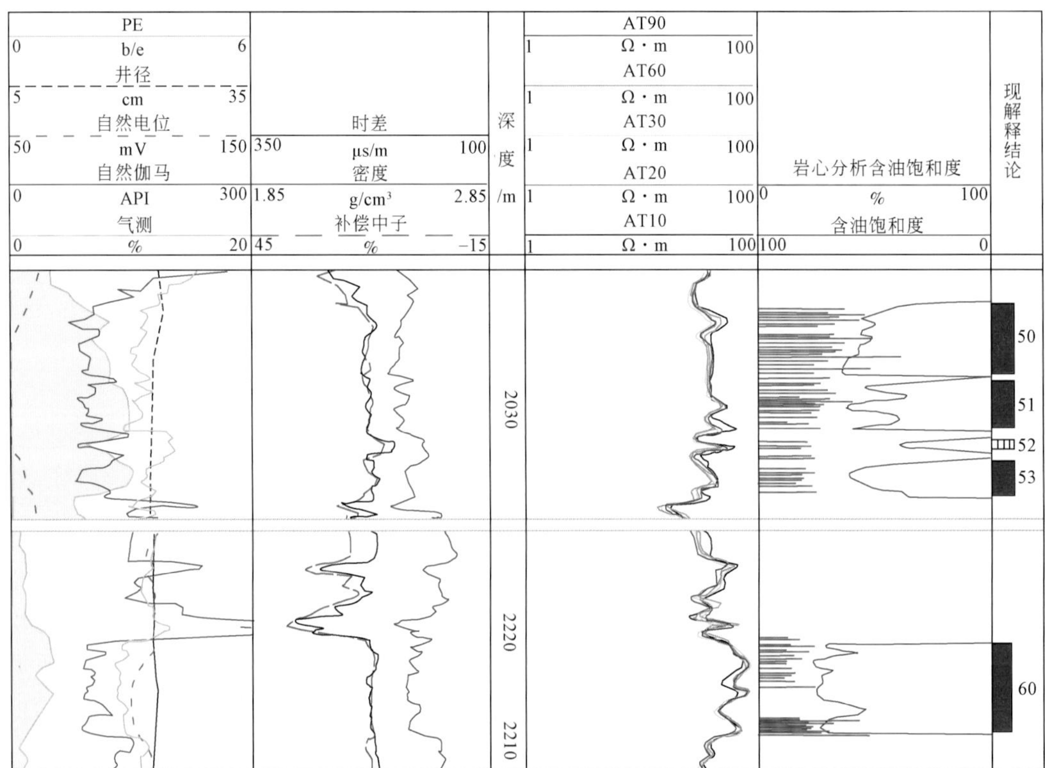

图 2-84　不同源储距离的近源致密油电性特征对比

（1）60号层与烃源岩紧密接触，取心分析含油饱和度高达72%，孔隙度在10%左右，电阻率为60～80Ω·m。

（2）50号和53号层，与烃源岩相距60～70m，取心分析含油饱和度高达55%～62%，孔隙度为10%～12%，电阻率为35～40Ω·m。

因此，对比分析60号层和50号与53号层可知，在孔隙度基本相同的条件下，源储距离之差导致的含油饱和度不同，导致它们之间的电阻率差异近2倍。

综上所述，为了掌握近源致密油储层的电性特征，在分析储层孔隙结构的基础上，重点要了解含油饱和度的变化规律。

二、电各向异性特征

地层电阻率各向异性是指测量的地层视电阻率随方向不同而变化的性质，包括微观各向异性和宏观各向异性两种类型。微观各向异性是沉积、成岩和成藏作用导致的单个小层内出现的粒度、层理、分选、胶结、孔隙和流体等不规律演变所引起的各向异性，宏观各向异性则主要是由于测量仪器分辨率较低不足以分辨出单个小层或者测量仪器处于层界面附近且与层界面不垂直时而表现出的电各向异性。

（一）电各向异性特征分析

对于水平层状电阻率各向异性地层，如砂泥岩互层，当测井仪器不能分辨单一的砂岩层和泥岩层时，仪器测量的视电阻率是地层水平电阻率与垂直电阻率的综合响应值，并且地层的水平电阻率 R_h 可表示为

$$R_h=\left(\frac{h_{sd}}{R_{sd}\ (h_{sd}+h_{sh})}+\frac{h_{sh}}{R_{sh}\ (h_{sd}+h_{sh})}\right)^{-1} \tag{2-3}$$

垂直电阻率 R_v 可表示为

$$R_v=\left(\frac{h_{sd}}{h_{sd}+h_{sh}}R_{sd}+\frac{h_{sh}}{h_{sd}+h_{sh}}R_{sh}\right) \tag{2-4}$$

式中，R_h 为地层水平方向电阻率，Ω·m；R_v 为垂直于地层层面方向即 z 方向的电阻率，Ω·m；R_{sd} 为砂岩电阻率，Ω·m；R_{sh} 为泥岩电阻率，Ω·m；h_{sd} 为测井仪器纵向分辨率内的砂岩累计厚度，m；h_{sh} 为测井仪器纵向分辨率内的泥岩累计厚度，m。

各向异性系数 λ 可表示为

$$\lambda=\sqrt{\frac{R_v}{R_h}}=\sqrt{\frac{h_{sd}^2}{(h_{sd}+h_{sh})^2}+\left(\frac{R_{sh}}{R_{sd}}+\frac{R_{sd}}{R_{sh}}\right)\frac{h_{sd}h_{sh}}{(h_{sd}+h_{sh})^2}+\frac{h_{sh}^2}{(h_{sd}+h_{sh})^2}} \tag{2-5}$$

由式（2-3）～式（2-5）知，在砂泥岩薄互层中，水平电阻率是砂岩和泥岩电阻率的并联响应，主要受低值的泥岩电阻率影响，表现为泥岩电特性；垂直电阻率则是砂岩和泥岩的串联响应，主要受高阻砂岩电阻率影响，表现为砂岩电特性；各向异性系数则主要与砂岩与泥岩电阻率比差和砂泥岩相对厚度有关。

图2-85是按照式（2-3）～式（2-5）模拟出的砂泥岩互层水平电阻率、垂直电阻率与各向异性系数的关系图，图中 $R_{sh}=1.0Ω·m$，$R_{sd}=10.0Ω·m$。$h_{sh}=h_{sd}$ 处是各向异性系数

最大的地方，此时 R_h 约为 1.8Ω · m，而 R_v 约为 5.5Ω · m；当砂岩层中夹杂有 20% 的泥岩时，R_h 约为 3.6Ω · m，而 R_v 约为 8.2Ω · m。在以前的研究中，砂泥岩互层等效于一水平电阻率为 R_h、垂直电阻率为 R_v 的厚层。由于常规电法测井仪对地层的纵向分辨程度较低，其测井响应主要受地层水平电阻率的影响，这样容易将砂泥岩互层当做泥岩层而将产层漏掉。

对于垂直井眼水平地层，一般电阻率测井仪测量响应主要是地层水平电阻率的贡献，此种情况下，要正确地评价地层含油饱和度，需要将泥岩地层的影响扣除掉。

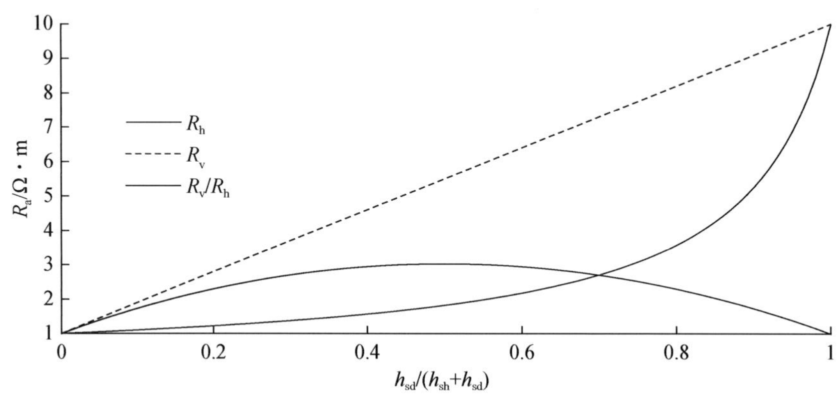

图 2-85　砂泥岩互层的水平电阻率和垂直电阻率

当直井钻遇高陡构造地层或大斜度井钻遇水平地层时，地层与井轴存在夹角，则电阻率测井不仅与地层电各向异性有关，而且与该夹角有关，可表述为

$$R_a = \frac{R_h}{\sqrt{\cos^2\theta + \sin^2\theta/\lambda^2}} \tag{2-6}$$

式中，R_a 为测井电阻率，Ω · m；θ 为设井轴与地层面法线的相对夹角，°；R_h 为地层水平方向电阻率，Ω · m；λ 为地层电各向异性系数，无量纲。

式（2-6）指出，测井测量的电阻率值介于 R_h 和 $(R_h \cdot R_v)^{0.5}$ 之间。

（二）电各向异性测井响应特征

致密油储层尤其是源内致密油储层多为低能环境沉积，单层厚度为厘米级，呈砂泥薄互层结构，当砂层与泥岩电阻率存在差异时，测井电阻率产生宏观电各向异性，在致密油水平井中这种各向异性还要叠加地层与井轴夹角大小所产生的各向异性。

图 2-86 为对致密油储层岩心分别顺着岩心和垂直岩心的两个方向测量的电阻率，从中可以看出，除个别样点外，测量的垂直电阻率明显高于水平电阻率，各向异性系数在 1.3 左右。这表明，尽管所取岩心厚度较大，但砂岩沉积韵律所产生的层理与粒序等变化，也可产生较为明显的微观电各向异性特征。

为了进一步明确致密油储层的电各向异性特征，对比分析相邻的不同井型同一层位上厚度较大油层段（如图 2-86 所用岩样的取心段基本一致）的电阻率测井资料，对比结果如图 2-87 所示，该图同样指出，电各向异性系数在 1.3 左右，与实验室测量值基本一致。

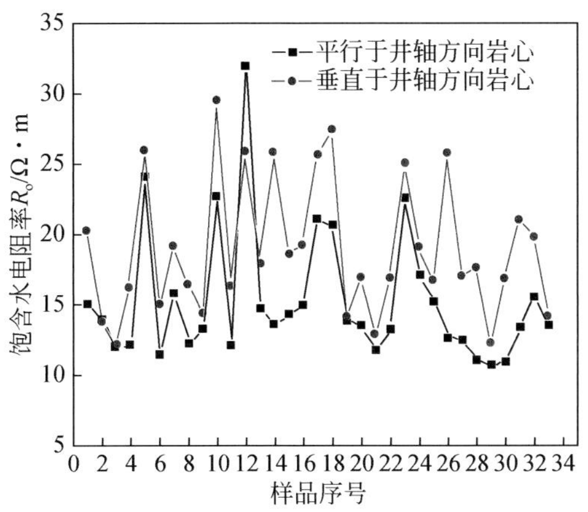

图2-86　岩心实验室测量的水平电阻率与垂直电阻率分布

由此推知，该致密油油层段不仅存在较为明显的微观电各向异性，还存在较为明显的宏观电各向异性。

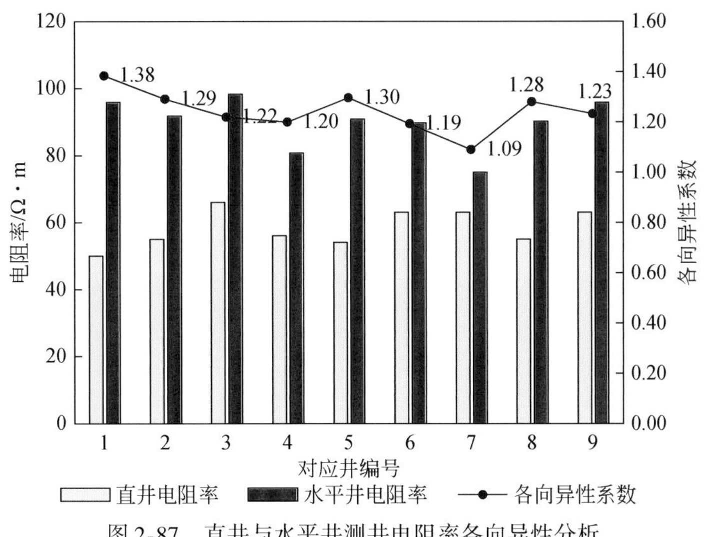

图2-87　直井与水平井测井电阻率各向异性分析

图2-88为导眼井和大斜度井的电阻率测井曲线对比图，图（a）和图（b）的第二道红色曲线均为阵列感应2ft的120in曲线，图（b）第一道中的DEVI为井斜曲线（橘色）。从图可以看出：

（1）斜井5020～5040m深度段（对应于导眼井4990～5007m），井斜角小于50°时，导眼井和斜井的同层位电阻率没有多大变化，尽管该深度段上自然伽马曲线指示地层存在一定的各向异性。

（2）斜井5040～5140m深度段（对应导眼井5007～5045m），自然伽马曲线指示为砂岩与泥岩互层，存在宏观电各向异性。并且井斜角大于50°时，同层位的大斜度井电阻率值比导眼井大很多，几乎是后者的2倍。

因此，如果储层本身存在较大的电各向异性，则大斜度井测量的电阻率值远较同一层位上的直井电阻率高，如以此电阻率测井值计算含油饱和度将会带来较大偏差，甚至误导油水层识别。

需要指出的是，对于均质块状砂岩，由于其电各向异性较小，直井和水平井测井电阻率差异不大，测井评价时可不考虑电各向异性的影响，仅需注意地层界面附近的围岩影响。如图 2-89 所示，图（a）第三道的随钻电阻率曲线与图（b）第三道的深中感应电阻率曲线在同一层位的电阻率相差不大。

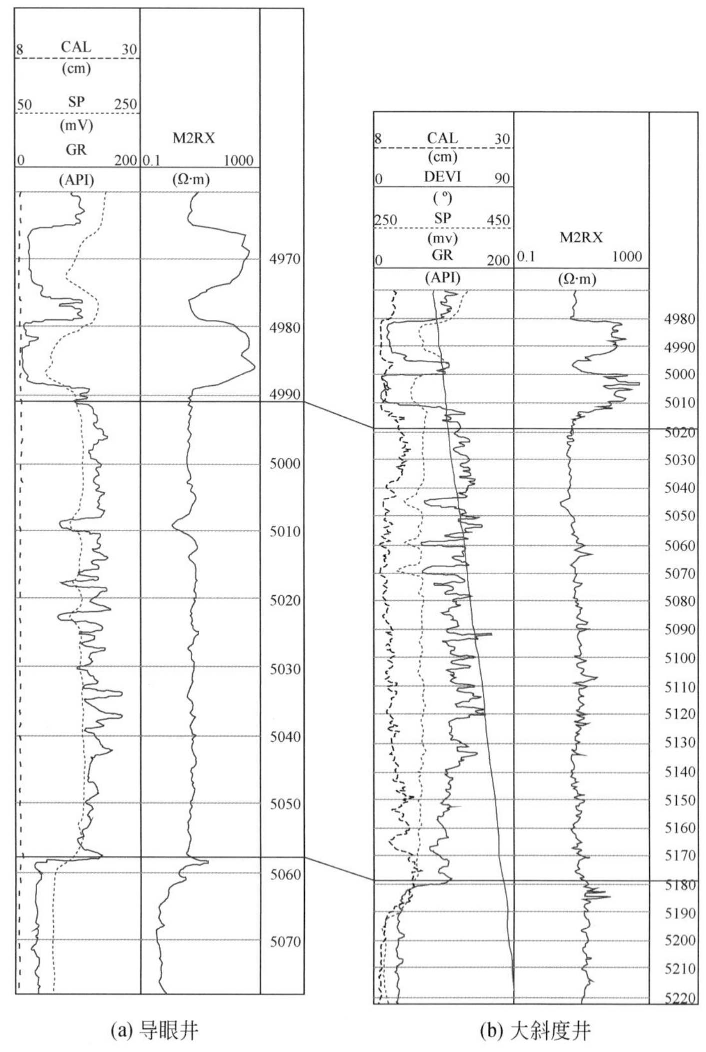

(a) 导眼井　　(b) 大斜度井

图 2-88　导眼井和大斜度井的电性特征对比

直井中，当地层倾角较大时，也可产生地层与井轴的夹角，如地层本身存在电各向异性，测井电性特征则随着地层倾角的变动而变化。如图 2-90 所示，相比于 4095～4105m 低倾角段（20°左右）电阻率 40～80Ω · m，同等孔隙度的 4115～430m 高倾角段（80°左右）电阻率则升高至 200～300Ω · m，需要说明的是，三孔隙度测井曲线指示这两个深度

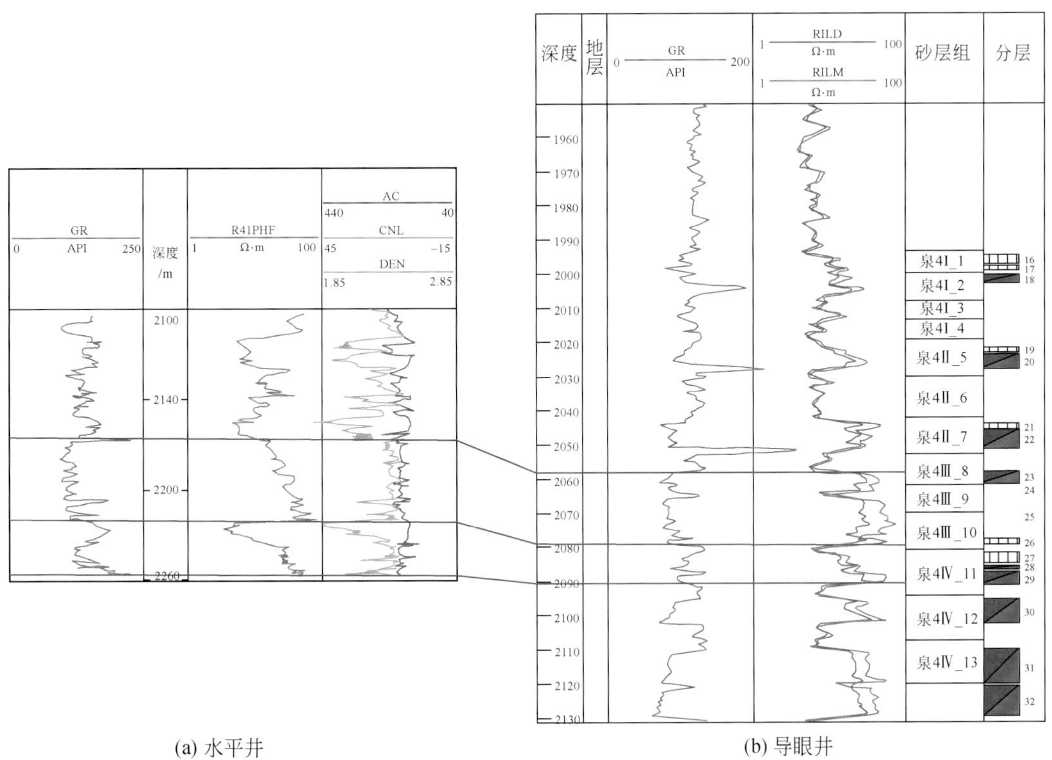

图 2-89　均质厚层砂岩储层的导眼井与水平井电阻率对比

段上的基本一致，即可剔除岩性对电阻率的影响。

上述诸多实例，充分论证了地层电各向异性可形成电阻率测井值异常，从而导致测井评价出现偏差，如薄互层储层中，双感应、双侧向、阵列感应和阵列侧向测井值偏低，计算的含油饱和度偏小或油气层解释结论偏低，即出现低解释现象；高陡地层或大斜度井，电阻率测井值往往偏高甚至过高，易出现含油饱和度计算值偏大、解释结论偏高，即出现高解释现象。无论哪一种，都将降低解释符合率，产生无效试油层。因此，致密油测井评价中，掌握电性特征至关重要。近几年发展起来的三维感应电阻率扫描测井可在倾斜地层或斜井中直接测量得到地层的水平电阻率（平行地层走向）和垂直电阻率（垂直地层走向），是评价电各向异性地层的有效技术。

表 2-14 是松辽盆地扶余致密油同一区块主砂体上的水平井与直井三维感应电阻率测井的电各向异性对比分析，从中可以看出：

（1）1#砂体：水平井的水平电阻率与垂向电阻率均分别较导眼井的高，两者的电各向异性系数均大于 1.2 且水平井的值稍大。这表明砂体中泥质薄夹层较多、存在一定的电各向异性，并且存在两个方面的横向不均质性。一是从直井向水平井延伸，电各向异性有所变强；二是水平井的含油性要好得多，导致电阻率升高相对量 30% ~40%。

（2）2#砂体：水平井的水平电阻率与垂向电阻率均分别较导眼井的低，水平井和直井的电各向异性系数分别为 1.17 和 1.19，两者几乎相等。由此推知：砂体厚度较大，呈块状结构，电各向异性较弱且横向变化不大；水平井的含油性可能变差，导致电阻率降低。

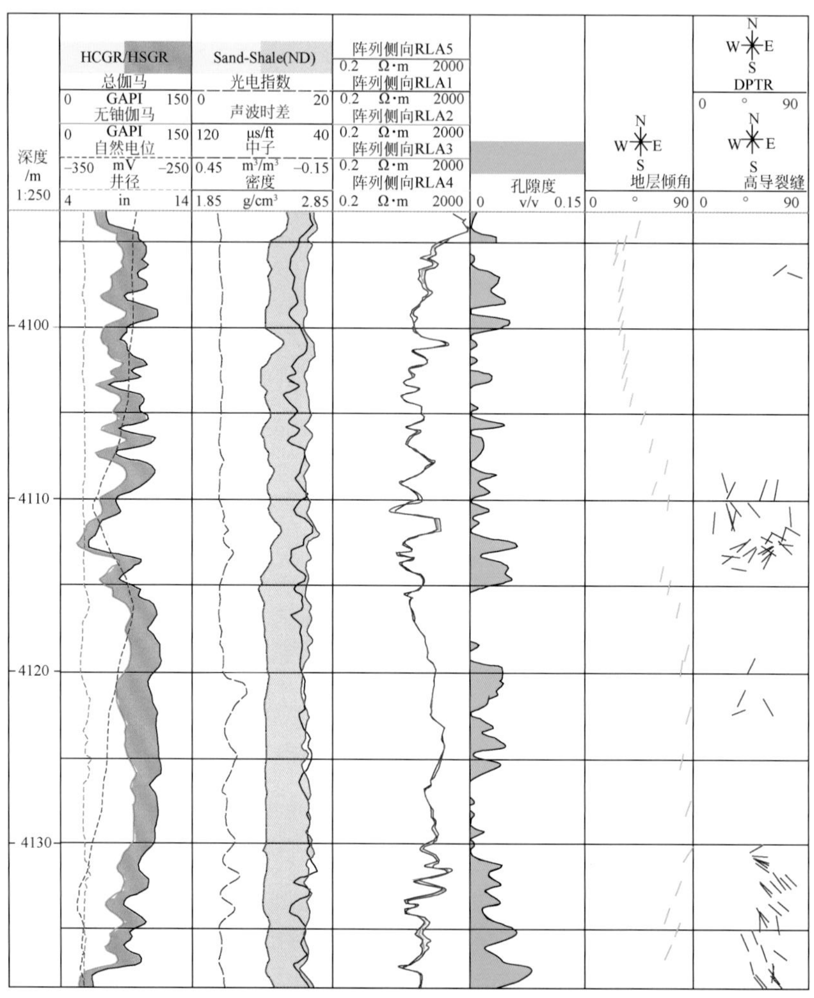

图 2-90　构造倾角引起的电各向异性特征

（3）3#砂体：水平井的水平电阻率与垂向电阻率与导眼井的基本相等，两者的电各向异性系数均大于1.4且水平井的各向异性程度略强。对比分析1#砂体可知，3#砂体的电各向异性更强，薄互层结构更明显，但直井与水平井的含油性基本相同。

表 2-14　三维感应电阻率测井的水平井和直井电各向异性特征

砂体	井型	水平电阻率 R_H/Ω · m	垂向电阻率 R_V/Ω · m	各向异性系数 λ
1#	直井	16	24	1.22
	水平井	21	34	1.27
2#	直井	26	37	1.19
	水平井	19	26	1.17
3#	直井	19	38	1.41
	水平井	17	40	1.53

三、岩电特征

储层岩电特征是测井电性特征的重要构成之一，只有掌握了储层的岩电特征，才能更好地掌握储层的电性特征，才能选用合理的岩电参数以电阻率测井资料较准确地计算含油饱和度，才能较准确地判识流体类型。但是，致密油储层类型多样、孔隙结构复杂，其岩电特征与常规油储层存在本质的差异，下面结合数值模拟与实验室测量数据较系统地论述致密油储层的岩电特征。

（一）岩电特征的数值模拟研究

数值模拟是分析复杂孔隙结构储层岩电性质的一种重要技术手段，其中常用的算法有基尔霍夫电路节点法和格子气法等。基尔霍夫电路定律的基本原理如图2-91所示，图2-91（a）表示在任一瞬时，流向某一结点或闭合区域的电流之和等于由该结点或闭合区域流出的电流之和，可以用式（2-7）表达；图2-91（b）则表示在任一瞬时，沿电路中任一回路绕行一周，在该回路上电动势之和等于各电阻上的电压降之和，可以用式（2-8）描述。

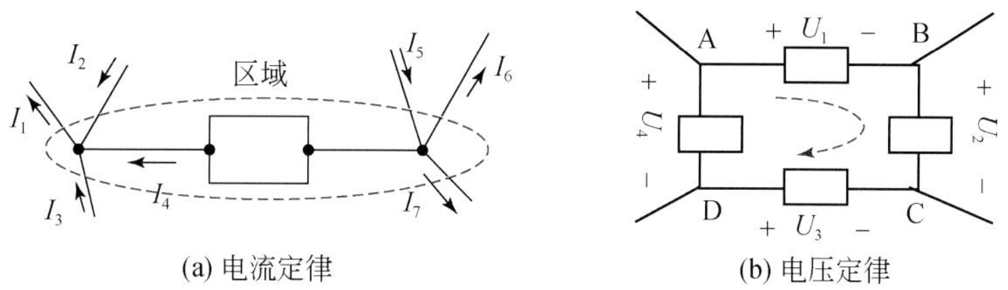

图2-91 基尔霍夫定律示意图

$$I_1+I_6+I_7=I_2+I_3+I_5 \tag{2-7}$$

$$U_1+U_2=U_3+U_4 \tag{2-8}$$

在以数字岩心技术构建出高分辨率的岩石孔隙格架的基础上，开展基于基尔霍夫定律的岩石电阻率模拟分析（图2-92）。对于任一孔隙节点处，其电流可表示为

$$I_{ij}=\frac{A\times\sigma_{ij}}{L_{ij}}\times(V_i-V_j) \tag{2-9}$$

式中，A为节点的面积，cm^2；L_{ij}为长度，cm；σ_{ij}为节点的电导率，μs/cm；V_i、V_j分别为节点两端的电压，V。

对于所有节点，分别应用式（2-9）可得到一个超大矩阵方程组。通过求解该方程组，就能够模拟计算岩石电阻率。

上述模拟中，如将所有孔隙看成100%饱含水，则模拟的电阻率相当于岩石饱和地层水的电阻率R_0。如果按照孔隙尺寸从大到小的顺序依次假设孔隙中饱含油，即假定小孔隙的含油性随着含水饱和度的降低逐渐变好，则可以分别模拟得到不同含水饱和度对应的电阻率，通过计算最终得到I-S_w图版，如图2-93所示。该图指出：

（1）在中-高含水饱和度（30%～100%）区间段，双对数坐标系中I-S_w关系呈近线性变化，与取饱和度指数为2的阿尔奇公式计算线一致，符合孔隙结构较好的孔隙型储层

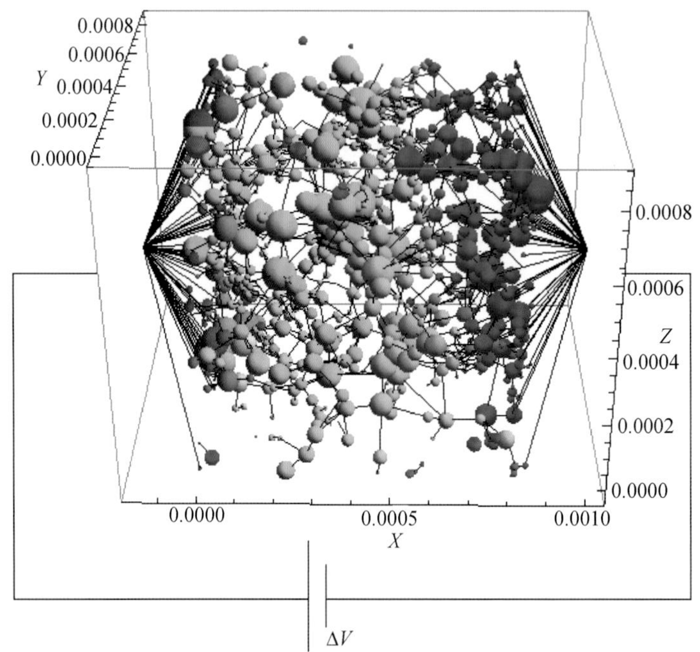

图 2-92　利用基尔霍夫定律开展基于孔隙格架的电阻率模拟示意图

岩电基本规律。

（2）在低含水饱和度（小于 30%）区间内，$I\text{-}S_w$ 关系呈明显的向下弯曲变化，且随着含水饱和度降低，其与 $n=2$ 计算线的差值越大，即不同饱和度处，n 值是变化的。结合模拟时所假定的饱和度–孔隙尺寸相关关系的分析可知，致密储层中含有大量微细孔喉，在没有被原油驱替成藏之前，其饱含的束缚水将构成良好的导电通道，使得储层电阻增大率低于常规高孔渗砂岩油层。当然，致密油层含油饱和度一般较高，如本章第三节所述，其值与源储品质与源储配置等因素有关。

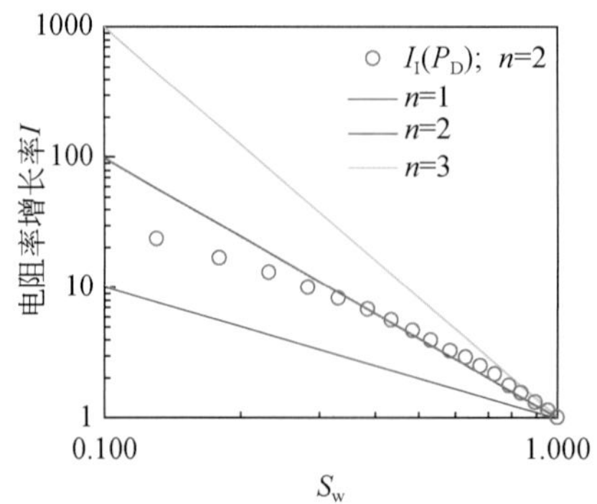

图 2-93　基尔霍夫定律模拟的致密砂岩储层 $I\text{-}S_w$ 关系实例

图 2-94 进一步指出，当含水饱和度达到 62% 之前，实验室测量电阻增大率与数值模拟值一致性好，但是由于储层物性差、驱排难度大，实验中难以进一步降低含水饱和度，不能完整地描述出较高含油饱和度致密油储层的岩电变化规律，即使采用半渗透隔板岩电

装置也难以有明显改进。数值模拟则可完整地模拟出 $I\text{-}S_w$ 变化规律，可模拟出高含油饱和度的电阻增大率变化规律，满足致密油储层的岩电参数。由图 2-94 可以看出，随着含油饱和度加大，$I\text{-}S_w$ 基本上呈上抛物线曲线的非线性变化，与图 2-93 所揭示的规律一致。

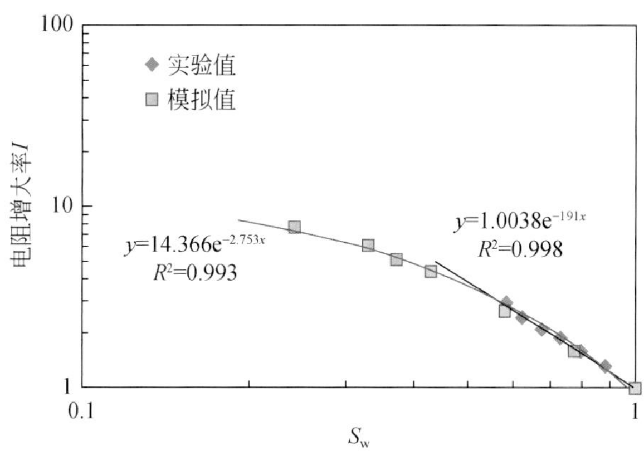

图 2-94　致密油砂岩岩样数值模拟与实验室测量的电阻增大率对比

基于图 2-94 的认识，处理岩样取自井的测井资料，如图 2-95 所示。图中 SWA 曲线为根据数值模拟确定的饱和度指数计算的含水饱和度，SWB 曲线为采用固定饱和度指数（$n=1.91$）计算的含水饱和度，蓝色杆状线为密闭取心分析的含水饱和度。从图中可以看出：

（1）油层段上（岩心分析含油饱和度在 75% 左右）孔隙度为 9%、物性较差，SWA 较 SWB 的含油饱和度绝对值高约 8%，且与密闭取心分析值吻合性好。

（2）干层段上 SWA 与 SWB 基本相等，表明岩电参数选取对饱和度计算结果影响不大，这符合基本的地球物理测井原理。

因此，对于致密油储层，由于其复杂的孔隙结构和特殊的导电特征，必须选择合适的岩电参数，计算出符合油藏特征的饱和度值。

（二）岩电特征的岩石物理分析

如上所述，致密油储层的岩电特征与其孔隙结构密切相关，但中国陆相致密油储层孔隙结构复杂、类型多样，不同类型致密油的岩电特征差别大，不像常规砂岩储集层那样呈现定值（至少对于一个地区的特定储集层而言），下面以实验室岩心测量的岩电数据为基础，分析陆相致密油的岩电特征。

1）不同岩性的岩电特征

如前所述，致密油储层尤其是源内致密油储层的岩性复杂，而且岩性控制物性、控制孔隙结构特征十分明显。当储层岩性变化较大时，应针对不同岩性类别分别开展岩电实验研究，以确定不同岩性的岩电特征及其参数选值。不同岩性的岩电参数值对饱和度的计算至关重要，实验表明其差异较大。

表 2-15 是泥灰岩不同岩性的岩电参数，以束鹿凹陷泥灰岩储层为例，m 值是对实际岩石的孔隙曲折性的校正，a 是岩性附加导电系数。如纹层状泥灰岩的岩电性质较好，显示为孔的特征。

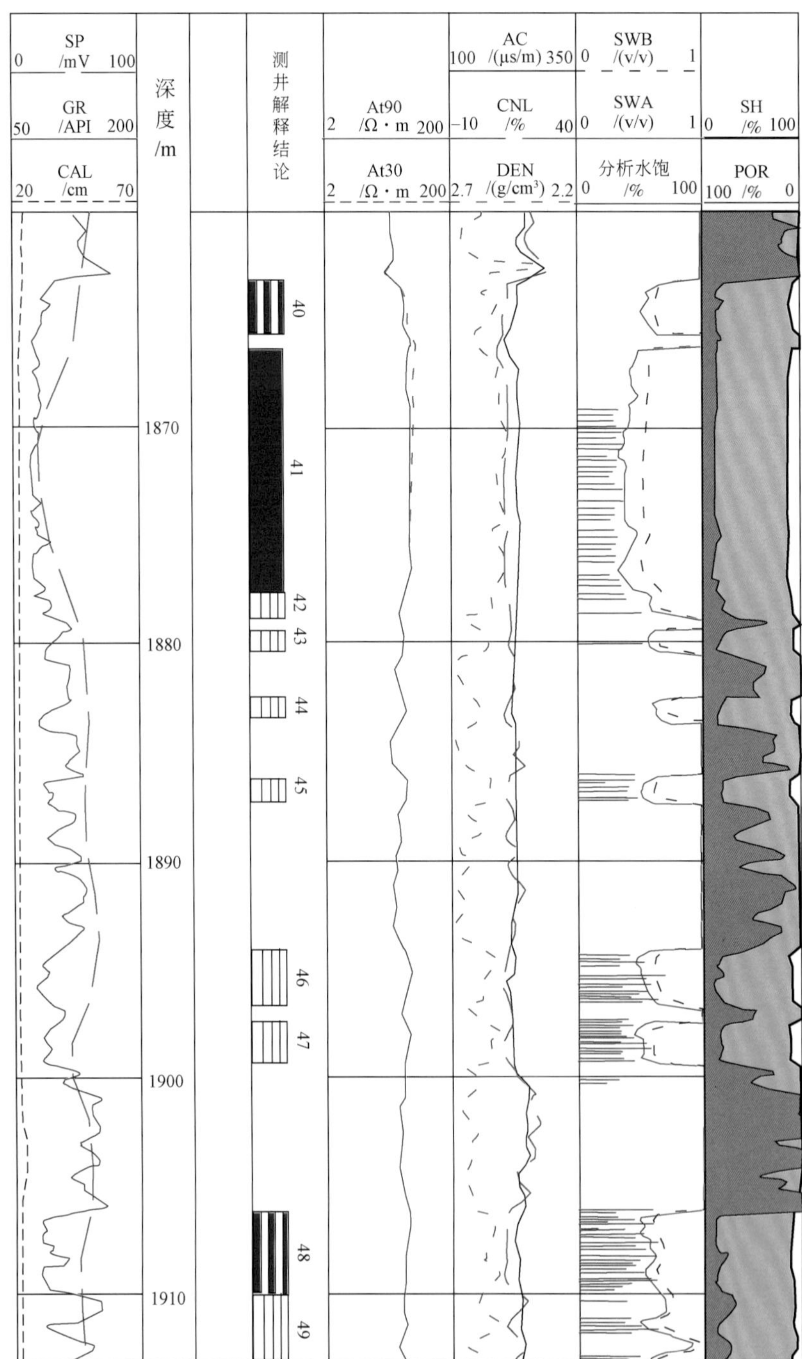

图 2-95　数值模拟与固定的饱和度指数计算饱和度对比

n 值表示导电部分孔隙结构的复杂程度，越大越复杂。实验数据 S_w 基本大于 65%，油气很难压入，孔隙小且结构复杂，渗透性极差。四种岩性结果：b 值均为 1，泥灰岩 n 值大（在 3.5 左右），砂岩 n 值相对较小（2.71）。

前述研究表明，纹层状泥灰岩和颗粒支撑砾岩储层物性最好，块状泥灰岩储层物性最差；测井计算的含油饱和度同样能够明确反映纹层状泥灰岩和颗粒支撑砾岩含油饱和度比较高，而块状泥灰岩含油饱和度比较低。所以，对于泥灰岩致密油而言，储层物性越好，其含油饱和度越高。

表 2-15　泥灰岩不同岩性的岩电实验参数值

岩性/参数	a	m	b	n
纹层状泥灰岩	1.00	1.32	1.00	3.59
块状泥灰岩	1.00	1.35	1.00	3.45
岩屑支撑砾岩	1.00	1.40	1.00	3.43
颗粒支撑砂岩	1.00	1.31	1.00	2.71

2）不同孔喉特征的岩电特征

孔喉特征是反映储层孔隙结构的最直接和最有效的参数。孔喉半径小，储层孔隙结构差，储层的导电能力减弱，导致岩电参数如 m 和 n 值相应地增大，反之亦然。

图 2-96 指出，对于不同孔喉特征的储层，孔隙胶结指数与平均孔喉半径关系明显不同，即当平均孔喉半径大于 0.1μm 时，储层孔隙结构较好，m 值介于 1.2～1.6；但当平均孔喉小于 0.1μm 时，储层孔隙结构变差，m 值相应增大，介于 1.2～1.8，较孔喉半径大于 0.1μm 储层测量的 m 值更大。需要指出的是，图 2-96 中所采用样品为岩性较为复杂的粉砂岩或细砂岩，较高的碳酸盐岩含量（15%～40%）、一定量的黏土（8%～16%），岩性复杂化了储层孔隙结构，影响孔隙结构的因素不仅仅是孔喉特征，还存在一定的黏土附加导电作用。因此，岩性与附加导电这两种因素复杂化了 m 值变化规律，导致图 2-96 中 m 值规律性并不太好。

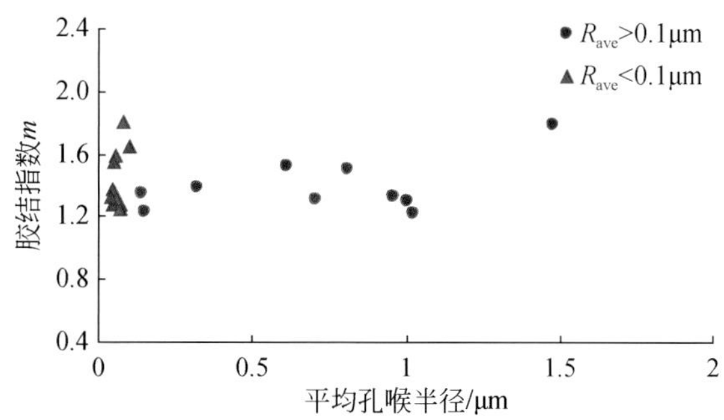

图 2-96　复杂岩性不同孔喉特征的胶结指数与孔喉半径的关系

图 2-97 为 18 块岩性较纯的砂岩岩样确定的地层因素 F-ϕ（孔隙度）关系图，从图中实验数据分布可以看出，双对数坐标图的 F-ϕ 并不是线性关系，以经典的阿尔奇公式描述误差较大。考虑边界条件即当孔隙度 ϕ=100% 时，$R_o=R_w$，$F=1$，则拟合公式为

$$m=0.7761\lg\phi+2.8296 \tag{2-10}$$

式中，ϕ 为孔隙度，小数。

由于图 2-97 样品孔隙类型主要为粒间孔隙型，孔隙度可较好地表征储层孔隙结构，

正是有此隐含的前提条件，方有式（2-10）所揭示的规律，即随着孔隙度增大，m 值降低。

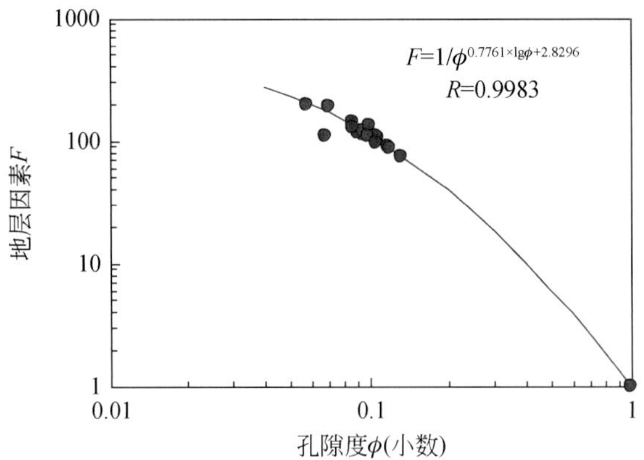

图 2-97　粒间孔隙型储层的地层因素与孔隙度关系图

饱和度指数 n 的变化规律与 m 值基本相同，即随着孔隙结构变好，n 值整体上降低，但对于不同孔喉特征储层，降低幅度不同，如图 2-98 所示。当平均孔喉半径小于 0.1μm，有

$$n=-1.21\phi+7.42 \tag{2-11}$$

式中，ϕ 为孔隙度,%。而当平均孔喉半径大于 0.1μm，则

$$n=-0.23\phi+3.21 \tag{2-12}$$

对比式（2-11）和式（2-12）计算值，如表 2-16 所示。该表指出：

（1）相比于平均孔喉半径大于 0.1μm 的储层，平均孔喉半径小于 0.1μm 储层的 n 值较大，孔隙结构控制 n 值的规律性强。

（2）平均孔喉半径小于 0.1μm 储层的 n 值对孔隙度更加敏感，即同等孔隙度的变化，其值变化率大，此表明致密储层，准确确定 n 值十分重要。

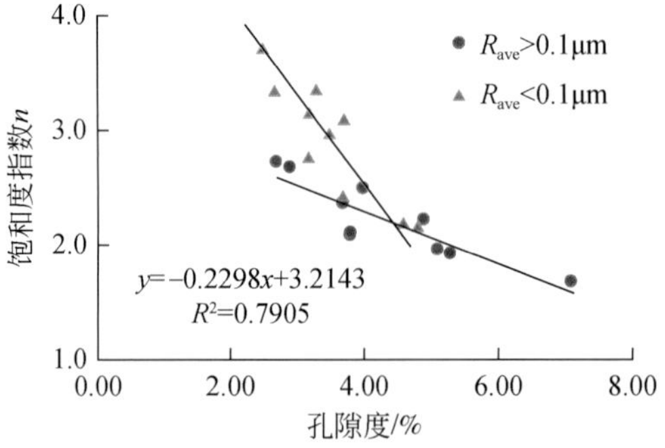

图 2-98　不同孔喉特征储层的饱和度指数与孔隙度的关系

表 2-16　不同孔喉特征的 n 值变化

孔隙度/%	n（孔喉半径<0.1μm）	n（孔喉半径>0.1μm）
3	3.79	2.52

续表

孔隙度/%	n（孔喉半径<0.1μm）	n（孔喉半径>0.1μm）
4	2.58	2.29
5	1.37	2.06

图2-99同样指出，n值受孔隙结构影响大，随着表征孔隙结构参数的孔喉比加大，孔隙结构变差，n值显著加大。

饱和度指数n受孔隙度和孔隙结构双重控制，随孔隙度减小，孔隙结构对n值影响增大，表现为大孔隙组分越多，n值越低。

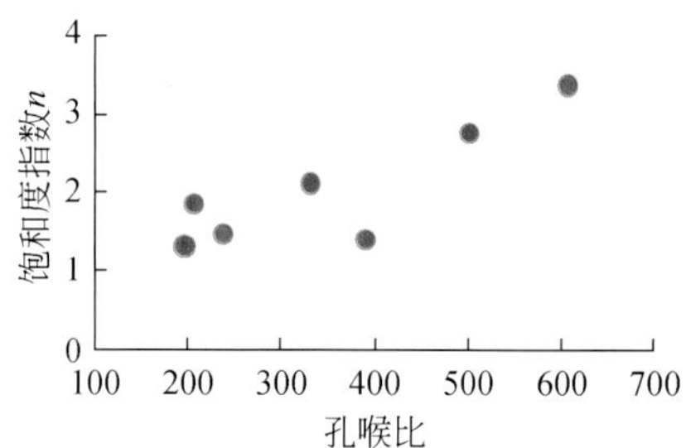

图2-99　砂岩致密油储层的饱和度指数与孔喉比的关系

3）不同类别储层的岩电特征

在岩心核磁共振实验岩石孔隙结构评价的基础上，分析致密油储层不同孔隙结构岩样的岩电特征，其测量数据见表2-17。该表表明：

（1）T_{2gm}为核磁共振T_2谱几何均值，是以核磁共振资料描述岩石孔隙结构的一种有效参数，T_{2gm}越大，表明储层孔隙结构越好。

（2）小孔占比、中孔占比和大孔占比是对应于T_2谱中0.3～10ms、10～100ms和100～3000ms三个区间内的孔隙占比，可以反映岩石孔隙结构变化。显然，大孔占比高，则岩石孔隙结构就好，反之亦然。

表2-17　核磁共振与岩电的配套实验测量数据

岩样号	孔隙度/%	n	T_{2gm}/ms	小孔占比/%	中孔占比/%	大孔占比/%
1	3.58	4.6981	2.140	87	9	4
2	5.00	2.9904	2.725	83	15	2
3	8.63	2.7181	3.383	81	15	4
4	9.27	1.7686	9.525	50	40	10
5	9.98	1.7491	10.094	51	38	11
6	10.60	1.5783	13.471	44	39	17
7	11.49	1.5157	16.129	40	41	19

图2-100是饱和度指数n与T_{2gm}间的关系，随着T_{2gm}加大，n呈指数型急剧减小，即T_{2gm}由2加大至16时，n由4.7减少至1.5，变化幅度很大，对饱和度计算值的影响有决定性作用。

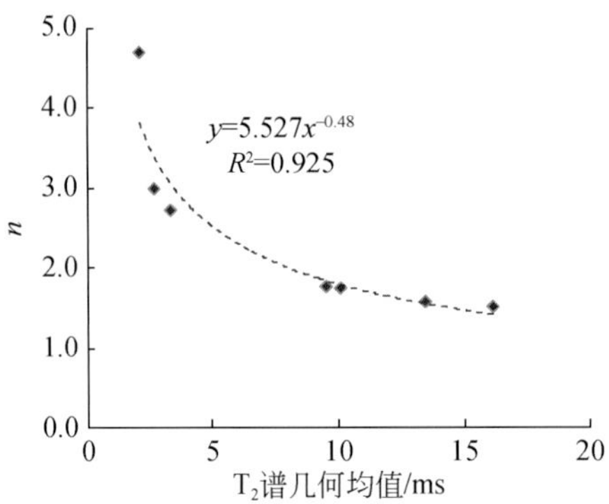

图 2-100　饱和度指数与 T_2 谱几何均值的关系

同样地，图 2-101 指出，随着大孔占比与中孔占比加大，小孔占比减小，n 值呈指数型急剧减小，表明 n 值对孔隙结构十分敏感。

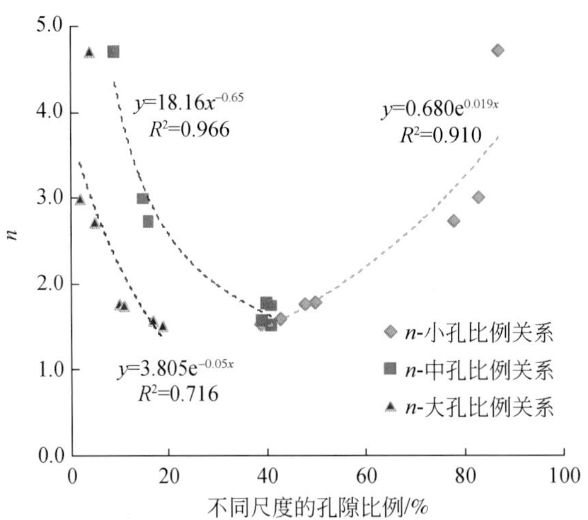

图 2-101　饱和度指数与不同尺度孔隙占比的关系

为了进一步评价不同类别储层的 n 值变化特点，采用 T_2 谱几何均值法和孔隙组分法对表 2-17 中样品进行储层分类。

（1）T_2 谱几何均值法。$T_{2gm}\leqslant 5$，Ⅲ类储层；$5ms<T_{2gm}\leqslant 10ms$，Ⅱ类储层；$T_{2gm}>10ms$，Ⅰ类储层。

（2）孔隙组分法。首先，基于不同孔隙尺度占比值定义储层分类指标 PI：

$$PI=0.05\times小孔占比+0.25\times中孔占比+0.7\times大孔占比 \tag{2-13}$$

其次，确定储层分类标准：

$PI\leqslant 10$，Ⅲ类储层；$10<PI\leqslant 20$，Ⅱ类储层；$PI>20$，Ⅰ类储层。

上述两种分类方法的分类结果如表 2-18 所示，可以看出，它们的分类结果是一致的，并且不同类别储层的 n 值差异明显。Ⅰ类储层：$n\leqslant 1.6$；Ⅱ类储层：$1.6<n\leqslant 2.0$；Ⅲ类储层：$n>2.0$。

表 2-18 不同储层类别的饱和度指数分布

岩样号	n	T_2 谱几何均值法		孔隙组分法				
		T_{2gm}/ms	储层类别	小孔/%	中孔/%	大孔/%	储层分类指标	储层类别
1	4.6981	2.140	Ⅲ	87	9	4	9.40	Ⅲ
2	2.9904	2.725	Ⅲ	83	15	2	9.30	Ⅲ
3	2.7181	3.383	Ⅲ	81	15	4	10.6	Ⅲ
4	1.7686	9.525	Ⅱ	50	40	10	19.50	Ⅱ
5	1.7491	10.094	Ⅱ	51	38	11	19.75	Ⅱ
6	1.5783	13.471	Ⅰ	43	39	17	23.80	Ⅰ
7	1.5157	16.129	Ⅰ	39	41	19	25.50	Ⅰ

基于上述数值模拟分析和岩石物理实验研究，可以总结出致密油储层岩电参数的规律性认识（图 2-102）：

（1）岩电参数受储层孔隙结构控制作用明显，即孔隙结构变好，岩电参数变小。

（2）当储层基质孔隙度较小尤其是致密储层，孔隙结构对岩电参数的控制作用更加突出。

（3）如储层中裂缝较发育，这显著改善储层孔隙结构，储层基质孔隙度可能不大，但岩电参数也会变小。

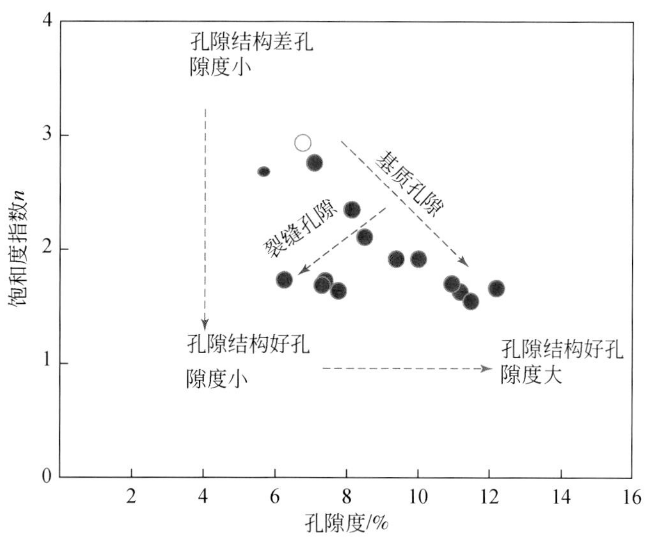

图 2-102 不同孔隙结构储层的饱和度指数分布特征

4）岩电参数的各向异性特征

如前所述，致密油储层的电各向异性较强，无论是岩样的实验室测量还是电阻率测井值均表明了这一点，由此推测，致密油储层的岩电参数可能也存在各向异性。如图 2-103 和图 2-104 所示，垂直岩样的 m 值和 n 值相应地较水平岩样值更高。

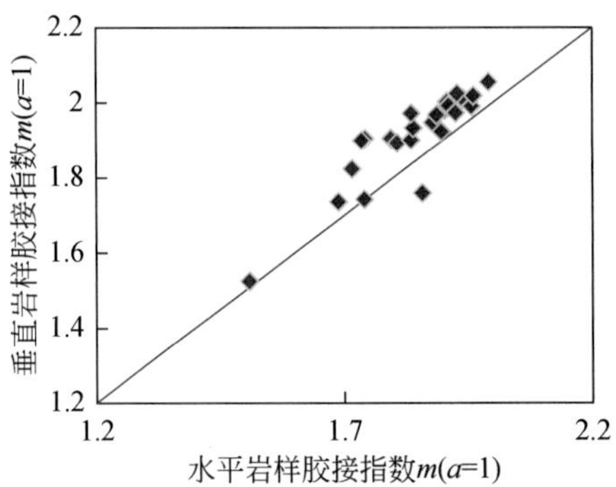

图 2-103　孔隙胶结指数的各向异性特征

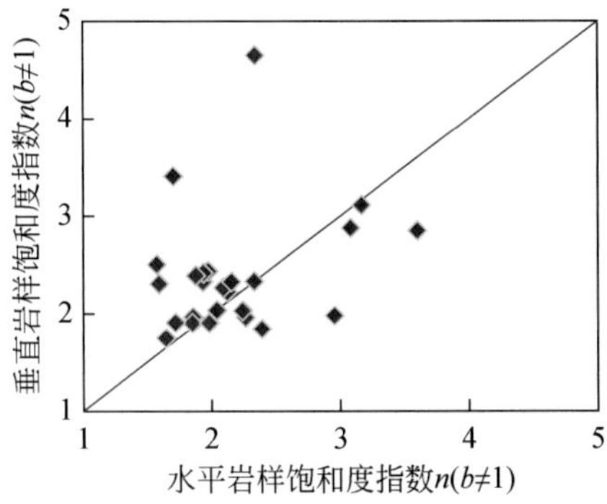

图 2-104　饱和度指数的各向异性特征

如致密油储层的岩电参数存在各向异性，以电阻率资料计算水平井的饱和度时，则不仅仅是电阻率测井值要进行电各向异性校正，而且所采用的岩电参数也要采用水平岩样测量确定的值，如表 2-19 所示，如此方能保证饱和度计算的准确性。

表 2-19　砂岩致密油储层的水平井和垂直井的岩电参数

岩样方向	a	m	b	n
水平	1	$0.9938\times\lg\phi+2.8389$	1.1243	1.938
垂直	1	$0.9456\times\lg\phi+2.8696$	1.1277	2.174

第五节　岩石力学特征

理解并掌握致密油储层的岩石力学特征是致密油工程品质评价的基础。本节以大量的岩石物理力学实验数据分析为基础，着重讨论致密油储层动静态的杨氏模量、泊松比和脆性等弹性模量的岩性、物性和应力特征，然后对比微地震水力压裂监测结果，讨论不同岩石力学特征的致密油储层的有效压裂层段分布及压裂裂缝带的缝长、缝高、缝高比和缝宽等参数变化的特点。

一、岩石弹性模量特征

表征岩石弹性的模量类型很多，但根据致密油勘探开发对评价技术的需求，致密油评价重点关注的岩石力学弹性模量为杨氏模量、泊松比和单轴抗压强度，这三种弹性模量也是表征脆性特征、计算地应力和分析井壁稳定性的基础。

岩石的弹性模量可分为动态弹性模量和静态弹性模量两种，其中动态弹性模量是指岩石在各种动载荷或周期变化载荷（如声波、规律性冲击和震动等）作用下所表现出的力学性质，可由测井或实验室测量的岩石密度和纵横波速度计算而得出；岩石的静态弹性模量则是指在静载荷作用下岩石表现出的力学性质，只能在实验室中测量得到。动静态弹性模量相互关联，但又有本质的区别。

（一）不同岩石的弹性模量特征

由于不同岩石具有不同的密度与纵横波速度，因此，不同岩石具有不同的动态弹性模量特征，这点显而易见，在此不再赘述，下面着重讨论不同岩石的静态弹性模量特征即静态参数的岩性特征。

静态参数的岩性特征主要讨论这些参数随矿物成分、泥质含量、胶结物和孔隙度等因素的变化而变化的规律，一般认为：

（1）孔隙可认为是岩石力学性质上的“缺陷”，其大小严重地改变岩石的弹性特征。孔隙度越高，岩石会具有较低的抗压强度与静态弹性模量，但泊松比的变化十分复杂。

（2）胶结反映岩石成岩作用的强弱，是影响岩石单元体连接强度的重要因素。硅质胶结物的连接强度最高，钙质胶结物次之，泥质胶结物最差；从含量上来说，胶结物越多，胶结程度越高，岩石的抗拉伸和抗剪切的能力也就越大，因此也越不容易发生变形；从胶结类型看，基底胶结的胶结程度最高，孔隙胶结次之，镶嵌胶结和接触胶结最差。

（3）颗粒的接触关系也能够影响岩石的弹性特征。点接触为不稳定接触，在外力作用下容易发生变形；而线接触、凹凸接触和缝合接触均为稳定接触，岩石很难发生变形。

图2-105为致密砂岩岩心样品的抗压强度的岩性特征图，从中可以看出：随着黏土含量的增加抗压强度表现近似“V”形的变化特征。当黏土含量低于8%时，样品更多地表现为以钙质胶结为主，此时随着黏土含量的增加、钙质含量的增加、孔隙度的减小，抗压强度表现出增大的趋势；当黏土含量高于8%时，岩石样品钙质含量低、以黏土作为主要胶结物，岩石的静力学特征取决于黏土矿物的性质，黏土矿物除作为胶结物外还会随着其含量的继续增加而逐渐充填于孔隙中，而造成孔隙度的减少，即随着黏土含量的增加、孔隙度的减小，岩石抗压强度明显增加，但由于钙质含量低，其与抗压强度的相关性不大。

图2-106为致密砂岩岩心样品的静态杨氏模量特征图，从中可以看出：静态杨氏模量特征总体上也表现出与图2-105所揭示的近似“V”形的变化特征。当黏土含量低于8%时，随着黏土含量增加、孔隙度减小，静态杨氏模量显著增大、相关性较好，且随着钙质

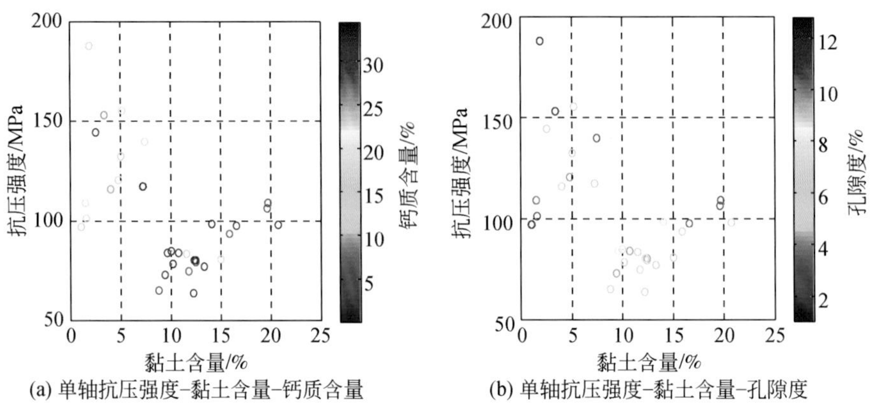

(a) 单轴抗压强度-黏土含量-钙质含量　　(b) 单轴抗压强度-黏土含量-孔隙度

图 2-105　致密砂岩的单轴抗压强度特征

含量增大有一定的加大趋势；当黏土含量高于 8% 时，随着黏土含量增加、孔隙度减小，静态杨氏模量呈加大趋势但相关性不密切。

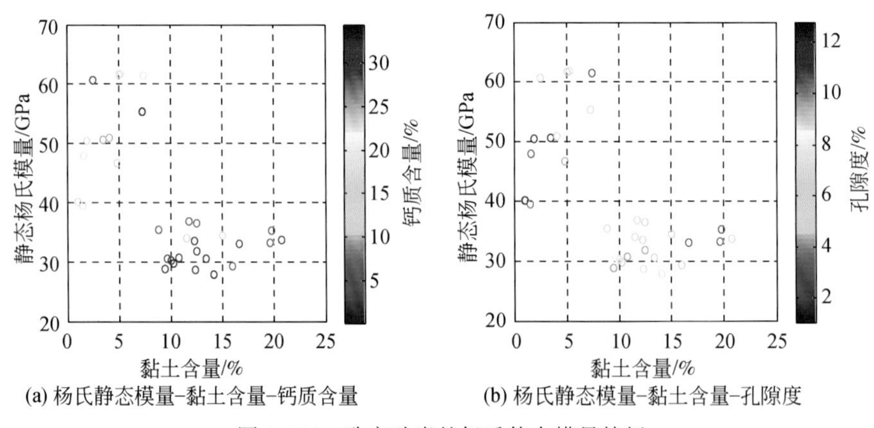

(a) 杨氏静态模量-黏土含量-钙质含量　　(b) 杨氏静态模量-黏土含量-孔隙度

图 2-106　致密砂岩的杨氏静态模量特征

图 2-107 为致密砂岩岩心样品的静态和动态泊松比同孔隙度与黏土含量间的关系图。该图指出：

（1）无论是静态泊松还是动态泊松比，整体上与黏土含量成正比，尤其是动态泊松比与黏土含量的关系更加密切，即黏土含量增加，泊松比也增加。

（2）无论是静态泊松还是动态泊松比，与孔隙度的关系均不密切，但动态泊松比与孔隙度间表现出一定的正相关关系。

图 2-108 则进一步指出，泥灰岩与砾岩具有明显不同的应力–应变曲线特征，由此计算出的弹性模量差异大，砾岩类杨氏模量为 61GPa，泊松比为 0. 22，泥灰岩类杨氏模量为 38GPa、泊松比为 0. 38。

地层条件下，流体（油、气、水）饱和于岩石孔隙储集空间中，它们必然要参与岩石的受力与变形过程，将对岩石弹性模量产生影响，这可通过不同岩性样品完全饱水前后的

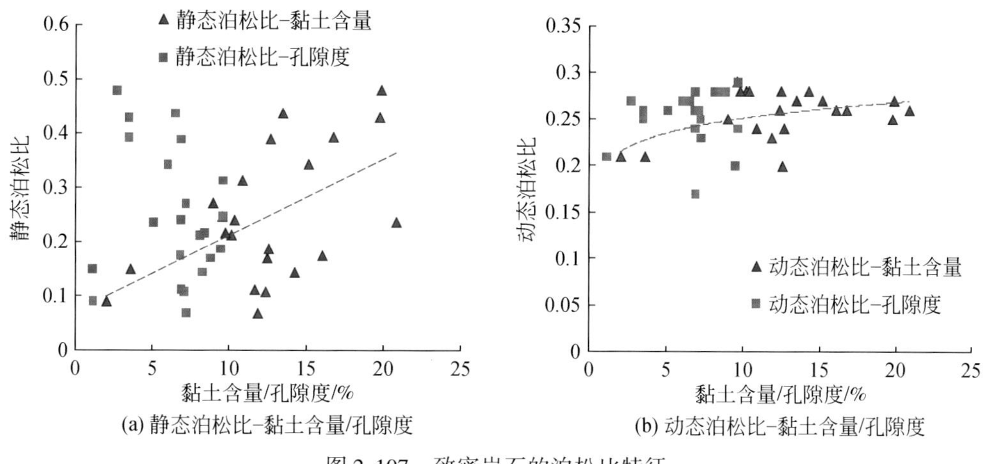

(a) 静态泊松比-黏土含量/孔隙度　(b) 动态泊松比-黏土含量/孔隙度

图 2-107　致密岩石的泊松比特征

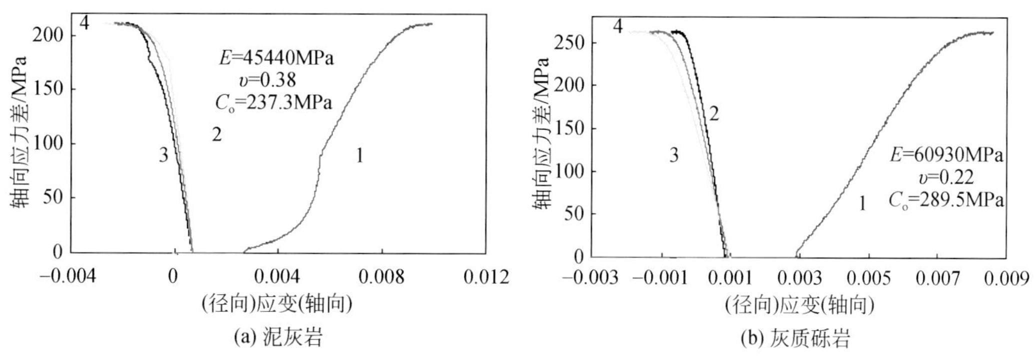

(a) 泥灰岩　(b) 灰质砾岩

图 2-108　不同岩石的静态弹性模量特征

1. 轴向应变；2. 径向应变 1；3. 径向应变 2；4. 平均径向应变

三轴压缩试验对比分析。

图 2-109 为砂岩致密油岩样在 20MPa 和 40MPa 有效压力下饱和地层水前后的静态杨氏模量差 $\Delta E_{饱和-干燥}$（100% 饱和水状态下的杨氏模量减去干燥状态下的杨氏模量）对比图。该图指出：

（1）饱和地层水具有两种相互矛盾的作用方式改变静态杨氏模量：水饱和后，降低了孔隙的可压缩性，使得岩石样品的弹性模量增大。如图 2-109（a）所示，当孔隙度大于 6.5% 时，$\Delta E_{饱和-干燥}$ 值明显增大，表明较大孔隙度时，中饱和水不可压缩性作用强，导致饱和水杨氏模量明显增大；反之，当孔隙度较少（小于 6.5%）时，$\Delta E_{饱和-干燥}$ 值较小甚至变为负值，表明小孔隙度储层中地层水不可压缩性作用弱，此时，地层水的作用体现在与黏土发生反应使其"软化"，从而降低了样品的杨氏模量。

（2）对比图 2-109（a）和图 2-109（b）知，当样品测试时的围压加大时，饱和水样和干燥样的杨氏模量差值变小，这种变小的趋势对黏土含量较大的样品，表现得更加明显。当孔隙度与黏土含量均较小时，两者基本相等。

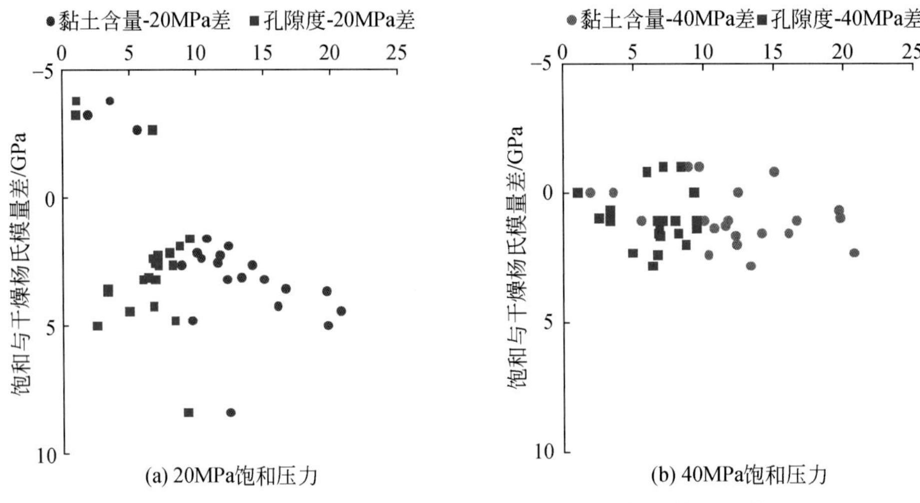

图 2-109　不同围压下致密砂岩岩样饱和水前后的杨氏模量变化对比

（二）不同应力环境下的动静态弹性模量特征

由于动静态弹性模量的定义及其测量方式的差异，它们在不同应力环境下所表现出的变化特征也不尽相同甚至存在本质性的差异。

图 2-110 和图 2-111 为静态杨氏模量与有效压力的关系图，从中可以看出：

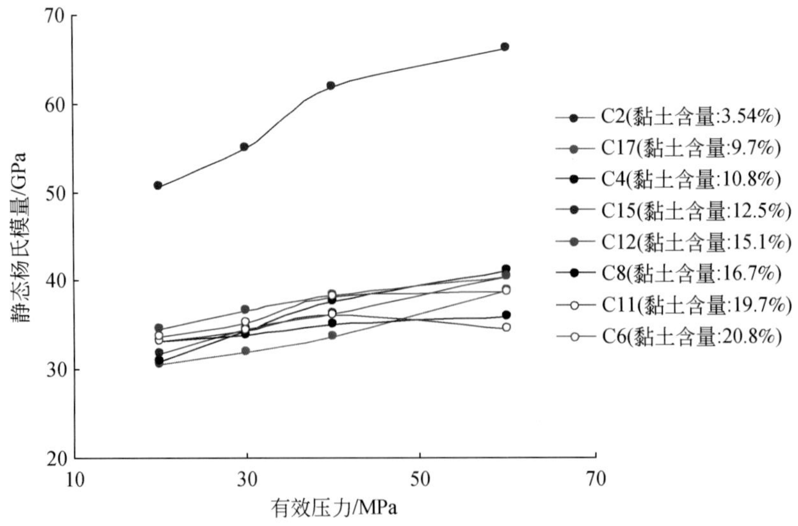

图 2-110　不同黏土含量下砂岩静态杨氏模量的应力特征

（1）随着有效应力加大，静态杨氏模量增大，但增大速率随有效压力的增大而降低。这是因为在低有效压力的作用下，岩样中较软的孔隙与微裂隙明显压实而闭合，使得岩样更加均匀致密，导致同等应力下变形值减小，模量增大较快；当有效压力增加到一定程度

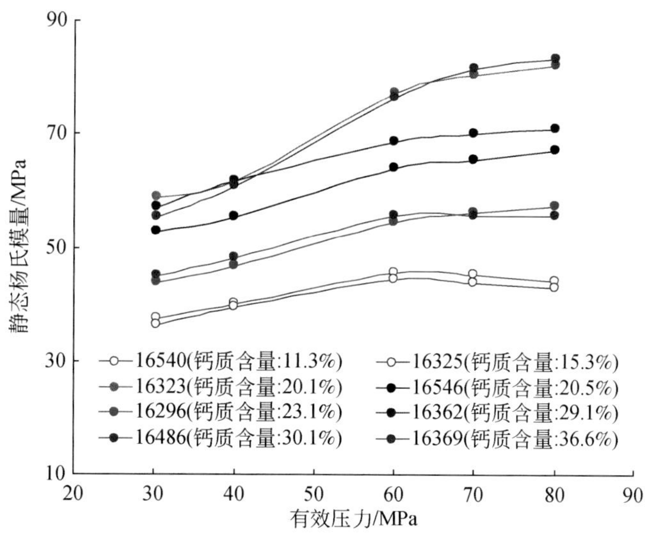

图 2-111　不同钙质含量下砂岩静态杨氏模量的应力特征

后，增加的有效压力对孔隙压缩变形逐步减小，相应变形模量增加幅度较小。

（2）一般地，随着黏土含量加大，静态杨氏模量减小。

（3）当黏土含量较高和钙质含量较低时，图中个别样品（黏土含量为 16.7%、19.7% 和 20.8%，钙质含量为 11.3% 和 15.3%）在高有效压力（大于 60MPa）下，出现静态杨氏模量不增反降的现象，此为这些岩样在高应力作用下出现破裂并产生微裂隙所致，从而导致杨氏模量降低，并不是岩样本身的物理特征。

同样地，图 2-112 和图 2-113 分别为不同黏土含量、不同钙质含量的岩样抗压强度与有效压力的关系图，可以看出：

（1）随着有效压力的升高，抗压强度增加，但有效压力对砂岩抗压强度的影响效应则逐渐减小。这表明，有效压力对抗压强度增加的影响随着由脆性向延性转化逐步减小，三轴强度与有效压力呈现非线性状态。脆性向延性转化的有效压力越高，则抗压强度随有效压力的变化越大，表现为岩石样品在低有效压力下的抗压强度越大，则其随压力的变化也越大，而低有效压力下的抗压强度越小，则其随压力的变化也越小。

（2）黏土含量增大，抗压强度增大。

（3）图 2-112 中的岩样动、静态弹性特征与其黏土含量具有明显相关性，黏土含量高则在低有效压力下的抗压强度也较低，使得岩石样品整体表现出抗压强度的压力相关性随黏土含量的增加而降低。高黏土含量样品（大于 10%），在较高有效压力时（大于 30MPa），其抗压强度不再随有效压力变化现出明显增大反而有所减小，可能与该压力下岩石已经出现裂隙有关，出现较为明显的峰后屈服平台，岩石表现出较强的塑性，临界应力状态（转换压力与抗压强度比值）在 0.15 ~0.2。

（4）图 2-113 的岩样动、静态弹性特征与岩石中钙质含量具有明显的相关性，钙质含量高则低有效压力下的抗压强度也较高，使得岩石样品整体表现出抗压强度的压力相关性随钙质含量的增加而增大。低钙质含量样品在较高有效压力时（大于 60MPa），其抗压强

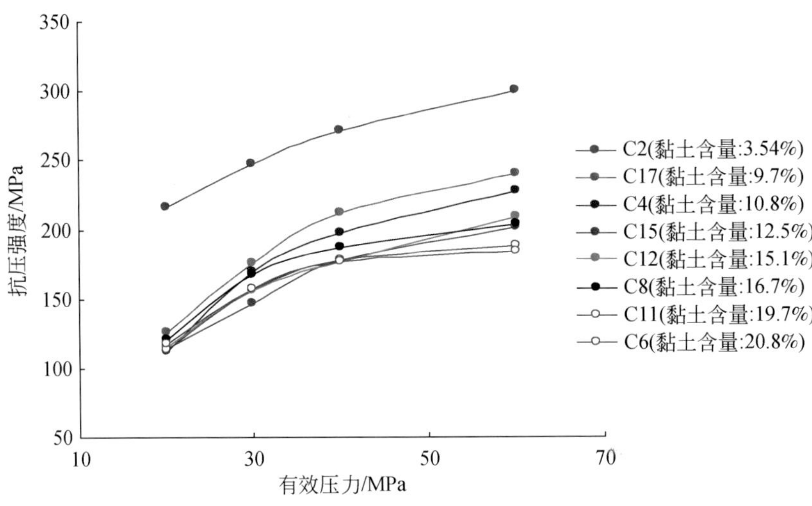

图 2-112　不同黏土含量砂岩单轴抗压强度的应力特征

度不再随有效压力表现出明显变化，可能与该压力岩石已经出现裂隙有关。对于钙质含量小于 20% 的样品，有效压力达到 70MPa 时即出现较为明显的峰后屈服平台，岩石表现出较强的塑性，临界应力状态（转换压力与抗压强度比值）在 0.28 ~ 0.35。70MPa 后塑性较强样品（16325）岩石轴向应变在 60 ~ 80MPa 的范围内由 0.6% 变化至 0.81%，塑性流动增强。

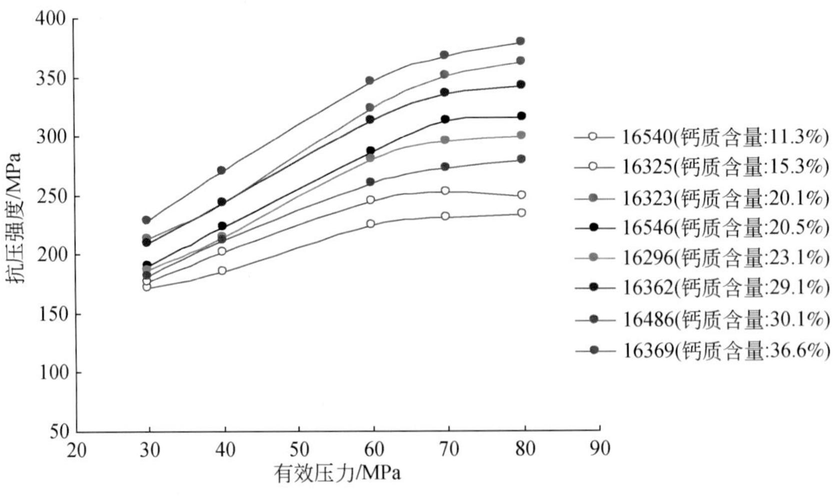

图 2-113　不同钙质含量砂岩抗压强度的应力特征

由上述知，静态弹性模量的应力特征明显，基本上，随着应力加大，弹性模量值加大。但是，动态弹性模量的应力特征则不相同，如图 2-114 所示，围压从 0MPa 增大到 40MPa 时，动态参数变化率很小（小于 10%），静态参数则增大明显（增大率大于 50%），因此，动态弹性模量与静态弹性模量的应力特征差异大，由此导致动态法计算的脆性指数不能反映随应力变化而变化，与静态法计算的脆性指数差异大。

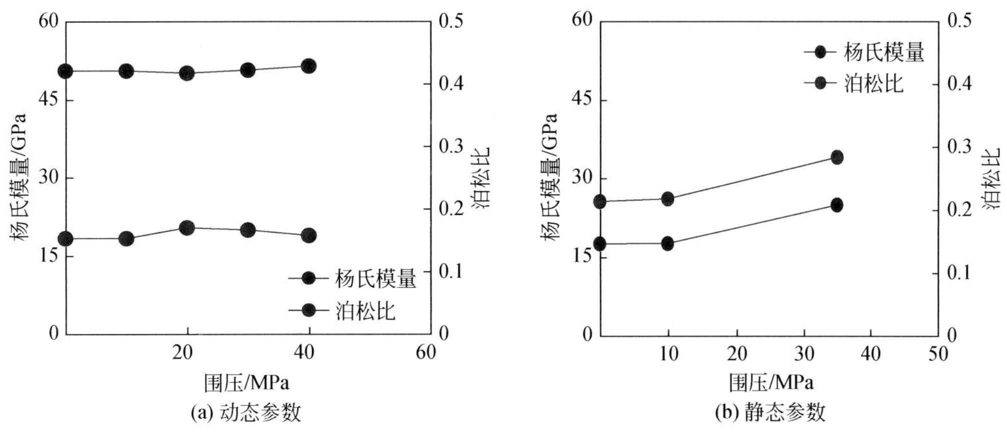

(a) 动态参数　(b) 静态参数

图 2-114　不同围压作用下动态与静态弹性模量特征

（三）动静态弹性模量的各向异性特征

当致密油储层多呈薄互层结构以及层理结构发育时，垂直地层层理方向（以下简称垂直方向）与水平地层层理方向（以下简称水平方向）的弹性模量存在较为明显的各向异性。由表 2-20、图 2-115 和图 2-116 得知：

表 2-20　静态弹性模量的各向异性特征

岩样号	有效围压/psi	杨氏模量-垂直/GPa	杨氏模量-平行/GPa	杨氏模量各向异性比	泊松比-垂直	泊松比-平行	泊松比各向异性比
1	2772	24. 52	30. 66	1. 25	0. 14	0. 17	1. 21
2	2845	13. 23	19. 36	1. 46	0. 16	0. 25	1. 56
3	2855	18. 18	21. 26	1. 17	0. 19	0. 22	1. 16
4	3190	29. 79	32. 89	1. 10	0. 22	0. 25	1. 14
5	3190	26. 27	42. 08	1. 60	0. 17	0. 26	1. 53
6	3190	29. 56	31. 07	1. 05	0. 23	0. 24	1. 04

（1）无论是垂直方向还是平行方向，静态弹性模量与有效应力间较为密切，两者间存在较为明显的相关性，即

$$E_{V\_sat} = 0.024P_{eff} - 49.70 \tag{2-14}$$

$$E_{H\_sat} = 0.024P_{eff} - 49.70 \tag{2-15}$$

$$\mu_{V\_sat} = 0.000126P_{eff} - 0.192782 \tag{2-16}$$

$$\mu_{H\_sat} = -0.000114P_{eff} - 0.110918 \tag{2-17}$$

式中，E_{V_sat}和E_{H_sat}分别为垂直方向和水平方向的静态杨氏模量，GPa；P_{eff}为实验测量时的有效围压，psi①；μ_{V_sat}和μ_{H_sat}分别为垂直方向和水平方向的静态泊松比。

① $1\text{psi}=6.89476\times10^3\text{Pa}$。

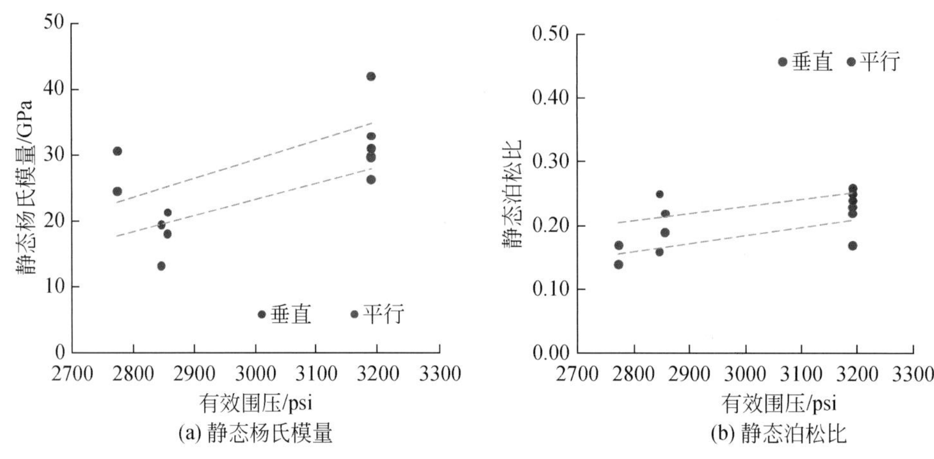

(a) 静态杨氏模量　　(b) 静态泊松比

图 2-115　不同岩样静态弹性模量的各向异性特征

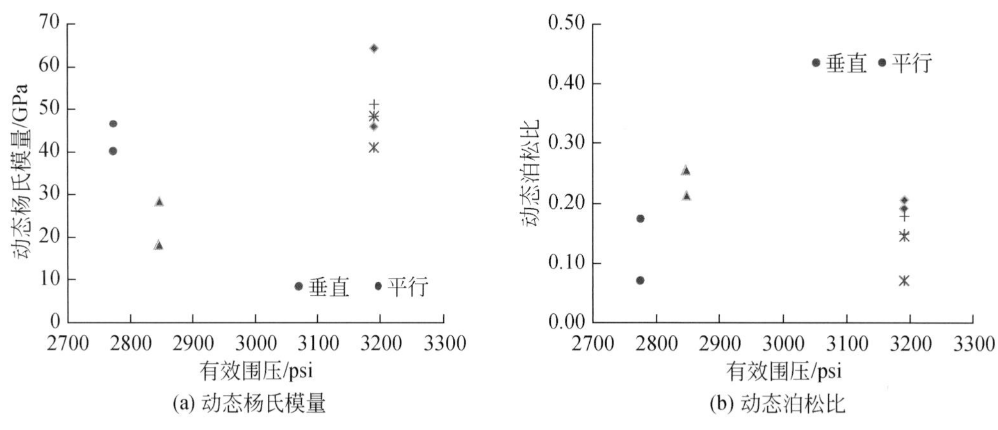

(a) 动态杨氏模量　　(b) 动态泊松比

图 2-116　不同岩样动态弹性模量的各向异性特征

但是，动态杨氏模量和动态泊松比与应力间关系并不密切，无论垂直方向还是水平方向均如此，这点与图 2-114（a）所揭示的规律相似。

（2）无论是静态弹性模量还是动态弹性模量，垂直方向与水平方向的杨氏模量和泊松比存在一定差异，一般地，平行地层方向弹性模量较大。这两者差异大小，取决于岩石的结构，如为块状结构（如 3#和 6#岩样），该值差异不大，即杨氏模量和泊松比各向异性比值不大，表明为较弱的弹性模量各向异性。

如图 2-117 和图 2-118 所示，垂直与平行方向上的动态弹性模量间相关性较好，静态弹性模量间相关性较差，尤其是静态泊松比更差。其原因可能是测量垂直方向和平行方向的动态参数使用的是同一岩样，而测量垂直和平行方向的静态参数则只能使用相邻深度上的不同岩样，这就导致弹性模量存在差异，尤其是非均质性储层更是如此。

(四) 动静态弹性模量间的关系

致密油储层岩石力学评价的目的是确定出一系列的致密储层岩石力学静态参数以支持

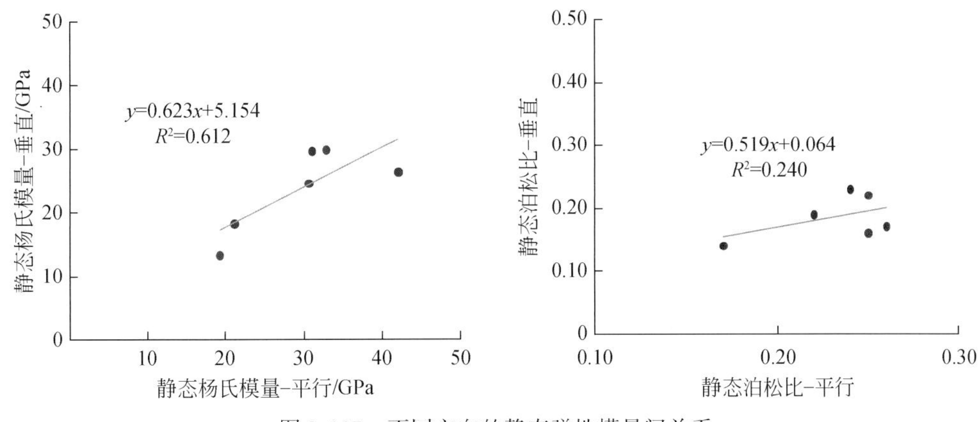

图 2-117 不同方向的静态弹性模量间关系

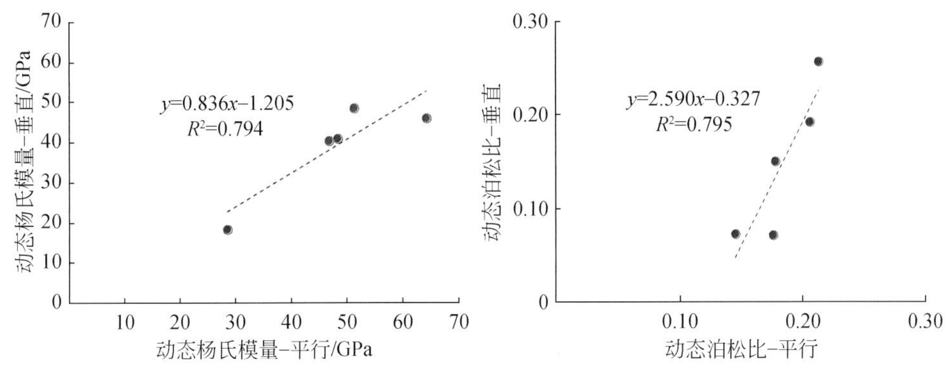

图 2-118 不同方向的动态弹性模量间关系

压裂设计等方面的工程技术，但是以测井资料直接计算得到的是岩石力学动态参数，与真实地层所受的长时间静载荷是有差别的，因此须掌握不同类型致密油储层的动态弹性模量与静态弹性模量之间的转换关系，实现测井岩石力学静态参数计算。如此，通过大量、连续的测井数据间接地计算出具体弹性模量，以克服实验室测量静态弹性模量费时、费力、费用高且岩样数有限等不足。

实验研究表明，对于一块均匀致密的岩石来说，其动、静弹性模量应该十分接近，基本上可互相代替。然而，对于实际的地下岩石，动态与静态弹性模量之间的关系并不简单，也不唯一，相反，两者间的差异性是显而易见的，其原因主要为：一是致密油储层中的岩石往往存在各向异性和非均匀性，如常伴有裂缝、孔洞和层理等结构性因素；二是地下岩石要承受上覆应力和水平方向最大与最小应力的作用；三是地下岩石是饱和流体的。因此，不同岩性、不同孔隙结构和不同应力环境的岩石间相差动静态弹性模量关系复杂，须根据实验数据具体分析确定，下面分砂岩和混积岩两类岩性分别讨论动静态弹性模量间的关系。

1）砂岩的动静态弹性模量间关系

通过对鄂尔多斯盆地延长组长 7 段及松辽盆地高台子油层与扶余油层的岩心样品的实验室动静态弹性模量间测量数据分析可知：

（1）动静态杨氏模量间呈线性关系且相关性好，其关系可描述为

$$E_{sta}=a+bE_{dyn} \tag{2-18}$$

式中，E_{sta}为静态杨氏模量，GPa；E_{dyn}为动态杨氏模量，GPa。对于不同致密油储层，式（2-18）中的系数 b 和常数 a 不同，见表 2-21。

表 2-21　砂岩致密油的动静态杨氏模量间线性相关性参数

领域	常数 a	系数 b	相关系数
鄂尔多斯长 7	0. 439	0. 616	0. 892
松辽高台子油层	1. 165	0. 677	0. 971
松辽扶余油层	1. 491	0. 370	0. 820

（2）动静态泊松比间整体上呈线性关系且相关性较好但较为复杂，不同致密油储层，其相互间的相关关系不尽相同。对于鄂尔多斯盆地长 7 致密油储层为幂指数关系：

$$\mu_{sta}=18.19\mu_{dyn}^{1.294} \tag{2-19}$$

式中，μ_{sta}为静态泊松比；μ_{dyn}为动态泊松比，相关系数为 0. 74。

而对于松辽盆地高台子和扶余致密油储层，动静态泊松比关系可描述为线性关系：

$$\mu_{sta}=c+d\mu_{dyn} \tag{2-20}$$

式（2-20）中的系数 c 和常数 d 不同，见表 2-22。

表 2-22　砂岩致密油的动静态泊松比间线性相关性参数

领域	常数 d	系数 c	相关系数
松辽高台子油层	−0. 3004	1. 3098	0. 9441
松辽扶余油层	0. 0178	0. 6132	0. 9091

如前所述，致密油储层的弹性模量有一定的各向异性，为此，进一步考虑垂直方向与水平方向的动静态弹性模量间的关系，如图 2-119 所示。该图指出，无论是垂直方向还是水平方向的动静态杨氏模量间均存在较好的相关关系，但是垂直方向和水平方向上的动静态泊松比间则基本上没有相关关系。

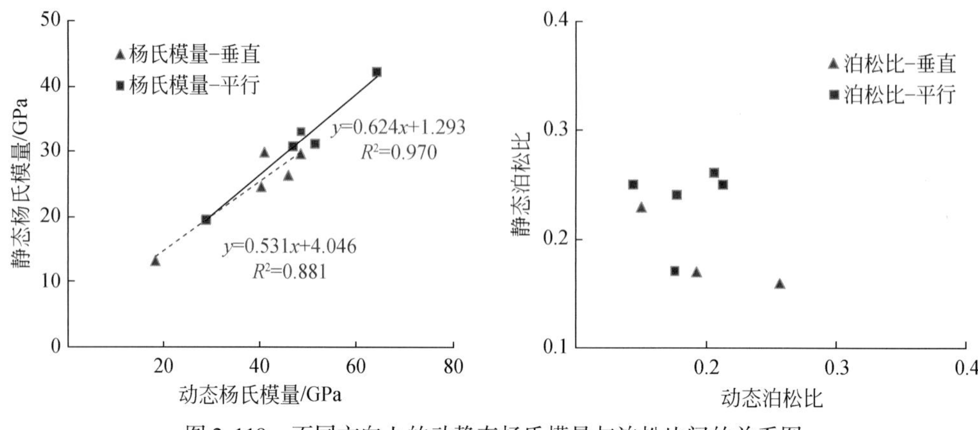

图 2-119　不同方向上的动静态杨氏模量与泊松比间的关系图

2）混积岩的动静态弹性模量间关系

尽管混积岩各向异性强、非均质性强，但动静态杨氏模量间整体上仍然具有较好的线性相关关系，如图 2-120 与表 2-23 所示。准噶尔盆地吉木萨尔凹陷芦草沟组的致密油储层的动静态杨氏模量存在一定的相关性，整体上两者之间呈正相关，这可能与该套储层的应力敏感性有关。

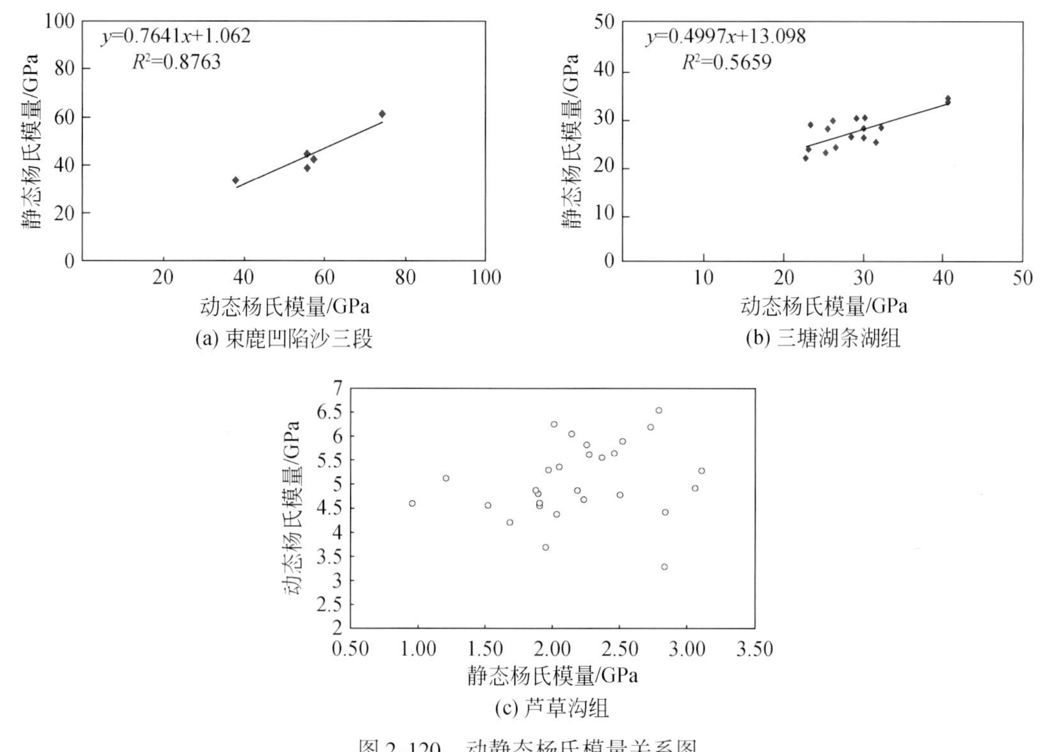

图 2-120　动静态杨氏模量关系图

表 2-23　砂岩致密油的动静态泊松比间线性相关性参数

领域	常数	系数	相关系数
柬鹿凹陷沙三段	1.062	0.7641	0.8763
吉木萨尔凹陷芦草沟组	有一定的正相关，但相关性不强		
三塘湖条湖组	13.098	0.4997	0.5659

与动静态杨氏模量间相关关系相比，动静态泊松比间相关关系明显要差，两者基本上没有相关关系，如图 2-121 所示。这意味着，对于复杂岩性储层，不能简单地将测井计算的动态泊松比转换为静态泊松比。

二、岩石脆性特征

关于岩石脆性的定义国内外学者有许多说法。A. Morley 等将脆性定义为材料塑性的缺

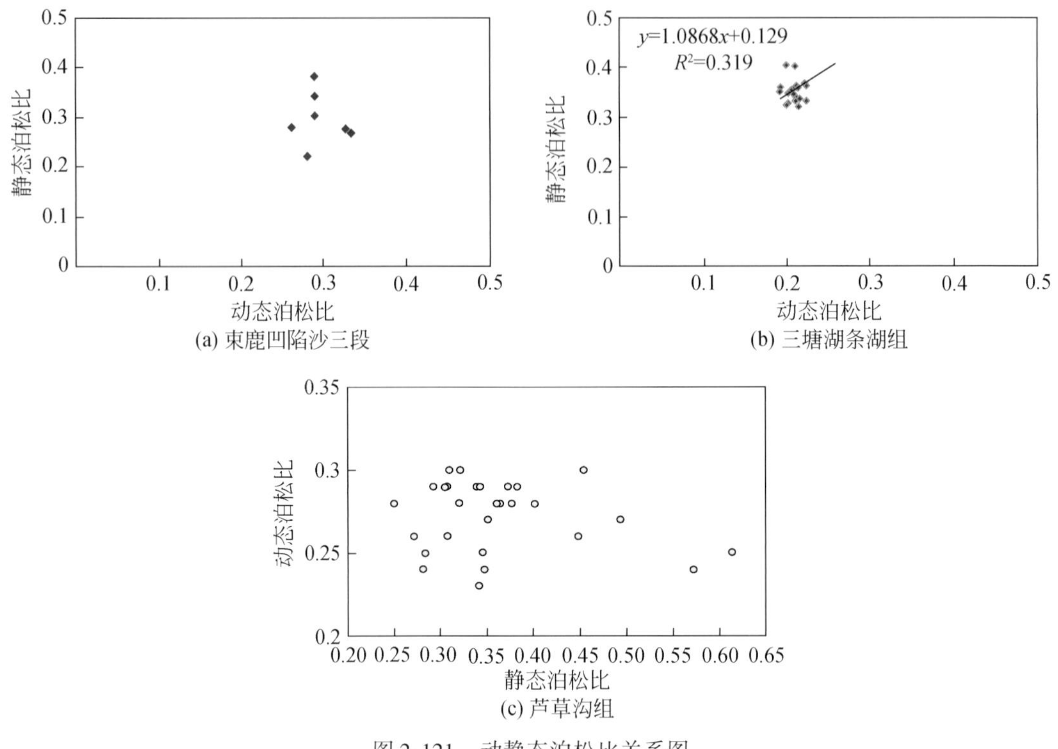

图 2-121 动静态泊松比关系图

失；J. G. Ramsey 认为岩石内聚力被破坏时，材料即发生脆性破坏；L. Obert 和 W. L. Duvall 以铸铁和岩石为研究对象，认为试样达到或稍超过屈服强度即破坏的性质为脆性；地质学及相关学科学者认为，岩石脆性是指其在断裂或破坏前表现出极少或未觉察到的塑性形变特征，即岩石在外力作用（如压裂）下容易破碎的性质，这也是本书采纳的脆性定义。

统计发现，表征脆性的现有方法达 20 多种，H. Honda 和 Y. Sanada 提出以硬度和坚固性差异表征脆性；V. Hucka 和 B. Das 建议采用试样抗压强度和抗拉强度的差异表示脆性；A. W. Bishop 则认为应从标准试样的应变破坏试验入手，分析应力释放的速度进而表征脆性。这些方法大多针对具体问题而提出，适用范畴限于特定学科。目前尚无统一表征脆性的说法，也尚未建立相应的标准测试方法。仅有的共识是，岩石在破坏时表现出以下特征则为高脆性：①低应变时即发生破坏；②裂缝主导的断裂破坏；③岩石由细粒组成；④高抗压/抗拉强度比；⑤高回弹能；⑥内摩擦角大；⑦硬度测试时裂纹发育完全。

致密油评价中，以脆性指数（或脆性系数）描述岩石脆性的强弱，并基于上述关于高脆性的共识，目前发展起来了岩石力学弹性参数法、岩石矿物组分法和应力-应变关系法等方法确定储层的脆性指数，其中前两种方法没有考虑岩石所处应力环境，确定的为动态脆性指数，后一方法确定的为静态脆性指数。

脆性指数是决定储层能否有效实现体积压裂的关键参数之一，直接影响压后日产量和总产量，是压裂设计中须重点考虑的参数之一。从图 2-122 中可以看出，当储层脆性较好、脆性指数较大时，水力压裂监测到的地层破裂产生的微地震事件数就多，表明地层压裂效果好。显然，当脆性指数较高时，压裂效果就较好，压裂获得的产量就高。如图 2-123 所示，油层的脆性指数大于 55%，而差油层的脆性指数小于 55%，体现出脆性指数与压裂产量成正比的规律。

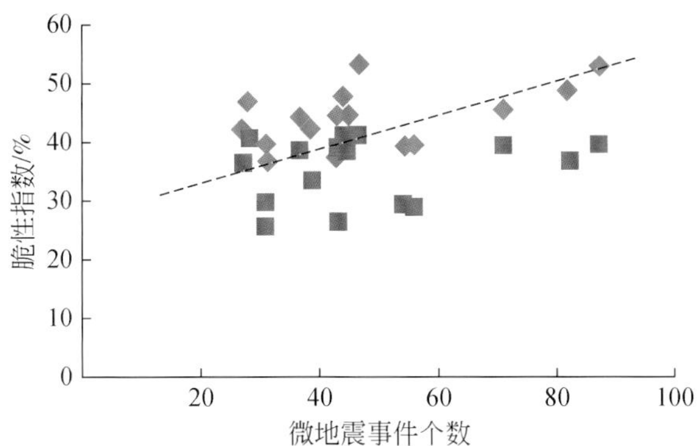

图 2-122　脆性指数与微地震事件数间的关系

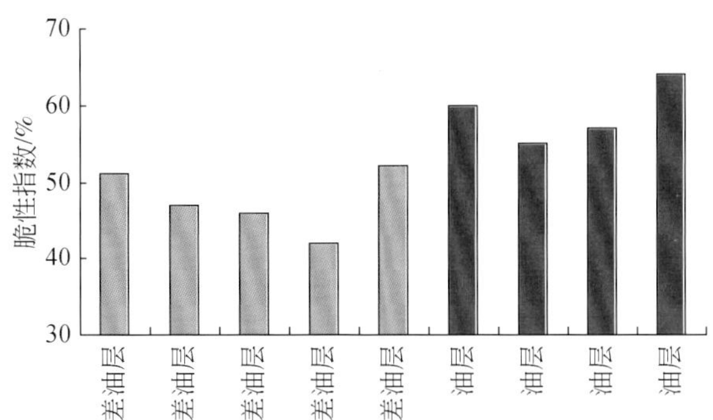

图 2-123　脆性指数与压后油层和差油层的关系

岩石脆性指数主要受岩石矿物组成、弹性模量及其所处的应力环境等因素作用，下面分别论述它们之间的关系。

（一）不同矿物组分的岩石脆性特征

显然，岩石脆性与其矿物成分密切相关，尤其动态脆性更是如此。但是，不同矿物类型的岩石脆性特征不同，这取决于岩石中主要矿物的脆性及其含量大小，下面主要讨论不同矿物的岩石静态脆性指数变化特征。

图 2-124（a）和图 2-124（b）分别为砂岩致密油和灰岩致密油的岩石静态脆性指数与黏土含量的关系，其岩性组成简单，分别由石英和黏土、方解石与黏土组成。图 2-124 指出，脆性指数与黏土含量负相关关系好，即随着黏土含量降低，岩石脆性指数相应地增加。这可从三个方面解释黏土与脆性指数间的内在规律性：一是黏土本身具有较强的塑性，当其含量较大时，可导致岩石有较强的塑性，尤其是黏土作为岩石骨架基质时这种作用更为明显。二是当黏土散布于岩石骨架颗粒边缘时，可较为明显地降低岩石的内摩擦系

数，使得脆性降低。三是黏土含量与脆性较高的矿物含量密切相关，一般地，当黏土含量较低时，石英（或方解石）含量增大，使得岩石脆性指数加大。

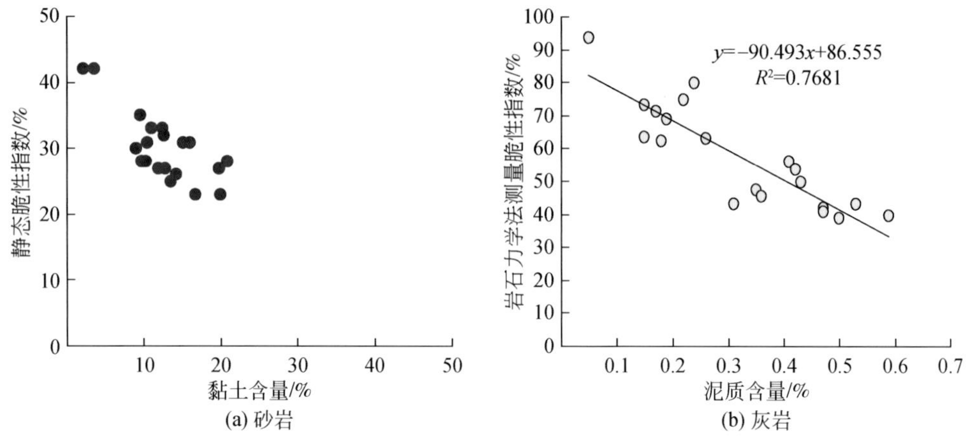

图 2-124　简单岩性致密油的静态脆性指数与黏土含量的关系

图 2-125 和图 2-126 分别为钙质砂岩致密油的静态脆性指数与钙质含量、黏土含量的关系图。由图可知，整体上钙质砂岩的脆性较好。如图 2-125 所示，脆性指数与钙质含量呈正相关关系，随着钙质含量增加，脆性指数也增加，即钙质含量控制岩石脆性，这与常规的基本认识是一致的。图 2-126 指出，脆性指数与黏土含量也呈正相关关系，显然，这与前述认识相矛盾。然而，从图 2-127 中可以看出，黏土含量增加，孔隙度减少，表明黏土作为充填物散布于孔隙空间中，而较低的孔隙度将会使岩石的脆性呈加大趋势；并且，该图进一步指出，黏土含量与石英与钙质含量之和呈现正相关关系，而石英与钙质的脆性较高，因此，黏土含量加大，岩石的脆性指数提高。由此可知，黏土对脆性的影响是复杂的，具体情况要具体分析。

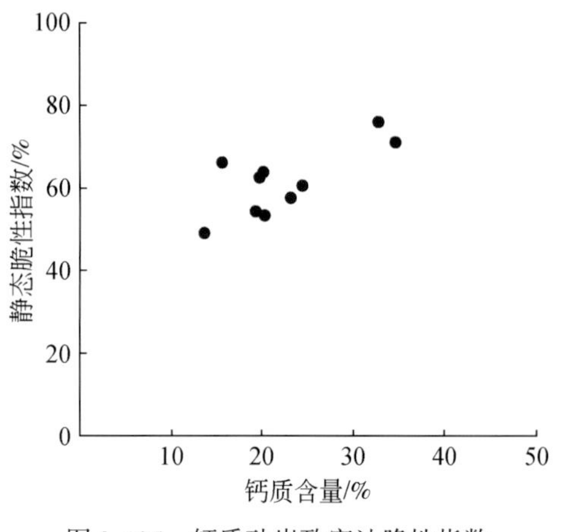

图 2-125　钙质砂岩致密油脆性指数与钙质含量的关系

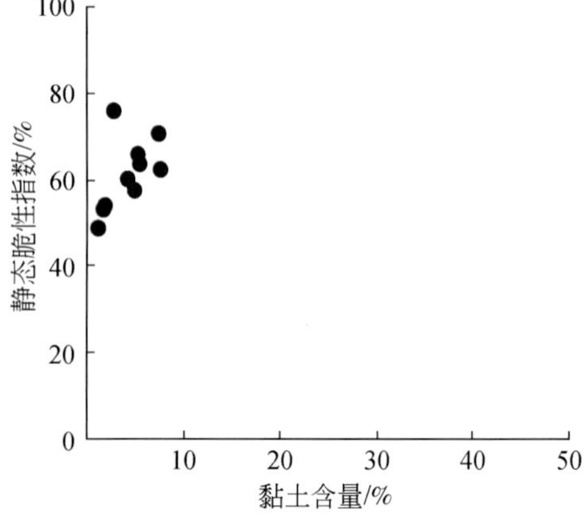

图 2-126　钙质砂岩致密油脆性指数与黏土含量的关系

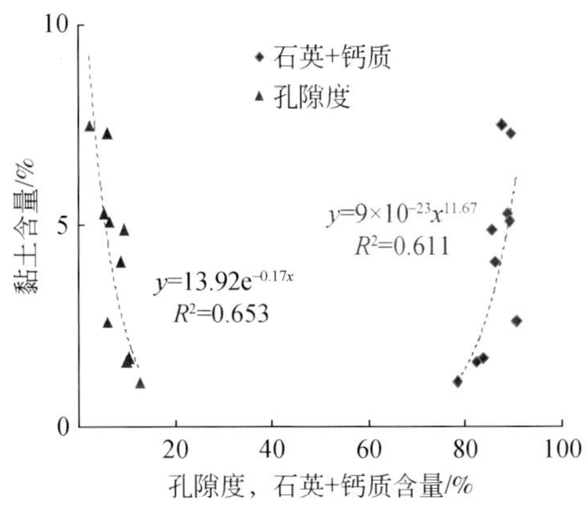

图 2-127 钙质砂岩致密油的黏土含量变化特点

如图 2-128 所示，储层矿物多样，有石英、长石、方解石和白云石等，岩性复杂，为云质岩类混积岩致密油。在对比分析岩心实验数据的基础上，静态脆性指数与石英、方解石与白云石含量之和相关性最好，这表明，对于复杂岩性储层，岩石脆性指数与单一矿物含量相关性并不密切，而与具有较强脆性的矿物含量之和有关。

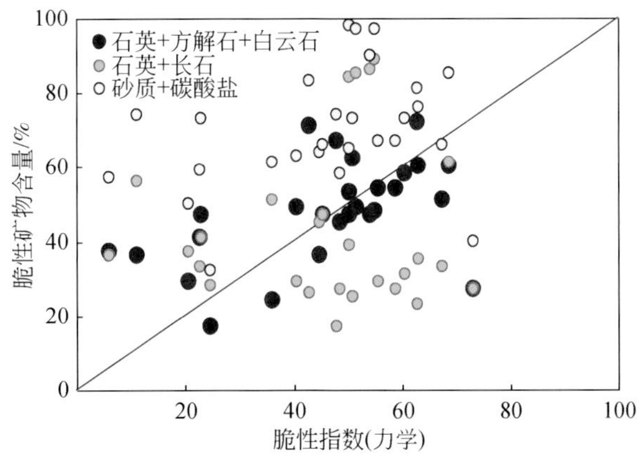

图 2-128 云质岩类混积岩致密油的脆性指数与脆性矿物关系

（二）不同弹性模量的岩石脆性特征

脆性是描述岩石弹性性能的参数之一，与岩石的杨氏模量、泊松比和抗压强度等弹性模量参数具有内在的关联性，即不同弹性模量的岩石对应不同的脆性特征。

图 2-129 为岩石静态脆性指数与静态杨氏模量的关系图。从中可以看出，对于钙质胶结为主的钙质砂岩致密油储层，静态脆性指数与岩石静态杨氏模量表现出较好的正相关关系，表明静态杨氏模量越大的岩石，其脆性特征越强。但是，对于以黏土胶结为主的砂岩，其静态杨氏模量与脆性指数的关系则较为复杂，这可能与黏土对杨氏模量影响的两面性有关，即黏土可作为颗粒骨架降低岩石杨氏模量，也可作为孔隙充填物增加岩石杨氏模量，尽管脆性指数与黏土呈良好的负相关关系，但脆性指数与杨氏模量间的关系却变得复杂。

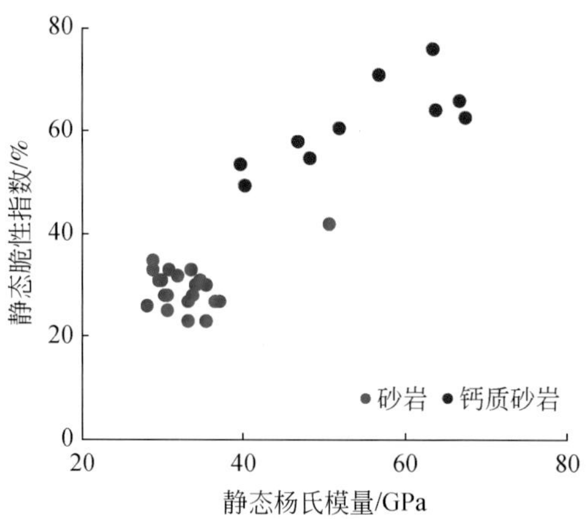

图 2-129　岩石静态脆性指数与静态杨氏模量关系

图 2-130 为岩石静态脆性指数与静态泊松比的关系图，该图所揭示的规律性及其内在原因与图 2-129 相类似，图 2-131 的岩石静态脆性指数与抗压强度相关关系图也如此，在此不再赘述。

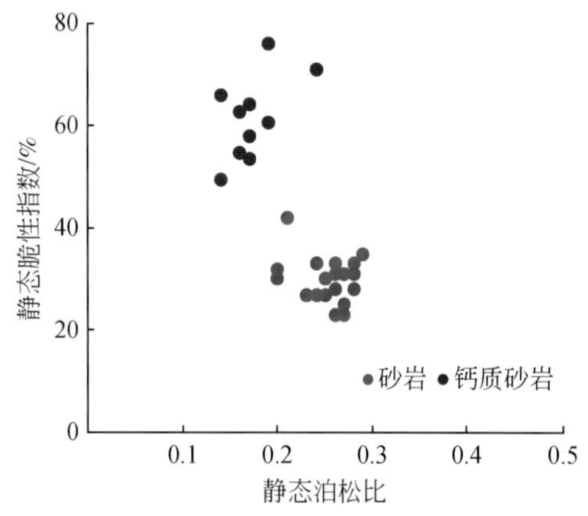

图 2-130　岩石静态脆性指数与静态泊松比关系

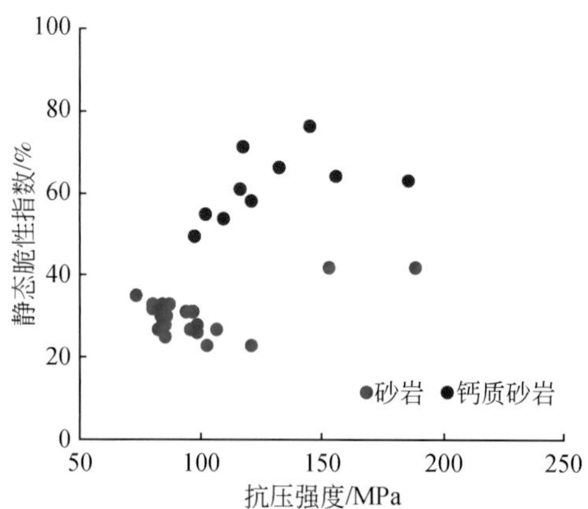

图 2-131　岩石静态脆性指数与抗压强度关系

（三）不同应力环境下的岩石脆性特征

大量的岩石三轴应力实验研究表明，岩石脆性与加载围压和加载速率有关。在不加载围压的情况下，大多数岩石表现为较好的脆性，但随着围压的增加或加载速率的降低，岩石脆性会由较好逐步转化为脆性中等，甚至表现出较差的脆性。

如图 2-132 与表 2-24 所示，当围压加大，四块岩样的静态脆性指数均显著降低，并且黏土含量较大的岩样，其脆性指数降低幅度更大。这意味着，地下岩石脆性与其所处的应力环境密切相关，有效上覆应力（其值与深度大小密切相关）越大，其脆性越差，塑性越强。对于成岩作用较弱的致密油储层，这种岩石脆性受应力环境作用由脆性向塑性转变的趋势更加明显。

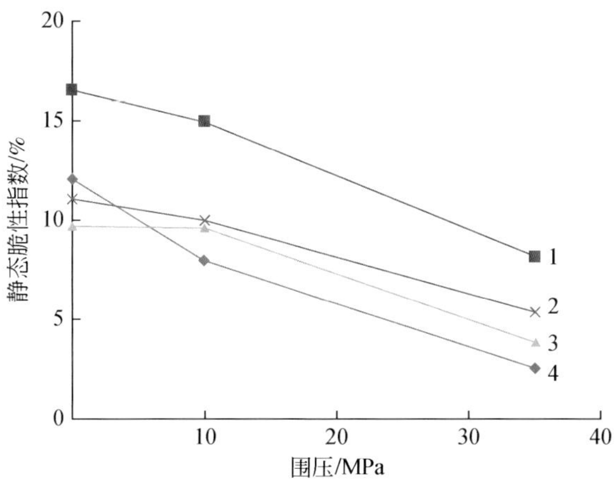

图 2-132　围压作用下的静态脆性指数特征图

表 2-24　研究围压作用下静态脆性指数变化的岩样矿物含量分布

矿物含量/% \ 岩样号	1	2	3	4
黏土	2.3	8.4	6.3	14.1
方解石	1.3	3.7	1.0	1.6
白云石	56.2	15.2	18.9	56.2
钠长石	22.2	47.1	37.5	13.7
钾长石	1.8	4.5	7.9	0.8
石英	16.2	21.2	21.4	13.1

应在测井计算的动态脆性指数的基础上，考虑应力校正因子以反映地下岩石的实际脆性特征，否则就有可能出现错误结论。图 2-133 是北海上侏罗统泥岩上覆有效应力与以 Rickman 等（2008）提出方法计算的动态脆性指数关系图，从中不难看出，围压越大，脆性越好，显然这是个不合理的结论。

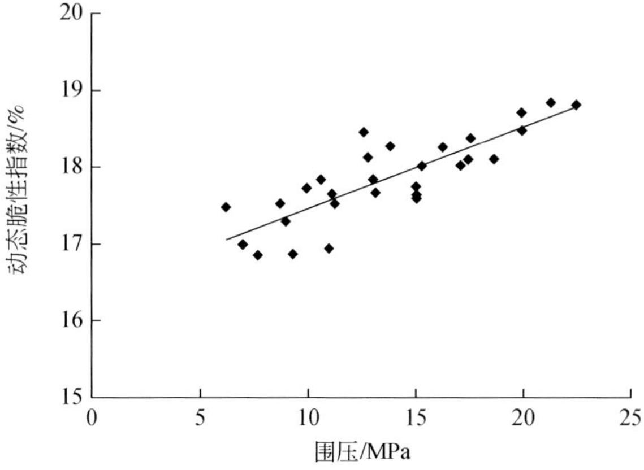

图 2-133　北海上侏罗统泥岩的上覆有效应力与动态脆性指数关系图

图 2-134 为准噶尔盆地吉木萨尔凹陷二叠系芦草沟组致密油储层应用声波测井数据和 Rickman 公式计算的脆性指数的多井对比图。对比结果显示，同一致密油储层埋深从 2850m 到 4130m，随着埋深的加大，计算的岩石脆性指数逐渐加大，显然不合理，这与图 2-133 所反映的错误现象类似。

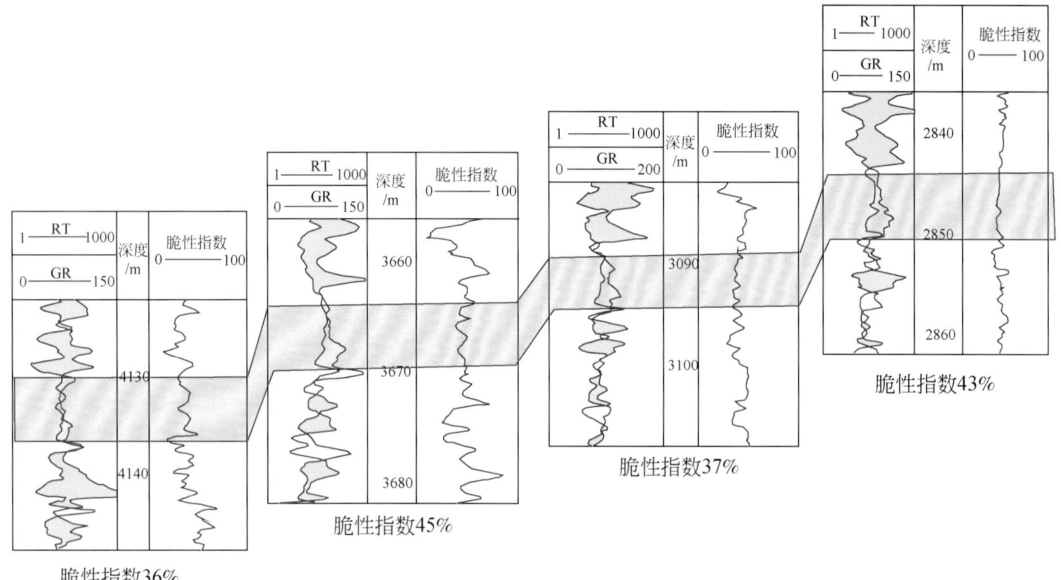

图 2-134　声波法计算的动态脆性指数连井剖面对比图

产生如图 2-133 和图 2-134 所反映出的错误现象的根本原因是，岩石的横波速度随有效应力变化较小，从而导致声波弹性参数不能有效地反映在应力对岩石脆性的作用。因此，应在测井计算的动态脆性指数的基础上，考虑应力校正因子，以确定出能够反映地下应力环境下的岩石脆性特征，这表明，对于应力环境变化较大的致密油储层，不能简单地将测井计算的动态脆性指数转换为静态脆性指数。

需要注意的是，尽管测井计算的动态脆性指数有不合理的方面，但不能简单地说这些公式无效，在应力条件一定（埋深变化不大）的情况下，以这些方法计算的结果能够反映出岩石的相对脆性大小变化，并且动静态脆性指数之间存在较好的一致性，即测井动态脆性指数可以表征出地下岩石的静态脆性指数变化趋势。

三、岩石力学特征与压裂效果

测井评价岩石力学特征的主要目的是基于量大面广的测井资料计算出储层的动静态力学参数，这包括杨氏模量、泊松比、脆性指数和地应力等，为压裂层段优选与压裂参数优化提供技术支持，提升致密油的压裂效果。结合微地震压裂效果监测成果的有效压裂段分布与压裂缝产状参数（缝长、缝高、缝长高比、缝宽和缝网面积）等，逐一分析不同岩石力学特征储层的压裂效果。为了方便起见，引入地层的可压性概念，一般地，杨氏模量越大，泊松比越小，脆性越好，则地层的可压性越好。

（一）有效压裂段分布

由于致密油储层具有较强的各向异性与非均质性特征，无论是直井还是水平井，即使是同一地层的压裂，不同压裂段的产量差异也较大，一般地，1/3 的压裂段占 2/3 的产量，这意味着，结合烃源岩品质、储层品质和工程品质优选压裂段的工作至关重要，是致密油有效经济开发的关键之一。

在烃源岩品质和储层品质相近时，则有效压裂段分布主要受控于储层岩石力学特征即可压性，也就是说脆性指数较高、可压性较好的地层，易于形成压裂缝。如图 2-135（a）所示，压裂段内，上部储层脆性指数（由声波测井计算）为 52%，下部储层脆性指数为 72%，表明下部储层的可压性好，地震监测的压裂缝主要分布于下部储层。图 2-135（b）则正好与之相反，压裂段内，脆性指数上大（73%）下小（64%），压裂缝主要分布于上部。图 2-135（c）的压裂段内，出现脆性差异小（72%±0. 5%），压裂缝均匀分布于整个段内。因此，压裂段选取时，段内脆性指数尽可能相同，以保证压裂缝均匀分布，达到体积压裂改造的效果。

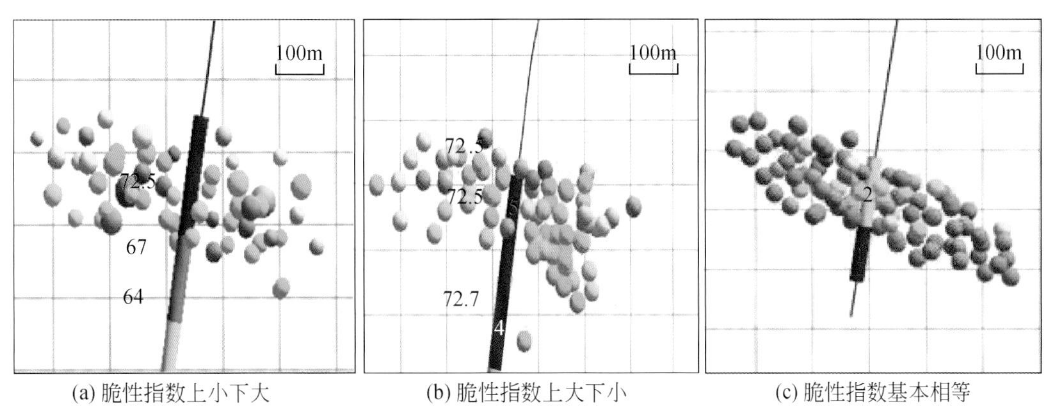

(a) 脆性指数上小下大　(b) 脆性指数上大下小　(c) 脆性指数基本相等

图 2-135　层内动态脆性指数差异的压裂效果分析

圆点为压裂的地震响应事件，颜色代表不同压裂次数

当天然裂缝存在于压裂段内时，将会影响压裂缝的分布和压裂效果。如图 2-136 所示的水平井中，第 1 级至第 3 级的压裂缝基本上都是分布于天然裂缝段（同时也是低泊松比、低应力区），相互叠合，即对天然裂缝段反复改造，未突破高泊松比（即高应力）储层段，这三段日产量之和仅占 14 级压裂段总产量的 5% 左右。因此，天然裂缝的存在，导致难以形成大段储层的体积压裂改造。

如前所述，不同岩性具有不同的岩石力学参数值，因此，岩性突变处一般可作为压裂隔层，即压裂段选在图 2-137 的 A 点和 B 点之间。但是，当地应力剖面变化较大时，需同时考虑应力的隔层作用。该图中，无论采用各向同性还是各向异性的地应力计算模型，A′处和 B′处的地应力均为高值。实际压裂实施后，压裂缝高检测结果表明，压裂缝位于 A′处和 B′处，即突破了灰岩段，但未突破高应力段。

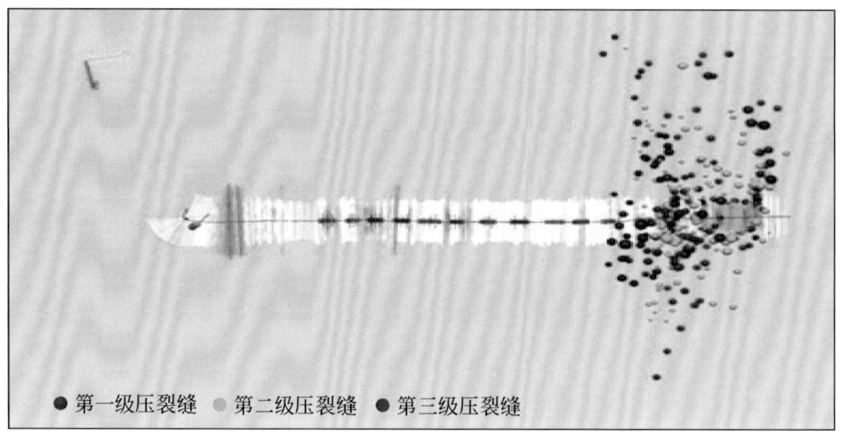

图 2-136　天然裂缝对压裂缝分布的影响

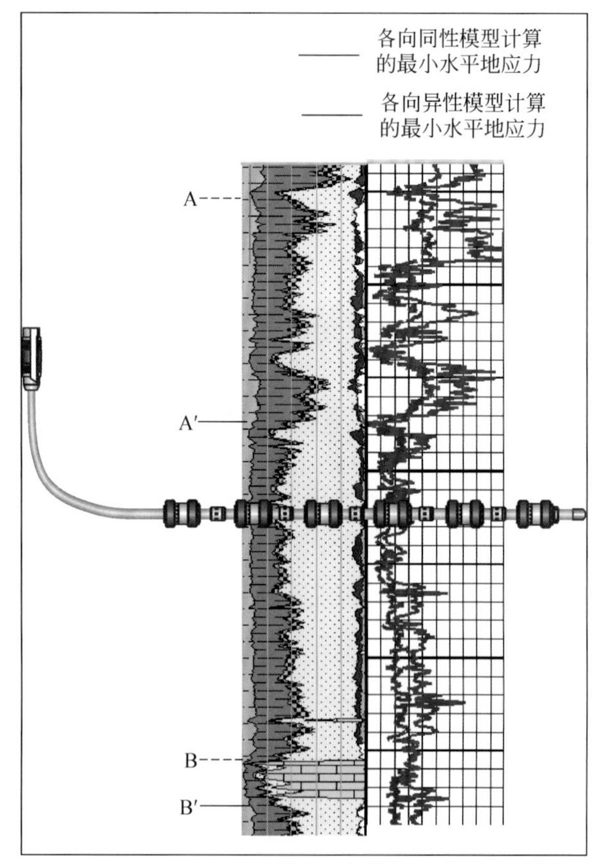

图 2-137　岩性与地应力的隔层作用比较

岩石脆性对裂缝发育程度及其分布有关，如图 2-138 所示。当脆性矿物含量大于 45%，矿物脆性指数大于 40%时，容易发生多缝剪切破坏，微裂缝发育时，在相对较低的脆性矿物含量及脆性指数情况下也可能形成多缝剪切。

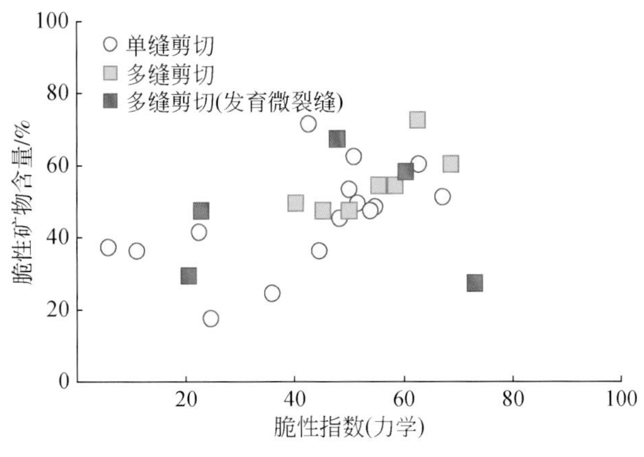

图 2-138　脆性与裂缝发育的关系

（二）压裂缝缝长

在水力压裂过程中，当液柱压力加上泵压大于地层破裂压力时，地层就开始破裂并产生压裂缝。随着压裂液不断泵入地层，压裂缝的缝长、缝宽和缝高不断加大，且压裂体积基本上以椭球体或椭椎体由井壁向地层中扩展。这种压裂扩展的规模及压裂缝的长宽高与地层的岩石力学特征密切相关，但是它们密切关联的关键参数不尽相同。

压裂缝的延伸方向垂直于最小水平主应力（即平行于最大水平主应力方向），在同等压裂力作用下，其延伸长度与地层的可压性即地层的岩石力学参数有关。图 2-139 指出，在同一水平井中的 10 级压裂段的压裂液规模相差不大的前提下，压裂缝的半缝长与泊松比基本上呈负相关关系，即在泊松比低的地层中，裂缝延伸相对较长。

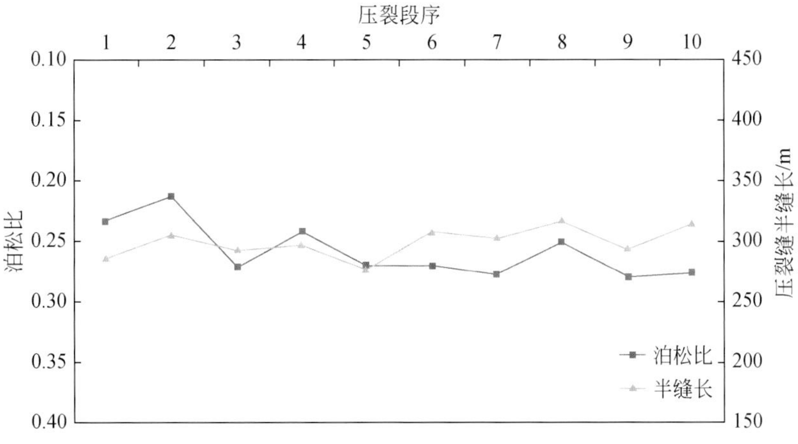

图 2-139　压裂缝半缝长与泊松比的关系

图 2-140 与表 2-25 进一步指出，高杨氏模量、低泊松比、高脆性指数的地层即可压性较好的地层，如Ⅱ压裂段，则压裂缝发育数量多，压裂缝缝长大。反之亦然，如Ⅰ压裂段。

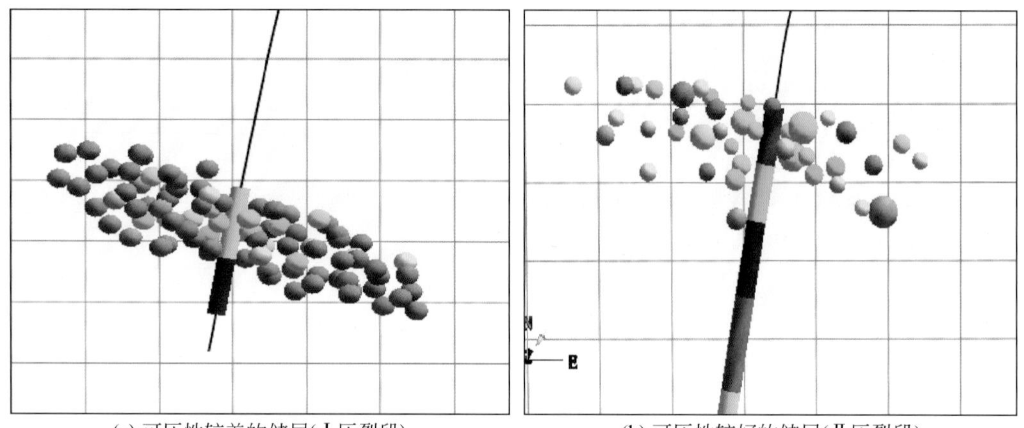

(a) 可压性较差的储层(Ⅰ压裂段)　　(b) 可压性较好的储层(Ⅱ压裂段)

图 2-140　岩石力学特征与压裂缝缝长的关系图

表 2-25　岩石力学特征与压裂缝缝长的关系表

压裂段	杨氏模量/GPa	泊松比	脆性指数/%	压裂缝长度/m
Ⅰ	41. 9	0. 26	54. 9	360
Ⅱ	52. 6	0. 22	68. 9	460

可以交叉偶极横波测井资料分别确定出水平方向和垂直方向的脆性指数，并对比分析压裂缝缝长与这两个不同方向上脆性指数间的关系。对比表明，缝长与垂直方向脆性指数相关性不大，但与水平方向的脆性指数有较高的相关性（图 2-141）。不难理解，图 2-141 所揭示的规律是合理的：因为缝长反映的是水平方向上地层的可压性，此方向上脆性指数较大，则可压性较好、压裂缝缝长就相应增大。

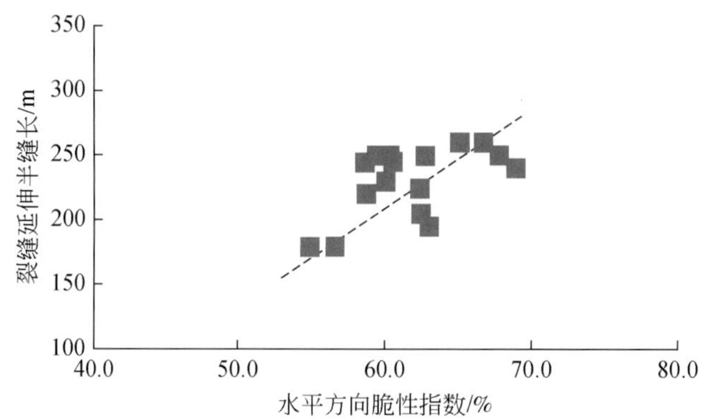

图 2-141　压裂缝缝长与水平方向脆性指数间的关系

（三）压裂缝缝高

压裂缝缝高指的是压裂缝垂向延伸高度。在相同压裂力作用下，压裂缝缝高主要与地层的岩石力学各向异性特征有关，图 2-142 指出：

（1）压裂缝缝高与垂向泊松比整体上呈负相关，即垂向泊松比较小时，地层可压性较好，使得压裂缝较易在垂向上延伸，从而缝高较大。反过来说，当泊松比较大时，可以较好地阻止缝高的发展，当达到一定值后，完全可以阻止缝高的增长，这也说明泊松比较大的泥岩和页岩可以是较好的遮挡层，但泊松比控制缝高延长的能力是有限的。

（2）压裂缝缝高与垂向杨氏模量整体上呈负相关，即垂向杨氏模量较大时，其对缝高具有抑制作用。这可从两个方面解释这种现象：一是当压裂段与隔层间的杨氏模量存在差异而形成接触面时，使得裂缝顶端与底端的应力强度因子有所减小，即破裂岩石的张力将减小，从而可制约缝高的延展，并且这种制约能力随着压裂段与隔层间杨氏模量差异的增大而增大；二是当杨氏模量足够大时，地层破裂压力相应较大，其可压性反而变低，从而也能够阻止裂缝的增长。

（3）压裂缝缝高与储层的最大最小水平地应力差呈负相关，这是因为当水平地应力之差较大即应力各向异性大，压裂改造时易于产生主裂缝而难以达到体积改造的效果，这就限制了压裂缝的纵向延伸，使得缝高变小。

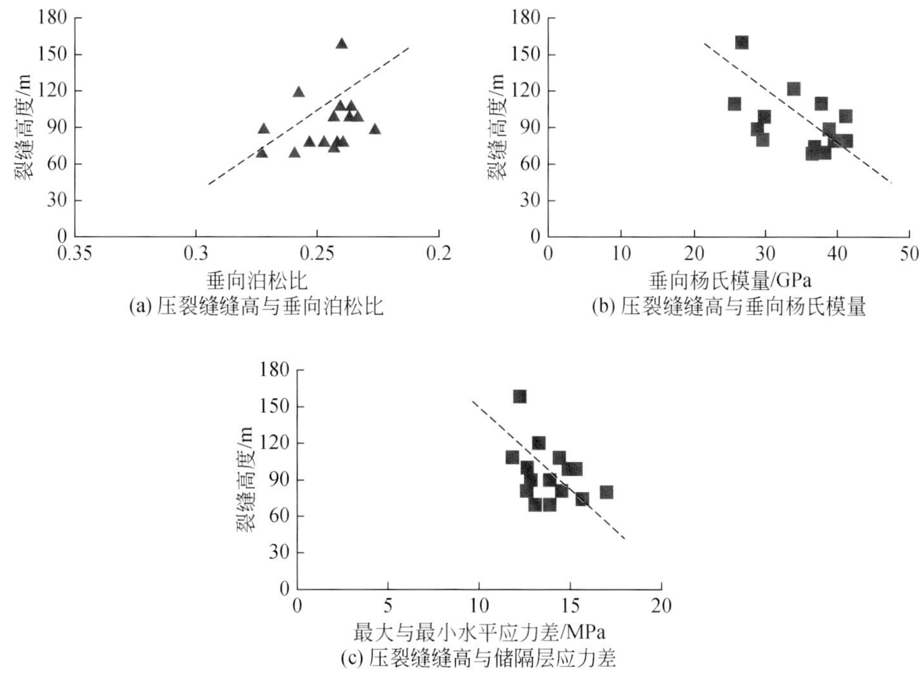

图 2-142 压裂缝缝高与岩石力学特征参数间的关系图

储层与隔层应力差是控制压裂缝缝高至关重要的一个因素。如图 2-143 所示，当储层与上下隔层的应力差为 2.0 ~ 3.5MPa 时，缝高失控比（压裂缝高度与储层厚度之比）小于 1.5，表明压裂缝在垂向上的延伸主要限于储层内；当储层很薄或为弱应力层，或者当隔层厚度较小时，缝高失控比就较大，压裂缝超出压裂层。

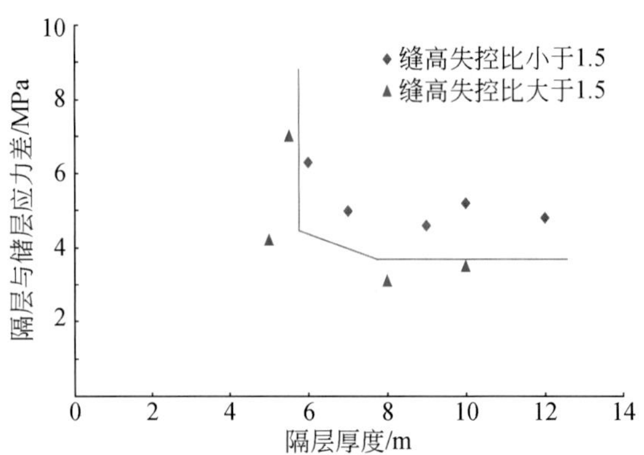

图 2-143　隔层厚度、储隔层应力差与缝高失控比关系

(四) 压裂缝缝长与缝高比

压裂缝缝长与缝高比为各压裂段所产生的垂直井轴方向上压裂缝平均长度与平行井轴方向上压裂缝延伸平均高度之比，简称缝长高比。缝长高比是衡量体积压裂效果的参数之一，当长高比较小时，表明压裂改造较好地实现了体积压裂，压裂液没有单方向突进。

缝长高比与地层的各向异性关系密切，两者呈正相关关系，如图 2-144 所示。当地层各向异性较强时，缝长高比较大，难以形成网状缝而实现体积改造；反之，当地层各向异性较弱时，有利于压裂缝横向延展而有效沟通压裂、波及地层，缝长高比较小。地层各向异性的主要成因有薄互层结构地层、天然裂缝和地应力等，但它们对压裂改造效果影响机理不同：薄互层结构地层各向异性挤逼压裂缝优先沿层理发育；天然裂缝各向异性可导致压裂缝方向与天然裂缝一致且可能反复改造天然裂缝段；而地应力各向异性则主导裂缝在最大主应力方向上延伸，如图 2-145 所示，缝长高比与最大最小水平地应力差呈正相关，即应力差较小，长高比低。

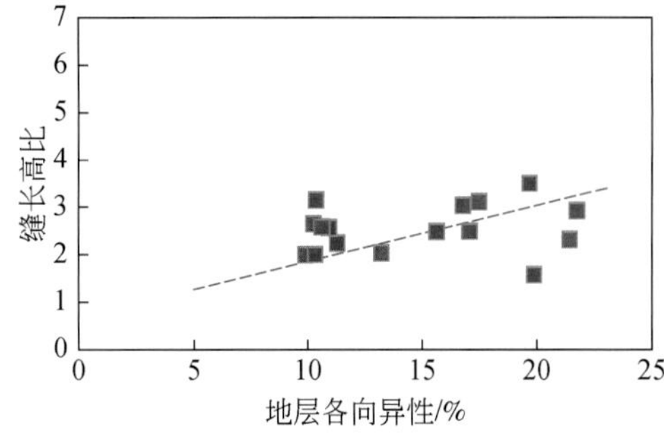

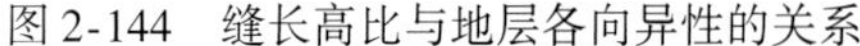
图 2-144　缝长高比与地层各向异性的关系

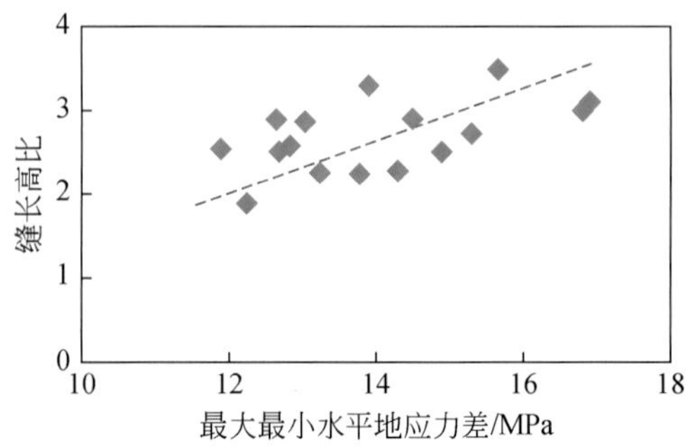

图 2-145　缝长高比与水平应力差的关系

图 2-146 为一口砂岩致密油水平井压裂实例，结合井眼轨迹与地层各向异性特征，分析压裂缝长高比分布：第 1～4 级压裂段上，水平井与较邻近上覆地层，产生层状地层结

构，具有较强各向异性，因此，缝的长高比较大；第5～12级压裂段上，水平井居中于目的层，层状地层结构特征相对较弱，各向异性低，因此，缝长高比较小，其中第8级压裂段天然裂缝较发育，故缝长高比较大且较邻近压裂段高许多；第13级压裂段之后，水平井下穿下伏地层，地层层状结构特征越来越明显，导致各向异性不断加大，但是，压裂缝长高比不大，其原因可能是目的层的较高杨氏模量与较低泊松比等岩石力学参数，抑制了缝高的延展。

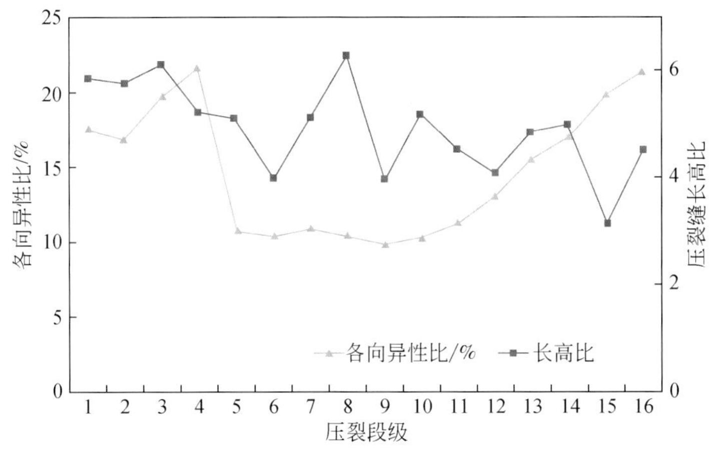

图2-146 砂岩致密油水平井的压裂缝长高比与各向异性关系

(五) 压裂裂缝带宽度

压裂裂缝带宽度（简称裂缝带宽度）意为压裂范围内压裂带延伸的宽度，其方向与压裂缝延伸长度方向相垂直即一般平行于最小水平地应力方向，是衡量压裂效果的关键参数之一。裂缝带宽度越大，表明压裂液顺着地层方向以椭球体或椭椎体波及的表面积大，体积改造效果可能较好。

图2-147为压裂裂缝带宽度的主要影响因素分析图，该图指出：

(1) 杨氏模量越大，压裂缝带宽度越小，表明随着地层致密坚硬化，导致其不易变形破裂，压裂作用变得困难，从而导致压裂裂缝带宽度变窄。

(2) 压裂裂缝带宽度与最小水平地应力（σ_{Hmin}）呈负相关，σ_{Hmin}增大，裂缝带宽度变窄，这是因为裂缝带宽度是沿着最小水平地应力方向延展，当σ_{Hmin}变大时，裂缝带宽度发育变得困难。

(3) 裂缝宽度与各向异性呈正相关，即地层各向异性加大时，表明存在水平最小地应力相对变小、天然裂缝延展刻度加大和薄互层结构明显的情况之一，或其中多因素的叠合的情况，如此，使得裂缝带宽度变得易于发展。

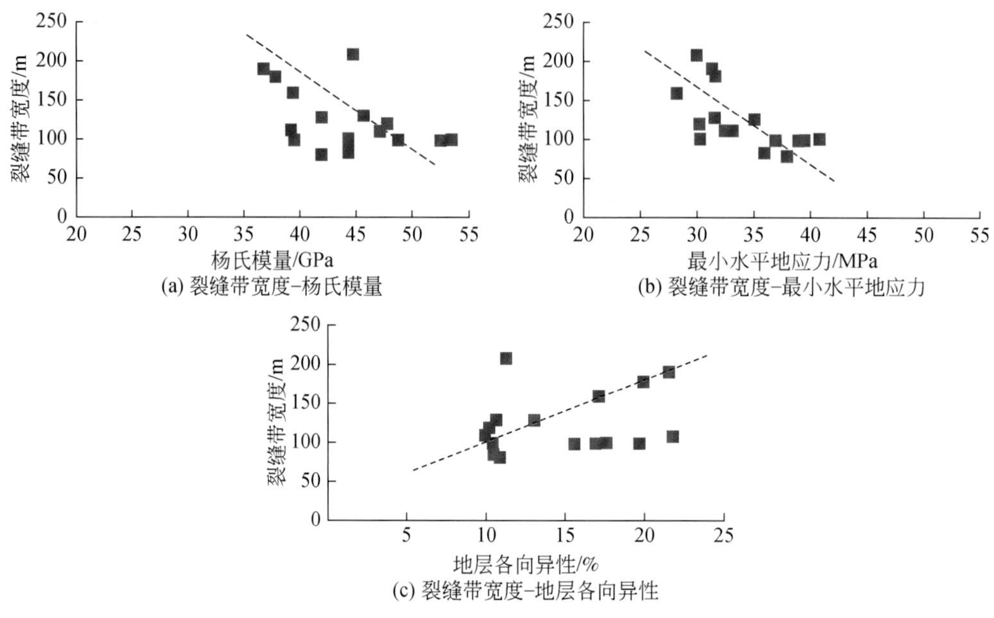

(a) 裂缝带宽度-杨氏模量

(b) 裂缝带宽度-最小水平地应力

(c) 裂缝带宽度-地层各向异性

图 2-147　裂缝带宽度的主要影响因素分析

第三章　致密油“七性”参数评价方法

致密油“七性”参数评价研究包括烃源岩特性、岩性、物性、含油性、电性、脆性和地应力各向异性评价与测井表征。“七性”参数评价的内涵是以岩石物理研究为手段，揭示烃源岩特性、岩性、物性、含油性、电性、脆性和地应力各向异性的特征及内在关联性，并建立测井资料与岩石物理参数的测井解释模型，实现岩石物理参数的连续计算与相互关系分析。通过“七性关系”研究，为致密油储层品质评价、烃源岩品质评价和工程品质评价提供基础，为源储配置关系评价、“甜点”优选及水平井设计和压裂施工设计提供技术支撑。

第一节　烃源岩特性评价

中国陆相致密油烃源岩类型多，各盆地间的烃源岩特性差异较大，需采用针对性的评价方法。烃源岩特性评价内容包括总有机碳（TOC）、成熟度（R^o）、氯仿沥青“A”和 S_1+S_2 等刻画烃源岩特性的主要参数计算，其中，测井计算 TOC 的方法种类多且成熟，R^o 和氯仿沥青“A”的计算方法正在完善中，S_1+S_2 则主要以地球化学分析为主。

一、TOC 测井计算方法

干酪根的电阻率、声波时差、密度、天然放射性与构成岩石的其他矿物组分存在明显的差异，岩石物理性质的差异性奠定了应用测井资料计算 TOC 的物理基础。测井评价计算 TOC 的方法主要有孔隙度–电阻率测井曲线交会的 $\Delta\log R$ 法、自然伽马能谱测井的铀曲线法和密度测井法等，这些方法均获得了有效的推广应用。下面介绍的两种方法是近期发展起来且应用效果较好的新方法。

1. 电阻率–孔隙度曲线叠加的 $\Delta\log R$ 法

电阻率–孔隙度曲线叠加法是 Passey 等（1990）提出的一种利用电阻率和孔隙度曲线来对烃源岩总有机碳含量进行评价的方法（$\Delta\log R$ 法）。电阻率–孔隙度曲线叠加法的基本原理是：在非烃源岩层段，将电阻率与孔隙度曲线反向重合，在烃源岩段由于干酪根的存在，电阻率测井值增高，密度降低、声波时差增大，电阻率曲线向高电阻率方向，孔隙度曲线向低密度、高时差方向分离。在干酪根含量一定的情况下，成熟度越高，分离距离越大；相反，在成熟度基本一致的前提下，干酪根含量越高，分离的距离越大。这种分离距离的大小可用以下公式表示：

$$\Delta\lg R=\lg\frac{R}{R_{基线}}+K\times(\mathrm{DT}-\mathrm{DT}_{基线}) \tag{3-1}$$

式中，R 为计算点的电阻率，Ω · m；$R_{基线}$ 为非烃源岩段叠合处的电阻率平均值，Ω · m；DT 为计算点的声波时差，μs/m；$DT_{基线}$ 为非烃源岩段叠合处的平均声波时差，μs/m。K 为互溶刻度的比例系数。K 可由下式计算：

$$K=\lg(b/a)/(c-d) \tag{3-2}$$

式中，b、a 分别为电阻率最大、最小值；c、d 分别为声波时差最大、最小值。

TOC 可由以下经验公式获得：

$$TOC=(\Delta \lg R)\times 10^{2.297-0.1688\times LOM} \tag{3-3}$$

式中，TOC 为总有机碳的质量百分比；LOM 为有机质的成熟度刻度因子。

LOM 值由 TOC 与 $\Delta\lg R$ 的交会图获得，如图 3-1 所示。

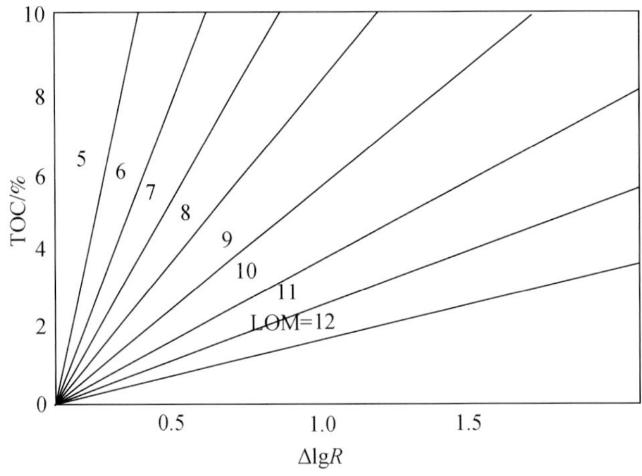

图 3-1　LOM 值确定图版（引自 Passey et al.，1990）

图 3-2 为束鹿凹陷一口井目的层段应用 ΔlogR 法计算 TOC 的实例。图中第一道为自然伽马测井曲线，第二道为深度，第三道为声波时差和电阻率叠合道，第四道为有机碳计算值与有机碳分析值对比道。从第四道对比结果可以看出，采用上述模型计算的有机碳含量与实验分析的有机碳含量具有较高的吻合程度。

对于特定的地区和层位，有机质的母质类型和成熟度通常变化不大，这样就为 ΔlogR 计算 TOC 提供了合适的应用条件。基质岩性复杂或烃源岩含有烃类物质时对电阻率测井值影响增大，使得应用该方法计算 TOC 时误差增大。

2. 铀曲线经验公式法

有机质对放射性同位素铀具有吸收能力，且有机质对放射性同位素铀的吸附能力高于其他放射性同位素。通常，有机质具有富铀的放射性特征，有机质含量越高，放射性同位素铀的含量越高。有机质的这一放射性特性，可用于 TOC 的计算。根据不同地区的总有机碳含量与测井铀曲线之间的关系，建立线性或非线性 TOC 计算模型。

图 3-3 为鄂尔多斯盆地三叠系延长组长 7 段应用岩心分析总有机碳数据建立的 TOC 与铀含量的交会图。TOC 与测井铀元素含量呈线性关系，经回归得到应用铀含量计算 TOC 的测井评价模型：

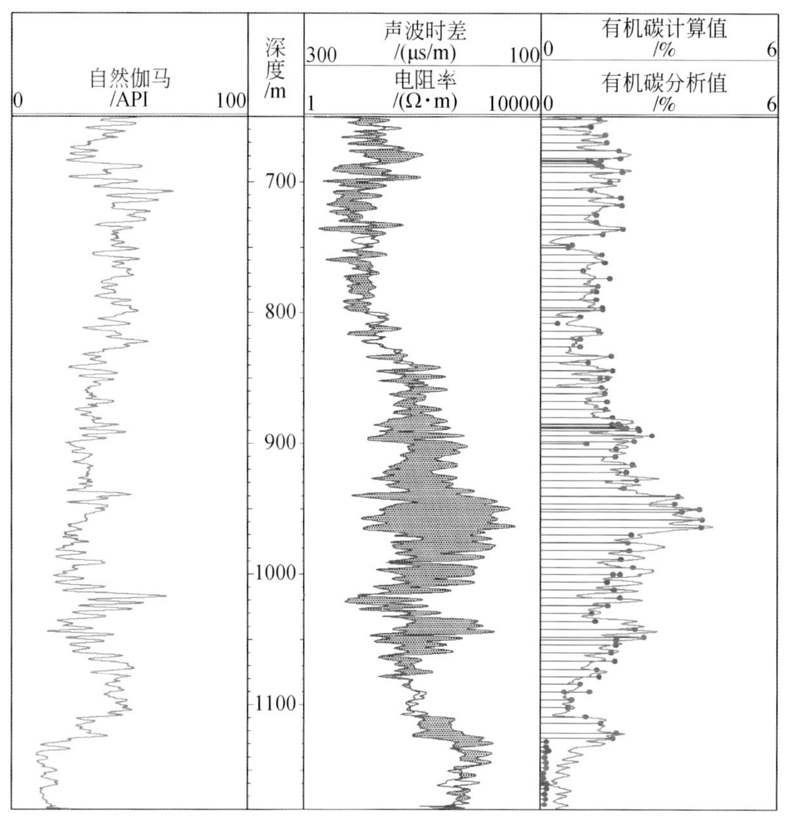

图 3-2　ΔlogR 法计算 TOC 与岩心分析 TOC 对比图

$$TOC = 0.59 \cdot W_U + 0.38 \qquad (3\text{-}4)$$

式（3-4）回归关系式的相关系数达到 0.92，具有较好的模型精度。

图 3-4 为鄂尔多斯盆地三叠系延长组长 7 段一口井应用上述模型计算 TOC 含量的实例。图中最后一道为实验分析的 TOC 和计算的 TOC 对比图。从图中可以看出，TOC 与铀含量变化特征基本一致，应用铀曲线计算的 TOC 含量与分析化验结果一致好，建立的测井评价模型具有较高的计算精度，模型具有实用、可靠的特点。但该图也指出，1993～1994m 段的三个分析点 TOC 值达 10%～18%，模型计算误差大，表明该模型在高 TOC 薄层或薄互层段（一般大于 10%）由于受烃源岩非均质性影响而导致适应性较差。

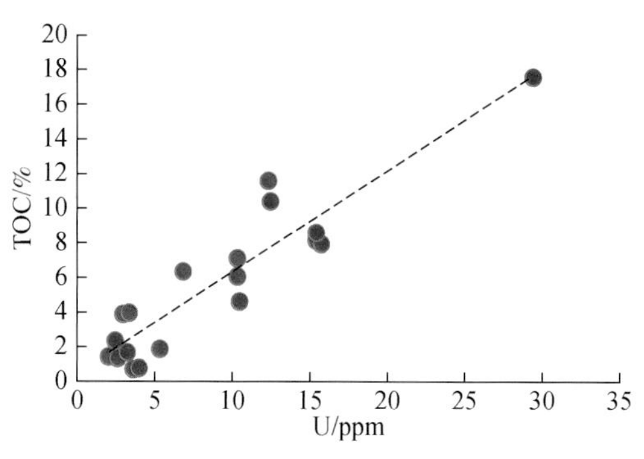

图 3-3　TOC 与铀含量交会图

3. 电阻率-声波等经验公式法

当然，在 TOC 分析资料较多的地区，也可以采用分析化验数据直接刻度测井的方法，

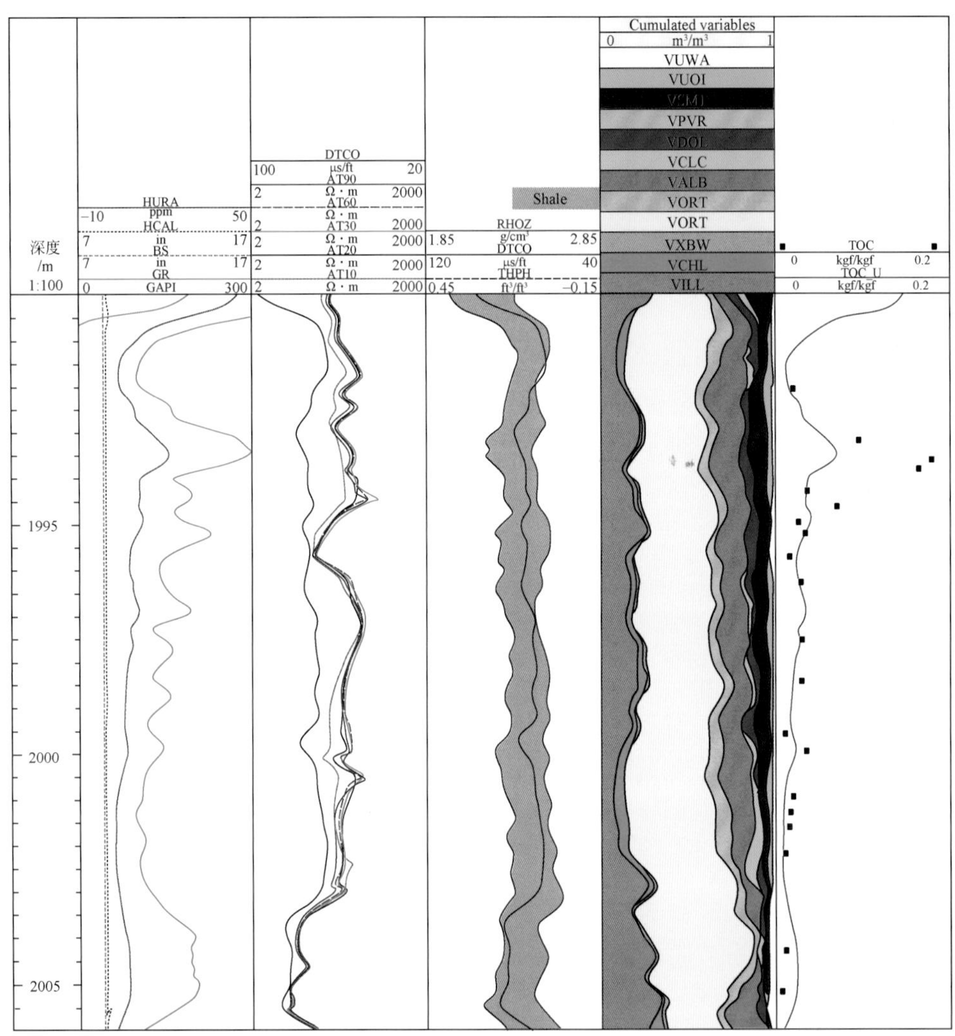

图 3-4　铀含量经验公式法计算 TOC 与岩心分析 TOC 对比

建立目的层的 TOC 测井计算模型。

以龙岗地区大安寨段烃源岩为例，采用 36 口井热解实验 TOC 分析资料，分析 TOC 与常规测井的关系，建立 TOC 测井定量评价模型：

$$\mathrm{TOC}=a\cdot \lg R_{\mathrm{LLD}}+b\cdot \mathrm{DT}+c\cdot \mathrm{GR}+d \tag{3-5}$$

式中，R_{LLD}为深侧向电阻率，Ω · m；DT 为声波时差，μs/ft；GR 为自然伽马，API；a、b、c 和 d 为回归系数，分别为−1.02、0.0038、−0.018 和 3.78。

应用岩心标定建立的经验公式对川中地区大安寨段烃源岩 TOC 进行处理，测井计算 TOC 与岩心测试 TOC 吻合较好，如图 3-5 所示。

当研究区岩心分析资料比较丰富时，采用多元统计回归等经验公式计算 TOC 具有较高的精度和较好的适用性。

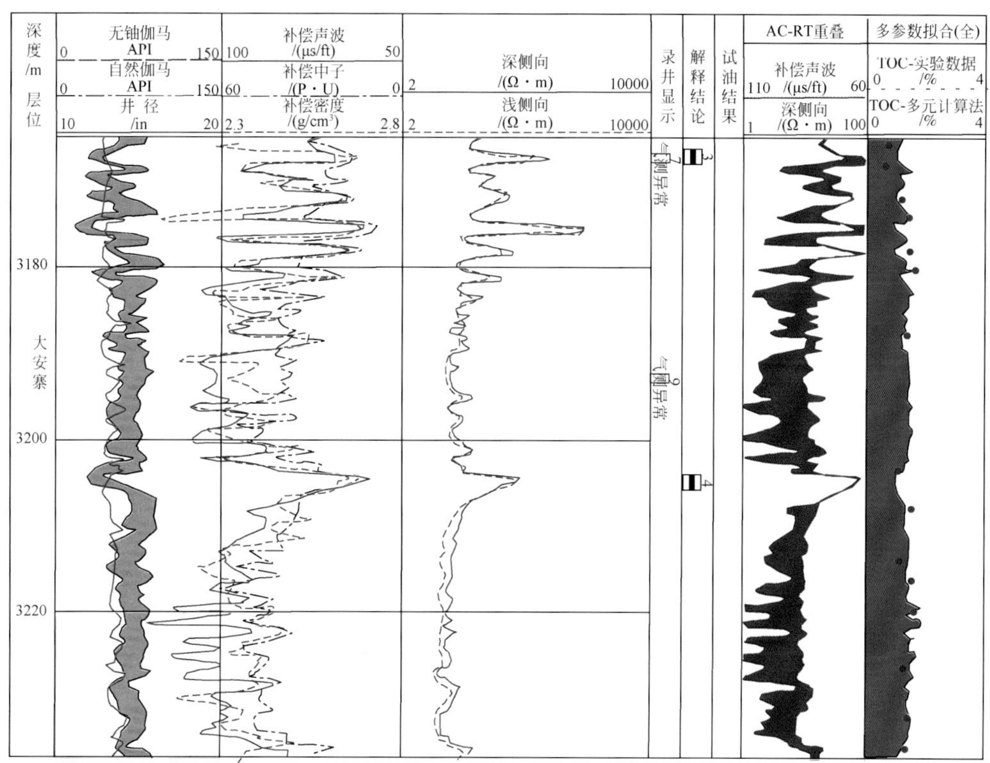

图 3-5　地区经验公式法测井烃源岩评价

4. 密度-核磁共振测井交会法

密度测井计算出的孔隙度（ϕ_{den}）为其探测范围内岩石总孔隙度，而核磁共振测井计算的孔隙度为探测范围内与岩石的固体部分无关的孔隙度（ϕ_{nmr}）。因此，当有干酪根存在时，将使得ϕ_{den}加大，ϕ_{nmr}基本不变，如图 3-6 所示。

图 3-6　密度-核磁共振测井交会法计算原理示意图

由此，可将干酪根相对体积含量表达为

$$V_k = \phi_{den} - \phi_{nmr} \tag{3-6}$$

对于同类型干酪根，TOC 大小与干酪根含量密切相关，具体可表述为

$$TOC = \rho_k V_k / (\rho K_{ch}) \tag{3-7}$$

式中，TOC 为总有机碳含量,%；V_k为干酪根含量,%；ρ 为烃源岩密度，g/cm^3，可由实验室测定或密度测井确定；ρ_k为干酪根密度，g/cm^3，由实验室测定；ϕ_{den}为密度测井计算孔隙度,%；ϕ_{nmr}为核磁共振测井计算孔隙度,%；K_{ch}为转换系数，经验值，无量纲，与干

酪根类型和成熟度等有关。

图 3-7 为应用密度-核磁共振测井法、ΔlogR 法、多元统计回归法计算的 TOC 与岩心分析 TOC 对比图。从图中可以看出，密度-核磁共振测井法计算结果与岩心分析结果的一致性最好，ΔlogR 法次之，多元统计回归法相对较差，整体上，三种方法的 TOC 计算结果均可满足测井评价烃源岩的要求，但计算精度有差异。

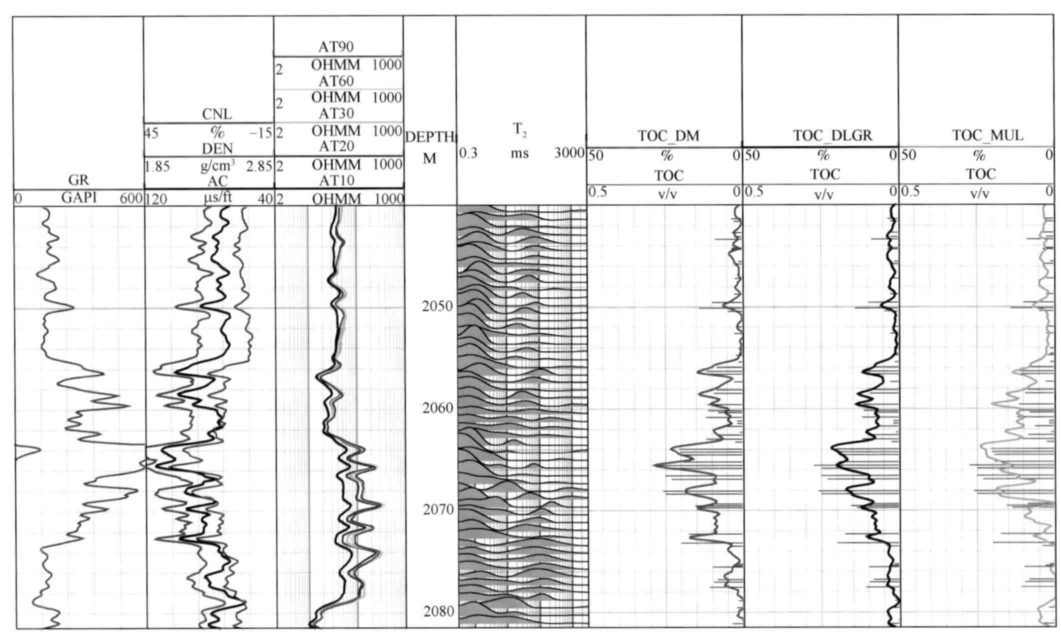

图 3-7　密度-核磁共振测井交会计算 TOC 成果图

当井眼不规则或垮塌严重时，密度测井和核磁共振测井资料受此影响大，其测量值可能失真，此时，密度-核磁共振测井交会计算的 TOC 值误差可能较大甚至错误。当 TOC 值较低时，该方法计算结果也会存在较大误差。

5. *元素全谱测井法*

近几年来，在元素俘获测井的基础上，逐步发展起来了元素全谱测井（如斯伦贝谢的 LithoScanner 岩性扫描和贝克休斯的 FleX 等），该项技术不仅可测取如元素俘获测井那样的伽马射线俘获谱，而且可同时测量出伽马射线散射谱，因此，不仅可获知硅、钙、铁、硫、钛、钆、氯、钡和氢等元素含量，还可求得碳、镁、铝、钾、锰和钠等元素，通过对氧化物闭合处理，从中可计算出总碳含量及方解石、白云石、菱铁矿和铁白云石等含碳元素的矿物含量。

以总碳含量减去总无机碳含量即得到总有机碳含量，由此形成了元素全谱测井的 TOC 计算方法。在常见的陆相储层中，含碳元素的矿物主要为方解石、白云石、菱铁矿和铁白云石，根据其中的碳原子所占矿物分子量的比例，即可确定出总无机碳含量 TIC：

$$\mathrm{TIC}=0.120\times V_{\mathrm{ca}}+0.130\times V_{\mathrm{do}}+0.104\times V_{\mathrm{si}}+0.116\times V_{\mathrm{an}} \tag{3-8}$$

式中，V_{ca}、V_{do}、V_{si} 和 V_{an} 分别为方解石、白云石、菱铁矿和铁白云石的含量，%。

因此，总有机碳含量为

$$\mathrm{TOC}=\mathrm{TC}-\mathrm{TIC} \tag{3-9}$$

式中，TC 为元素全谱测井所测量出的总碳含量，%。

图 3-8 为齐家地区 J281 井采用岩性扫描测井获得的 TOC 与岩心分析对比图。图中紫色实线是 LithoScanner 测量的 TOC 结果，红色圆点是岩心分析结果，从图中可以看出两者吻合较好，尤其是当 TOC 大于 2% 时，效果更好。

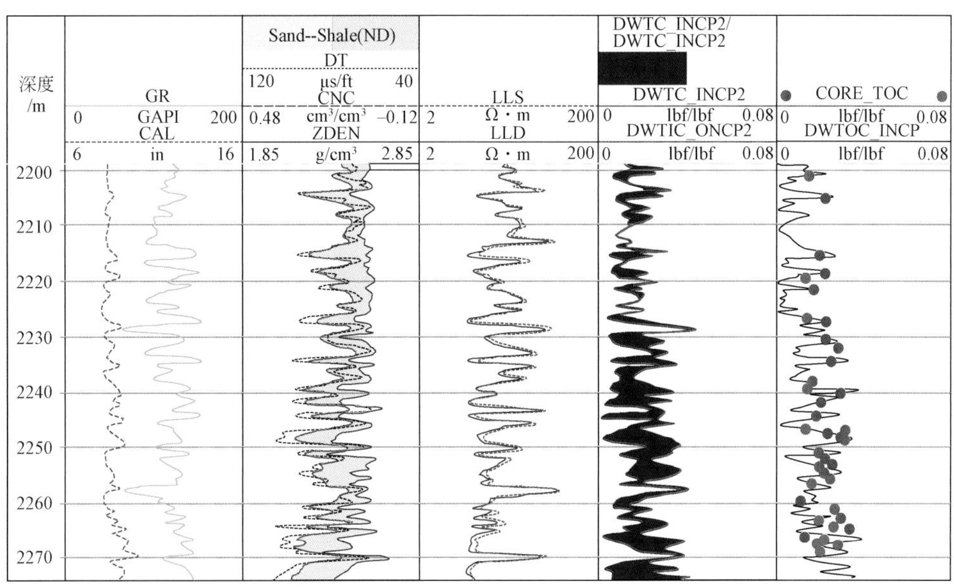

图 3-8　岩性扫描测井计算 TOC 与岩心分析 TOC 对比图

由于沉积岩地层中，有机碳可赋存于油气、干酪根和煤中，因此，当地层中存在油气或含煤时，该方法计算结果存在误差。

二、氯仿沥青“A”的计算方法

烃源岩生成的油气一部分储存于其微细孔隙中，另外一部分排出运移走。氯仿沥青“A”为储存于烃源岩中且能被氯仿溶解的有机质与岩石重量的百分比，是生烃量评价的重要参数。以阿尔奇公式可计算出烃源岩孔隙内的烃类饱和度，则氯仿沥青“A”可以由饱和度和岩石密度计算得到：

$$A=\frac{\phi_{\mathrm{T}}S_{\mathrm{o}}\rho_{\mathrm{o}}}{\rho_{\mathrm{b}}} \tag{3-10}$$

式中，A 为氯仿沥青“A”，重量百分比，%；ϕ_{T} 为岩石总孔隙度，体积百分比，%；S_{o} 为岩石含油饱和度，体积百分比，%；ρ_{o} 为原油密度，g/cm³；ρ_{b} 为岩石密度，g/cm³。

图 3-9 为以式（3-10）计算出的氯仿沥青“A”及其与实验室分析值的对比，从中可以看出，两者一致性较好，表明这种方法在控制好烃源岩的总孔隙度和含油饱和度的基础上，其计算值可信。

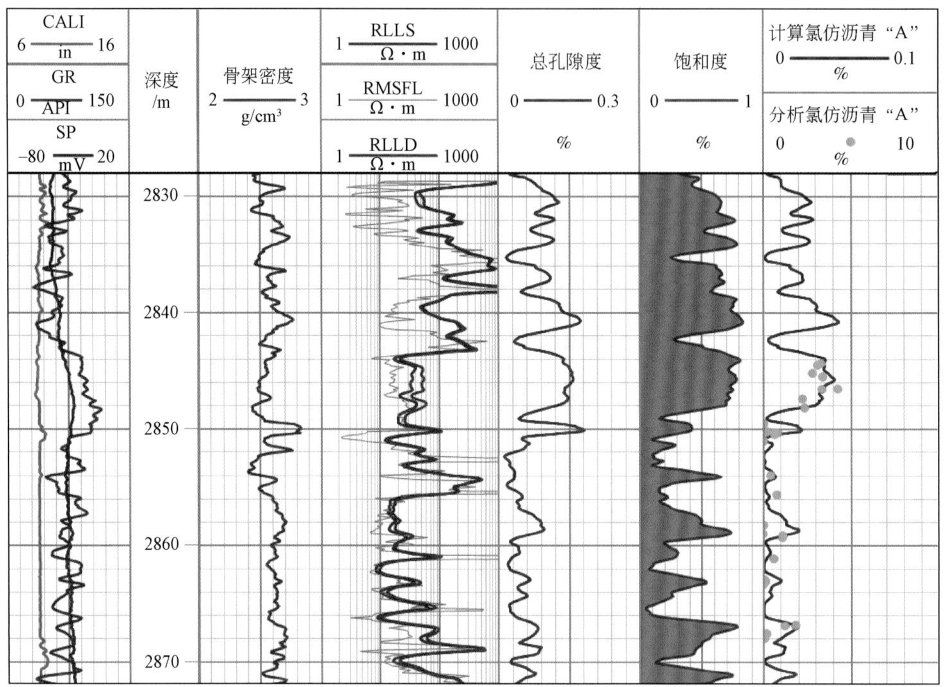

图 3-9　烃源岩氯仿沥青“A”测井计算成果图

三、有机质成熟度（R^o）的计算方法

镜质组反射系数在页岩储层中通常用来区别不同种类的储层类型，（R^o>1.5%）通常表示干气占主导优势，成熟度值中等（1.1%<R^o<1.5%）表示在该范围内气有不断向油转化的趋势，在0.8%<R^o<1.1%范围能发现湿气，R^o值低（0.6%<R^o<0.8%）时油占主导地位，而R^o<0.6%则表明干酪根不成熟。

1. 埋深–声波时差经验公式法

R^o值大小与烃源岩的温度和压力即埋藏深度密切相关，并具有一些基本的测井特征。如R^o增高时，测井密度值增大、声波时差值减少、电阻率值加大等，反之亦然。因此，以实验室分析R^o值比对同一深度上的测井资料，可建立基于烃源岩埋深、测井密度或/和测井声波、测井电阻率等曲线间的线性或非线性模型。

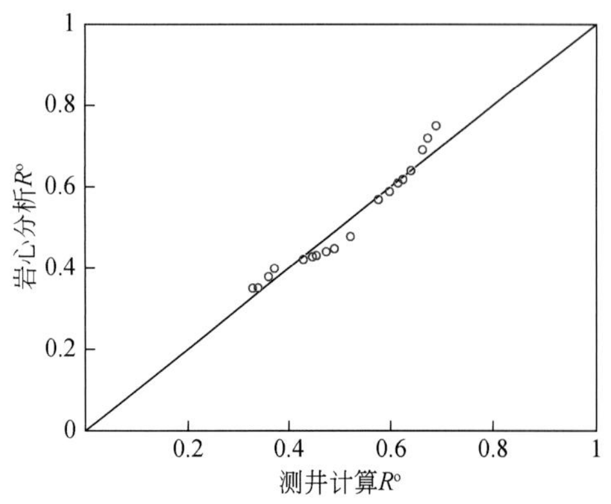

图 3-10　测井计算与岩心分析 R^o 对比图

以下为以松辽盆地齐家地区高台子油层3口井的测井和岩心分析资料建立起来的R^o计算经验公式（图3-10）：

$$R^o = a \cdot D + b \cdot \mathrm{DT} + c \tag{3-11}$$

式中，D 为地层深度，m；$a=0.001017$、$b=-0.00017$、$c=-1.048$；DT 为声波时差，μs/ft。

与实验分析对比，模型计算 R^o 平均绝对误差为0.01%，可以满足该区 R^o 计算。

应用多井计算的 R^o 制作平面分布图（图3-11），可以看出，松辽盆地整体上烃源岩有机质成熟度高，生烃指标好，生油强度大。青一段凹陷主体镜质组反射率 $R^o>0.9\%$ 的区域高达9332km²，生油强度一般大于 2×10^6t/km²。青一、青二、青三段烃源岩干酪根类型以Ⅰ型、Ⅱ$_1$型为主。

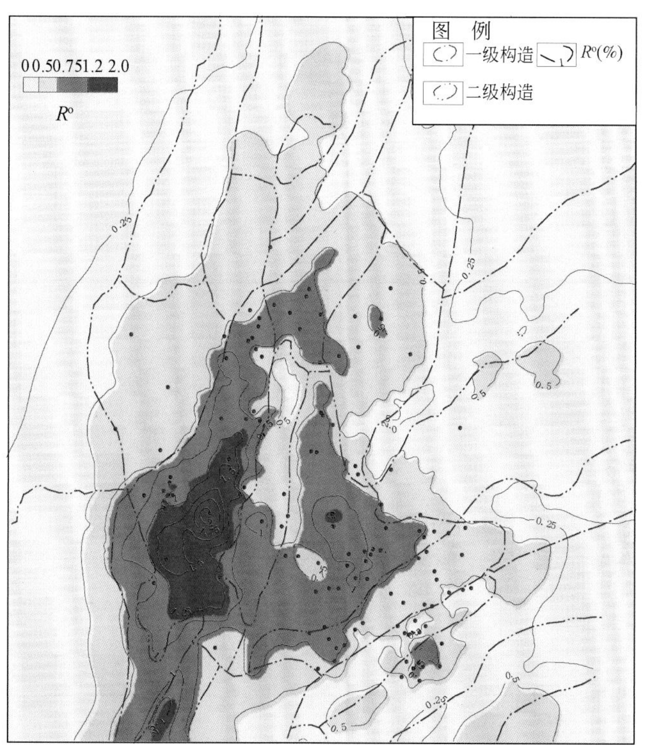

图3-11　测井计算 R^o 平面分布图

2. 干酪根成熟度LOM法

根据Hood定律可在确定TOC含量的前提下用来计算其成熟度。应用前述TOC计算方法得到准确的TOC之后，结合常规曲线中的声波及电阻率测量，计算得出干酪根成熟度LOM，如下面公式所示：

$$LOM=13.6078-5.924\times\lg\left(\frac{TOC}{\Delta\lg R}\right) \tag{3-12}$$

根据Hood定律中镜质组反射系数与干酪根成熟度关系（图3-12），可以获取烃源岩的镜质组反射系数数值。

图3-13为B36井镜质组反射系数 R^o 综合评价成果图，最后一道中黑线为测井计算 R^o，红点为样品热解分析得到的 R^o 结果。从计算结果和实验结果对比来看，一致性较好，可满足 R^o 评价要求。干酪根成熟度LOM法计算镜质组反射系数 R^o 与烃源岩TOC计算方法类似，简便易行，可操作性强。

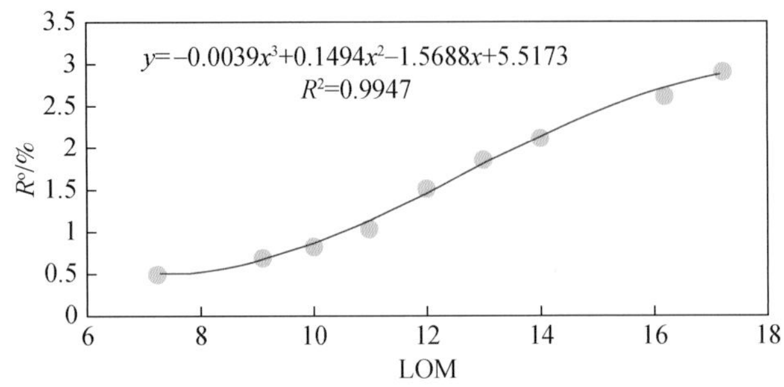

图 3-12　镜质组反射率与干酪根成熟度关系（引自 Hood et al.，1975）

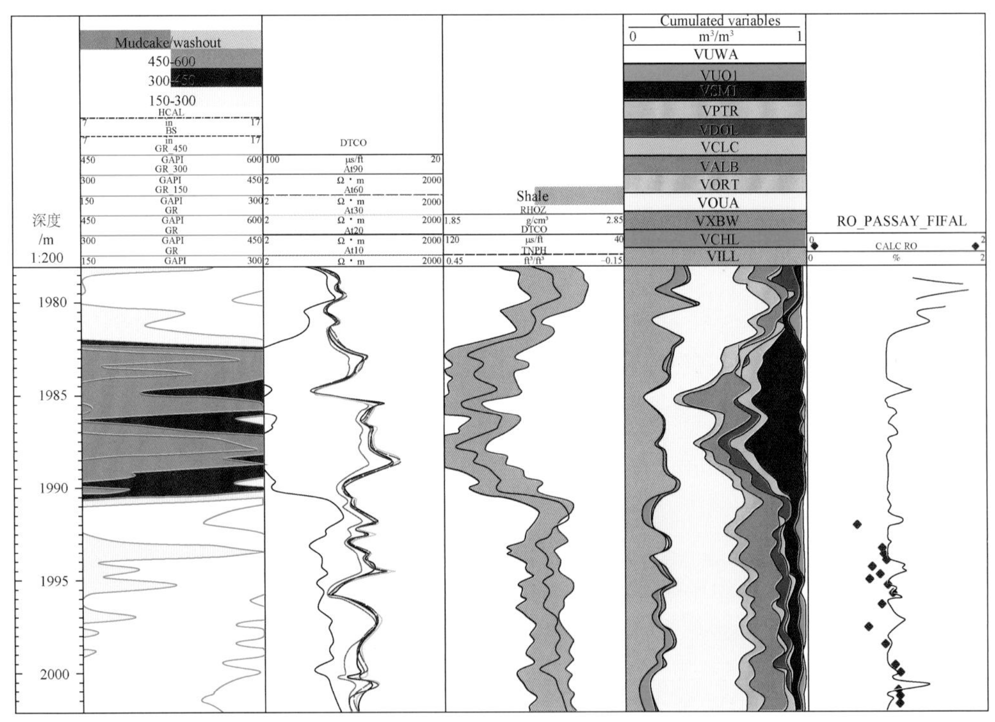

图 3-13　LOM 法计算镜质组反射系数 R^o 成果图

第二节　岩 性 评 价

岩性评价是储层评价的基础，对含油性评价以及物性、电性、脆性指数和岩石力学参数等计算至关重要。岩性评价包括岩性识别和岩石矿物组分计算两个方面。对于矿物组分较为单一的砂泥岩或碳酸盐岩储层岩性识别与组分计算，使用常规测井中的自然伽马测井和孔隙度（密度、声波和中子）测井等可较好地进行岩性评价，准确地判断岩性种类并计算其主要组分（黏土、砂质和长石等，或者灰质、泥质、砂质等）。下面重点介绍复杂岩性测井识别方法和组分计算方法。

一、岩性识别

岩性识别方法地区经验性很强，需结合具体岩性类别及测井响应特征提取能够区别主要岩性类别的特征参数来建立识别图版。对于简单的砂泥岩地层，测井可有效解决岩性识别问题，但对于混积岩（云质岩、过渡岩、泥灰岩、沉凝灰岩等），由于矿物类型多、组分变化大，测井响应特征十分复杂，反映岩性的不确定性增大，如一般对岩性反应敏感的自然电位、自然伽马和三孔隙度等曲线识别岩性能力变弱，因此，测井识别混积岩岩性难度大，需建立针对性的岩性识别方法与图版。

1. 云质岩的骨架密度–岩石结构指数交会法

分析研究表明，将常规测井和核磁共振测井两者结合，构建两种反映岩性特征敏感参数可有效识别云质岩类型，具体方法如下。

骨架密度计算方法为

$$\rho_{\mathrm{ma}}=\frac{\rho_{\mathrm{b}}-V_{\mathrm{sh}}\rho_{\mathrm{sh}}-\phi\rho_{\mathrm{f}}}{1-V_{\mathrm{sh}}-\phi} \tag{3-13}$$

式中，ρ_{ma}为骨架密度值，g/cm^3；ρ_{b}为密度测井值，g/cm^3；V_{sh}为泥质含量，小数；ρ_{sh}为泥岩密度值，g/cm^3；ϕ 为孔隙度，小数；ρ_{f}为流体密度值，g/cm^3。

岩石结构指数计算方法为

$$\psi=\frac{\phi_{0.3}}{\phi_3} \tag{3-14}$$

式中，ψ 为岩石结构指数，无量纲；$\phi_{0.3}$为以 0.3ms 作为起算时间的核磁共振测井孔隙度，小数；ϕ_3为以 3ms 作为起算时间的核磁共振测井孔隙度，小数。

以按照式（3-13）和式（3-14）构建的骨架密度和岩石结构指数两个岩性敏感参数建立混积岩岩性识别图版，如图 3-14 所示。该图表明，综合考虑岩性的发育特征、成因类

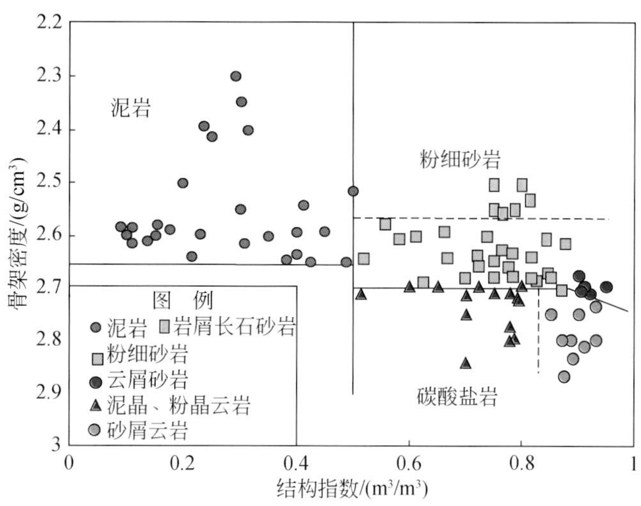

图 3-14　混积岩储层岩性识别图版

型、测井纵向分辨率及其区分储层类别的能力，可以从岩石结构和岩石成分两个方面综合确定岩性，具有很好的岩性识别效果。

根据岩性识别图版，可建立不同岩性的分类标准（表3-1）。碳酸盐岩类储层骨架密度大，在图版中分布于骨架密度大于2.7g/cm³的区域，测井计算结构系数大于0.5，其中砂屑云岩储层物性好，结构指数大于0.81。砂岩类储层骨架密度一般小于2.7g/cm³，结构指数大于0.5。其中岩屑长石砂岩骨架密度小于2.56g/cm³，粉细砂岩骨架密度一般为2.56～2.7g/cm³，云屑砂岩骨架密度较高，一般在2.7g/cm³左右。泥岩的骨架密度小于2.65g/cm³，结构指数小于0.5。

表3-1　混积岩岩性识别标准

岩性	骨架密度/(g/cm³)	结构指数/(m³/m³)
砂屑云岩	>2.7	>0.5
泥晶、微晶云岩	>2.7	>0.5
云屑砂岩	2.67～2.72	>0.5
粉细砂岩	2.56～2.7	>0.5
岩屑长石砂岩	<2.56	>0.5
泥岩	<2.65	<0.5

根据建立的岩性识别方法对混积岩储层进行岩性识别，如图3-15，储层①岩性结构指数在0.9左右，指示为碎屑结构，骨架密度最高为2.87g/cm³，指示岩石成分为白云岩，在岩性图版上落于砂屑云岩的区域。综合解释该段储层的优势岩性为以内碎屑为主的砂屑云岩。从骨架密度的变化规律看，从上到下骨架密度逐渐增大，显示外碎屑成分（机械沉积）逐渐减少，云屑成分逐渐增多。核磁共振测井资料显示，该段物性较好，黏土含量较低。从岩性特点看，该段岩性的成因为准同生的白云岩经波浪作用破碎，形成具碎屑结构的内碎屑滩。沉积环境为湖泊边缘的浪击面附近。

储层②的岩性结构指数介于0.8～0.9，指示为碎屑结构，骨架密度主要分布在2.50～2.60g/cm³，岩石的骨架密度低于石英的密度，长石、岩屑发育，基本不含碳酸盐矿物，在岩性识别图版上落于长石岩屑粉细砂岩区。FMI图像显示水平沉积层理发育，为典型的沉积岩的构造特征。综合解释该段储层的优势岩性为以外碎屑为主的长石岩屑粉细砂岩。该段岩性核磁共振测井资料显示物性较好，黏土含量相对较高。从自然伽马测井资料看，储层的天然放射性强度相对较大，是钾长石含量较高的标志，全岩矿物X射线分析资料也证实了上述结论。综合岩性特征，储层的沉积相为外碎屑滩。

储层③的岩性结构指数在0.9左右，指示为碎屑结构，骨架密度主要分布在2.70g/cm³左右，指示矿物成分为内外碎屑的混合物，内外碎屑共存，以云岩碎屑为主。FMI图像可见小型的交错层理，为典型的沉积构造。综合解释该段的优势岩性为云屑砂岩。核磁共振测井资料显示储层的物性较好，且黏土含量相对较低。从岩性特点看，沉积环境在浪击面附近，但沉积时有一定规模的外碎屑供给。

2. 过渡岩的岩性–电性归一化参数交会法

除应用骨架密度–结构指数识别混积岩岩性外，也可应用指示岩性的测井敏感曲线进

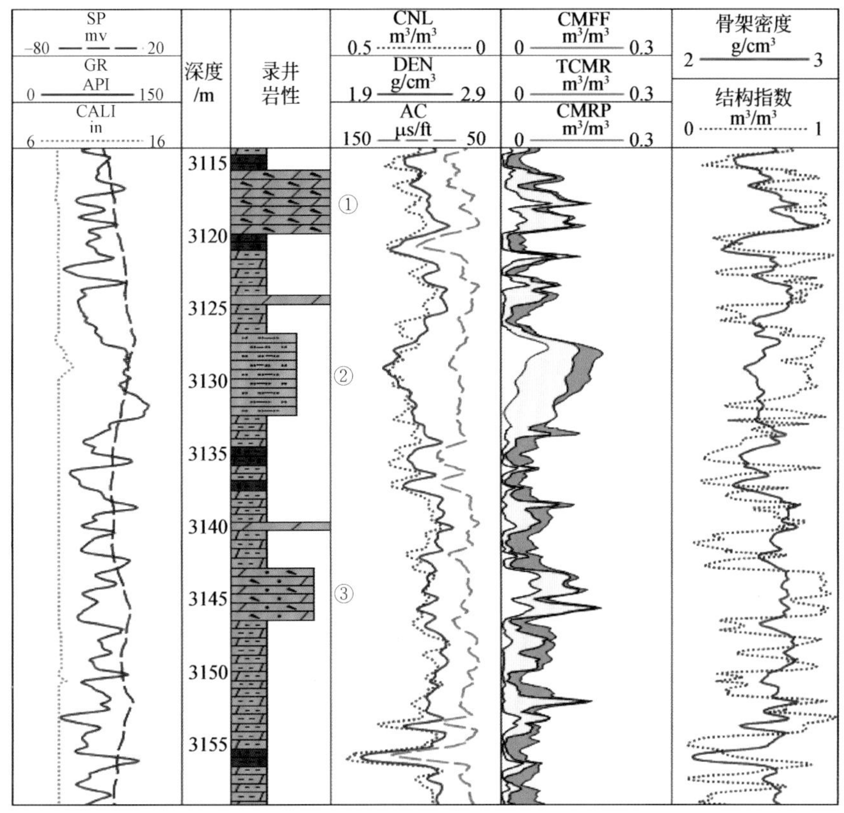

图 3-15　混积岩测井岩性识别实例

行归一化处理，通过多参数融合识别岩性。

岩性归一化参数利用归一化后的视骨架密度与视骨架声波反向重叠后与归一化后无铀伽马曲线加权平均得到，计算公式为

$$YX=\frac{(DEN_g-AC_g)+KTH_g}{2} \tag{3-15}$$

式中，YX 为岩性归一化参数，无量纲；DEN_g 为视骨架密度归一化曲线，无量纲；AC_g 为视骨架声波归一化曲线，无量纲；KTH_g 为无铀伽马归一化曲线，无量纲。

其中，视骨架声波和视骨架密度采用核磁共振确定的总孔隙度计算得到：

$$T_{ma}=\frac{AC-620\phi_{nmr}}{1-\phi_{nmr}} \tag{3-16}$$

$$\rho_{ma}=\frac{DEN-\phi_{nmr}}{1-\phi_{nmr}} \tag{3-17}$$

式中，T_{ma} 为骨架声波，μs/m；ρ_{ma} 为骨架密度，g/cm³；AC 为声波曲线，μs/m；DEN 为体积密度，g/cm³；ϕ_{nmr} 为核磁共振测井总孔隙度，小数。

电性归一化参数为阵列感应测井 1ft 分辨率的最深探测深度电阻率曲线取对数后归一化得到：

$$DX=\frac{\lg M1RX-\lg M1RX_{min}}{\lg M1RX_{max}-\lg M1RX_{min}}-0.5 \tag{3-18}$$

式中，MIRX、$MIRX_{max}$、$MIRX_{min}$分别为阵列感应测井 1ft 分辨率最深探测曲线测井值，最大值和最小值。

图 3-16 为采用归一化参数与电性归一化参数建立的渤海湾盆地孔二段岩性识别图版，根据该图可有效识别出碳酸盐岩类、细粒长石石英沉积岩类、细粒混合物沉积岩类和黏土岩类等岩性，较好地解决了混积岩的岩性识别难题。

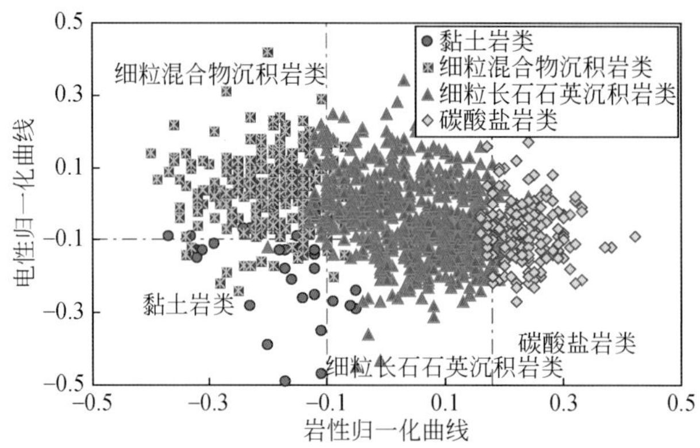

图 3-16　混积岩多参数融合岩性识别图版

3. 泥灰岩的泥质-灰质指示法

泥灰岩储层岩性复杂，既有碎屑岩又有碳酸盐岩。碎屑岩母岩成分多、碎屑颗粒粒度范围变化大。以束鹿凹陷 Es_3 致密油为例，按照成分、结构及构造特征可分为四大类（砾岩、砂岩、泥灰岩、泥岩）十一小类［陆源颗粒支撑砾岩（灰质）、陆源颗粒支撑砾岩（云质）、混源颗粒支撑砾岩、杂基灰质砾岩、砾状泥灰岩、含砾泥灰岩、灰质泥岩、块状泥灰岩、纹层状泥灰岩、块状灰质泥灰岩、粉细砂岩］。

通过综合分析泥质成分与灰质成分的岩石物理特征与测井响应特征差异，选取敏感测井曲线（如电阻率、自然伽马、声波、密度），构建了对岩性敏感的岩石物理参数（如电性参数 RT/GR 和相对波阻抗 1000×DEN/AC 等），建立了岩性识别图版（图 3-17），具有较好的识别效果。

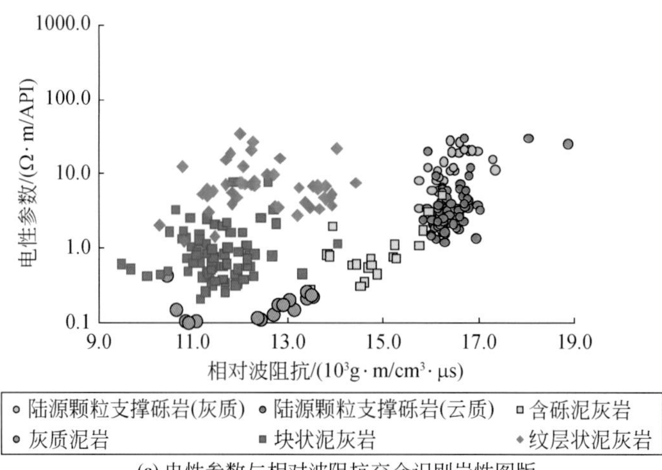

(a) 电性参数与相对波阻抗交会识别岩性图版

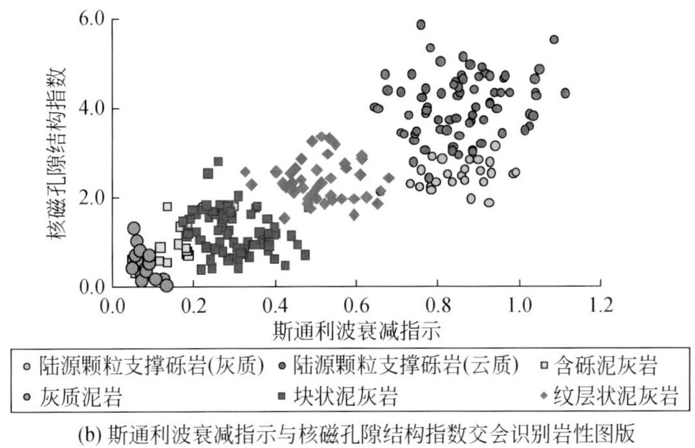

(b) 斯通利波衰减指示与核磁孔隙结构指数交会识别岩性图版

图 3-17　泥灰岩储层岩性识别图版

核磁孔隙结构指数（MRZI）：

$$MRZI=\frac{K}{MPHITA/CALC} \tag{3-19}$$

其中，$K=a\ (Bin_1+Bin_2+Bin_3+Bin_4)+b(Bin_5+Bin_6)+c(Bin_7+Bin_8)+d(Bin_9+Bin_{10})$

式中，MRZI 为核磁孔隙结构指数；Bin_1—Bin_{10}为不同孔径孔隙所占的大小；MPHITA 为核磁有效孔隙度；CALC 为井径差值。

斯通利波衰减指示：

$$RSTB\_\ 1=\frac{RST_{max}-RST}{(RST_{max}-RST_{min})\times SH\times CALS} \tag{3-20}$$

式中，RST 为斯通利波幅度平均值,%；RST_{max}为斯通利波幅度平均最大值,%；RST_{min}为斯通利波幅度平均最小值,%；SH 为泥质含量，小数；CALS 为井径值与钻头尺寸之比，小数。

岩性识别图版的分辨率较高，不仅能够有效地识别四大类岩性，对十一小类的岩性也具有较好的识别能力，较好地解决了复杂岩性测井识别的技术难题。由于泥灰岩成分和结构的复杂化，单一图版往往难以解决岩性识别问题，需要多种图版配合使用，综合识别储层岩性。如在电性参数与相对波阻抗交会图版中的陆源颗粒支撑砾岩（灰质）和陆源颗粒支撑砾岩（云质）混杂，难以区分，而在斯通利波衰减指示与核磁孔隙结构指数交会图版中，两者界限清楚，可有效识别。同样，在斯通利波衰减指示与核磁孔隙结构指数交会图版中难以识别的含砾泥灰岩可通过电性参数与相对波阻抗交会图版较好地识别。

根据岩性识别图版建立了束鹿凹陷 Es_3 的测井识别标准，如表 3-2 所示。

表 3-2　泥灰岩岩性识别标准

参数	灰质泥岩	含砾泥灰岩	纹层状泥灰岩	块状泥灰岩	陆源颗粒支撑砾岩（灰质）	陆源颗粒支撑砾岩（云质）
伽马/API	85.2	47.5	39.1	49.2	25.2	24.2
电阻率/Ω·m	13.4	82.4	367.2	58.1	336.9	108.7

续表

参数	灰质泥岩	含砾泥灰岩	纹层状泥灰岩	块状泥灰岩	陆源颗粒支撑砾岩（灰质）	陆源颗粒支撑砾岩（云质）
声波/(μs/m)	224.5	182.7	225.2	234.4	167.6	169.2
密度/(g/cm^3)	2.75	2.74	2.64	2.65	2.75	2.78
RT/GR	0.16	1.73	9.39	1.18	13.37	4.49
1000×DEN/AC	10.1	14.99	11.72	11.31	16.41	16.43
核磁孔隙结构指数	0.59	1.04	1.02	1.69	2.64	3.53
斯通利波衰减（小数）	0.07	0.27	0.48	0.34	0.83	0.85
电性参数	0.16	2.56	9.96	1.30	14.35	4.65

应用该识别标准对 ST_3 井进行处理，并与岩心分析结果对比（图 3-18），处理结果表明测井识别结果与岩心描述结果一致性好，符合率可达 80% 以上，岩性识别效果好。应用测井识别岩性为变骨架密度计算孔隙度和流体识别评价提供了基础。

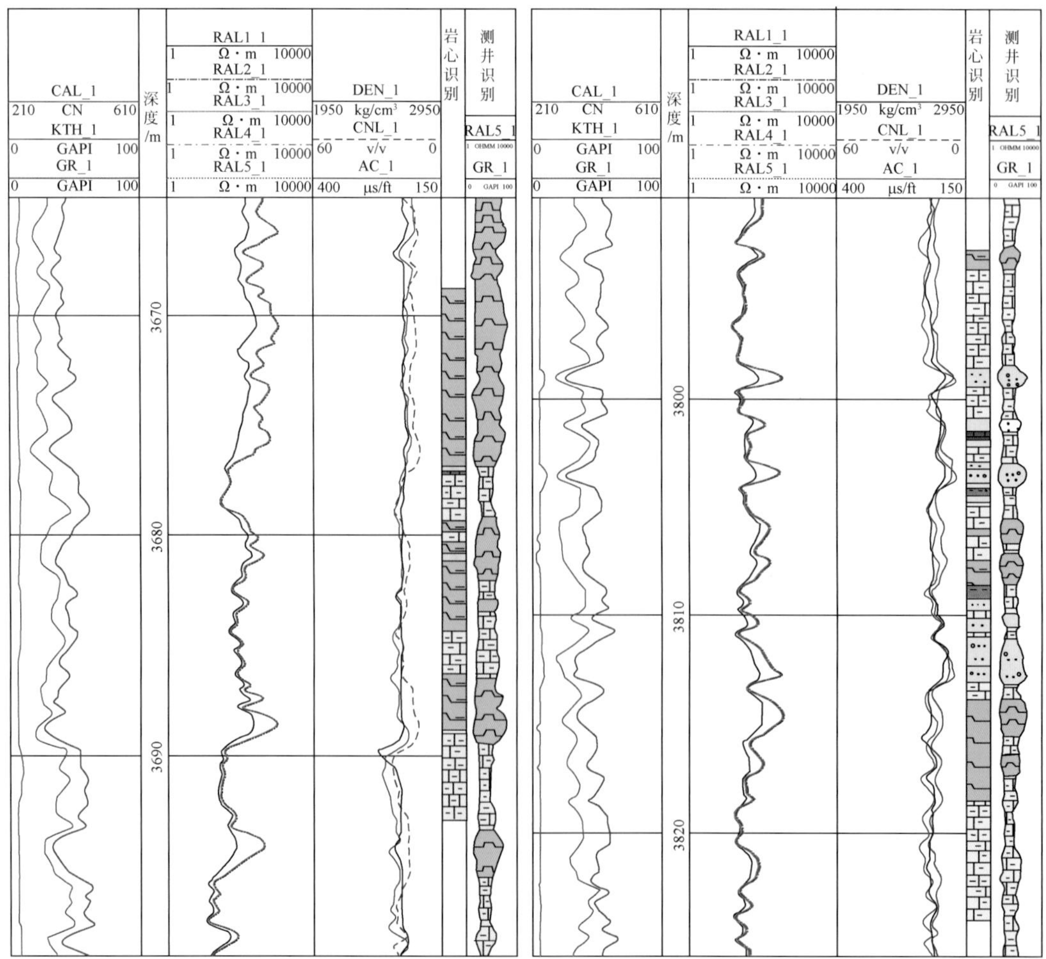

图 3-18　泥灰岩储层测井岩性识别与岩心分析结果对比图

4. 沉凝灰岩的自然伽马-电阻率交会法

沉凝灰岩致密油储层主要岩性表现为灰色、深灰色凝灰岩、泥岩、泥质粉砂岩、砂砾岩与玄武岩、安山岩互层，三塘湖盆地条湖组岩心观察和岩石薄片鉴定与分析也表明，典型的岩性主要有沉凝灰岩、泥岩和玄武岩。

由于火山熔岩与碎屑岩、火山碎屑岩在自然放射性和岩石密度上有较大差别，据此将玄武岩与沉凝灰岩和泥岩识别。与玄武岩相比，沉凝灰岩在测井资料上表现为“三高一低”的特征，即高伽马、高声波时差、高中子和低密度；而玄武岩则表现为“三低一高”的特征，即低伽马、低声波时差、低中子、高密度。另外是识别沉凝灰岩与泥岩，在测井资料上，二者响应特征极为相似，均表现为中高伽马、高声波时差、高中子、低密度等特征，差别在于电阻率值的响应不同，沉凝灰岩具有中等电阻率，而凝灰质泥岩表现为低电阻率。由于沉积背景不同，沉凝灰岩在自然伽马能谱测井中表现出钾的含量相对泥岩要高。

研究表明，对岩性变化响应敏感的测井资料是自然伽马、电阻率、声波时差和密度。据此建立了条湖组岩性识别图版（图3-19），确定了典型岩性的识别标准（表3-3）。从图中可以看出，各种岩性分布范围较为明显，玄武岩的自然伽马值一般低于40API，凝灰岩的声波时差比泥岩的低，通常小于310μs/m，而泥岩电阻率值比凝灰岩的小，一般不超过12.0Ω·m。在实际应用中，两个图版配合使用具有较好的岩性识别效果。

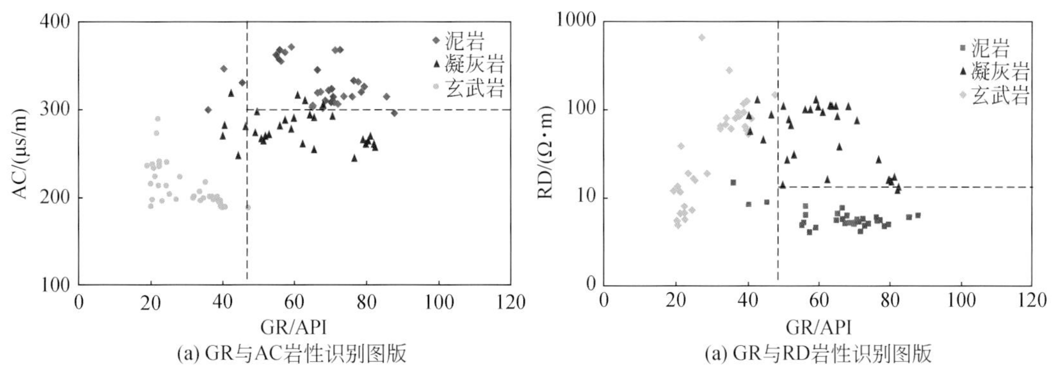

图3-19　沉凝灰岩储层岩性识别图版

表3-3　某区块沉凝灰岩储层岩性识别标准

岩性	测井响应特征值				
	电阻率 RD /Ω·m	自然伽马 GR /API	密度 DEN /(g/cm^3)	补偿中子 CNL/%	声波时差 AC/(μs/m)
凝灰质泥岩	<10	55～77	1.75～2.25	30～45	300～390
沉凝灰岩	10～200	40～90	2.10～2.50	20～45	240～310
玄武岩	5～250	15～40	2.00～2.65	10～50	189～300
砂砾岩	45～150	70～100	2.45～2.65	10～20	200～250

应用沉凝灰岩测井识别图版和标准可应用测井资料自动识别储层岩性，如图 3-20 所示，测井资料自动识别岩性与录井描述岩性具有很好的一致性，岩性自动识别成功率超过 80%，可满足测井评价对岩性识别的要求。

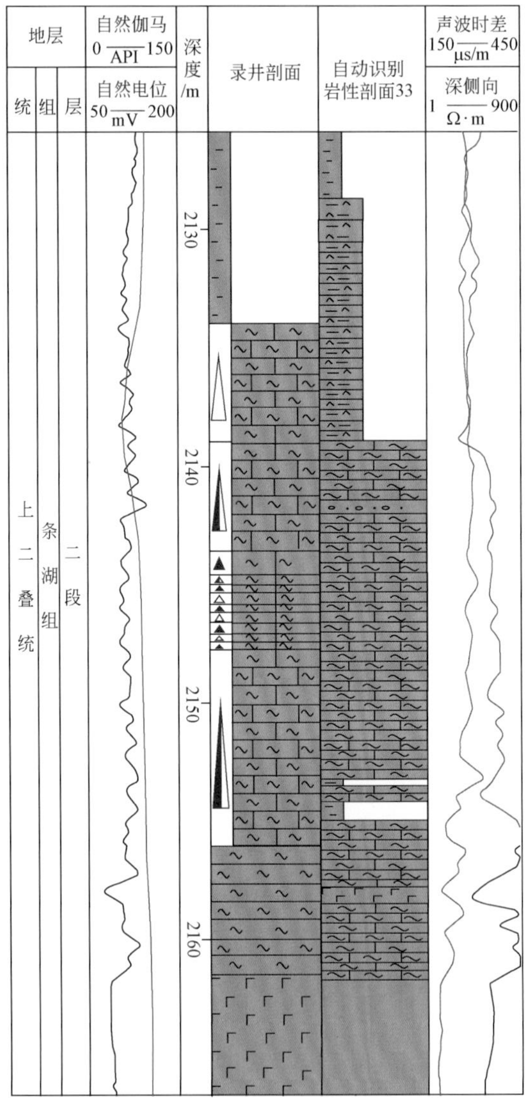

图 3-20　沉凝灰岩储层岩性识别实例

5. *烃源岩岩相测井识别*

烃源岩岩性与有机质富集程度关系密切，对源内互层状致密油储层的含油饱和度有明显的控制作用，因此，对烃源岩进一步开展岩性识别有助于致密油测井综合评价和认识。以鄂尔多斯盆地长 7_3 烃源岩为例，基于岩心观察、薄片分析、XRD、地球化学、TRA 物性、核磁及压汞实验、纳米 CT 扫描、扫描电镜、聚焦离子-电子双束微镜等数字岩心分析技术成果数据，基本可揭示长 7_3 储层特征内幕，包括岩性、矿物组分、储层物性、储集空间类型、孔喉大小分布、含油性、干酪根类型及成熟度、有机碳含量、有机质分布形式，可将长 7_3 划分为五套页岩岩相：Ⅰ类特高自然伽马硅质页岩、Ⅱ类高自然伽马硅质页岩、Ⅲ类高自然伽马黏土质页岩、Ⅳ类高自然伽马凝灰质页岩、Ⅴ类中自然伽马硅质页岩。各岩性地层特征及测井响应特征如图 3-21 所示。

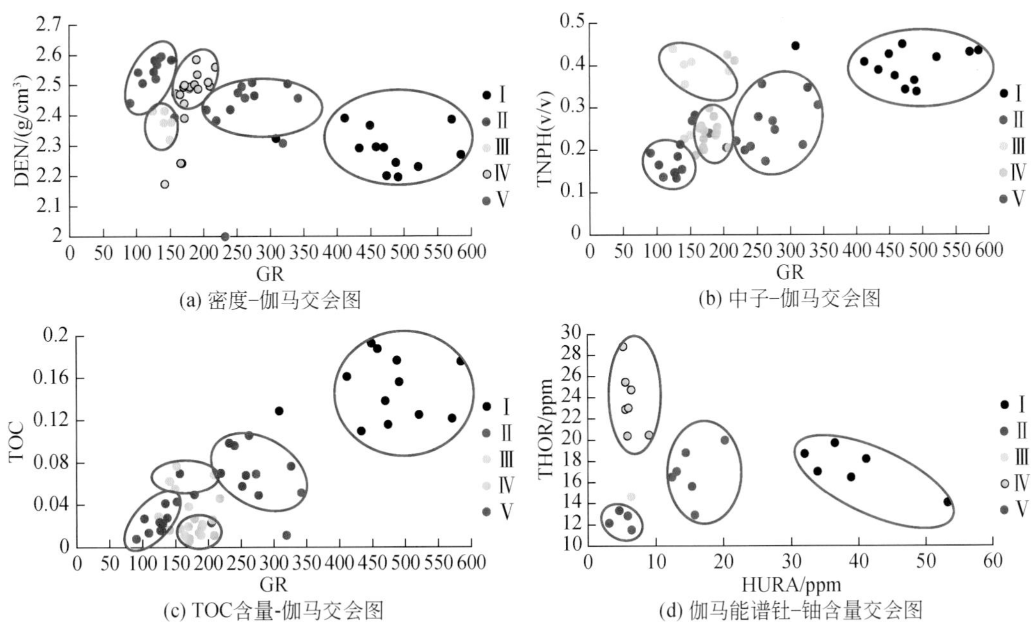

图 3-21　烃源岩岩相测井分类图版

Ⅰ类特高自然伽马硅质页岩：测井响应特征明显，自然伽马极高，一般高于 300gAPI，大部分高于 450gAPI，伽马能谱铀含量很高，一般高于 30ppm，钍含量低值；电阻率中高；密度值很低，一般小于 2.45g/cm³，平均为 2.29g/cm³，中子值高，为 20%～68%，平均为 40%，声波时差很高，为 70～125μs/ft，平均为 97μs/ft；电成像测井呈纹层-薄层状。矿物主要包括石英、长石、黏土、碳酸盐岩、黄铁矿、有机质等，元素测井硅质含量高，黏土含量为 20%～40%，黄铁矿含量很高，一般高于 8%。储集空间包括黏土矿物粒间孔、有机质内孔、微裂隙、粒间溶孔等。有机质含量高，TOC 一般大于 8%，有机质主要呈层状分布，为原地沉积形成。有机质孔隙相对不发育，可见微裂缝。孔隙度低，一般低于 4%，储层品质整体较差。

Ⅱ类高自然伽马硅质页岩：自然伽马为 150～300gAPI，伽马能谱铀含量为 7～30ppm，钍含量低值；电阻率中高；密度值为 2.1～2.6g/cm³，平均为 2.44g/cm³，中子值为 10%～52%，平均为 25%，声波时差为 62～109μs/ft，平均为 82μs/ft；电成像测井呈中厚层状。矿物主要包括石英、长石、黏土、碳酸盐岩、黄铁矿、有机质等，元素测井硅质含量高，黏土含量小于 30%，黄铁矿含量中低，基本低于 5%。储集空间包括粒间孔、粒间溶孔、黏土矿物粒间孔、粒内溶孔（长石、石英）、有机质内孔、微裂隙、晶间孔。TOC 中等，一般为 2%～8%，有机质主要呈分散状分布，非原地沉积，为重力流沉积形成。有机孔发育，可见微裂缝。孔隙度相对较高，为 2%～12%，储层品质整体较好。

Ⅲ类高自然伽马黏土质页岩：自然伽马为150～300gAPI，伽马能谱铀含量为7～30ppm，钍含量低值；电阻率中高；密度值为2.2～2.6g/cm³，平均为2.40g/cm³，中子值较高，为13%～62%，平均为37%，声波时差较高，为61～115μs/ft，平均为94μs/ft；电成像测井呈纹层-薄层状。矿物主要包括石英、长石、黏土、碳酸盐岩、黄铁矿、有机质等，元素测井硅质含量中低，黏土含量较高，高于40%，黄铁矿含量中低，低于5%。储集空间包括黏土矿物粒间孔、有机质内孔、微裂隙、粒间溶孔。TOC较高，为4%～10%，有机质主要呈层状分布。有机孔相对不发育，可见微裂缝。孔隙度低，小于5%，储层品质整体较差。

Ⅳ类高自然伽马凝灰质页岩：自然伽马为150～300gAPI，伽马能谱铀含量相对低值，钍含量较高，一般大于14ppm；电阻率低，一般低于20Ω·m；密度值为2.1～2.6g/cm³，平均为2.45g/cm³，中子值为10%～43%，平均为24%，声波为63～100μs/ft，平均为82μs/ft；电成像测井呈暗色中-薄层。矿物主要包括石英、长石、黏土、碳酸盐岩、黄铁矿、有机质等，元素测井硅质含量中高，黏土含量高于25%，黄铁矿含量低，低于2%。储集空间包括粒间孔、粒间溶孔、黏土矿物粒间孔、粒内溶孔（长石、石英）、微裂隙、晶间孔、有机质内孔。TOC低，一般小于2%。有机质主要呈分散状分布。有机孔相对不发育，可见微裂缝。孔隙度中高，为2%～10%，储层品质整体较差。

Ⅴ类中自然伽马硅质页岩：自然伽马一般低于150API，伽马能谱铀含量低值，钍含量低值；电阻率中高；密度值为2.3～2.7g/cm³，平均为2.55g/cm³，中子值为8%～32%，平均为18%，声波时差为58～96μs/ft，平均为70μs/ft；电成像测井呈中厚层状。矿物主要包括石英、长石、黏土、碳酸盐岩、黄铁矿、有机质等，元素测井硅质含量高，黏土含量小于25%，黄铁矿含量低，基本低于3%。储集空间包括粒间孔、粒间溶孔、黏土矿物粒间孔、粒内溶孔（长石、石英）、有机质内孔、微裂隙、晶间孔。TOC中低，一般小于4%，有机质主要呈分散状分布，非原地沉积，为重力流沉积形成。有机孔发育，可见微裂缝。孔隙度相对较高，为2%～12%，储层品质整体较好。

二、矿物组分计算

针对致密油储层矿物成分复杂程度应选择适用的矿物组分计算方法。对于矿物成分多样的砂泥岩或碳酸盐岩地层，宜采用常规测井最优化处理方法计算各种主要矿物的含量。而对于混积岩或泥灰岩等复杂岩性储层，则需要应用元素俘获法或元素全谱法经岩心标定建立具有地区适用性的矿物组分计算方法。

1. 常规测井的最优化方法

对于岩性较为简单的地层，如常见的砂泥岩地层，应用自然伽马或其他测井曲线计算出泥质含量，根据泥质含量与黏土含量的统计关系可计算出黏土含量，应用密度、声波和中子测井计算孔隙度，进而可计算出砂质含量。如果储层含有少量钙质，可应用声波和电阻率测井等计算钙质含量。应用常规测井可较好地完成岩性组分计算。

在矿物种类较多的情况下，应用单一矿物逐步建模的方法求解矿物的含量较为困难，且累积误差过大，最优化处理的方法是一种较好的选择。

最优化原理是用正演的方法解决参数反演的算法，以环境校正后能够反映地层特征的测井响应为基础，建立相应的测井响应方程［式（3-21）］，并且选择合理的区域性矿物测井响应参数，正演相应的测井值，使正演的多个测井值与实际测得的测井值基本一致。为了计算正演多条曲线误差，采用非线性加权最小二乘原理求解多条曲线的正演误差，调整各种矿物的含量，使正演误差得到最小值，此时获得的矿物含量为反演的矿物含量的最优解。

$$\begin{cases}\rho_b=\rho_1V_1+\rho_2V_2+\cdots+\rho_iV_i+\cdots\rho_mV_m\\ \Delta t=\Delta t_1V_1+\Delta t_2V_2+\cdots+\Delta t_iV_i+\cdots+\Delta t_mV_m\\ \Phi_{CNL}=\Phi_{CNL_1}V_1+\Phi_{CNL_2}V_2+\cdots+\Phi_{CNL_i}V_i+\cdots+\Phi_{CNL_m}V_m\\ 1=V_1+V_2+\cdots+V_i+\cdots+V_m\end{cases} \tag{3-21}$$

其中，$i=1$，2，…，m 代表所选择的各种矿物，ρ_i，Δt_i，Φ_{CNL_i}为各种矿物的密度、声波、中子等测井响应值，V_i 为各种矿物的体积含量。对于式（3-21），可以采用最优化的方法来计算各种矿物体积含量，并通过目标函数［式（3-22）］来决定最优化解。

$$\varepsilon^2=\left[\frac{t_m-t'_m}{U_m}\right]^2 \tag{3-22}$$

式中，t_m 为经过校正的接近实际地层的第 m 种矿物测井测量值；t'_m为相对应的通过测井响应方程计算的理论值；U_m 为第 m 种矿物测井响应方程的误差。

从理论上讲，求解矿物数量不能高于独立的测井物理量的数量，方程组在盈余的情况下才有较高的矿物求解的精度。

以鄂尔多斯盆地延长组7段致密砂岩矿物含量计算为例，根据研究区矿物含量分析结果，主要矿物类型有石英、长石、伊利石以及绿泥石，在烃源岩段增加干酪根这一特殊矿物，经研究确定对矿物类型较为敏感的测井曲线为补偿中子、体积密度、光电吸收截面、声波时差、自然伽马五条测井曲线。

图3-22为正演曲线和实测曲线的对比关系图。正演的伽马（第二道）、声波（第三道）、密度（第四道）、中子（第五道）以及铀曲线（第六道）与实际测量曲线对比，一致性较好，矿物组分计算结果可靠。图3-23为多矿物测井处理解释成果图。图中第五道为计算的黏土含量与分析的黏土含量对比曲线，第六道为计算的石英含量与分析的石英含量对比曲线，第七道为计算的长石含量与分析的长石含量对比曲线，第八道为测井处理解释矿物剖面。从岩心实验矿物分析结果与测井最优化计算结果对比来看，二者一致性较好，精度较高，结果可靠。

2. 元素俘获测井法

对于发育于湖泊咸化作用的碳酸盐岩相或湖河交互过渡相的致密油，其岩石组分十分复杂，砂质、泥质、灰质、云质与黄铁矿等共存，要准确表征这种复杂岩性的矿物组合特征，至少需要计算石英、钾长石、钠长石、方解石、白云石、黏土六种矿物的含量，显然，基于常规测井的方法求解几乎是不可能的。因此，除应用常规测井外，增加元素俘获测井资料以应对之，实现借助于测量的地层元素化学成分计算岩性组分的目的。

需要注意的是，即使测有元素俘获测井资料，也不一定能够解决复杂岩性的矿物组分

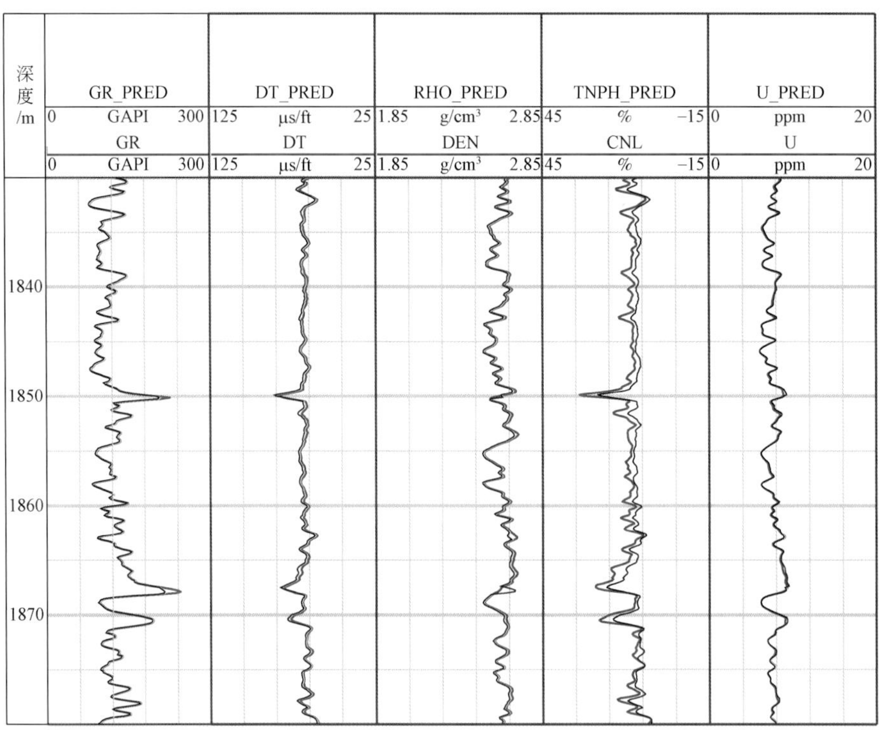

图 3-22　岩石矿物最优化处理正演测井曲线和实测测井曲线对比图

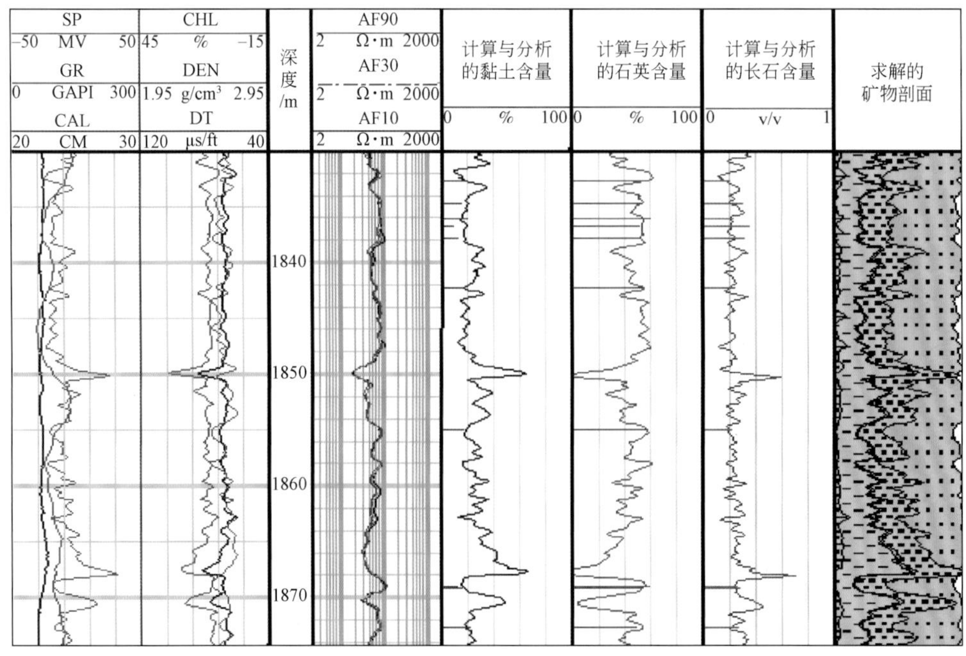

图 3-23　多矿物测井处理解释成果图

精细计算的难题，这是因为元素俘获测井对 Mg、K 和 Na 等元素不敏感，求解白云石、钾长石和钠长石的精度差，难以区分石英与长石，并且对比大量的岩心分析资料可知，采用常规的元素俘获处理模型（如 WALK2）确定的黏土含量往往过高，如图 3-24 所示。

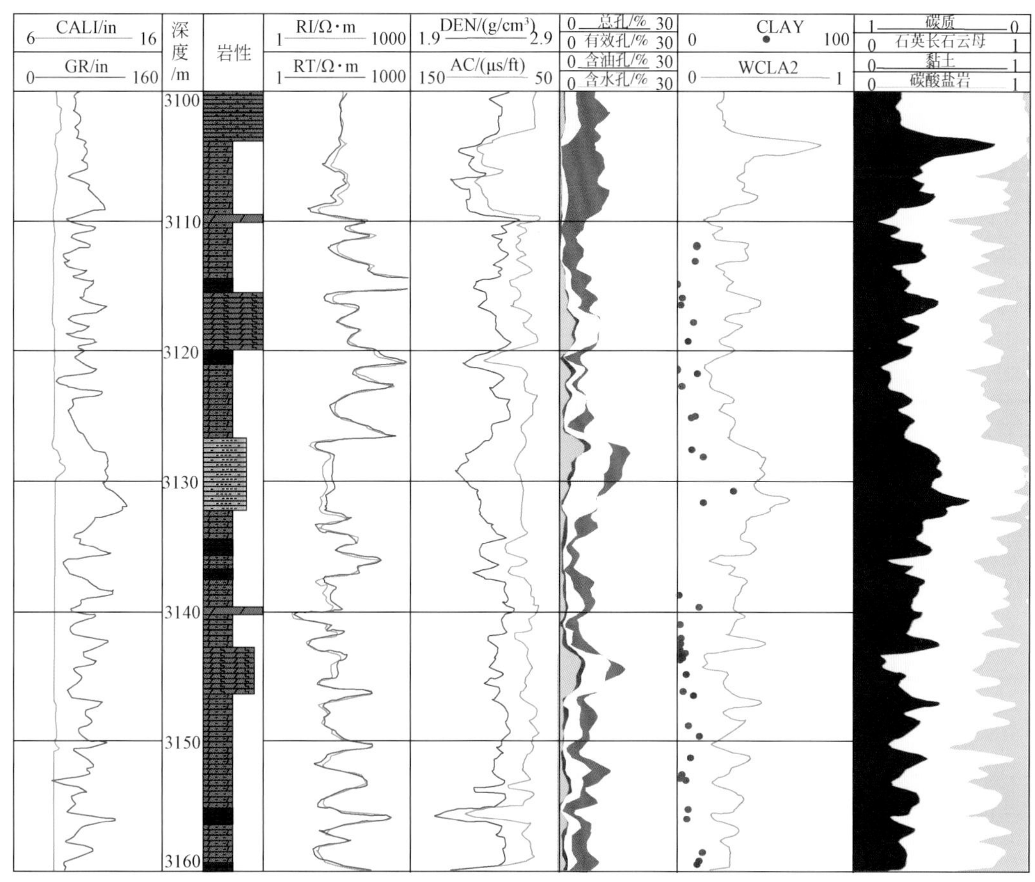

图 3-24 WALK2 模型的复杂岩性处理成果图

因此，应针对具体区块的岩性特征，以全岩氧化物等实验分析资料为基础，确定出适用的氧闭合模型，其过程可分为两个阶段。

1）建立针对性的氧闭合模型

为了建立适用于目标区复杂岩性的氧闭合模型，确定出较为准确的元素含量，需逐步完成以下几个方面的工作。

（1）确定氧闭合计算的氧化物组合

复杂岩性的地层，往往氧化物种类繁多，需结合地层岩性特征与元素俘获测井的元素敏感性，优选出氧化物组合。通常需要满足：

$$\left(\sum_{i=1}^{m}\mathrm{WEO}_i/\sum_{i=1}^{n}\mathrm{WEO}_i\right)\times 100>95 \tag{3-23}$$

式中，WEO_i 为第 i 种元素氧化物的干重，小数。

（2）计算元素相对灵敏度因子

实际计算中，元素灵敏度因子很难确定，因此采用元素相对灵敏度因子。具体获得方法为：设定硅元素的灵敏度因子为常数 $S_{si}=1$，其他元素相对于硅元素灵敏度因子计算的结果为相对灵敏度因子，可根据该元素的相对产额与硅元素相对产额计算得到，即

$$S_i=A_i\times Y_i^{n_i}/Y_{si} \tag{3-24}$$

式中，S_i为待求元素的灵敏度因子，无量纲；Y_i为待求元素的相对产额，小数；Y_{si}为硅元素的相对产额，小数；A_i、n_i 刻度系数，为常数，与元素干重含量的比例及其俘获截面有关。

(3) 计算元素含量

对于元素俘获测井敏感的元素，则直接利用伽马能谱解谱获取的元素相对产额进入氧闭合计算；对于元素俘获测井低敏感的元素，则以岩心分析数据为基础建立这些元素与敏感元素的产额拟合公式，重新计算其产额后进行氧闭合计算。

根据氧闭合模型得到归一化因子，利用下面的公式可计算元素含量为

$$\mathrm{WO}_i=F\times\frac{Y_i}{S_i} \tag{3-25}$$

式中，WO_i为连续计算每种元素的干重，小数；S_i为第 i 种元素的相对灵敏度因子，无量纲；Y_i为第 i 种元素的元素俘获测井获得的相对产额，小数；F 为归一化因子，随深度变化而变化，无量纲。

图 3-25 为采用上述方法计算出的元素含量，与岩心分析化验的元素含量一致性好，

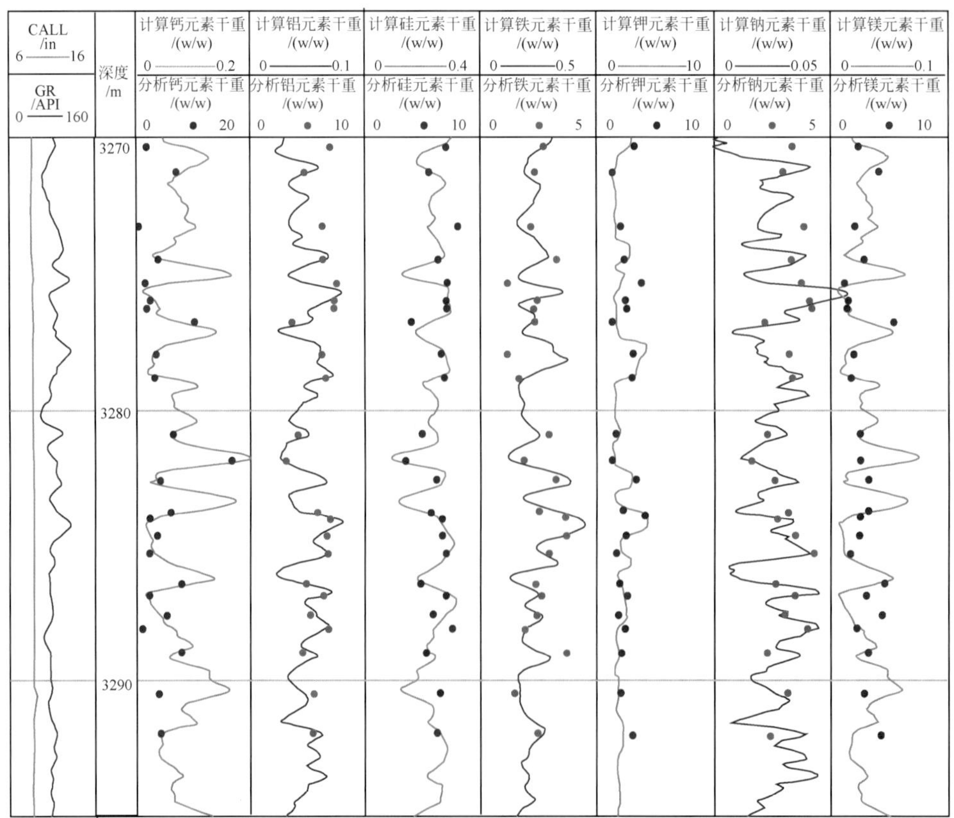

图 3-25　新氧闭合模型处理元素干重处理成果图

计算误差较小。对比常规的 WALK2 氧闭合模型处理结果可知，两种模型计算的硅元素含量基本一致，但钙、铝和铁三种元素的计算相对误差显著降低（图 3-26），而且可提供出钾、钠和镁三种元素，为碎屑岩与碳酸盐岩过渡性岩类氧化物含量的较准确计算提供技术保障，为钾长石、钠长石与白云石含量的计算提供较可靠的元素含量资料。

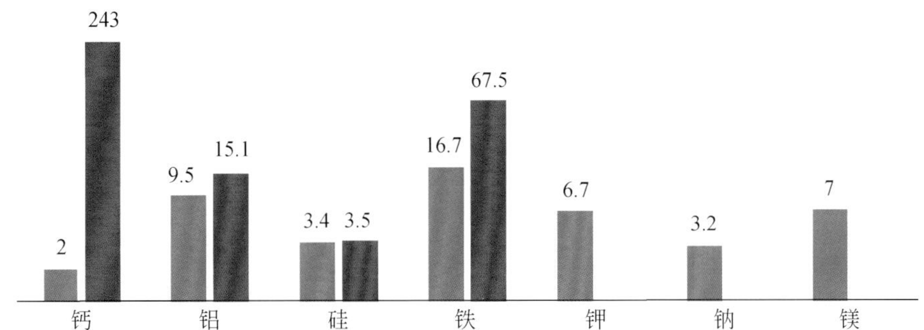

图 3-26　新氧闭合模型处理与 WALK2 模型处理氧化物相对误差对比（单位:%）

2）建立元素含量转化矿物的计算模型

矿物含量反演基本流程如图 3-27 所示。首先，应确定地层的矿物种类及其矿物中元素组成；其次，通过数学反演将元素含量转换为矿物含量；最后，以岩心分析数据刻度计算值。具体计算步骤如下：

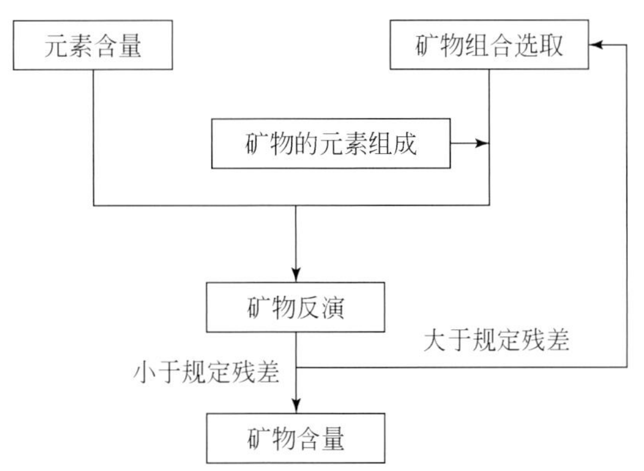

图 3-27　矿物含量反演基本流程图

（1）根据实验室资料或者现场资料确定矿物种类。

（2）根据测井得到的元素资料，整理计算所需的元素含量 E_i。

（3）借鉴元素与矿物的转换系数表，建立适合本地区的转换系数 C_{ij}。

（4）元素含量向矿物含量的转换可以归结为线性规划问题，即要求所有地层矿物含量反演结果之和尽可能接近于 1，设定目标函数为

$$\min S = \min\left(1 - \sum_{i=1}^{m} M_i\right) \tag{3-26}$$

式中，M_i 为第 i 种矿物的含量；m 为矿物种类数。

对该线性规划问题施加线性不等约束条件，使所有地层矿物中某一元素含量之和不能

超过该元素的地层元素测井值，且使反演地层矿物含量大于0，即

$$\sum_{i=1}^{m} c_{ij}M_i < e_j \ , M_i > 0 \tag{3-27}$$

式中，c_{ij}为第i种矿物中第j种元素的质量百分比；e_j为第j种元素的含量，由地层元素测井获取。

根据式（3-26）和式（3-27），元素含量向地层矿物含量反演问题可归结为

$$\begin{gathered}
\min\ (1 - M_1 - M_2 - \cdots - M_{10}) \\
\text{s. t.}\ \ c_{11}M_1 + c_{12}M_2 + \cdots + c_{1n}M_n \leqslant e_1 \\
c_{21}M_1 + c_{22}M_2 + \cdots + c_{2n}M_n \leqslant e_2 \\
\cdots \\
c_{m1}M_1 + c_{m2}M_2 + \cdots + c_{mn}M_n \leqslant e_m \\
M_1, M_2, \cdots, M_n \geqslant 0
\end{gathered} \tag{3-28}$$

式中，n为矿物含量反演中所用元素含量种类数。

可以利用单纯形法求解上述线性规划问题，但是如果单纯形法中给出的问题不是标准形式，必须先转化成标准形式。此时，需要引入松弛变量λ_1，λ_2，…，λ_n，将式（3-28）转化为标准形式：

$$\begin{gathered}
\min\ (1-M_1-M_2-\cdots-M_{10}) \\
\text{s. t.}\ c_{11}M_1+c_{12}M_2+\cdots+c_{1n}M_n+\lambda_1 \leqslant e_1 \\
c_{21}M_1+c_{22}M_2+\cdots+c_{2n}M_n+\lambda_2 \leqslant e_2 \\
\cdots \\
c_{m1}M_1+c_{m2}M_2+\cdots+c_{mn}M_n+\lambda_m \leqslant e_m \\
M_1, M_2, \cdots, M_n \geqslant 0 \quad \lambda_1, \lambda_2, \cdots, \lambda_n \geqslant 0
\end{gathered} \tag{3-29}$$

（5）据研究区的矿物组成及其对应的测井响应值，建立具有地区特性的约束条件，约束曲线有骨架密度、骨架纵横波时差、骨架中子及自然伽马。

图3-28是采用上述方法确定的矿物含量成果图，从中可以看出，该方法可确定出石英、长石、钾长石、方解石、白云石、黏土（绿泥石、伊利石、高岭石之和）等矿物含量，且与实验分析结果基本吻合。

3. 元素全谱测井法

元素全谱测井（如斯伦贝谢公司的LithoScanner、贝克休斯公司的FLeX）通过中子发生器激发的快中子与地层元素原子核发生非弹性散射和热中子俘获的两种作用，产生非弹性散射伽马射线谱和俘获伽马谱射线谱。与元素俘获测井采用的技术思路相类似，对这些伽马能谱解谱分析逐步确定出地层的元素含量和矿物含量，利用俘获伽马能谱确定Si、K、Na、Al、Ca和Fe等元素，利用非弹性散射伽马能谱确定C、O、Si、Al、Ca、Mg和Fe等元素，如表3-4所示。

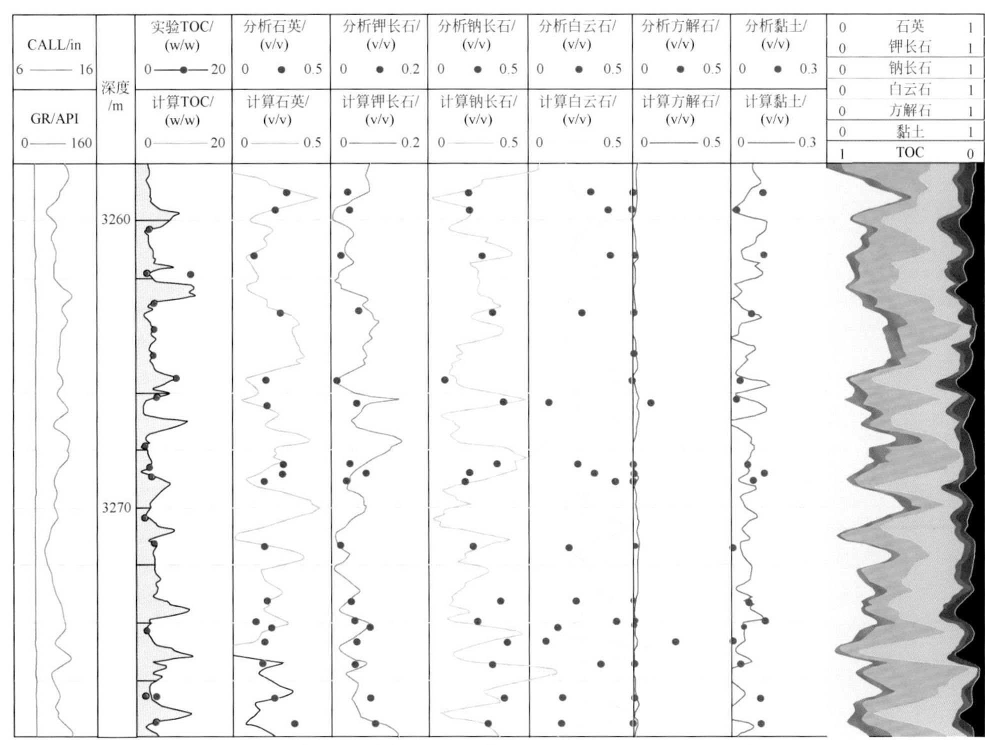

图 3-28　常规测井刻度的元素俘获测井矿物含量处理成果图

表 3-4　元素全谱测井的获取元素种类

元素符号	元素名称	俘获	非弹	元素符号	元素名称	俘获	非弹
Al	铝	•	•	K	钾	•	
Ba	钡	•	•	Mg	镁	•	•
C	碳		•	Mn	锰	•	
Ca	钙	•	•	Na	钠	•	
Cl	氯	•		Ni	镍	•	
Cu	铜	•		O	氧		•
Fe	铁	•	•	S	硫	•	•
Gd	钆	•		Si	硅	•	•
H	氢	•		Ti	钛	•	

显然，相对于元素俘获测井，元素全谱测井解决复杂岩性的组分计算能力要强得多。

（1）解谱得到的元素更多：碳酸盐岩类元素有钙、铁、镁和硫等元素，硅质碎屑岩类元素有铝、铁、钾和硅等元素。

（2）直接计算出总有机碳含量：确定出与矿化度无关的含油气饱和度、干酪根含量、稠油油藏和油砂中油的重量百分比、储层中的含油体积等。

图 3-29 为柴达木盆地扎哈泉地区一口井的 LithoScanner 处理结果，据解谱得到的 11

种元素精细地确定出了本井目的层的主要矿物组分为黏土、石英、长石、方解石、白云石以及少量的黄铁矿。

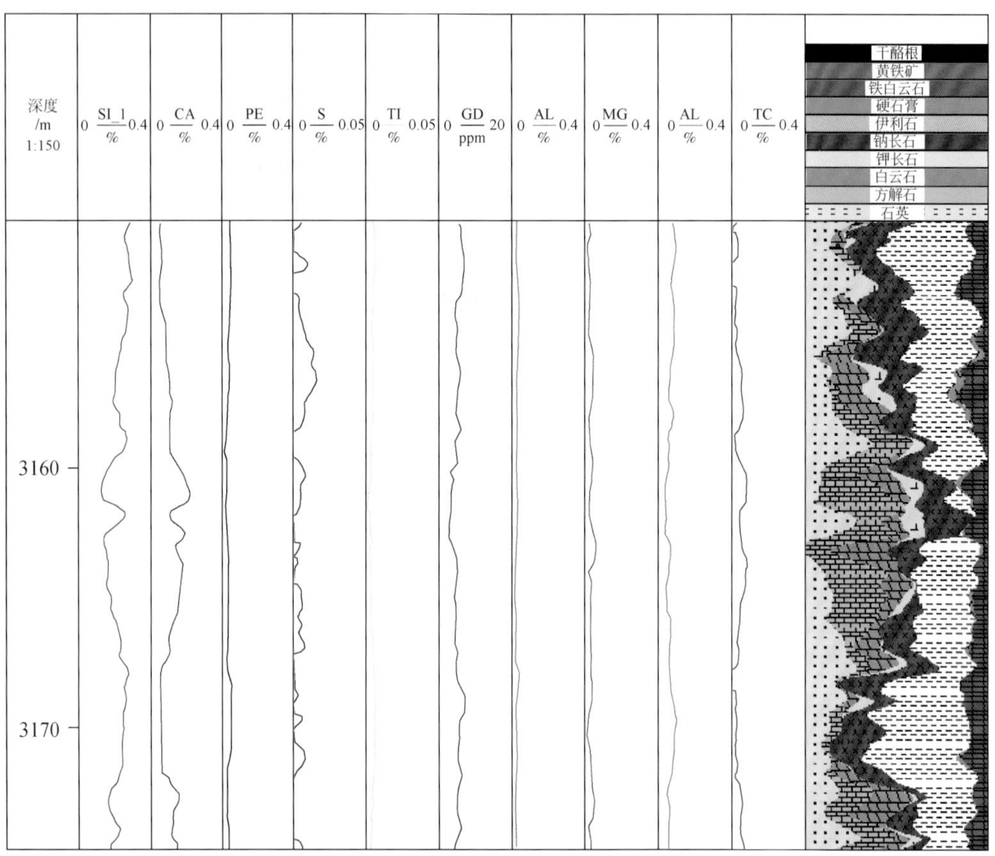

图 3-29　LithoScanner 处理结果

第三节　物 性 评 价

物性评价包括孔隙度与渗透率计算。储层孔隙度是致密油储层物性评价的关键因素之一。常规测井的单孔隙度测井计算模型精度难以满足致密油测井评价的要求，需要在分析测量精度的基础上采用多种孔隙度测量方法组合交会或应用核磁共振测井新技术等方法提高孔隙度计算精度。常规测井计算渗透率的能力低，评价精度有待提高，目前主要采用核磁共振测井，关键是确定 T_2 谱的截止值。另外，基于实验室分析数据建立的渗透率计算的经验公式具有很强的地区适应性，本节不再单独介绍渗透率计算。

一、孔隙度计算精度影响因素分析

致密油储层孔隙度很低，与中高孔隙度储层相比，相同的孔隙度计算绝对误差，在致密储层中相对误差要大得多，给储层参数测井定量评价带来很大的影响，难以满足储量参数计算要求，急需在孔隙度计算精度影响因素分析的基础上，改进测量和计算方法，提高孔隙度测井评价精度。

1. 岩石骨架参数

陆相致密油的岩石类别多样、岩性组分复杂，导致储层的骨架值变化范围大，有时可达 $0.2g/cm^3$ 的变化量，此变化量可致孔隙度计算精度无法控制。表 3-5 为以密度测井为例模拟分析骨架值变化对孔隙度计算精度的影响。可以看出，当骨架密度仅变化 $0.05g/cm^3$ 时，致密储层孔隙度计算可产生近 100% 的相对误差，而中高孔隙度储层的相对误差仅为 13%，两者相差达 7 倍。

表 3-5　骨架值误差对孔隙度计算值影响的模拟分析

储层类型	密度测井值 /(g/cm^3)	密度骨架值 /(g/cm^3)	孔隙度 /%	相对误差 /%
中高孔隙度储层	2.35	2.65	18.18	13.24
		2.70	20.59	
致密储层	2.60	2.65	3.03	94.12
		2.70	5.88	

2. 常规孔隙度测井资料精度分析

计算孔隙度的测井资料有密度、声波、中子和核磁共振等，声波和中子测井的孔隙度计算精度较差，对于致密储层，一般不单独采用。即使是密度测井，不同仪器系列的密度资料的测量精度差异也大，应选用高精度密度测井（精度在 $0.015g/cm^3$ 以上），保证孔隙度为 10% 时相对误差能够控制在 8% 以内。

声波测井仪器精度一般为 2μs/ft，孔隙度相对误差控制在 8% 以内时需要孔隙度大于 19%，与密度仪器精度为 $0.025g/cm^3$ 时的相对误差相当，如图 3-30 所示。因此，在致密油储层孔隙度计算时，不建议应用单声波测井。当井眼环境较差时，密度测井和核磁共振测井受经验影响而造成曲线失真时，可参考声波测井分析储层孔隙度变化趋势，定量评价时需慎重。

不同密度测井仪器精度差异较大，针对致密油储层，建议选用高精度密度测井仪器（仪器精度小于 $0.015g/cm^3$），可满足在孔隙度 12% 时孔隙度相对误差小于 8%，满足储量规范要求。不同精度测井仪器的孔隙度与相对误差关系见图 3-31，可作为选择密度测井仪器精度的依据。

除仪器本身测量精度外，密度与声波测井的纵向分辨率差异也很大，在薄互层或储层内孔隙度变化较大时，由于声波测井纵向分辨率较低，难以反映储层的物性变化特征，而密度测井具有较高的纵向分辨率，可较好指示储层纵向上的物性变化特征，如图 3-32 所示。

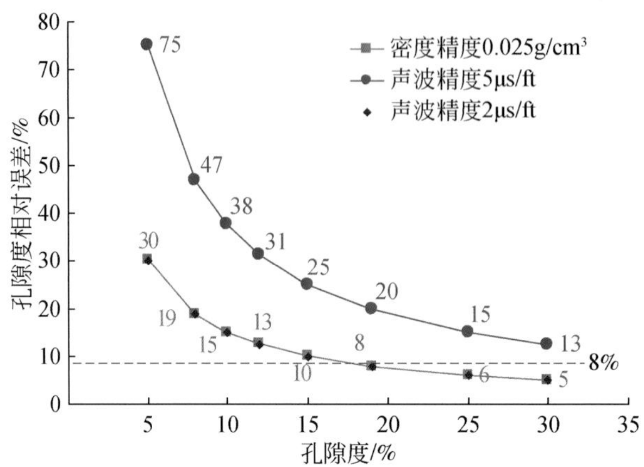

图 3-30　密度与声波仪器的孔隙度精度对比

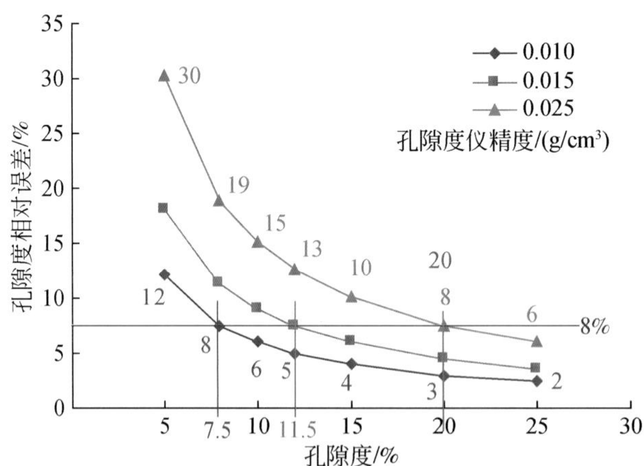

图 3-31　不同密度精度的孔隙度相对误差对比

3. 核磁共振测井测量参数分析

核磁共振测井是计算孔隙度的有效技术，但对于致密储层，为了保证其计算精度，优化测量参数至关重要。除了如前所述的对信噪比、等待时间、叠加次数和测量速度等参数的技术要求外，回波间隔是提高核磁共振测井孔隙度计算精度的关键参数之一。图 3-33 指出，当回波间隔（TE）减小，T_2 谱主峰左移且总分布面积加大，表明探测微小孔隙的能力加强，孔隙度计算值及其精度均得到提高（图 3-34）。显然，致密油储层核磁共振测井时，要尽可能地采用小回波间隔测量。

在致密储层核磁共振测量中信噪比对测量结果具有很大的影响。一般来说，随信噪比增加，核磁共振测量精度增高，相对误差降低，核磁共振计算孔隙度越接近真值。当信噪比大于 50 时，核磁计算孔隙度与气测孔隙度基本一致。

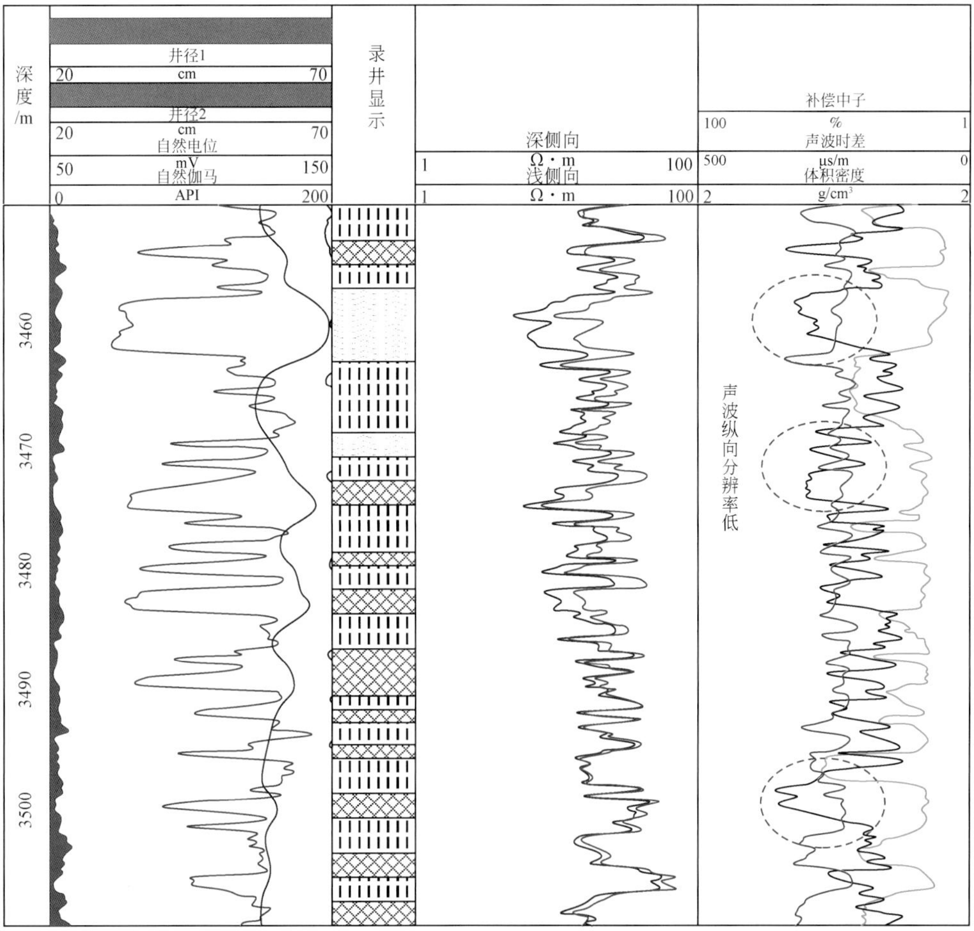

图 3-32　密度和声波测井孔隙度系列的纵向分辨率比较

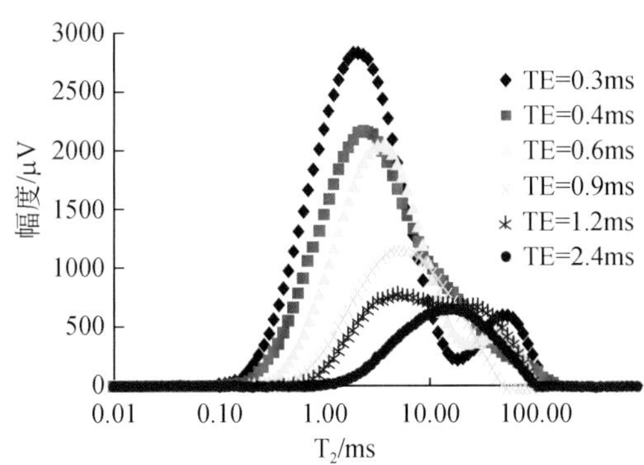

图 3-33　不同回波间隔测量的 T_2 谱

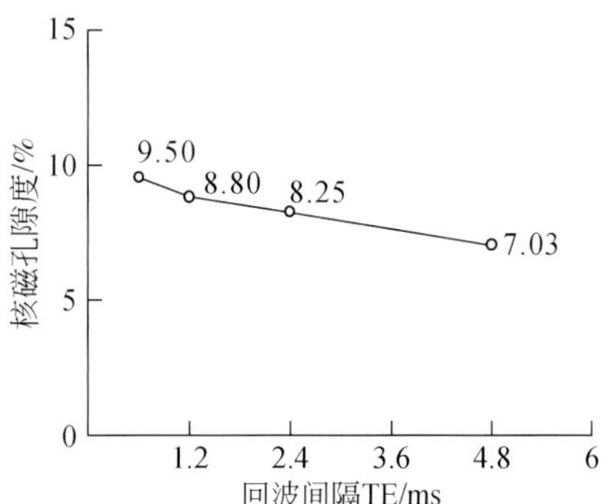

图 3-34　不同回波间隔对孔隙度计算的影响

二、孔隙度计算方法

测井计算孔隙度的方法很多，但对于低孔隙度、复杂岩性的中国陆相致密油储层，为了满足计算相对误差小于8%，现有的许多方法适用性都较差，应该采用能够控制岩性变化方法或不受岩性影响的方法，目前较有效的方法有变骨架值中子–密度交会法和核磁共振变 T_2 截止值法。

1. 变骨架值中子–密度交会法

研究表明，常规测井计算致密油储层的孔隙度时，应在控制好岩性组分、计算好储层混合骨架值的基础上，应用高精度测井资料并优选适用的计算模型，较为有效的方法是变骨架值中子–密度交会法。

常规的中子、密度测井响应是孔隙流体性质、孔隙度、岩石骨架的综合反映，在输入信息有限的条件下，为了计算孔隙度，传统方法通常都是假设储层完全含水，骨架参数采用纯石英的理论值，但这与实际地层条件是有偏差的，特别是致密砂岩储层的岩性组成与纯石英砂岩存在很大区别，如果不考虑这一差异，将会导致较大的孔隙度计算误差。

变骨架值中子–密度交会法的基本原理是采用循环迭代计算，首先采用与传统方法类似的假设，建立中子、密度测井响应方程组，联立求解得到一个孔隙度初始值，利用该孔隙度的初始值基于 Archie 公式估算一个含油饱和度初值，再根据该饱和度估算孔隙中混合流体的中子、密度响应值，进而计算出岩石骨架的中子、密度值，至此完成了一次计算过程。

循环迭代的过程是根据第一步确定的混合流体和骨架的中子、密度值，再利用测井响应方程计算孔隙度，比较该孔隙度值与上一步的孔隙度值差异。如果差异较小，认为迭代过程接近结束；如果二者差异较大，则需要不断循环上述过程直至二者的误差满足误差要求或者达到设定的循环次数。

可以看出，利用上述循环迭代计算，实际上是同时对储层的流体和岩石骨架进行校正，最终可以得到较为理想的孔隙度值。

图 3-35 为应用变骨架值中子–密度交会法计算孔隙度实例。由于该井岩性和孔隙结构复杂，单孔隙度测井和核磁共振测井计算孔隙度误差均较大，难以有效评价储层物性。采用变骨架值中子–密度交会法计算孔隙度，取得了较好的效果，图中最后一道为变骨架测井计算孔隙度与岩心分析孔隙度对比结果，具有较好的一致性，而直接应用密度测井计算孔隙度与岩心分析孔隙度误差很大，难以定量评价储层物性特征。

束鹿凹陷的泥灰岩岩性复杂，储层骨架值变化大（表 3-6）且相对含量变化也大，所以常规测井计算孔隙度时采用变骨架值中子–宽度交会法，计算结果如图 3-36 所示。从图中可以看出，消除了不同岩性骨架的孔隙度曲线受岩性影响，求取的孔隙度和岩心分析的孔隙度有很好的对应关系。

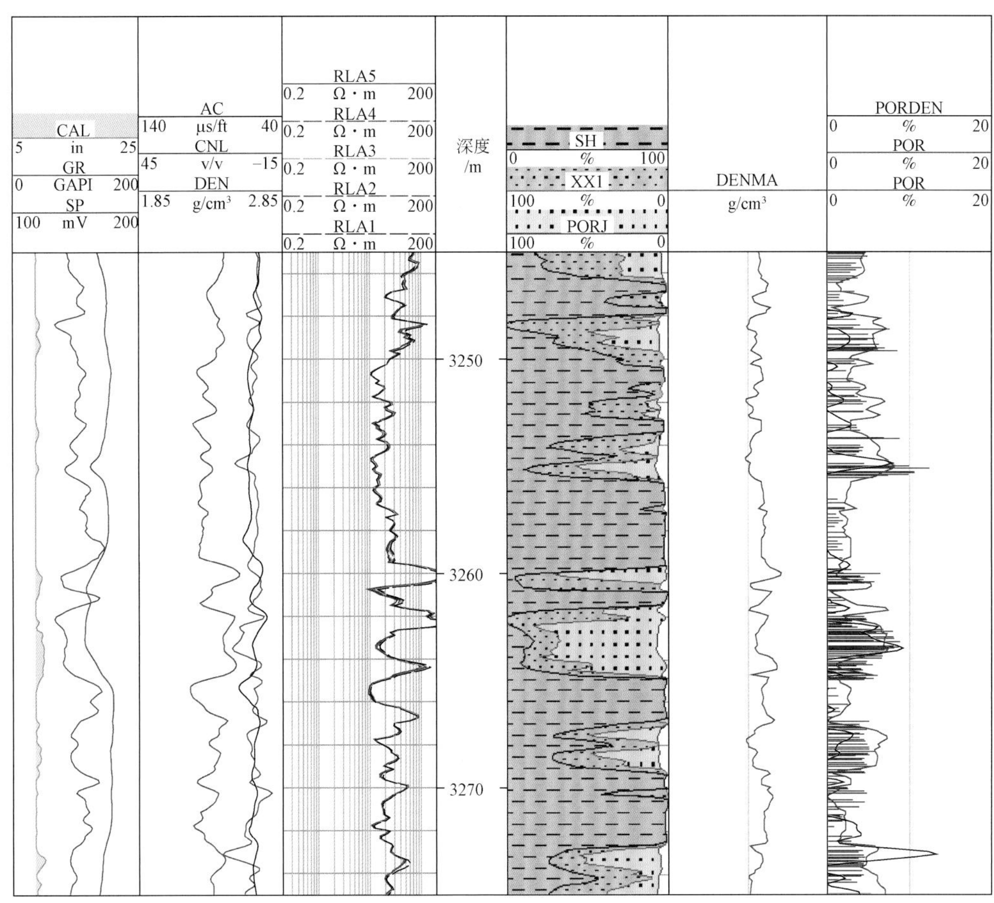

图 3-35　变骨架值中子-密度交会法计算孔隙度精度分析

表 3-6　泥灰岩不同岩性的骨架值

岩性	AC/(μs/m)	CNL/%	DEN/(g/cm³)
纹层状泥灰岩	215	11	2.65
块状泥灰岩	220	14	2.66
陆源颗粒支撑砾岩	158	3.53	2.78
混源杂基砾岩	182	8.2	2.71
灰质泥岩	225	20	2.68

2. 核磁共振变 T_2 截止值法

如有核磁共振测井资料且其采用的测量参数合理，则以核磁共振测井可较准确地确定出孔隙度（图 3-37），但关键一点是要以岩心孔隙度刻度确定出适用于致密油储层的 T_2 截止值。对于碎屑岩致密油，T_2 截止值可为 1.5～1.8ms，这与常规储层（32ms）差异大。如选用过大，孔隙度计算值偏低，反之亦然。如图 3-37 所示，孔隙度值较大的层段，当 T_2 截止值选用 0.3ms、1.7ms 和 3ms 时，其计算的孔隙度与岩心分析值一致性均较好。但对于低孔隙度层段，当 T_2 截止值选用 0.3ms（常定为黏土水截止值）时，计算的孔隙度

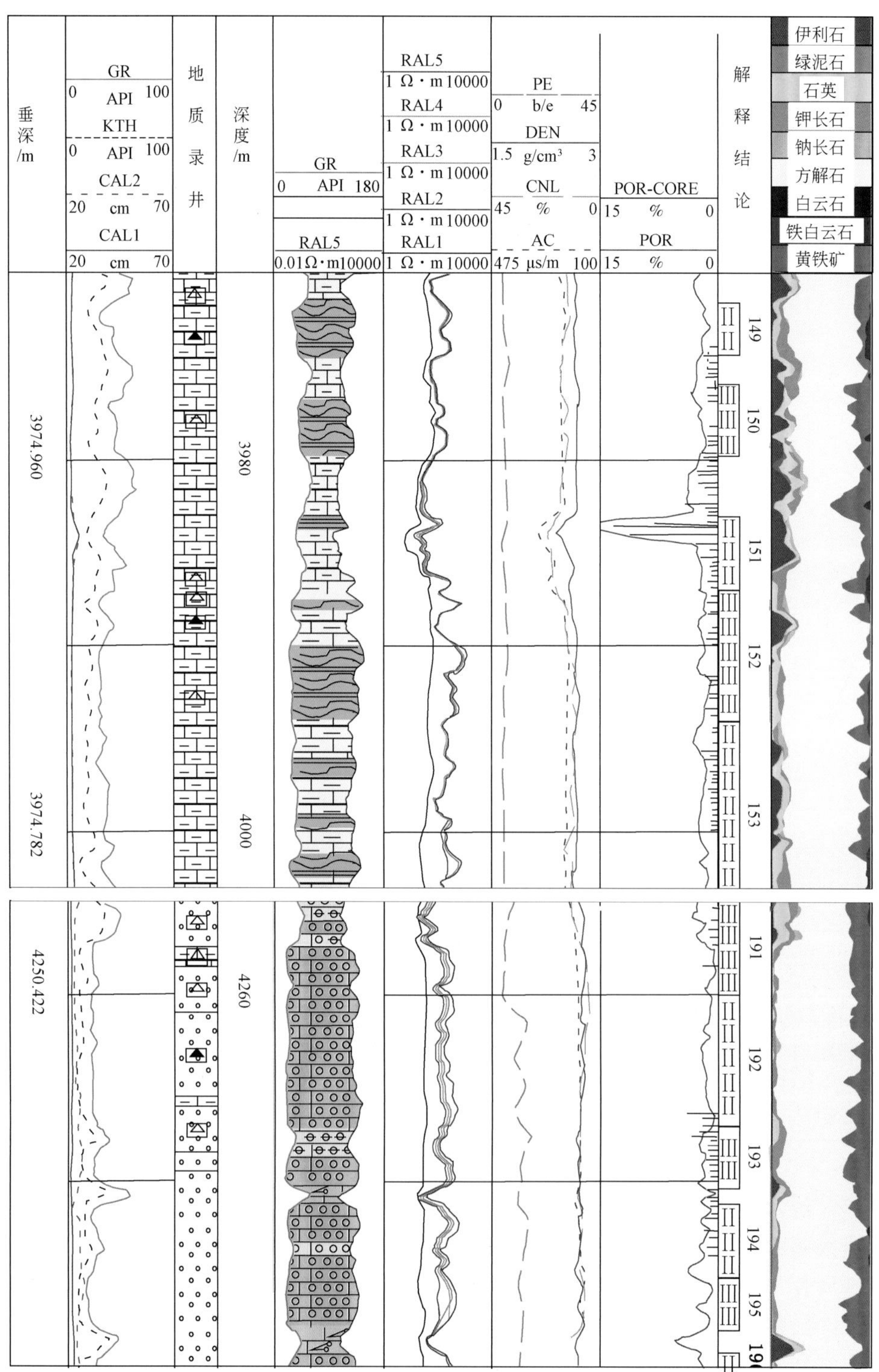

图 3-36　复杂岩性泥灰岩的变骨架方法的孔隙度处理成果图

偏大，将一部分黏土水孔隙计算进来；当 T_2 截止值选用 3ms（常定为毛管水截止值）时，计算的孔隙度偏小，丢失掉一部分有效孔隙度，只有当 T_2 截止值为 1.7ms 时，核磁共振测井计算的孔隙度与岩心分析值吻合好。可见，致密油储层有效孔喉介于黏土水与毛管水储存的孔喉之间。

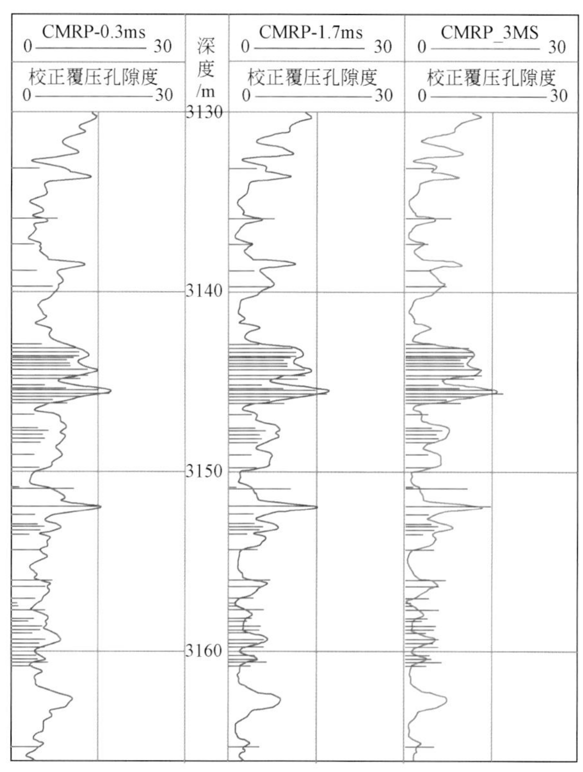

图 3-37　云质岩不同 T_2 截止值的孔隙度计算精度分析（图中孔隙度单位：%）

变 T_2 截止值也可有效解决泥灰岩的孔隙度计算问题，提高孔隙度计算精度（束探 3 井的有效孔隙度 T_2 截止值选用 3ms）。如束探 3 井应用核磁测井资料得到的储层总孔隙度、有效孔隙度与岩心物性分析的孔隙度进行对比，发现核磁测井有效孔隙度与岩心物性分析的孔隙度比较接近、相关性较好（图 3-38）。因此在泥灰岩致密油储层的物性评价方面，核磁共振测井具有较好的应用效果。

3. 裂缝孔隙度计算

裂缝评价也是孔隙度计算的重要内容之一。一般地，陆相致密油的裂缝不发育，但渤海湾盆地束鹿凹陷致密油裂缝较发育（图 3-39），裂缝孔隙度占总孔隙度的 10% 左右，这就需准确计算出裂缝孔隙度，其计算方法与常规裂缝型储层的方法相同。四川盆地介壳灰岩致密油储层则以低角度裂缝为主，裂缝倾角小于 10°的占 98% 以上（图 3-40），致密油的产能与裂缝发育程度密切相关。

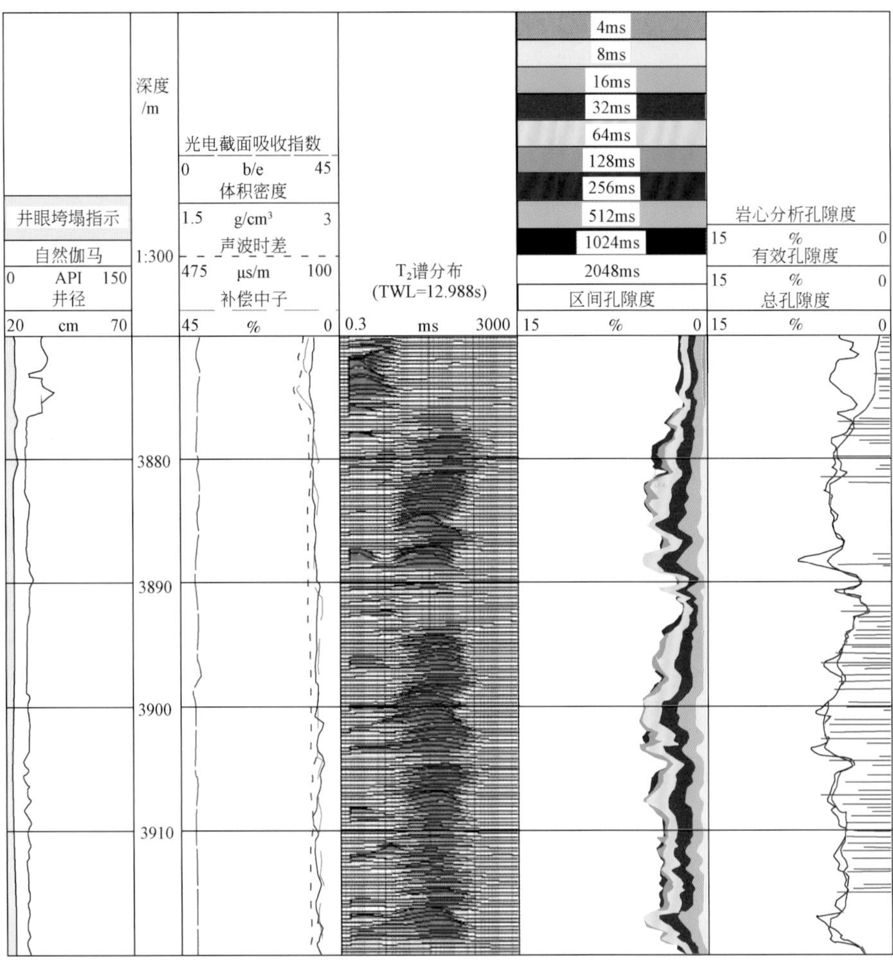

图 3-38　泥灰岩储层核磁测井变 T_2 有效孔隙度与物性分析孔隙度对比图

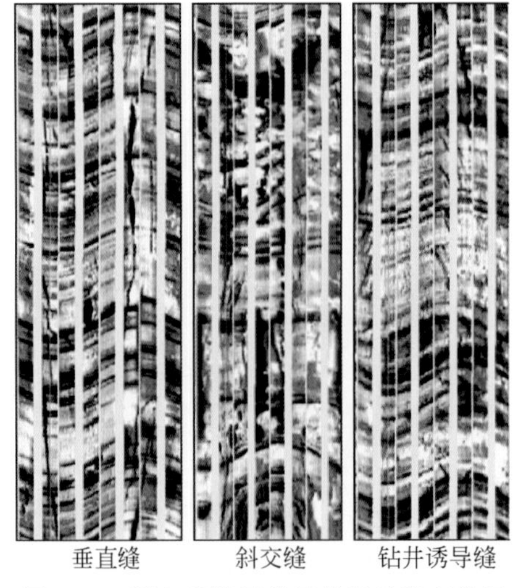

图 3-39　泥灰岩储层常见的裂缝发育特征

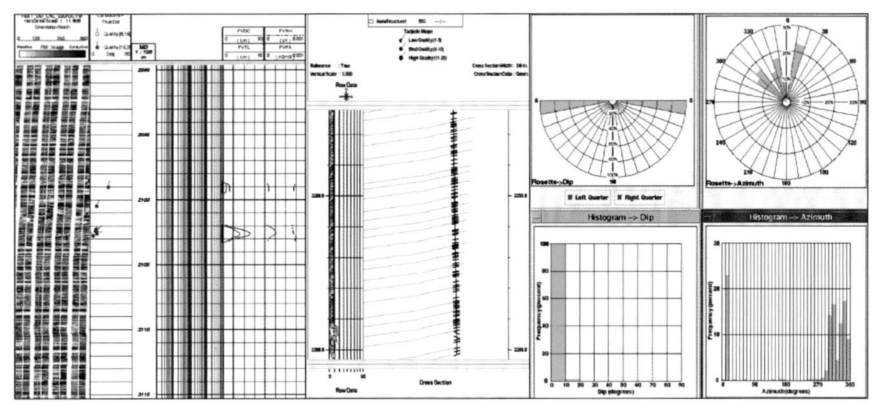
图 3-40　介壳灰岩低角度裂缝发育特征

第四节　流体识别方法

流体识别是测井解释的关键环节和测井评价的主要任务之一。测井资料是储层岩性、物性及所含流体性质的综合反映。与常规油气层不同的是，致密油电性除受含油性的影响外，岩性、孔隙结构及源储共生储层中的有机质含量都对电性有很大的影响。因此，致密油流体识别需要综合考虑电性的影响因素，并根据其成藏特点，综合考虑烃源岩品质及源储距离对流体性质进行有效识别。

一、源内致密油流体识别方法

源内致密油储层流体性质与烃源岩品质关系密切。烃源岩品质越好，充注压力越大，致密油储层含油性越好，基本不含水，储层流体识别的难点在于油层、差油层、干层的识别。当烃源岩品质较差时，充注压力较小，往往驱替不充分，致密油储层含油饱和度变化大，流体性质识别难度较大。

1. 基于储层孔隙结构的高充注致密油流体识别

以四川盆地大安寨段致密油为例，大安寨段储层裂缝、基质孔隙（晶间孔、微裂隙等）普遍含油。储层产油受物性、裂缝发育程度的控制。产层储能系数大，裂缝发育；干层物性差，储能系数小，裂缝少或者不发育。选取公山庙地区 39 口试油井大安寨段能反映储层储集性能及渗流能力的参数，即储能系数（储层孔隙度与储层的有效厚度乘积）和裂缝孔隙度交会，建立油层识别图版（图 3-41），可较好地进行油层识别评价。

油层：储层具有较好的储集能力和渗流能力，储能系数 POR×H≥0.08，裂缝孔隙度≥0.02%。

干层：储层储集能力和渗流能力较差，储能系数<0.08，裂缝孔隙度<0.02%。

测井计算储能系数（POR×H）与裂缝孔隙度关系表明：工业油流井一般储能系数（POR×H）高、裂缝发育（裂缝孔隙度高）；低产油层、干层一般储能系数（POR×H）

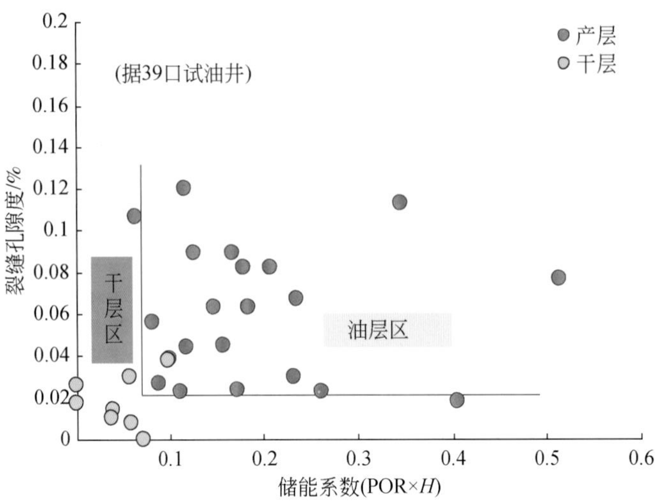

图 3-41　储能系数与裂缝孔隙度评价油层图版

低、裂缝孔隙度低。表明储能系数（POR×*H*）和裂缝孔隙度对油层发育控制作用明显，相关性好。

2. 基于烃源岩品质的高充注致密油流体识别

大安寨段为典型非常规油，源储共生，油气自生成后未经过二次运移。烃源岩品质对储层含油性具有控制作用。应用烃源岩 TOC 和烃源岩厚度 TH 与储层产能建立相应的关系对储层含油性进行评价具有较好的效果。

通过川中地区 86 口试油井大安寨段测井计算 TOC×TH 与裂缝孔隙度交会图（图 3-42），总体上具有产油层 TOC×TH 较大（TOC×TH≥10），干层 TOC×TH 较小的趋势。表明致密油受烃源岩发育程度控制。

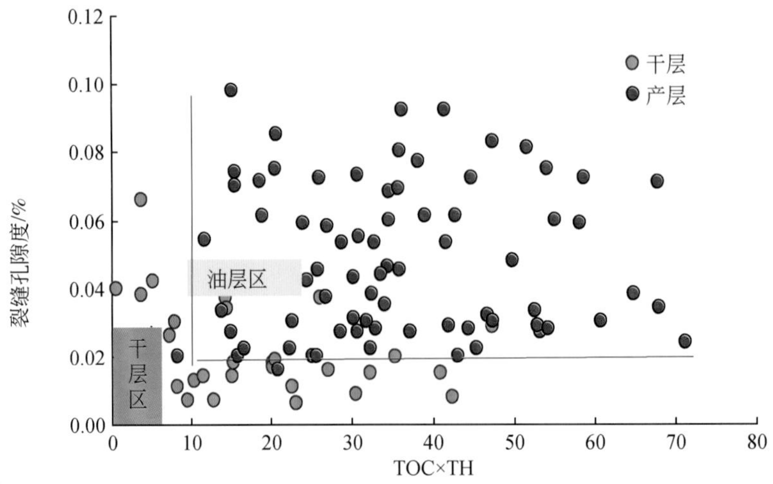

图 3-42　裂缝孔隙度与 TOC×TH 评价油层图版

3. 源储结合的高充注致密油流体识别

根据反映储层敏感的各项宏观参数，综合考虑储层（灰岩）厚度，孔隙度、裂缝孔隙度的厚度加权值，定义表征储层品质的参数 RQI，其大小表征了储层品质的相对好坏：

$$RQI=204.4\times PORF+21.9\times POR\times H-3.04 \quad (3\text{-}30)$$

式中，POR 为储层基质孔隙度,%；PORF 为储层裂缝孔隙度,%；H 为储层厚度，m。

表征储层品质的参数 RQI 与烃源岩品质（TOC×TH）交会建立大安寨段致密油测井评价图版和致密油评价标准。

如图 3-43 所示，测井计算烃源岩品质（TOC×TH）与储层品质 RQI 参数关系表明烃源岩品质（源）和储层品质（储）控制油层发育，相关性较好。烃源岩品质（TOC×TH）大且储层品质（RQI）大则为高产油层。烃源岩品质和储层品质中等为低产油层；烃源岩品质小且储层品质小则为干层。

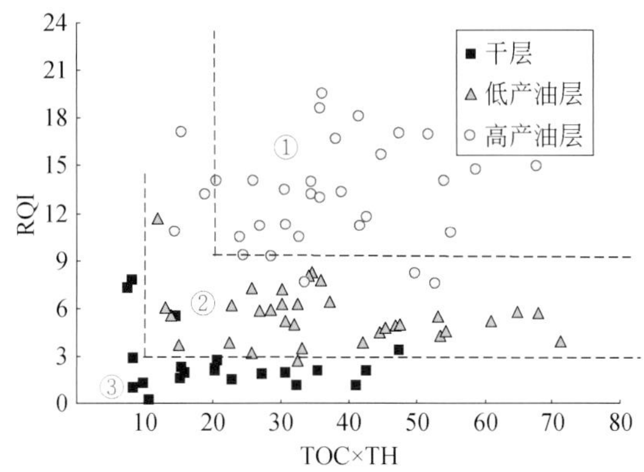

图 3-43 烃源岩与储层品质结合的致密油测井评价图版

（据 86 口试油井）

综合考虑储层品质表征参数，结合烃源岩品质评价致密油含油富集规律。定义储层含油富集程度测井表征参数——含油富集指数（VOIL）：

$$VOIL=1.02\times RQI+0.05\times TOC\times TH-1.7 \quad (3\text{-}31)$$

式中，RQI 为储层品质参数；TOC 为有机碳含量,%；TH 为烃源岩厚度，m。

测井计算含油富集指数（VOIL）与烃源岩品质关系（图 3-44）表明：整体而言，一般高产油层含油富集指数（VOIL）值高，低产油层含油富集指数（VOIL）值较高；干层含油富集指数（VOIL）值低，相关性较好。具体表现如下：

（1）含油富集指数 VOIL 小于 5，测试为干层；

（2）含油富集指数 VOIL 大于 5 而且小于 9，测试为低产油层；

（3）含油富集指数 VOIL 大于 9，测试为高产油层。

4. 基于可动流体体积的高充注致密油流体识别

致密油储层含油性受岩性、物性及电性、脆性等多种因素影响。分析发现，致密油储层含油性与储层岩性、有效孔隙度、可动流体体积及深电阻率存在明显关系。从试油结果的统计上来看，致密油储层试油为油层或差油层的储层岩性均为长英沉积岩、碳酸盐岩及

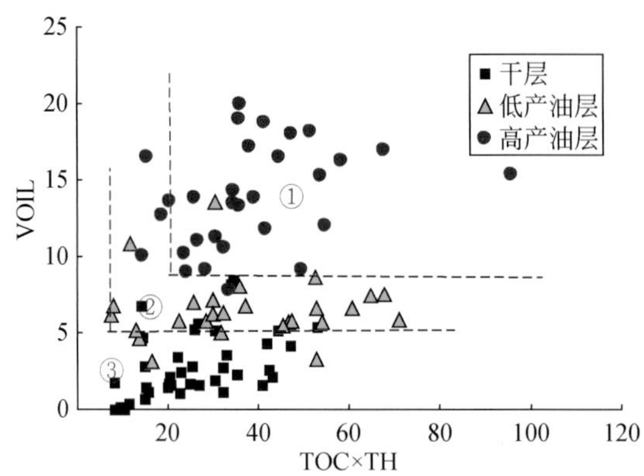

图 3-44　烃源岩与储层含油体积结合的致密油测井评价图版
(据 86 口试油井)

混合沉积岩发育段，储层有效孔隙度较高，一般大于 6%，且可动流体体积较高，一般大于 3%，电阻率曲线反映致密油储层试油为油层或差油层的储层段电阻率相对较高，一般大于 8.0Ω · m，在对试油及测井资料进行综合分析的基础上建立了相应的测井解释图版，图 3-45 为有效孔隙度与可动流体体积×深电阻率交会图，利用测井资料经试油标定确定了致密油流体性质和储层划分标准。

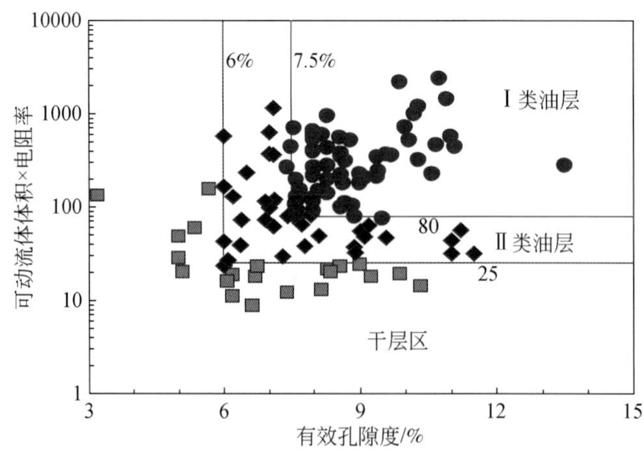

图 3-45　有效孔隙度与可动流体体积×电阻率交会评价致密油流体性质

二、近源致密油流体识别方法

近源致密油储层含油性与烃源岩品质、储层品质、源储配置关系及源储距离相关。一般来说，烃源岩品质和储层品质越好，储层含油性越好；源储距离越小，储层含油性越好；同等条件下，源上致密油含油性优于源下致密油。

以鄂尔多斯为例，根据烃源岩与储层的配置关系、油藏分布特征，长 7 致密油可划分为两种成藏组合类型：湖盆中部源储垂向接触–重力流成藏模式、陕北地区侧向运移–三角洲前缘近岸带成藏模式。不同的成藏模式储层含油性不同，流体识别方法不同。

松辽盆地扶余致密油则为源下型致密油，由于其烃源岩品质整体上比鄂尔多斯盆地差，因此，其含油饱和度小于长 7 致密油，油水层电性特征差异小，测井识别流体性质难度大。

1. 源上型高充注致密油流体识别

在盆地中心烃源岩品质好的地区，源储垂向接触–重力流成藏模式储层的流体识别难点主要在于油层、差油层和干层的划分，与前述高充注源储共生致密油类似，不再赘述。

2. 源上型侧向运移致密油流体识别

源上型侧向运移致密油由于运移距离增大，充注压力减小，整体上储层含油饱和度降低，孔隙结构复杂性对电性的影响增大，给测井识别流体性质带来困难。以鄂尔多斯盆地陕北长 7 致密油为例，应用常规的密度–电阻率交会难以有效识别油层（图 3-46），油层、油水同层和水层分布杂乱。综合考虑储层储能系数（$\phi \times S_w \times H$）、烃源岩品质（$H \times$TOC）及源储距离（L）关系，建立储能系数与烃源岩品质/源储距离交会图（图 3-47），可有效识别油层、油水同层和水层，提高油层识别精度。

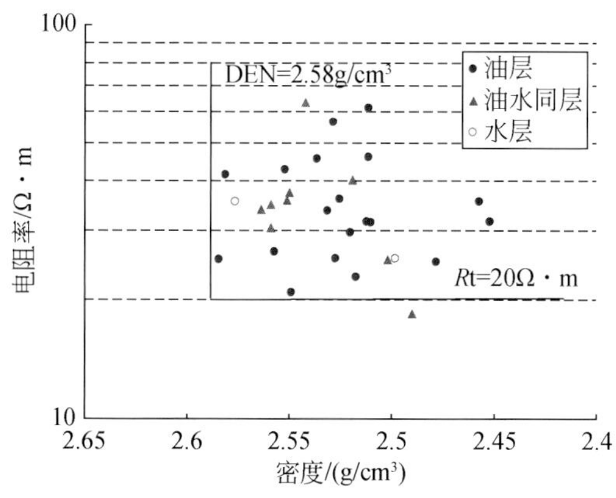

图 3-46　侧向运移远源致密油密度和电阻率交会图

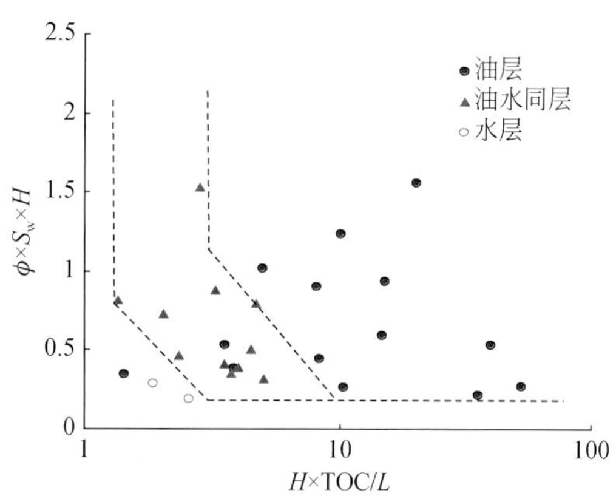

图 3-47　侧向运移远源致密油流体识别图版

3. 源下型致密油流体识别

源下型致密油由于烃源岩排烃力与油水密度差产生的浮力方向相反，致密油储层充注力小于烃源岩排烃力，影响了致密油的充注程度（含油饱和度），降低了油层、水层测井响应特征的差异。

以松辽盆地南部扶余致密油为例，青一段烃源岩与下伏泉四段储层直接接触，源下的扶余致密油整体上充注程度不高，含油饱和度低，以油水同层为主，油水同层和水层测井响应差异小，流体识别困难。因此，需要精细分析其响应特征的差异，寻找敏感参数识别流体性质。图 3-48 为松辽盆地南部扶余致密油测井计算孔隙度与饱和度交会图，其中孔隙度参数通过岩心刻度测井精细建模获得，含油饱和度参数应用分类选取岩电参数计算获得，分砂组建立流体识别图版具有较好的效果，油水同层含油饱和度 S_o>35%，水层含油饱和度 S_o<35%。Ⅰ、Ⅱ砂组距青一段烃源岩比Ⅲ、Ⅳ砂组距离近，油气充注力要强于Ⅲ、Ⅳ砂组，计算饱和度平均值略高于Ⅲ、Ⅳ砂组。

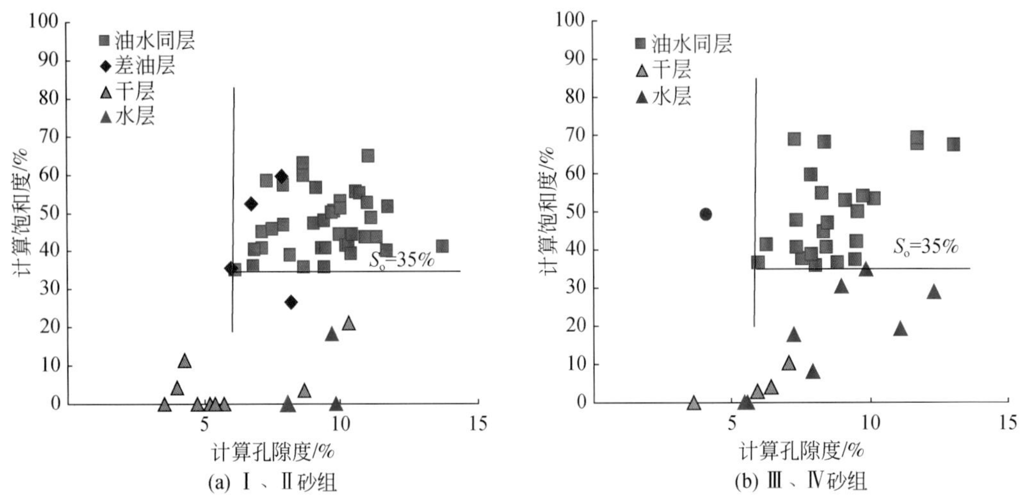

图 3-48　源下型致密油测井计算孔隙度与计算饱和度交会图

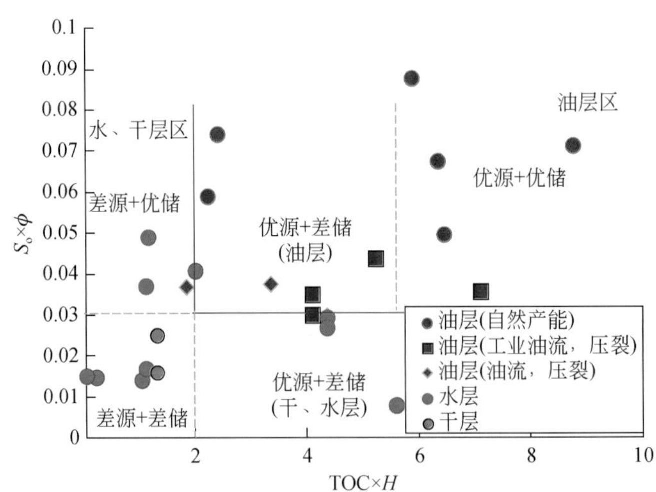

图 3-49　低充注致密油含油体积与烃源岩品质交会识别油层图版

4. 源储结合的低充注致密油流体识别

以柴达木盆地扎哈泉地区致密油为例，扎哈泉地区烃源岩 TOC 值整体较低，一般均小于 2%，油层分布与烃源岩关系密切，油水关系复杂，测井识别难度大。考虑烃源岩对油层的控制作用，建立烃源岩品质与含油体积交会的流体识别图版可有效识别流体性质（图 3-49）。由图可见，烃源岩品质（TOC×H）与含油体积（$S_o×\phi$）关系图说明了源的品质控制了油藏的分布。优质烃源岩与优质储层组合为最好的油层，一般具有自然产能，压裂后可获得高产；优质烃源岩与差储层组合流体性质主要由储层品质决定，储层品质相对较好时，通过压裂可获得工业油流，储层品质很差时则以水层和干层为主；差的烃源岩与优质储层组合以水层为主；差的烃源岩与差的储层组合以干层和水层为主。根据源储组合关系识别低充注致密油的流体性质具有较好的应用效果。

第五节　饱和度计算方法

由于致密油所具有的特定成藏模式，决定着其电性特征、饱和度分布与常规油气在许多方面存在差异，这些差异直接影响饱和度计算的思路及其采用的方法技术。

考虑到致密油的电性特征及其含油性特点，结合岩石物理实验分析结果，建立变岩电参数的含油饱和度计算模型，并应用密闭取心井标定，提高含油饱和度计算精度。针对复杂岩性的致密油储层，由于岩性对电性影响较大，岩电实验规律复杂，可在分岩性基础上分类研究其岩电关系，建立饱和度计算模型，或借助核磁共振等非电法测井手段计算含油饱和度。此外，介电扫描测井也可辅助估算含油饱和度。

一、电阻率测井的变岩电参数法

储层储集空间小且孔隙结构复杂，电阻率测井值主要反映基质导电性能，油气的贡献较弱，因此，在电阻率计算饱和度模型中要突出油气作用，提高电阻率对饱和度的敏感性，其有效应对方法之一是变岩电参数法，即采用逐深度点或不同层段的变化 m 和 n 值，以消除孔隙结构对电阻率的影响而突出流体对电阻率的贡献，从而提高饱和度计算精度。如图 2-99 所示，饱和度指数 n 与表征孔隙结构的参数（孔喉比）关系密切，当孔喉比加大、孔隙结构变差时，n 值显著加大。

同样地，孔隙度指数 m 也与储层品质有关。基于鄂尔多斯盆地长 7 致密油 18 块岩样以半渗透隔板-电性联测方式确定的 m 值与孔隙度的关系式为

$$m=0.1991\times\ln\phi+1.9384 \tag{3-32}$$

考虑到储层致密且含油性较好，岩电实验时，一定要多次反复洗油，尽可能减少原油对岩电测量的影响。另外，采用缓慢持续地半渗透隔板法驱替或高速离心驱替方式解决驱替不充分的问题。

对于致密储层，渗流能力低，钻井液一般侵入作用弱、侵入深度浅，测井资料受侵入影响小，较易确定较真实储层电阻率，这是电阻率计算饱和度的优势之一。

图 3-50 为 H198 井变岩电参数测井处理成果图，根据孔隙结构的差异确定不同层段的 n 值，应用阿尔奇公式计算含油饱和度。由图可见，变 n 值计算的含水饱和度与密闭取心分析的含水饱和度一致性较好，储层孔隙结构变差，微小孔隙越发育，变 n 值计算的饱和度明显比固定 n 值计算结果的精度高。

在薄互层或大斜度井等电阻率各向异性明显的地层应用电阻率测井计算含油饱和度时，需要考虑如何获取砂岩地层电阻率，一般来说，根据测井资料采集情况可通过以下三种方法确定地层真电阻率。

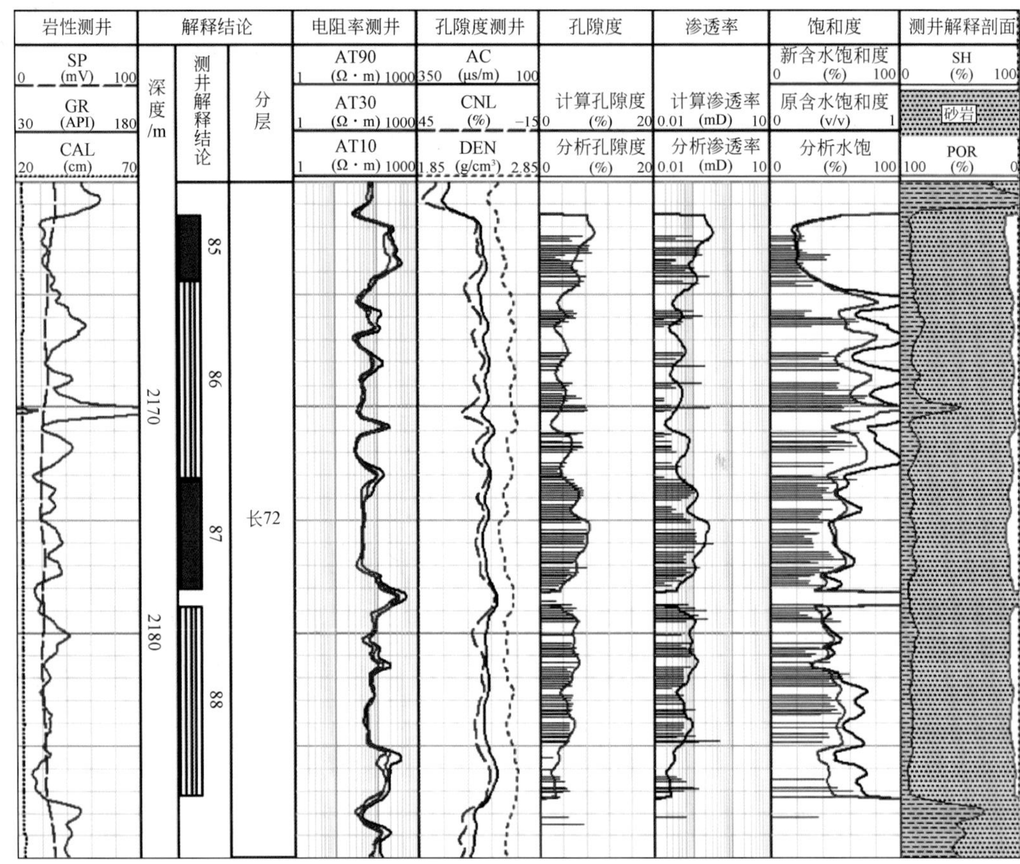

图 3-50　H198 井变岩电参数测井处理成果图

1. 感应–侧向测井联合真电阻率确定

常规电阻率曲线受限于其垂向分辨率的大小，在薄互层发育层段的响应特征受围岩地层的影响较大，是对多个薄层的一个平均响应，因此很难准确地刻画出储层的非均值性特征。本书研究将深浅侧向电阻率曲线、微球电阻率曲线和 FMI 成像高分辨率电阻率曲线（以下简称 Sres 曲线）对不同厚度的薄互层的曲线响应特征进行对比，图中电阻率曲线的颜色充填代表不同的截止值，在后面的岩心刻度中会有详细的说明，如图 3-51 所示。对比结果表明：

（1）厚度在 15cm 以下的单个薄层，深浅侧向电阻率和微球电阻率曲线测井响应特征不明显，Sres 曲线能准确地刻画薄层。

（2）厚度在 15 ~ 40cm 的单个薄层，深浅侧向电阻率响应特征不明显，微球电阻率曲线有明显的响应，但是仍在一定程度上受到上下围岩地层的影响，Sres 曲线能准确地刻画薄层。

（3）厚度大于 40cm 的单个薄层，深浅侧向电阻率曲线和微球电阻率曲线均能准确地识别，但是对于多个薄层集中发育层段，深浅电阻率曲线只是对多个薄层的一个平均响应，微球电阻率曲线对厚度大于 15cm 的薄层能够识别，对厚度小于 15cm 的薄层则是平均的响应，不能完全刻画出每个薄层，Sres 曲线能够很好地刻画出每个薄层，反映储层的非均值性特征。因此，应用 FMI 成像的高分辨率电阻率 Sres 曲线能够实现对薄层的准确识别。

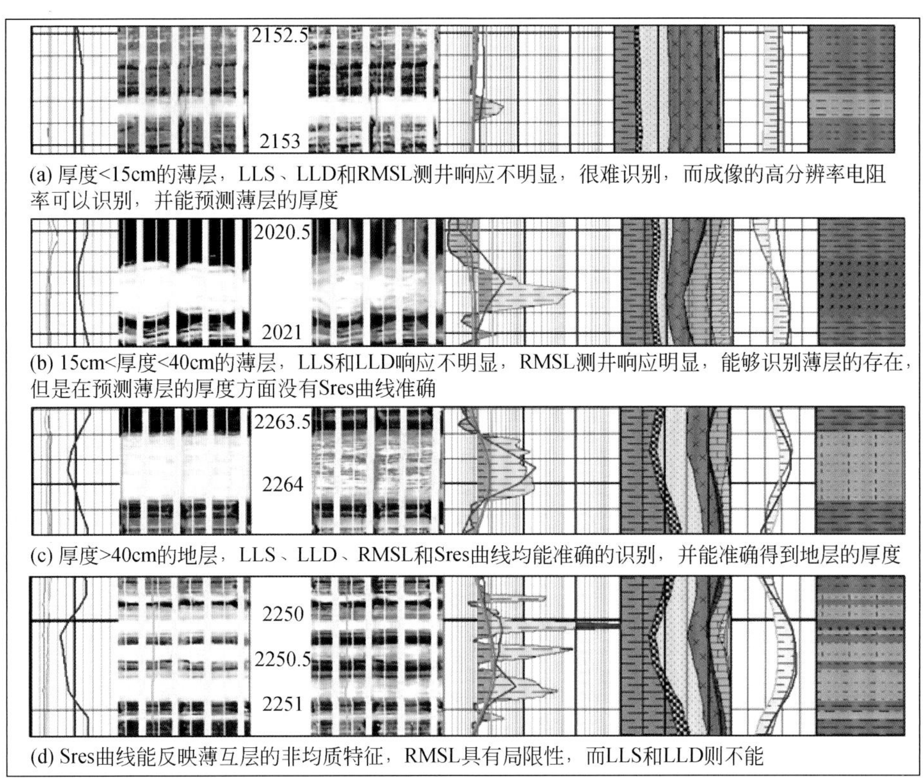

(a) 厚度<15cm的薄层，LLS、LLD和RMSL测井响应不明显，很难识别，而成像的高分辨率电阻率可以识别，并能预测薄层的厚度

(b) 15cm<厚度<40cm的薄层，LLS和LLD响应不明显，RMSL测井响应明显，能够识别薄层的存在，但是在预测薄层的厚度方面没有Sres曲线准确

(c) 厚度>40cm的地层，LLS、LLD、RMSL和Sres曲线均能准确的识别，并能准确得到地层的厚度

(d) Sres曲线能反映薄互层的非均质特征，RMSL具有局限性，而LLS和LLD则不能

图 3-51　多条电阻率曲线对薄层的响应特征对比

由于薄互层地层通常具有电阻率各向异性，水平方向电阻率和垂直方向电阻率存在一定的差异。RTScanner 的测量原理表明：对于薄互层地层，综合考虑垂向电阻率和水平电阻率的差异，应用基于 RTScanner 的测井模型公式（图 3-52），能够实现对薄层的定量评价。

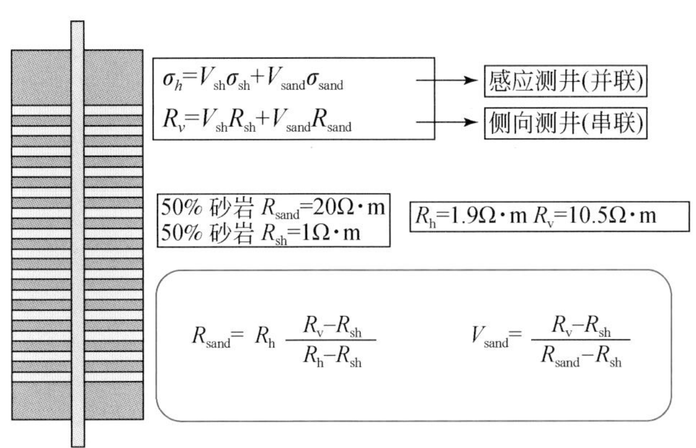

图 3-52　砂泥岩薄互层引起的电各向异性地层模型

以砂泥岩均匀互层为例，则水平电阻率可表示为

$$\frac{1}{R_h}=\frac{V_{sh}}{R_{sh}}+\frac{V_{sand}}{R_{sand}} \tag{3-33}$$

垂直电阻率可表示为

$$R_v=V_{sh}\cdot R_{sh}+V_{sand}\cdot R_{sand} \tag{3-34}$$

式中，R_h 为水平方向电阻率；R_v 为垂直方向电阻率；R_{sh}为泥岩电阻率；R_{sand}为砂岩电阻率；V_{sand}为砂岩的含量，在此相当于砂地比 NTG 曲线。

以砂泥岩各占50%的薄互层为例，假定砂岩电阻率为20Ω · m，泥岩电阻率为1Ω · m，则可计算水平电阻率为1. 9Ω · m，垂直电阻率为10. 5Ω · m。感应测井主要反映储层的水平电阻率，侧向测井较多地反映储层的垂直电阻率，侧向电阻率和感应电阻率之间的差异程度能够反映砂体的发育程度，即差异越大，表明砂体越发育。

图3-53为侧向电阻率和感应电阻率结合识别砂体发育层段的实例，图中第二道为三维FMI成像图确定的Sres曲线；第三道侧向和感应测井电阻率曲线；第四、五道为岩性，其中黄色、深黄色为粉砂岩类地层，绿色为泥岩；第六道为FMI计算的砂地比曲线，即粉砂岩类地层占整个地层的比例。该图表明，在砂体较发育的层段，侧向电阻率和感应电阻率曲线差别较大，即黄色充填区域较宽，而在泥岩较发育的层段，侧向电阻率和感应电阻率差别较小，即黄色充填区域较窄，因此应用上述测井模型的公式能够计算得到砂地比曲线。

图3-54为应用成像测井结果校正砂地比的实例，左图第二道红色曲线为基于成像测井解释结果计算的砂地比曲线（Y），黑色曲线为基于侧向电阻率和感应电阻率曲线计算的砂地比曲线（X），由这两条砂地比曲线相关性分析得到了图中的拟合公式，第三道为岩性结果；右图第二道红色曲线为基于岩性解释结果计算的砂地比曲线，黑色曲线为由侧向电阻率和感应电阻率得到的砂地比曲线通过拟合公式校正后的结果。对比表明两种方法计算的结果吻合程度较高，但是局部层段还存在一定的差异。将这两种结果进行了相关性分析，结果表明两者的相关性较好，可通过两者拟合建立经验公式确定砂地比。根据测井确定的砂地比曲线，结合侧向电阻率和感应电阻率曲线可计算出砂岩层段的电阻率。

2. 电各向异性地层大斜度井真电阻率确定

对于大斜度井，侧向测井和感应测井都受地层电阻率各向异性的影响，难以应用上述方法确定砂岩地层的电阻率，需要考虑电阻率各向异性地层井斜角对测井电阻率的影响，并进行井斜角校正，确定地层的电阻率各向异性系数，进而应用上述侧向和感应联合的方法确定砂岩地层电阻率。

本节介绍应用双侧向测井确定电阻率各向异性系数，建立井斜角分别为0°、15°、30°、45°、60°、75°、85°、89°时，电阻率各向异性系数分别为1、1. 5、2、2. 5、3、3. 5、4时的56种电阻率各向异性正演模型，模拟其对应的双侧向测井响应，制作电阻率各向异性系数与（RLLD−0. 618RLLS）/RLLD关系图版（图3-55），在同一井斜角条件下进行拟合，可得到不同井斜角条件下的拟合方程（表3-7），根据这些拟合方程可计算地层的电阻率各向异性系数。当井斜角与这些方程对应的井斜角不同时，通过插值可得到任意井斜角情况下的地层电阻率各向异性系数。

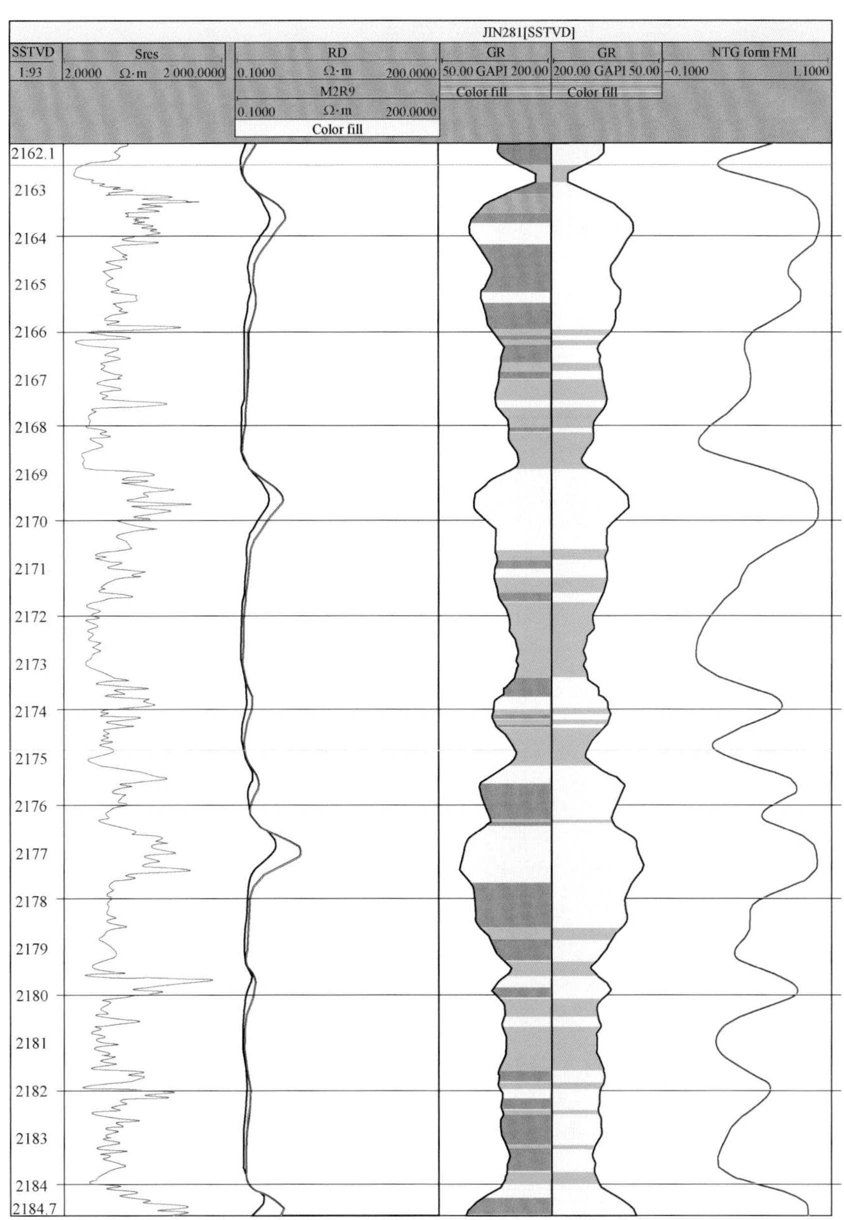

图 3-53　侧向电阻率和感应电阻率相结合识别砂体发育层段

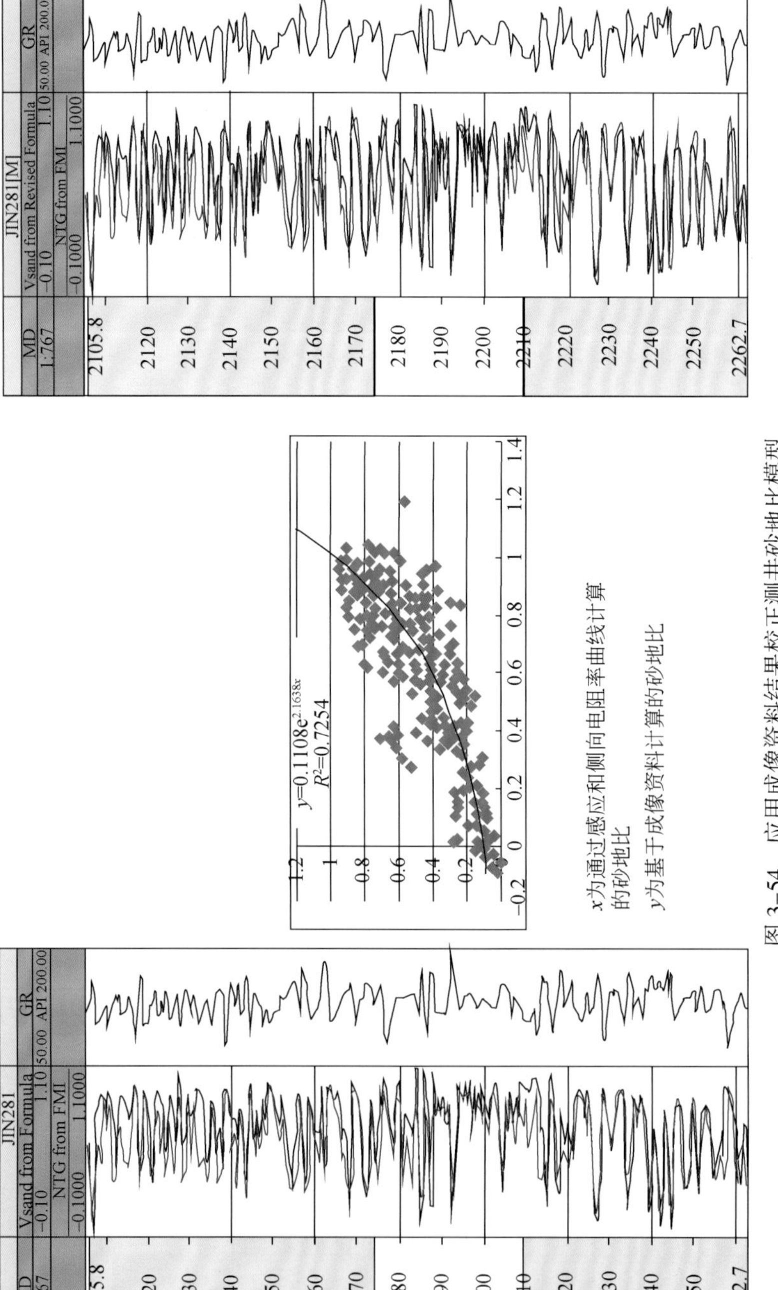

图 3-54　应用成像资料结果校正测井砂地比模型

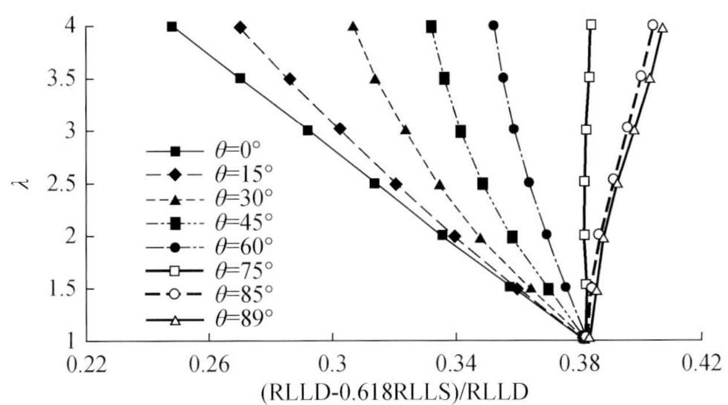

图 3-55　应用成像资料结果校正测井砂地比模型

表 3-7　不同井斜角情况下的拟合方程

井斜角	拟合方程
0°	$y=5.4378x^2-26.066x+10.151$
15°	$y=48.732x^2-58.637x+16.289$
30°	$y=274.02x^2-227.64x+48.003$
45°	$y=745.69x^2-589.71x+117.51$
60°	$y=1695.7x^2-1343.5x+266.85$
75°	$y=98423x^2-74200x+13984$
85°	$y=-1638.1x^2+1415.5x-300.6$
89°	$y=-1329.7x^2+1161.7x-248.66$

在此基础上，通过数值模拟建立地层水平电阻率、深侧向测井电阻率与各向异性系数关系图版，如图 3-56 所示。

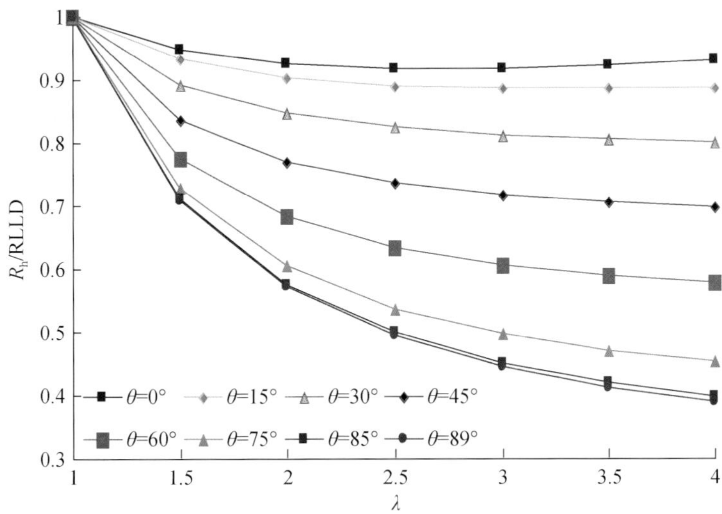

图 3-56　应用各向异性系数计算地层水平电阻率

以 S48-15-47H1 井为例（图 3-57），该水平井斜角为 85°，深侧向电阻率为 49 Ω · m，浅侧向电阻率为 48.4 Ω · m，根据表 3-7 可得到各向异性系数为 2.2，由于本井无双感应测井资料，只能通过双侧向计算地层的水平电阻率和垂直电阻率，应用图 3-56 可求得地层的水平电阻率为 25 Ω · m，垂直电阻率为 120 Ω · m。根据直井建立的测井解释图版，水平井测井电阻率 RLLD 值位于气层区域，应解释为气层，而应用校正后的地层水平电阻率 R_h 值则位于气水同层区域，该井投产后日产气 5.265 万 m^3，产水 28.2m^3，为气水同层。因此，通过对各向异性地层进行电阻率校正，获得地层水平电阻率对流体识别评价至关重要。

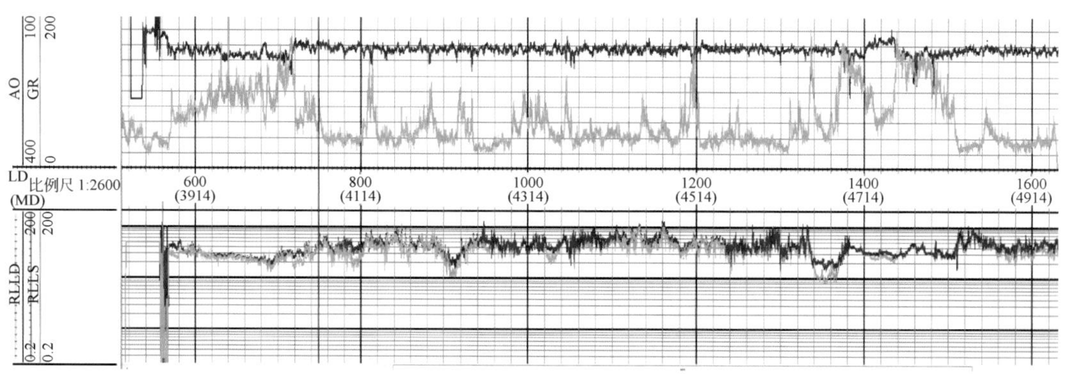

图 3-57　S48-15-47H1 井测井曲线图

3. 三维感应测井真电阻率确定

三维感应电阻率扫描测井是新一代电阻率测量仪器，它的出现极大地提高了斜井和高角度地层中电阻率测量的精度，并能提供与井眼贴靠无关的地层倾角和倾向。三维感应电阻率能够在各种倾角的地层中或斜井中测量地层的水平电阻率和垂直电阻率，提供不同探测深度地层电阻率，利用这些测量数据能够使计算的流体饱和度更加合理，同时有助于油气层的识别和判断。三维感应电阻率扫描在砂泥薄互层、电阻率各向异性强的地层及断层带中应用效果最为明显。

三维感应电阻率测井仪由一个三轴发射器，三个针对井眼校正的短间距的单轴接收器和六个三轴的接收器组成，另外在仪器底部有一个 R_m 探测器，用来测量泥浆电阻率，同时还带有一自然电位电极。

三维感应电阻率仪器每一对发射器和接收器产生 9 个分量。传统的感应测量电流是通过围绕仪器轴的线圈产生的，也称 *Z* 轴，它产生的电流流入以仪器为中心的、垂直仪器轴的地层。而三维感应电阻率仪器还包括围绕 *X* 轴和 *Y* 轴的线圈，产生的电流分别流入与 *X* 轴、*Y* 轴垂直的平面。发射器的 *X*、*Y*、*Z* 三轴和三轴接收器测量共 9 个分量。在垂直井中的水平层里，对于地层电导率，只有 *XX*、*YY*、*ZZ* 组合有响应，而在斜井或者是有角度的地层中，同时测量的 9 个分量都有响应，都对计算的电阻率有贡献。在每一个深度点，这种多重三维的发射器和接收器组合可以提供 234 个电导率测量值。

每一深度点三维电阻率产生 9 个重叠在一起的响应，其中 ZZ 与常规的感应仪器测量的响应一样，所有的 9 个分量通过一维反演技术得到地层的电阻率、地层倾角和倾向，而不同间距的接收器更可得到不同探测深度的结果。

泥岩中存在着固有的泥岩电阻率各向异性，即泥岩的垂直电阻率要大于水平电阻率，随压实作用增强，泥岩孔隙度降低，泥岩的电阻率各向异性有明显的增大，泥岩的各向异性与胶结程度、地层深度等有极大的关系。

图3-58是某导眼井RTScanner处理成果图，其中第六道为阵列感应电阻率AT10～AT90；第七道蓝色线为地层水平电阻率R_h，红色线为地层垂直电阻率R_v，黑色为感应深电阻率AT90，黄色填充为R_v与R_h之差；第八道为地层垂直电阻率与水平电阻率之比R_A，值越大表明地层的电阻率各向异性越强，第九道是R_v/R_h的直方图。从图中可以看到，泥岩段的垂直电阻率与水平电阻率的比值相对较大，多数层段的比值在2左右，1915m以上电阻率的各向异性比较强，R_A最高可达到8，而砂岩段的比值大多接近1，说明砂岩段的垂直电阻率和水平电阻率基本相当，电阻率各向异性很小，导眼井砂岩段的电阻率各向异性与砂体沉积厚度大，均质性比较高是一致的。在薄互层地层，根据RTScanner计算的各向异性系数，结合前述砂地比确定方法，可计算薄互层段中砂层的电阻率，并进行含油饱和度评价。图3-59为储层段强各向异性RTScanner处理成果图，XX20～XX63层段储层表现为明显的强各向异性，R_v/R_h可达20以上，而其他层段的R_v/R_h接近于1，如不考虑各向异性的影响，该段阵列感应测井电阻率较低，仅为5Ω·m，明显低于其上下层段的电阻率，易误解释为水层，给测井解释带来困难，该层实际试油为气层。

二、核磁共振测井的束缚水饱和度法

在源储压差作用下，油气持续注入邻近的储层中而形成致密油，因此，典型致密油成藏充分，储层中的地层水呈束缚状赋存，基本不存在自由水，流体由束缚水和油气两部分组成，这样只要确定出束缚水饱和度S_{wir}就可计算出含油饱和度S_o，即

$$S_o = 1 - S_{wir} \tag{3-35}$$

核磁共振测井是确定束缚水饱和度的有效技术之一。对于以微小孔喉为主的致密油储层，油气充注的有效孔喉半径与烃源岩品质和储层品质及其配置密切相关。如果源储品质好且配置好，则成藏充分，较小的孔喉也储存油气，含油饱和度可以很高（可达80%～90%）。有效孔喉半径大小，也即决定着核磁共振测井计算束缚水饱和度时的T_2截止值（$T_{2_{cutoff}}$）。

$T_{2_{cutoff}}$的确定是否合理对饱和度计算精度至关重要。如该值选得太大，所采用的孔喉半径大于有效孔喉半径，两者之差即为漏失掉的被油气充填的储集空间，计算的束缚水饱和度偏大、含油饱和度偏小，反之亦然。

为了确定出与致密油储层特征与成藏特征相匹配的$T_{2_{cutoff}}$，应采用与之相匹配的岩石物理研究方法，如恒速压汞（或高压压汞）–核磁共振联合实验法。该方法中，先对致密油储层的岩样以核磁共振实验确定出孔喉半径分布，需要注意的是，实验中要针对储层的致密性优化采集参数和测量模式，并进行针对性的数据处理。之后，对同一岩样，在最大注入压力条件下测取毛管压力曲线并确定出最小孔喉半径主峰值R_{cutoff}。最后，对比R_{cutoff}

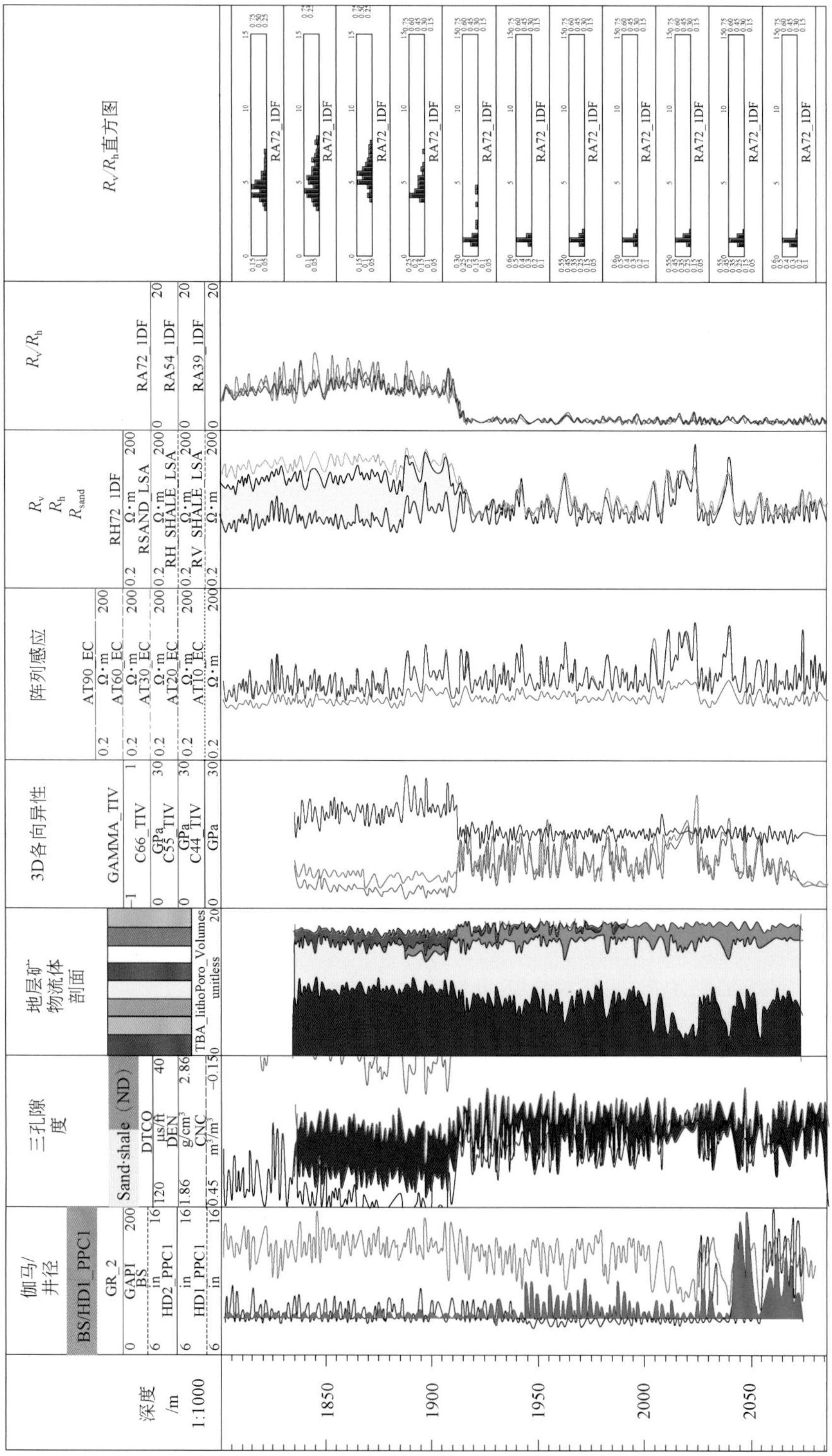

图 3-58　电各向异性泥岩的三维感应电阻率计算成果图

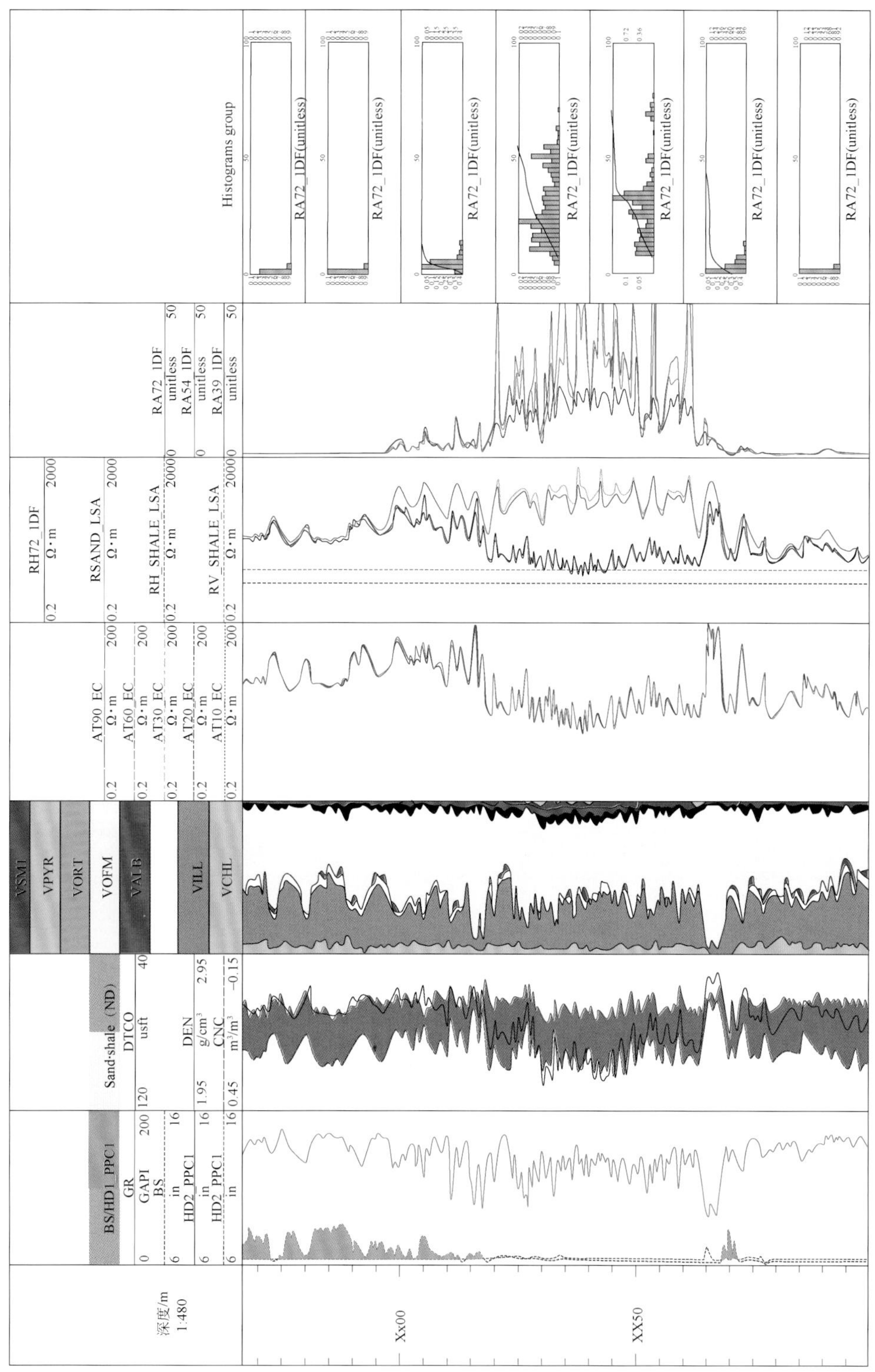

图 3-59　电各向异性砂岩的三维感应电阻率计算成果图

与 T_2 谱的孔喉半径分布，确定出 $T_{2cutoff}$。相对于常规储层，致密油储层的 $T_{2cutoff}$ 要小得多，如准噶尔盆地吉木萨尔凹陷芦草沟组致密油取值为7ms。据密闭取心饱和度刻度核磁共振测井饱和度，进一步分析 $T_{2cutoff}$ 确定的合理性。

图3-60为准噶尔盆地吉木萨尔凹陷二叠系芦草沟组一口井饱和度综合评价成果图。图中第七道为电法计算饱和度与岩心分析饱和度对比图，第八道为核磁共振计算饱和度与岩心分析饱和度对比图。从对比结果看，两种饱和度有一定的差异，在厚层状储层段，核磁计算饱和度与电法饱和度基本一致，在薄层和孔隙度较低（源岩段）的层段，两种饱和度存在较大的差异。综合分析，两种饱和度的结果都是合理的。电法饱和度反映的是孔隙内不可导电流体（油气）的总和，包括游离油和吸附油两部分，而核磁共振计算的饱和度是注入孔隙中游离油的部分，两种饱和度的物理意义不同，反映的是不同状态的油气的饱和度。对致密油评价而言，两种油气饱和度都是有意义的评价参数。

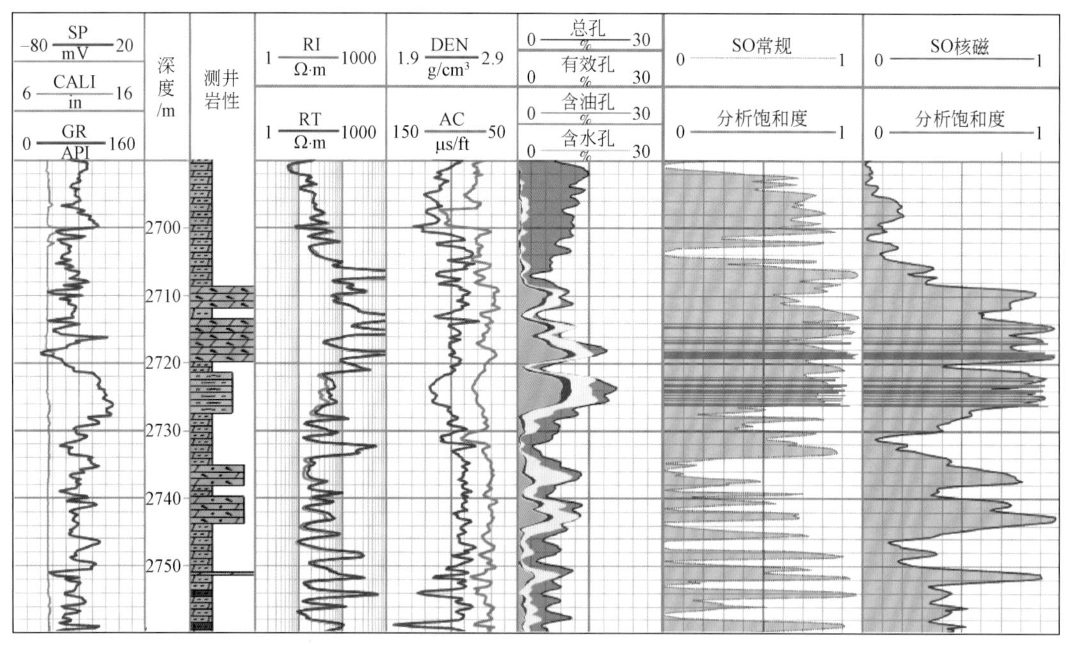

图3-60　源内致密油井饱和度综合评价成果图

三、介电常数扫描测井地层水孔隙度法

水与油气、岩石的介电常数差异显著是介电常数测井计算饱和度的物理基础。岩石、油气介电常数为2～9，而水为50～80，因此，介电常数扫描测井对水层敏感，可较准确地计算出地层水孔隙度 ϕ_w，采用其他测井方法（如密度测井或核磁共振测井）确定出储层总孔隙度。

含油气饱和度 S_h 为

$$S_h = 1 - \frac{\phi_w}{\phi_t} \tag{3-36}$$

式中，S_h为含油气饱和度；ϕ_w为含水孔隙度；ϕ_t为总孔隙度。

当储层中，没有天然气时，则含油饱和度为

$$S_o = S_h \tag{3-37}$$

式中，S_o为含油饱和度。

通过判断ϕ_w与ϕ_t的差值大小，识别出油气层。如两者相差不大，储层为水层或干层；ϕ_t明显大于ϕ_w，则为油气层。该方法主要用于流体性质识别，由于受侵入带、测量环境和仪器探测深度的影响，计算的含油饱和度往往存在较大误差（该方法计算的含油饱和度一般小于储层的实际含油饱和度）。

图3-61是介电常数扫描测井计算的含油饱和度实例。在自然伽马测井和T_2谱均指示存在储层处，核磁共振测井计算的总孔隙度与介电常数扫描测井计算的地层水孔隙度存在差异，且前者明显大于后者，表明储层含油性较好，以ADT计算出的含油饱和度值较高（大于40%），气测值较高，两者对应性较好，但整体上小于电阻率测井计算的含油饱和度。

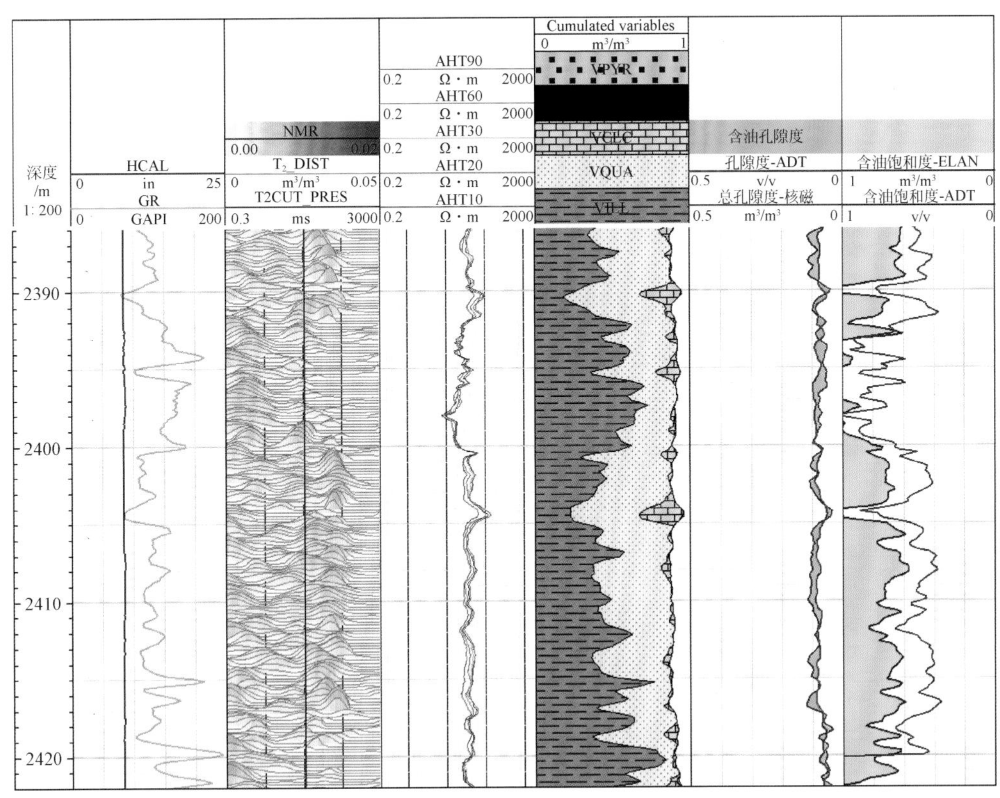

图3-61　介电常数扫描测井计算饱和度的实例

介电常数扫描测井计算饱和度方法的优势主要体现在以下方面：

（1）规避了电性确定饱和度的困难，如薄互层电性特征复杂、岩电参数和地层水电阻率确的困难。

（2）致密油受钻井液侵入作用较小，适用于探测深度较小（几厘米）的介电常数扫描测井。

（3）介电常数扫描测井纵向分辨率高（1in 左右），适用于薄互层状致密油储层。

但同时也应看到，介电常数扫描测井需要较准确的总孔隙度值，测量值受井眼影响大，并且不能区分油与气。

四、元素全谱测井的 TOC 法计算饱和度

由于常规储层中不含干酪根，有机碳元素全部存在于孔隙的油气中，因此利用元素全谱测井计算的 TOC 可结合孔隙度测井资料用于定量评价地层含油气饱和度。

含油气饱和度为油气所占孔隙度与总孔隙度的比值：

$$S_{hc}=\phi_{hc}/\phi_t \tag{3-38}$$

式中，ϕ_{hc} 为油气所占孔隙度，小数；ϕ_t 为总孔隙度，小数。

利用元素全谱测井计算的 TOC 为有机碳含量占岩石骨架的质量百分比，即

$$TOC=\frac{M_{TOC}}{M_{ma}} \tag{3-39}$$

式中，M_{TOC} 为有机碳的质量，g；M_{ma} 为岩石骨架的质量，g。

在常规储层中，有机碳全部存在于岩石孔隙的油气中，可根据油气中碳元素的质量百分比与油气质量得到有机碳质量：

$$M_{TOC}=X_{hc}\cdot M_{hc} \tag{3-40}$$

式中，M_{hc} 为岩石孔隙中油气的质量，g；X_{hc} 为油气中碳元素的质量百分比，%。

结合式（3-39）和式（3-40），可以得到：

$$TOC=\frac{X_{hc}\cdot M_{hc}}{M_{ma}}=\frac{X_{hc}\cdot \rho_{hc}\cdot \phi_{hc}}{\rho_{ma}\cdot V_{ma}}=\frac{X_{hc}\cdot \rho_{hc}\cdot \phi_{hc}}{\rho_{ma}\cdot (1-\phi_t)} \tag{3-41}$$

式中，ρ_{hc} 为油气密度，g/cm^3；ρ_{ma} 为骨架密度，g/cm^3；V_{ma} 为骨架体积，小数。

由式（3-41）可以得到油气所占孔隙度 ϕ_{hc} 为

$$\phi_{hc}=\frac{TOC\cdot \rho_{ma}\cdot (1-\phi_t)}{X_{hc}\cdot \rho_{hc}} \tag{3-42}$$

将式（3-42）代入式（3-38）中，可以得到含油气饱和度为

$$S_{hc}=\frac{\phi_{hc}}{\phi_t}=\frac{TOC\cdot \rho_{ma}\cdot (1-\phi_t)}{X_{hc}\cdot \rho_{hc}\cdot \phi_t} \tag{4-43}$$

利用元素全谱测井得到的元素含量，可计算沿井剖面连续的骨架密度值 ρ_{ma}；总孔隙度 ϕ_t 可利用密度测井、中子测井或声波测井得到。

利用元素全谱测井计算油气饱和度的方法不需要已知地层水电阻率，不依赖于电阻率

模型，不需要其他数据刻度，且在大多数地层中不受岩性的影响。

图 3-62 为利用元素全谱测井在致密油储层中评价油气饱和度的实例图。第一道为元素全谱测井反演地层矿物含量剖面；第二道为密度测井值及骨架密度值，骨架密度值是由元素全谱测井反演的矿物含量获取；第三道为计算的密度孔隙度和中子孔隙度值；

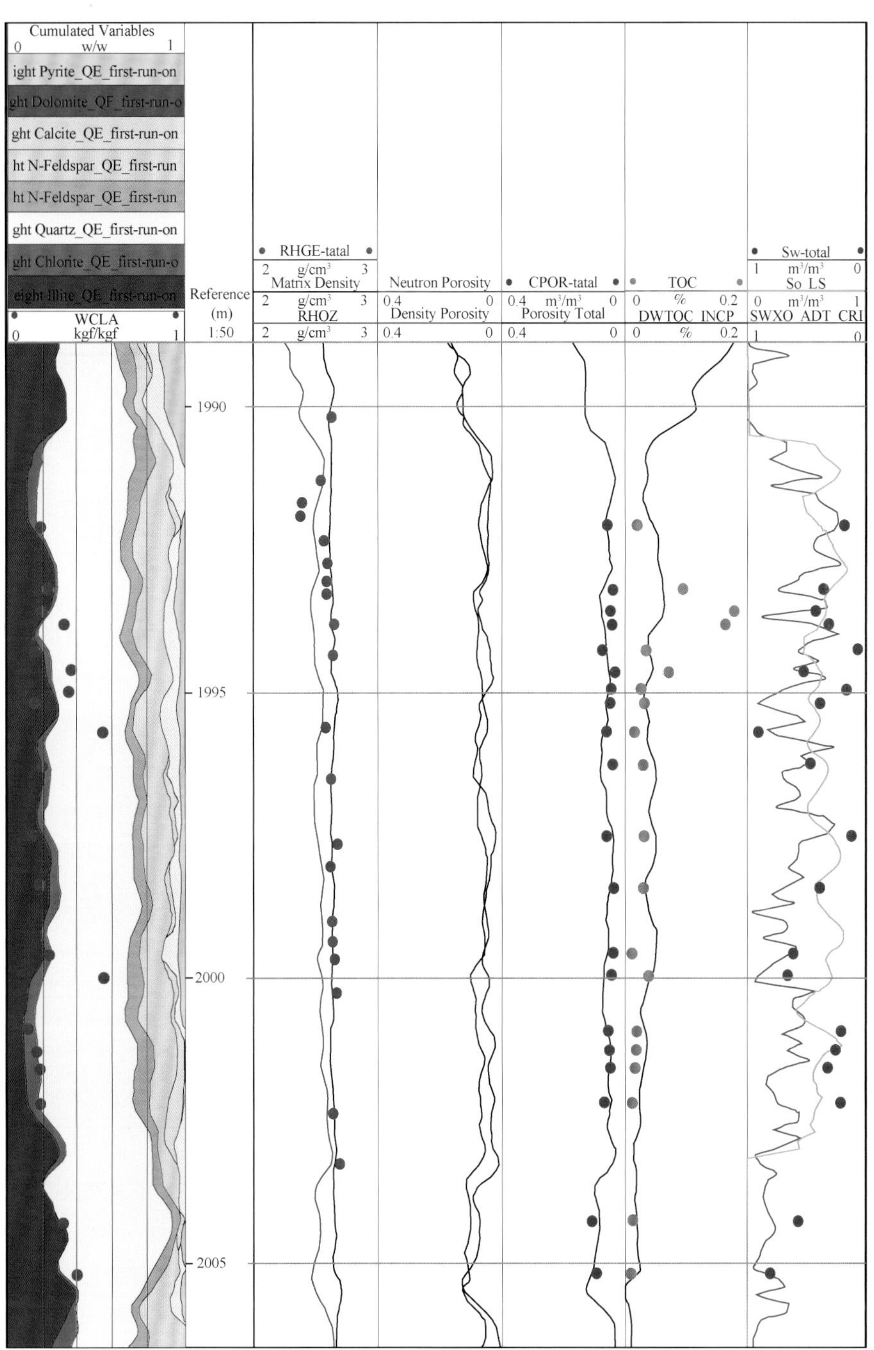

图 3-62 元素全谱测井评价油气饱和度成果图实例

第四道为利用密度和中子孔隙度值加权平均并结合骨架密度值得到的地层总孔隙度值，与岩心分析孔隙度一致性好，说明反演的地层矿物剖面合理可靠；第五道为利用元素全谱测井获取的有机碳含量，与岩心分析结果趋势一致；第六道为利用元素全谱测井、介电测井计算油气饱和度与密闭取心油气饱和度对比。从图中可以看出，利用元素全谱测井计算的油气饱和度与密闭取心分析的油气饱和度趋势基本一致，效果优于介电测井计算结果。

该方法适用于：①近源致密油储层，且储层不含干酪根，使全谱测井反映的 TOC 主要为烃类流体贡献；②烃源岩 TOC>2%，储层充注程度高，即含油饱和度较高的储层。

第六节　脆性评价

岩石的脆性评价对压裂层段优选与压裂参数优化有重要意义。岩石脆性与其矿物组分、力学弹性参数及其所受应力环境等因素有关，常以脆性指数度量其大小，可用实验室直接测量或测井计算等方法确定。实验室直接测量有动态法和静态法两种，相应地，其确定值分别为动态脆性指数和静态脆性指数。测井资料深度上连续且面广量大，是脆性评价的一种有效而实用的方法。

测井计算脆性指数的方法一般有两种，即岩石矿物组分法和弹性模量法。岩石矿物组分法是以测井岩性处理结果为基础，提取脆性矿物（常为石英）含量并除以所有矿物含量之和而确定，弹性模量法以测井测量的纵横波速度计算出的杨氏模量和泊松比为基础并经归一化处理而确定。但是，测井要计算好脆性指数并不是件容易的事，甚至很困难，相比于压裂效果或实验室分析，发现这两种方法的计算结果常表现出现较大的不合理性，其原因主要体现在以下方面：

（1）脆性矿物一般指的是石英，但是在中国陆相致密油储层中，往往同时存在石英、长石、方解石、白云石和黄铁矿等，显然，脆性矿物不仅仅局限于石英，也包括解理较发育的长石、方解石和白云石等。另外，不同类型黏土的脆性差异也大，高岭石和伊利石等就具有一定的脆性。当然，这些具有一定脆性的矿物，其脆性大小不尽相同、存在较大的差异。此外，岩石的脆性与其所处温压条件有关，温压条件的变化可将岩石的脆性特性转换为具塑性特征，且这种变化特性与具体的矿物类别有关。一般地，岩石所受有效上覆应力越大，脆性越差，塑性越强。

（2）测井确定的杨氏模量和泊松比均为动态弹性参数，与实验室动态法确定值有较好的可对比性，却与实验室静态法确定值存在较大的差异，尤其是动态和静态的泊松比往往相关性差，而压裂作业是在地下应力状态下实施的，采用与地应力大小相匹配的应力环境测量的静态参数更合理。

由上分析可知，在储层地应力或埋深变化不大时，弹性模量法具有较好的适用性。对于地应力或埋深变化不大且岩性简单的碎屑岩地层，岩石矿物组分法适用性也较好。当然，这两种方法的计算值均要经岩石力学实验值所刻度。

为了扩展测井计算脆性指数方法的适用性及其计算值的准确性，提出了如下新方法。

一、声波与矿物组分综合法

该方法是岩石矿物组分法的改进型。如前所述，陆相致密油矿物组分复杂，许多矿物都存在一定的脆性，但大小差异大，石英脆性最大，其次为方解石。为此，在测井矿物组分精细计算的基础上，选取脆性较大的矿物（一般可为石英和方解石等）并设置相应的权系数，权系数大，矿物的脆性大。

如图 3-63 所示，尽管杨氏模量和泊松比均可反映岩石的脆性，但反映的灵敏性存在差异，显然，泊松比更能指示岩石脆性的变化，泊松比小，岩石的脆性好，能够更好地分辨出脆性较差、中等和较好的岩石。因此，衡量脆性大小的权系数的物理量选定为泊松比，并提出了如下改进公式：

$$\mathrm{BI}=\frac{\sum_{i=1}^{m}\frac{1}{\sigma_i}V_i}{\sum_{i=1}^{n}\frac{1}{\sigma_i}V_i} \tag{3-44}$$

式中，BI 为脆性指数，%；σ_i 和 V_i 分别为岩石中第 i 种矿物的泊松比和体积含量；m 为脆性矿物的种类数；n 为岩石矿物种类数，且 $m \leqslant n$。

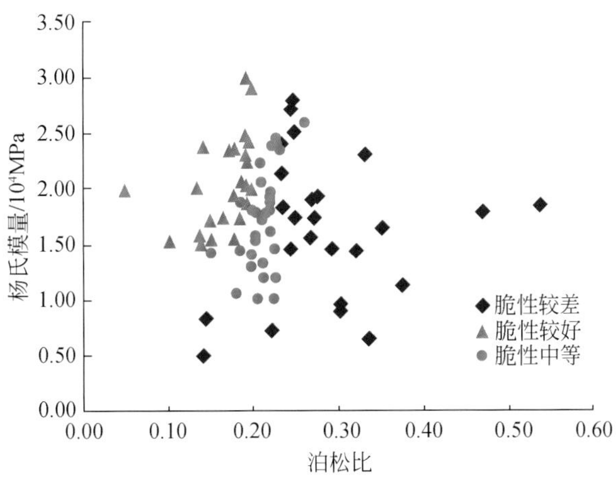

图 3-63　杨氏模量–泊松比的脆性分类图版

相对于岩石矿物组分法，式（3-44）的方法中，考虑了所有的脆性矿物对岩石整体脆性的贡献，并以泊松比的倒数作为权系数以突出该贡献的大小。泊松比值小、含量高的脆性矿物，则贡献值大，反之亦然。

必须指出的是，式（3-44）仍然未考虑岩石脆性受温压条件的影响，即该方法适用于埋藏深度变化不大的致密油储层。

图 3-64 为应用泊松比与矿物组分法计算的岩石脆性指数实例。根据岩性评价中的最优化方法计算岩石的矿物组分含量，再应用式（3-44）计算岩石的脆性指数。与直接应用岩石矿物组分计算结果对比可以看出，考虑泊松比的贡献后计算的脆性指数明显增大，主

要原因在于，与其他矿物相比，石英的泊松比要小得多，该方法计算的脆性指数大于直接应用矿物组分法计算的结果。

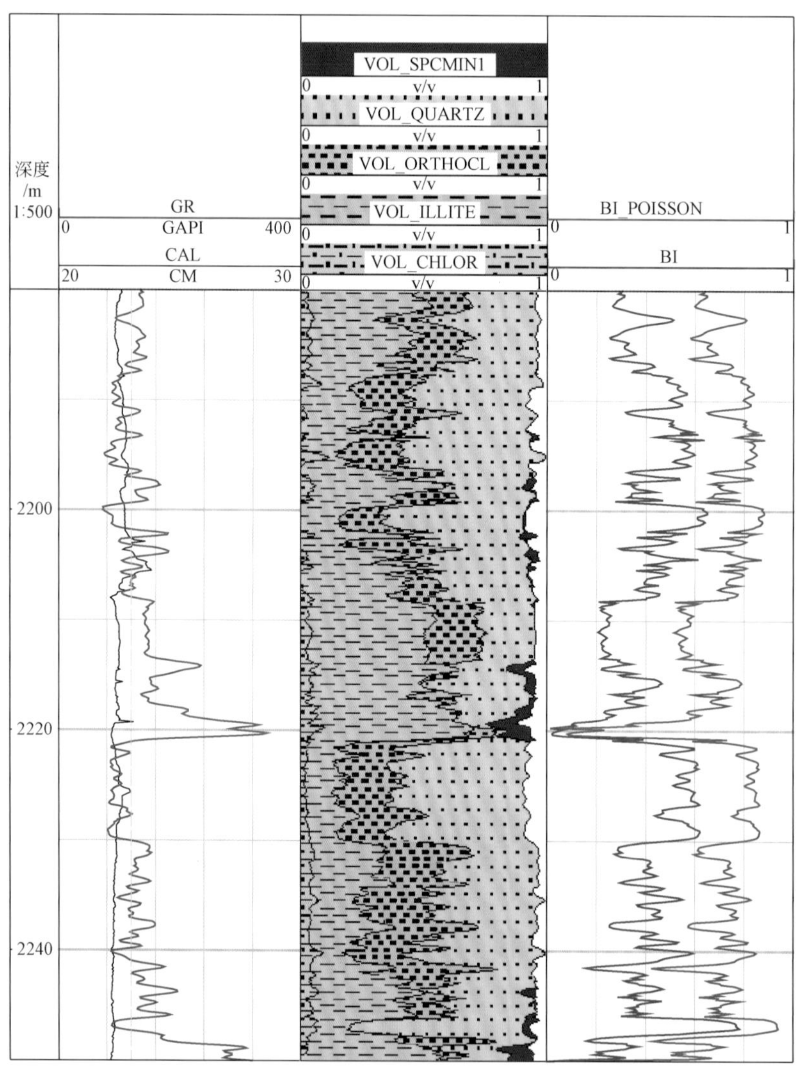

图 3-64　泊松比与矿物组分法计算脆性指数

二、测井动静态脆性指数转换法

Rickman 等（2008）提出的脆性评价方法在国内外被广泛应用，该方法直接利用动态弹性参数来表征储层的脆性。但由于动态弹性参数反映的是岩石在瞬态、微压作用时的力学性质，与真实地层所受的长时间、大应力的静载荷是有差别的，所以该方法的计算结果有时与地质特征是完全相反的。图 2-134 为准噶尔盆地吉木萨尔凹陷二叠系芦草沟组应用声波测井数据和 Rickman 公式计算的脆性指数的多井对比图。对比结果显示，同一致密油储层从 2850m 到 4130m 随着埋深的加大，计算的岩石脆性指数逐渐加大，这与地质特征是完全相反的。国外学者也发现 Rickman 的方法会出现围压越大脆性越好的错误结论，但未给出解决方案。而在应力条件一定（埋深变化不大）的情况下，该方法能够反映岩石的脆性变化，具有较好的应用价值。但是，在埋深变化较大的情况下，Rickman 公式的应用应该考虑埋深的变化。

理想的测井脆性指数计算模型应能够全面地反映岩石矿物组分、力学弹性参数及其所受应力环境等因素，即确定出储层地下原始状态的静态脆性指数。因此，定义岩石脆性指数的表征方法为

$$\mathrm{BI}=\frac{E_{\mathrm{s}}}{\sigma_{\mathrm{s}}} \tag{3-45}$$

式中，BI 为岩石的静态脆性指数，GPa；E_{s} 为岩石的静态杨氏模量，GPa；σ_{s} 为岩石的静态泊松比，无量纲。

式（3-45）指出，岩石的静态杨氏模量越大、泊松比越小，其脆性越好。如前所述，测井确定的是动态弹性力学参数，而压裂需要的是静态脆性指数，虽然，动态杨氏模量与静态杨氏模量相关性较好，但动态泊松比与静态泊松比之间关系复杂、不确定性大。因此，选择了代表性的岩心进行配套的动静态弹性参数、孔隙度和黏土含量的配套测量，建立动静态脆性指数的转换模型。

基于岩心实验数据的分析，有

$$\mathrm{BI}_{35}=0.59\times\mathrm{BI}_{\mathrm{d}}\times\mathrm{e}^{1.36\mathrm{por}-1.09\mathrm{vcl}} \tag{3-46}$$

式中，BI_{35} 为 35MPa 围压情况下岩石的静态脆性指数，GPa；BI_{d} 为由密度、纵横波时差获得岩石的动态脆性指数，GPa；por 为孔隙度，小数；vcl 为黏土含量，小数。

式（3-46）是应力为 35MPa 条件下静态脆性指数表征公式，以此为基础，建立不同岩性不同应力条件下的静态脆性指数计算模型。图 2-132 是不同岩性（不同黏土含量）的应力与静态脆性指数间的关系，该图指出，当围压增大，岩石的静态脆性指数逐渐减低，且不同黏土含量的岩心，这种降低趋势大致相同，可用下式描述：

$$\mathrm{BI}_{\mathrm{sc}}=\mathrm{BI}_{35}\mathrm{e}^{\gamma(35-P)} \tag{3-47}$$

式中，$\mathrm{BI}_{\mathrm{sc}}$ 为不同压力条件下的静态脆性指数，GPa；γ 为脆性指数的压力校正指数，无量纲；P 为实验的围压。

脆性指数的压力校正指数与黏土含量具有很好的相关性（图 3-65），其拟合关系为

$$\gamma=0.016\times\mathrm{e}^{0.067\times V_{\mathrm{cl}}} \tag{3-48}$$

式中，γ 为脆性指数的深度校正指数，无量纲；V_{cl} 为黏土含量，小数。

考虑到应力与深度间的关系，由式（3-48）可得任意垂深的脆性指数计算公式：

$$\mathrm{BI}_{\mathrm{sc}}=\mathrm{BI}_{35}\mathrm{e}^{\gamma[35-(\mathrm{lcp}-\mathrm{cp})h]} \tag{3-49}$$

式中，$\mathrm{BI}_{\mathrm{sc}}$ 为经过深度校正的静态脆性指数，GPa；BI_{35} 为 35MPa 围压情况下的脆性指数，GPa；γ 为脆性指数的有效应力校正指数，无量纲；lcp 为计算深度的上覆压力梯度，MPa/100m；cp 为地层的压力系数，MPa/100m；h 为测量点的垂深，m。

综合式（3-47）~式（3-49），即得到静态脆性指数的计算公式：

$$\mathrm{BI}_{\mathrm{sc}}=0.59\times\frac{E_{\mathrm{dye}}}{\sigma_{\mathrm{dye}}}\times\mathrm{e}^{(1.36\times\mathrm{por}-1.09\times V_{\mathrm{cl}})}\mathrm{e}^{\gamma[35-(\mathrm{lcp}-\mathrm{cp})h]} \tag{3-50}$$

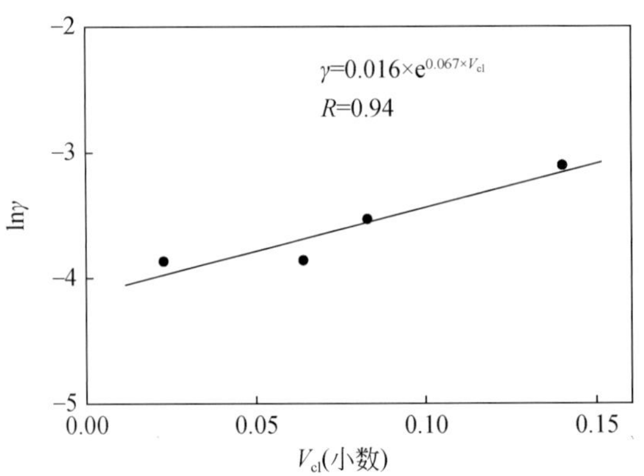

图 3-65　黏土含量与应力校正系数 γ 间的关系图

式中，σ_{dye} 为动态泊松比，无量纲；E_{dye} 为动态杨氏模量，GPa。

式（3-50）以岩心应力-应变实验确定的静态脆性指数为基础，利用测井计算的动态脆性指数、孔隙度和黏土含量等，实现了测井计算静态脆性指数。

应用式（3-50）就可据测井资料确定出考虑岩性和地应力的储层静态脆性指数，其中关键步骤为：①测井计算动态参数、孔隙度和黏土含量；②确定储层上覆压力梯度和地层压力系数；③计算静态脆性指数。

图 3-66 为测井计算的静态脆性指数实例，利用该方法计算的静态脆性指数与实际试验点的静态脆性指数一致性好（表 3-8），表明上述方法计算值可靠适用。

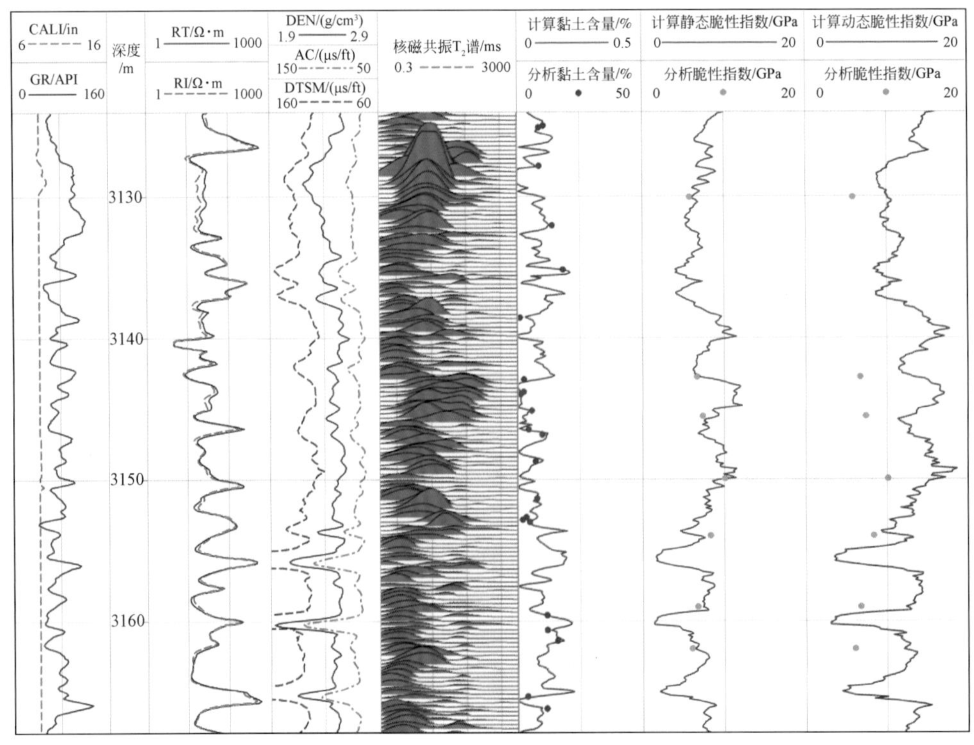

图 3-66　测井静态脆性指数处理成果图

表 3-8　实验分析和测井计算脆性指数结果对比

样号	实验脆性指数	静态脆性指数	动态脆性指数	静态脆性指数误差	动态脆性指数误差
1	5.768	6.115	10.067	0.06016	0.745319
2	6.611	7.385	13.487	0.117078	1.040085
3	7.319	9.192	12.674	0.255909	0.731657
4	10.042	9.534	16.491	-0.05059	0.642203
5	8.258	7.135	12.59	-0.13599	0.524582
6	6.675	7.426	12.312	0.112509	0.844494
7	5.986	6.402	11.935	0.069495	0.993819

第七节　地应力各向异性评价

地应力的大小取决于地层深度、孔隙压力以及各种地质作用的影响。一般只需 4 个参数即可完全描述地应力状态：3 个主应力（与地球表面垂直的垂直主应力 S_v、位于近似水平面内的最大水平主应力 S_{Hmax} 及最小水平主应力 S_{Hmin}）及 1 个应力方向，通常取为最大水平主应力 S_{Hmax} 的方位角。地应力是最重要的工程参数之一，其大小及方位在空间区域内的差异是控制油气富集区分布、水力压裂缝扩展、储集层裂缝分布、油井套管长期外载及地层破裂压力和坍塌压力大小等的重要因素，也是油气田开发方案制定及油井工程设计必须考虑的重要因素。

一、方位确定

阵列声波及电成像测井是判断地应力方位的重要资料。从阵列声波测井交叉偶极模式下的测量资料可提取快慢横波信息（方位、速度和幅度），而快横波的偏振方向与最大水平应力的方向一致，从而确定出最大水平应力方向（当地层中存在裂缝、地层倾角与井眼轨迹相对角度较大时，也可产生横波分裂现象，可导致快慢横波确定的最大水平应力方向存在不确定性）。地层被钻开后，井壁附近的地应力场即被改变，导致井壁几何形态产生变化，如地应力释放后形成的裂缝、井眼崩落及过高的钻井液压力造成的压裂诱导缝等。根据这些变化所固有的规律性及其在电成像测井图像上的响应特征，可确定出水平地应力的方位。从电成像测井图像上可以拾取的井壁压裂缝（总是平行于地层最大水平主应力方向）方位指示最大应力方向，由应力释放缝、井眼崩落（发生在最小地应力方向上）的方位可以确定出最小水平应力方向。

表 3-9 为基于实验室波速各向异性法和差应变分析法得到的长垣南最大水平主应力方位统计结果。当钻井取心时岩石脱离应力作用状态，岩心将产生应力释放，在应力释放过程中岩心上出现了与卸载程度成比例的微裂隙。由于在最大水平地应力方向上岩心的松弛变形最大，因此，这些小裂隙将垂直最大水平主应力方向，裂隙被空气充填，岩石与空气的波阻值相差很大，声波在岩石中传播的速度远远大于在空气中传播的速度，这样岩心中微小裂隙的存在使得声波在岩心的不同方向上传播的速度不同，有明显的各向异性特征。

由于在最大水平地应力方向上岩心的卸载程度最大，这就使得沿最大水平地应力方向有最小的波速；沿最小水平地应力方向有最大的波速。同时伴随应力的释放在应力最大的方向上变形最大，而在应力最小的方向上变形最小。

表 3-9　长垣南不同方法确定最大水平地应力方向汇总表

井名	井深/m	最大水平地应力方向	
		波速各向异性法	差应变分析法
333	1557.1～1702.2	NE94.8°	NE98.7°
33	1692.1～1693.2	NE103.35°	NE104.2°
311	1635.8～1655.6	NE88°	NE103.8°
312	1688.4～1691.6	NE117°	NE100.5°

图 3-67 为通过对四川龙岗-公山庙区块 8 口井电成像测井资料得到的地应力方位识别成果图，从中可以看出，区域最小水平主应力方位为北东 20°～40°，整体与四川盆地现今地应力方向基本上是一致的。具体统计结果见表 3-10。

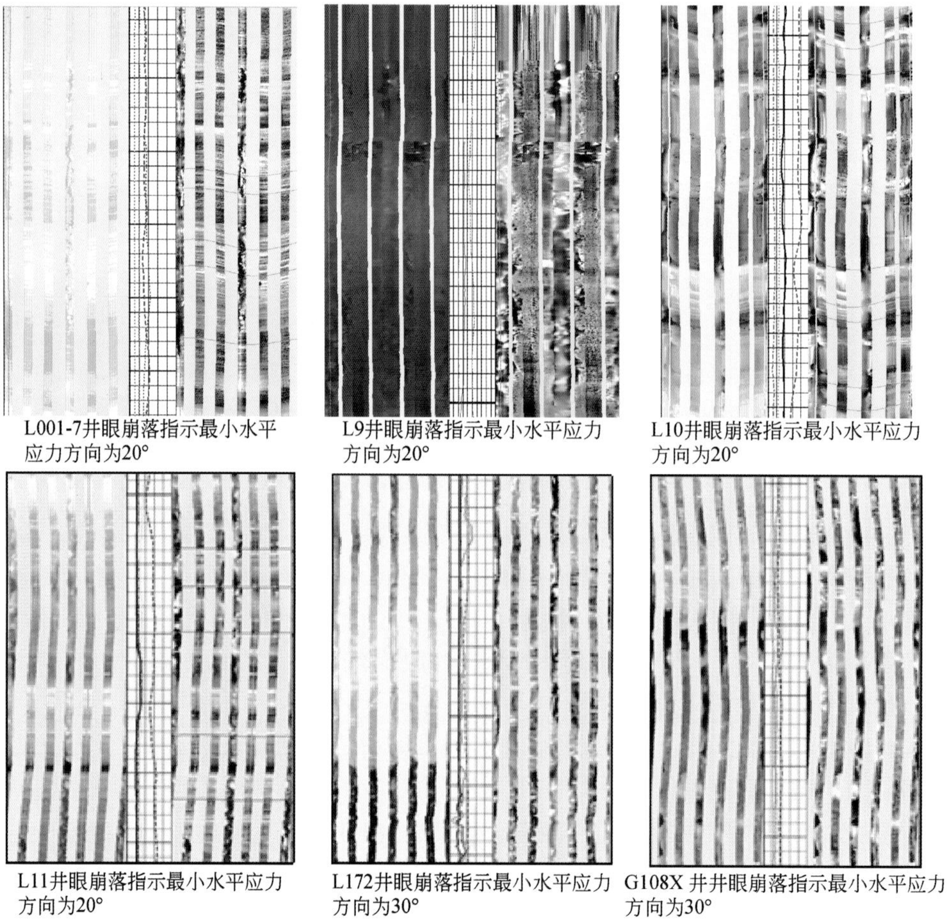

L001-7井眼崩落指示最小水平应力方向为20°

L9井眼崩落指示最小水平应力方向为20°

L10井眼崩落指示最小水平应力方向为20°

L11井眼崩落指示最小水平应力方向为20°

L172井眼崩落指示最小水平应力方向为30°

G108X 井井眼崩落指示最小水平应力方向为30°

图 3-67　成像测井确定地应力方位实例

表 3-10　川中地区侏罗系地应力方位统计表

井号	最小水平应力方向	最大水平应力方向	判别方法
L001-7	20°	110°	井眼崩落
L9	20°	110°	井眼崩落
L10	20°	110°	井眼崩落
L11	20°	110°	井眼崩落
L172	30°	120°	井眼崩落
G108X	30°	120°	井眼崩落
G003-H16	10° ~ 20 °	100 ~110°	声波各向异性
G115H	30° ~ 40 °	120° ~ 130°	声波各向异性

图 3-68 为基于阵列声波与电成像测井资料分析结果得到的鄂尔多斯盆地长 7 最大主应力方位分布图。图中显示，最大水平主应力为北东东—南西西向。

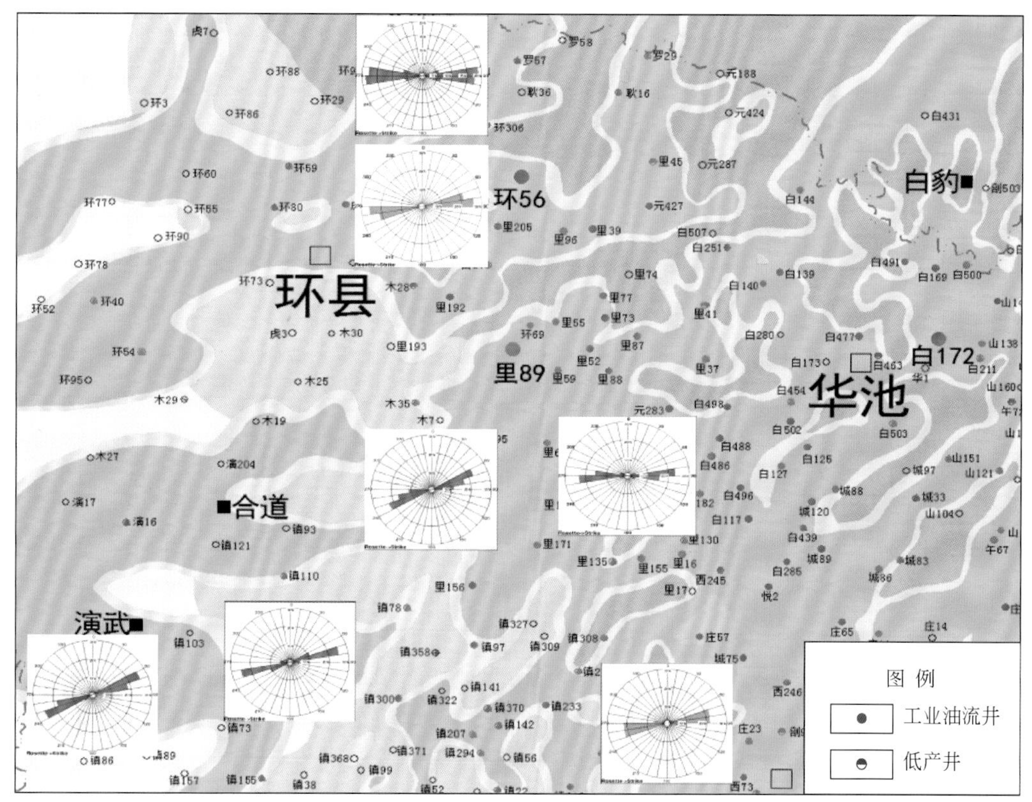

图 3-68　鄂尔多斯盆地长 7 最大水平主应力方位分布图

图 3-69 是准噶尔盆地吉木萨尔区块芦草沟组地应力方位平面分布图。从图中可以看出，整体上吉木萨尔地区芦草沟组地层最大水平主应力方向与最近断层的走向垂直。

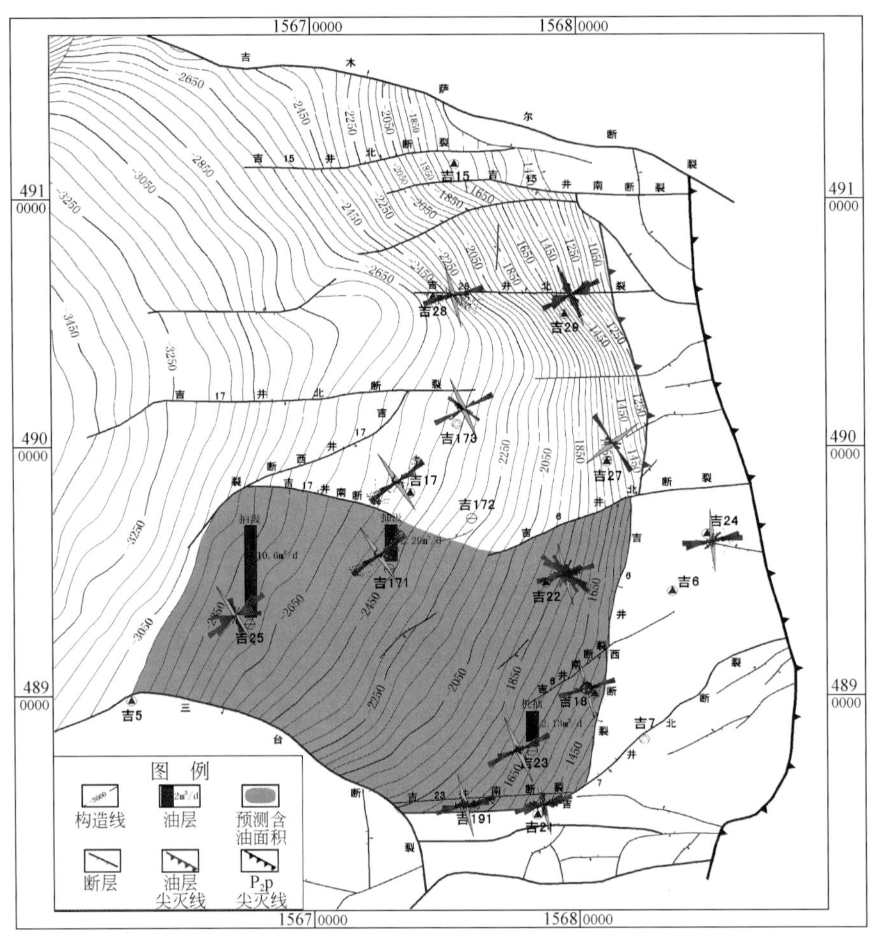

图 3-69　西部某盆地测井确定地应力方位分布图

二、最小水平地应力测井计算

（一）各向同性模型简介

地层处于原状条件下，应力环境可用简化的三轴应力模型描述，即分别为垂向上覆地层压应力、水平方向上的最大主应力和最小主应力。地应力是钻井工程和压裂设计中所要倚重的参数之一，如水平井井眼轨迹方位确定和压裂层段与隔层优选等，尤其是水平井地应力差值大小直接决定是否采用体积压裂方式。水平井应力差值较小时，有利于压裂缝的转向和弯曲，可产生众多的张性裂缝和剪切裂缝，构建成较为发达的渗流网络，达到体积压裂改造的效果，反之，仅能产生若干条主裂缝，难以实现体积压裂。

应力评价的重点就是水平主应力的方位确定及其大小计算，可借助于测井资料及其相关模型得以实现。其中，水平主应力的方位可据双井径、电成像和偶极横波等测井资料而准确地确定。

计算水平主应力的模型很多，如 Terzaghi、Anderson 和黄荣樽等，这些模型都是假设地层为均匀各向同性的线弹性体，如 1983 年石油大学黄荣樽教授进行地层破裂压力预测新方法的研究中，提出了一个计算模型：

$$\sigma_{\mathrm{h}}=\frac{\mu}{1-\mu}(\sigma_{\mathrm{v}}-\alpha P_{\mathrm{p}})+K_{\mathrm{h}}(\sigma_{\mathrm{v}}-\alpha P_{\mathrm{p}})+\alpha P_{\mathrm{p}} \tag{3-51}$$

$$\sigma_{\mathrm{H}}=\frac{\mu}{1-\mu}(\sigma_{\mathrm{v}}-\alpha P_{\mathrm{p}})+K_{\mathrm{H}}(\sigma_{\mathrm{v}}-\alpha P_{\mathrm{p}})+\alpha P_{\mathrm{p}} \tag{3-52}$$

式中，σ_{H} 和 σ_{h} 分别为最大和最小水平应力，MPa；σ_{v} 为垂向应力（上覆岩层压力），MPa；K_{h} 和 K_{H} 分别为最小和最大水平主应力方向上的构造应力系数，在同一断块内为常数；P_{p} 为地层压力，MPa；μ 为泊松比；α 为有效应力系数（Biot 系数）。

该模型认为地下岩层的地应力一部分来源于上覆岩层压力，另一部分来源于地质构造应力。

但是，对于陆相致密油储层，单层厚度较小、常呈薄互层状分布，而且岩性组分变化多样，孔隙结构复杂，地层为各向异性较强的线弹性体，如应用各向同性的地应力计算模型，其计算结果的可靠性难以保证。

（二）地应力各向异性计算模型

1. 刚性系数确定

首先介绍横观各向同性地层及刚性系数的相关概念。

致密砂岩与页岩所在地层一般可以被描述为具有旋转对称的垂直轴的横观各向同性介质（VTI），其示意图如图 3-70 所示。

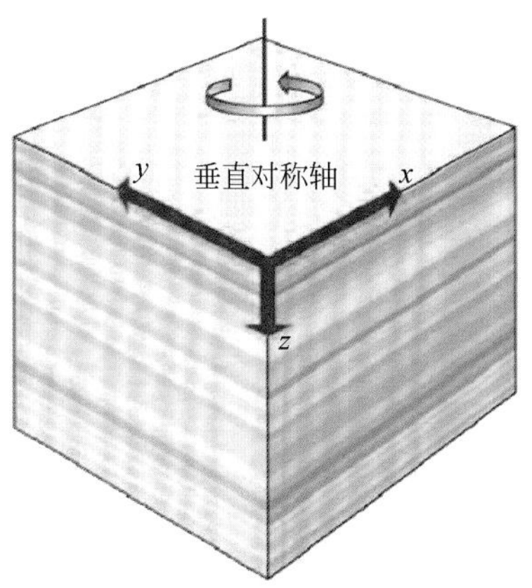

图 3-70　横观各向同性地层示意图

所谓横观各向同性，是指在与对称轴垂直的平面上（一般指与井轴垂直、与地层层理平行的平面上），沿各个方向观测的声学特性呈各向同性特征。具有此类特征的地层，沿对称轴方向观测的声学特性与沿井轴垂直方向观测的结果存在明显差异，是具有声学各向异性特征的典型情况。

对于横观各向同性地层，其应力和应变之间的关系满足广义胡克定律（尹辉明和王炜，2001）：

$$\tau_{ij}=C_{ijkl}\cdot\varepsilon_{kl} \tag{3-53}$$

式中，τ_{ij}为应力分量；ε_{kl}为应变分量；C_{ijkl}为刚性系数矩阵，具体形式如下：

$$C_{ijkl}=\begin{bmatrix} C_{11} & C_{12} & C_{13} & 0 & 0 & 0 \\ C_{12} & C_{11} & C_{13} & 0 & 0 & 0 \\ C_{13} & C_{13} & C_{33} & 0 & 0 & 0 \\ 0 & 0 & 0 & C_{44} & 0 & 0 \\ 0 & 0 & 0 & 0 & C_{44} & 0 \\ 0 & 0 & 0 & 0 & 0 & C_{66} \end{bmatrix} \tag{3-54}$$

横观各向同性地层的刚性系数矩阵，包含 5 个独立的刚性系数，分别为 C_{11}、C_{33}、C_{44}、C_{66}和 C_{13}。刚性系数 C_{12}不是独立参数，它与 C_{11}和 C_{66}密切相关：$C_{12}=C_{11}-2C_{66}$。这 5 个刚性系数与地层密度及其纵横波速度密切相关。

根据岩心组声学各向异性实验方法，可以得到 9 个反应声波震动方向、传播方向和层理关系的速度，分别是平行对称轴（垂直于层理）传播的 $V_{P,0}$（震动方向平行于对称轴）、$V_{S1,0}$（层理面内且震动方向垂直于对称轴）、$V_{S2,0}$（震动方向在层理面内，并与 $V_{S1,0}$震动方向垂直）；平行层理（垂直对称轴）方向传播的 $V_{P,90}$（震动方向垂直于对称轴）、$V_{S1,90}$（震动方向同时垂直于层理）、$V_{S2,90}$（震动方向在面内且垂直于对称轴）；与对称轴成一定角度传播的 $V_{P,45}$（震动方向与传播方向一致）、$V_{S1,45}$（震动方向水平）、$V_{S2,45}$（震动方向同时垂直于 V_{qP}、V_{qSV}）。

在获取垂直、水平及 45°岩样的纵横波速度后，利用如下公式来计算各刚性系数：

$$C_{11}=\rho\cdot V_{P,90}^2 \tag{3-55}$$

$$C_{33}=\rho\cdot V_{P,0}^2 \tag{3-56}$$

$$C_{44}=\rho\cdot V_{S1,90}^2 \tag{3-57}$$

$$C_{66}=\rho\cdot V_{S2,90}^2 \tag{3-58}$$

$$C_{13}=\left[\frac{(4\rho V_{P45}^2-C_{11}-C_{33}-2C_{44})^2-(C_{11}-C_{33})^2}{4}\right]^{\frac{1}{2}}-C_{44} \tag{3-59}$$

式中，ρ 为岩心的体积密度。

2. 纵、横波各向异性系数

Thomsen 于 1986 年在 Geophysics 上首次提出了纵、横波各向异性系数的概念，被业界公认为是表征纵、横波各向异性强弱的最有效参数。具体表达式如下所示：

$$\varepsilon=\frac{C_{11}-C_{33}}{2\cdot C_{33}} \tag{3-60}$$

$$\gamma=\frac{C_{66}-C_{44}}{2\cdot C_{44}} \tag{3-61}$$

式中，ε 为纵波各向异性系数；γ 为横波各向异性系数。

为了考察致密储层的声学各向异性特征，选取吉林扶余、长庆长 7、新疆吉木萨尔芦草沟组及霍尔果斯紫泥泉子组地层的全直径岩心，对每块全直径岩心沿垂直、平行及 45°（以与岩心层理平行的方向为参考方向）三个方向钻取三块小岩样，对每块岩样进行不同围压条件下的纵、横波速度测量，测量结果代入式（3-55）~式（3-59）中计算得到不同围压条件下的 5 个独立的刚性系数，再根据式（3-60）和式（3-61），计算得到不同围压条件下每块全直径岩心的纵、横波各向异性系数。图 3-71 是根据实验测量及计算结果绘制的纵波各向异性系数与围压的关系图。该图表明：

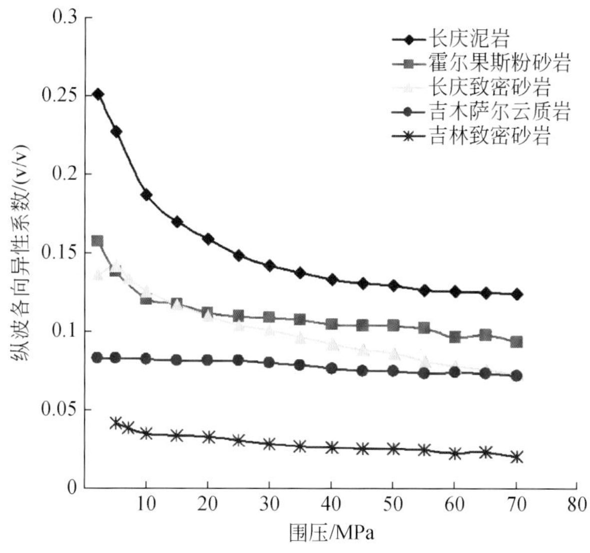

图 3-71　纵波各向异性系数与围压的关系图

（1）整体上，所有样品都呈现出一定的或强或弱的声学各向异性特征。

（2）所有样品中，长庆泥岩样品的纵波各向异性最强；其次是霍尔果斯粉砂岩样品，其纵波各向异性系数随着围压的不断增加最后趋近于 10%；再次是长庆致密砂岩及吉木萨尔云质岩样品；吉林致密砂岩的纵波各向异性相对最弱。

（3）长庆泥岩、霍尔果斯粉砂岩、长庆致密砂岩的各向异性系数随围压的增加而明显减小；吉木萨尔云质岩及吉林致密砂岩的各向异性系数随围压的变化不明显。这些样品在 5 ~ 70MPa 条件下的纵、横波各向异性系数统计结果如表 3-11 所示。

表 3-11　纵、横波各向异性系数统计表

岩心样品	纵波各向异性系数	横波各向异性系数
长庆泥岩	0. 12 ~ 0. 25	0. 15 ~ 0. 26
霍尔果斯粉砂岩	0. 09 ~ 0. 16	0. 09 ~ 0. 14
长庆致密砂岩	0. 07 ~ 0. 14	0. 09 ~ 0. 19
吉木萨尔云质岩	0. 07 ~ 0. 08	0. 02 ~ 0. 03
吉林致密砂岩	0. 02 ~ 0. 04	0. 05

从岩心照片不难看出，纵、横波各向异性较强的长庆泥岩及霍尔果斯粉砂岩样品具有明显的层理特征，分别如图 3-72、图 3-73 所示。

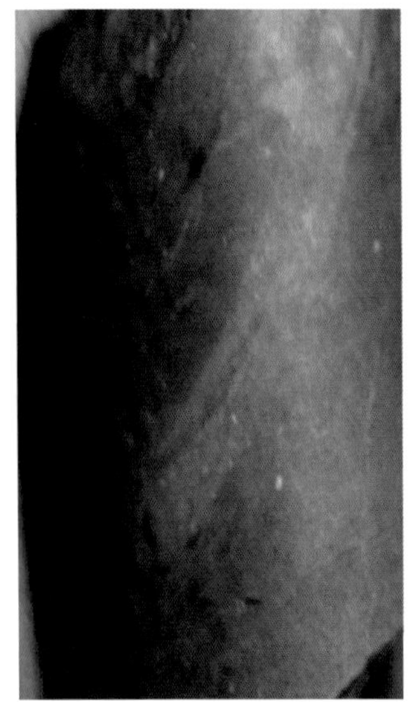

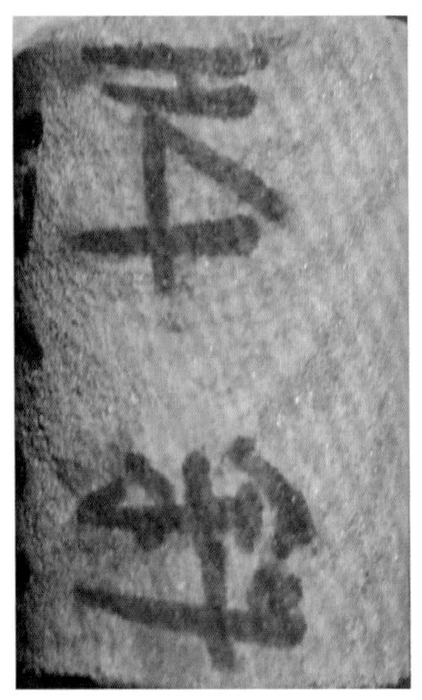

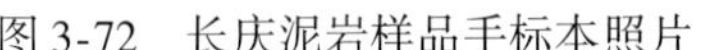

图 3-72　长庆泥岩样品手标本照片　　　图 3-73　霍尔果斯样品受标本照片

可见，我国陆相致密油气储层普遍具有声学各向异性特征，其各向异性强弱与黏土矿物的定向排列密切相关。在进行岩石力学测井评价时，需考虑地层声学各向异性特征对计算结果的影响，应该选择合理的评价模型进行准确评价。

为此，采用以下的各向异性地应力计算模型：

$$\sigma_{\mathrm{h}}-\alpha\sigma_{\mathrm{p}}=\frac{E_{\mathrm{h}}}{E_{\mathrm{v}}}\frac{\upsilon_{\mathrm{v}}}{1-\upsilon_{\mathrm{h}}}(\sigma_{\mathrm{v}}-\alpha\sigma_{\mathrm{p}})+\frac{E_{\mathrm{h}}}{1-\upsilon_{\mathrm{h}}^{2}}\varepsilon_{\mathrm{h}}+\frac{E_{\mathrm{h}}\upsilon_{\mathrm{h}}}{1-\upsilon_{\mathrm{h}}^{2}}\varepsilon_{\mathrm{H}} \tag{3-62}$$

式中，σ_{h}为水平最小地应力，MPa；σ_{p}为地层孔隙压力，MPa；α 为 Biot 系数，无量纲；E_{h}和 E_{v}分别为各向异性水平和垂直方向上的杨氏模量，MPa；υ_{h}和 υ_{v}分别为各向异性水平和垂直方向上的泊松比，无量纲；ε_{h}和 ε_{H}分别为各向异性水平和垂直方向上的构造压力系数。

式（3-62）突出了水平和垂直方向上岩石弹性参数间的差异，即假定纵向与横向的杨氏模量（E_{h}、E_{v}）、泊松比（υ_{h}、υ_{v}）和构造压力系数（ε_{h}、ε_{H}）并不相同，这也是以各向异性应力模型计算最小水平主应力的关键，同时也是困难所在。

为了确定纵向与横向的弹性参数，引入描述应力与应变关系的力学刚性系数矩阵，综合力学实验数据和阵列声波各向异性处理结果而确定该刚性矩阵中所有系数，并据这些系数计算出 E_{h}、E_{v}、υ_{h}和 υ_{v}，可采用水平横波法，即从斯通利波频散方程中提取水平横波速度的方法，其中的关键是纵波、横波的各向异性系数确定以及从斯通利波频散方程中提取水平横波速度。

从斯通利波频散方程中提取水平横波速度的过程可以分为四个步骤。

第一步：处理阵列声波测井资料，得到斯通利波时差。

第二步：给定初始的水平横波速度，代入斯通利波频散方程，计算得到斯通利波时差。

第三步：比较第一步与第二步的斯通利波时差结果，若不吻合，则按照固定增量改变水平横波速度，重复第二步，直到第一步与第二步的斯通利波时差结果一致。

第四步：第三步结束时对应的水平横波速度即为最终欲求的结果。

根据刚性系数计算纵、横向弹性参数的具体公式如式（3-63）~式（3-66）所示。

$$E_{\mathrm{v}}=C_{33}-2\,\frac{C_{13}^{2}}{C_{11}+C_{13}} \tag{3-63}$$

$$E_{\mathrm{h}}=\frac{(C_{11}-C_{12})\cdot(C_{11}C_{33}-2C_{13}^{2}+C_{12}C_{33})}{C_{11}C_{33}-C_{13}^{2}} \tag{3-64}$$

$$\nu_{\mathrm{v}}=\frac{C_{13}}{C_{11}+C_{12}} \tag{3-65}$$

$$\nu_{\mathrm{h}}=\frac{C_{33}C_{12}-C_{13}^{2}}{C_{33}C_{11}-C_{13}^{2}} \tag{3-66}$$

图3-74给出了X236-61井岩石弹性参数的计算结果与岩心实验结果的对比，可以看出，计算得到的岩石变形参数与岩心实验结果有很好的一致性，其可用于没做岩心实验井

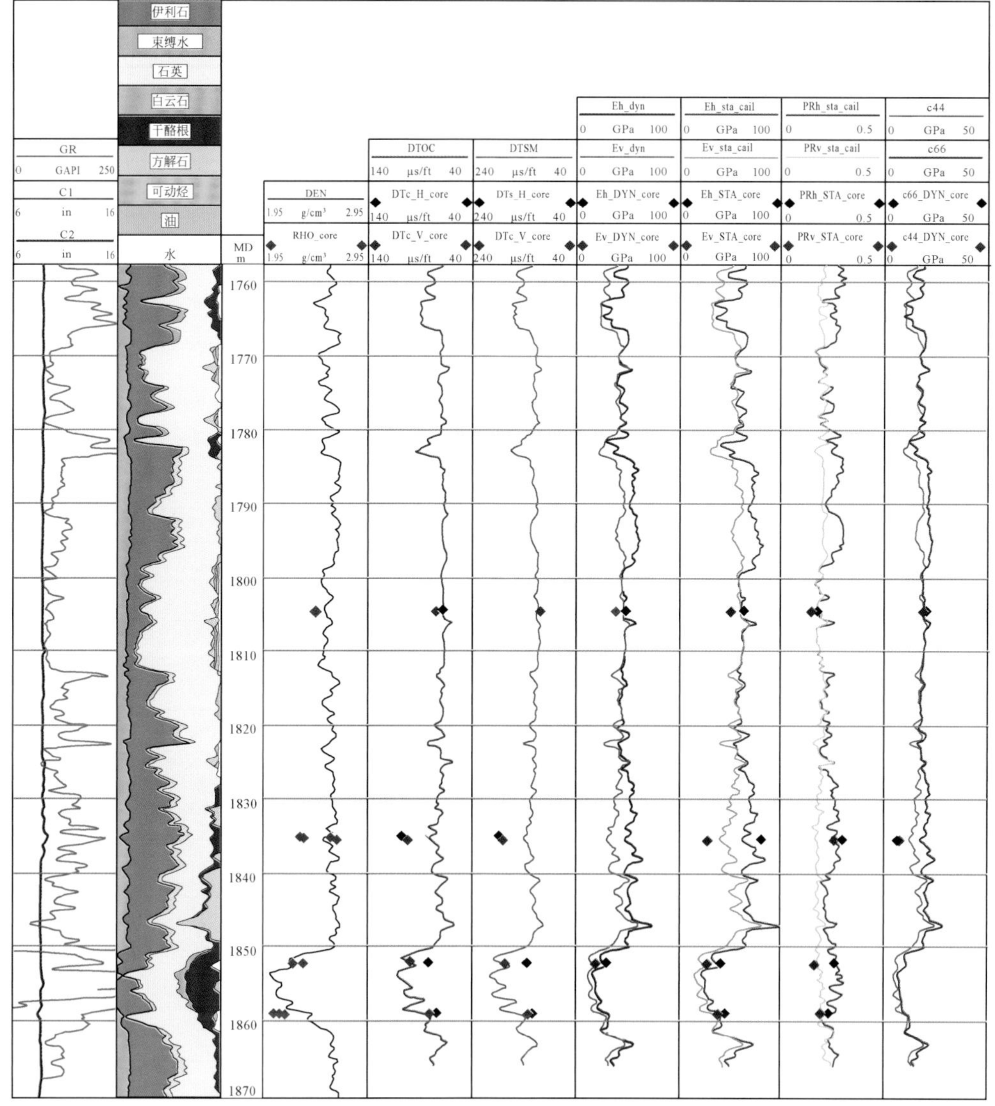

图3-74　X236-61井岩石弹性参数与岩心实验结果对比

的岩石变形参数的计算。在 X236 井，由于非均质性，1836.06m 水平岩样与其他岩样不建议归为一组使用，所以计算的结果不具有代表性。从岩心实验结果可以观察到水平/垂直的杨氏模量和泊松比具有各向异性。因此地层各向异性是不可忽视的，在水力压裂设计时必须考虑地层的各向异性因素。

ε_h和ε_H与区域构造压力有关。以典型的中国陆相致密油发育地区鄂尔多斯盆地为例，其主要分布于湖盆中央带，受构造应力作用较小，所以，可令$\varepsilon_h=0.001$，$\varepsilon_H=0.002$。另外，构造压力为区域性变量，ε_h和ε_H取值正确与否产生的是系统性误差，这对于分析水平主应力的变化趋势无关紧要。

给定深度处的最小水平主应力（σ_h）可以通过扩展的漏失试验（XLOT）、微压裂或利用 MDT 工具直接测量得到。σ_h 也可以通过测井资料计算得到，但需要其中一种直接的方法进行标定。在实际计算时，先参考本区类似地层的经验值设定初始构造应力系数，再通过微调构造应力系数调整最大、最小水平主应力，使岩石力学模型模拟的井眼破坏（包括井壁崩落和诱导缝）与 FMI 及其他测井资料的观察基本一致，从而确定最大、最小水平主应力。计算的最小、最大水平主应力还采用莫尔-库伦破坏准则计算的上限和下限进行了限定。需要指出的是，由于没有实测数据，计算得到的地应力没有实测数据标定，在后续的压裂施工得到的应力数据可以用来进一步标定应力计算结果。

在图 3-75 所示实例中，在深度 2075～2080m 处，压裂施工得到的停泵压力为 11MPa，考虑静液柱压力换算得到的最小水平主应力为 31.36MPa，基于式（3-62）采用各向异性

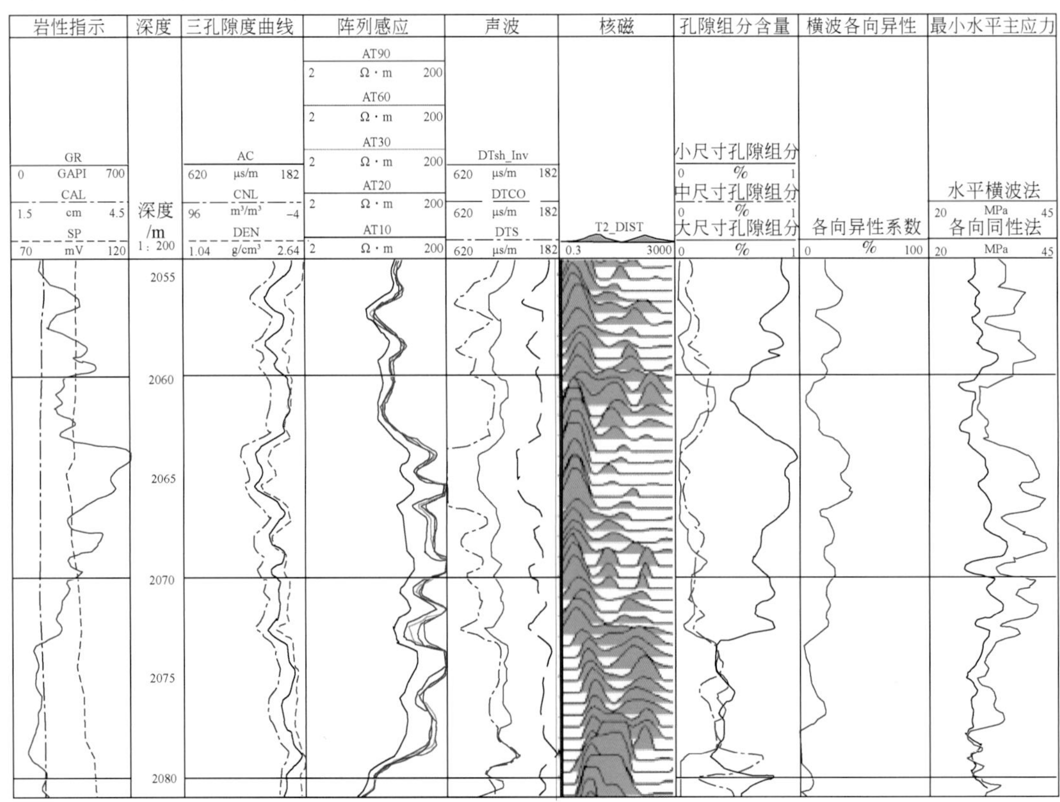

图 3-75　不同模型计算的最小水平主应力对比

模型计算结果为 30.23MPa，相对误差为 3.6%，而采用各向同性模型计算结果为 28.25MPa，相对误差达 9.9%。由此可以看出，各向同性模型计算的地应力结果相对误差大，且剖面上下变化不大，据此难以确定出压裂层段和应力隔挡层，相反地，基于式（3-62）计算出的最小水平主应力剖面图变化大，泥岩和致密层的最小水平主应力大，而储层则较小，易于选择压裂层段和隔层，可有效支持压裂设计工作。

三、最大水平地应力估算

最大水平主应力 σ_H 难以直接测量或直接以测井资料计算得到。其确定思路是：在测井计算出 σ_h 后，采用井眼稳定性分析方法，并不断调整该方法中需要的 σ_H，将模拟计算出的井眼井壁特征与电成像的观察状况对比，当两者基本一致时，此时的 σ_H 值即为地层的 σ_H。对于井壁崩落，采用剪切破坏模型模拟。对于水力裂缝，采用拉张破坏模型模拟。

与垂直主应力平行的直井围岩应力集中情况如图 3-76 所示。最大水平主应力方向的井壁两侧，有效环向应力较小，井壁易进入拉伸状态，形成钻井诱导拉伸裂缝；最小水平主应力方向的井壁两侧，有效环向应力较大，井壁易产生压缩破坏，即井壁崩落。

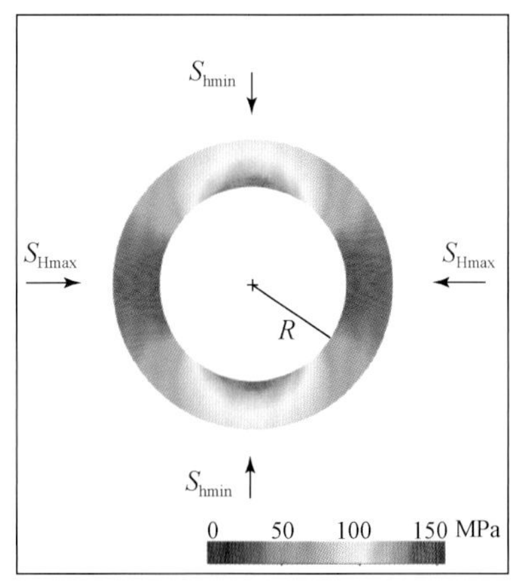

图 3-76　直井围岩应力集中分布图

当应力集中超过岩石强度，井壁围岩发生崩落，初始崩落形成之后，应力集中使崩落区域不断加深，但崩落宽度始终保持稳定，基于这一事实，Barton 和 Zoback（1988）提出由崩落宽度确定最大水平主应力 S_{Hmax} 的方法：

$$S_{Hmax}=\frac{(C_o+2P_p+\Delta P+\sigma^{\Delta T})-S_{hmin}(1+2\cos 2\theta_b)}{1-2\cos 2\theta_b} \tag{3-67}$$

式中，$2\theta_b=\pi-W_{BO}$；C_o 为单轴抗压强度；P_p 为孔隙压力；ΔP 为钻井液液柱压力与孔隙压力之差；$\sigma^{\Delta T}$ 为钻井液温度与地层温度之差（ΔT）引起的热应力；W_{BO} 为井眼崩落宽度，可从电成像测井资料上获得；S_{hmin} 为最小水平主应力。

根据电成像测井资料，利用上述方法可以在局部深度上利用如下公式连续计算得到最大水平主应力的结果，以确保最终计算结果与实际地层条件相一致。计算实例如图 3-77 所示。

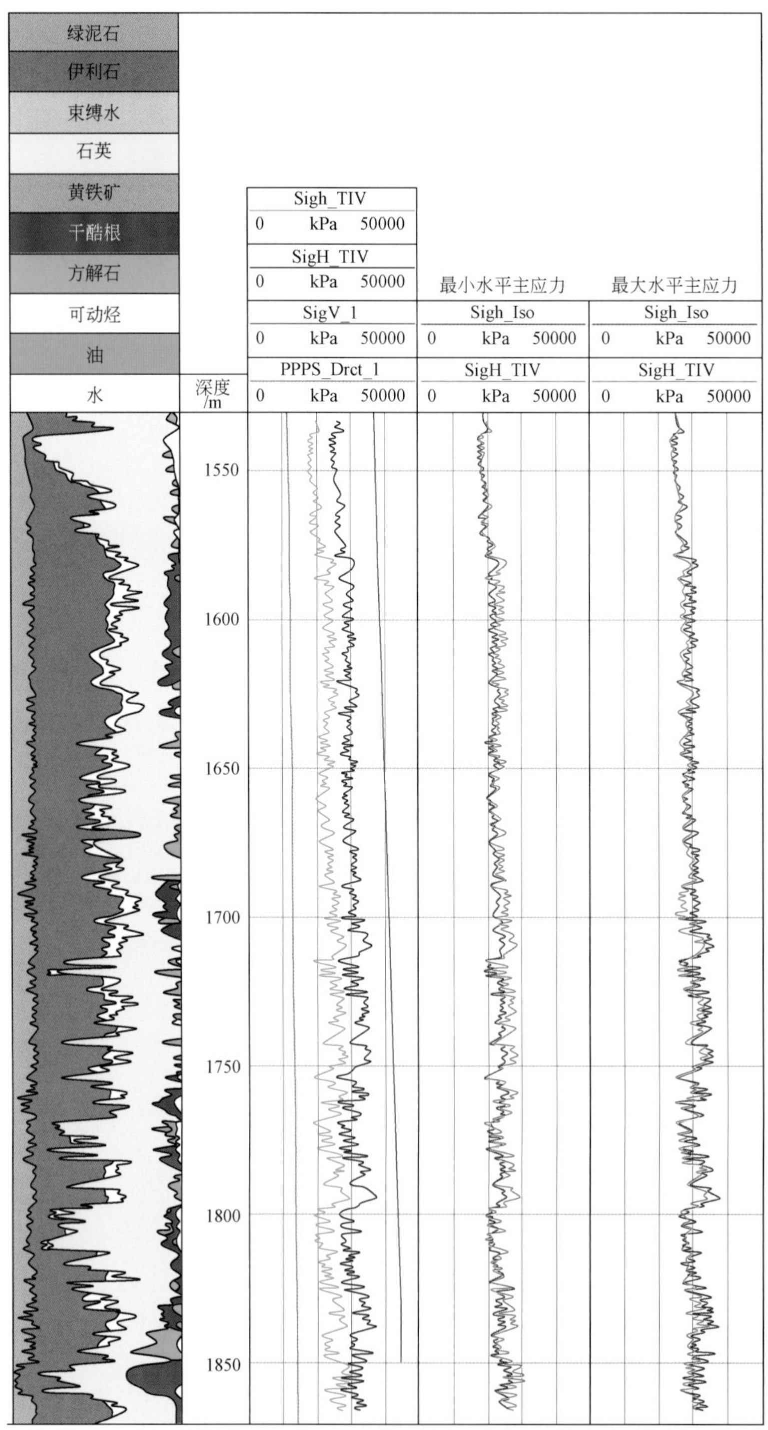

图 3-77　最大水平主应力计算成果图

$$\sigma_{H}-\alpha\sigma_{p}=\frac{E_{h}}{E_{v}}\frac{\upsilon_{v}}{1-\upsilon_{h}}(\sigma_{v}-\alpha\sigma_{p})+\frac{E_{h}}{1-\upsilon_{h}^{2}}\varepsilon_{H}+\frac{E_{h}\upsilon_{h}}{1-\upsilon_{h}^{2}}\varepsilon_{h} \tag{3-68}$$

测井计算出的地应力要经实验室分析和压裂施工的数据刻度，即以压裂施工曲线获得的闭合压力刻度最小水平主应力，以岩心差应变试验确定最大、最小地应力刻度测井计算值。如两者相差较大，要分析原因，完善模型中的参数取值。

第四章 致密油“七性关系”分析

“七性”是描述致密油烃源岩特性、储层特性和岩石力学特性的重要表征参数，每一特性参数都代表了致密油重要的地质与工程品质，但这些参数并不是相互孤立的，它们存在内在固有的关联性，即存在“七性关系”，这些关系是致密油“三品质”评价的内在基础。

本章在致密油储层岩石物理特征研究和“七性”参数评价的基础上，分析不同岩石物理性质之间的控制关系，明确致密油“七性关系”特征，并建立典型区块的致密油“七性关系”铁柱子井，为致密油测井评价提供基础。

第一节 致密油“七性关系”特征

研究分析这些参数的“七性关系”，有利于掌握致密油的特点及影响其分布的主控因素，由此可有效指导致密油的勘探开发部署，并优选出与之相适应的钻井和压裂的技术工艺。

尽管中国陆相致密油的沉积环境和成藏特征差异较大，但统观其“七性”分布特征及其相互关联性，可以总结出陆相致密油具有如下几方面的“七性关系”基本特征。

一、岩性控制烃源岩特性

（一）敞流淡水湖盆

岩性决定烃源岩的特性，这是显而易见的。一般地，深湖和半深湖沉积的泥岩和页岩为上佳烃源岩，如表4-1所示，就TOC和S_1+S_2两个主要描述烃源岩特性的参数而言，深黑色泥岩>深灰色泥岩>灰黑色泥岩。而且，就陆相地层而言，深黑色泥岩和深灰色泥岩的烃源岩类型一般为Ⅱ$_1$型，而灰黑色泥岩则为Ⅱ$_2$型。

表4-1 西部某盆地湖相沉积环境不同岩性的烃源岩参数

岩性	TOC/%	S_1+S_2/(mg/g)	类型
灰黑色泥岩	2.79	14.36	Ⅱ$_2$
深灰色泥岩	4.66	20.57	Ⅱ$_1$
深黑色泥岩	6.72	26.28	Ⅱ$_1$

相对深黑色泥岩，页岩的烃源岩特性更好。图4-1指出，富含有机质页岩的TOC较黑色泥岩高5~8倍，其大多样品的TOC大于10%，尽管该套暗色泥岩的生烃潜力也很好

（TOC 的分布峰值为 2% ~5%）。从图 4-2 可以看出，页岩的排烃效率远高于黑色泥岩，前者基本上均大于 80%，而后者则介于 40% ~60%。

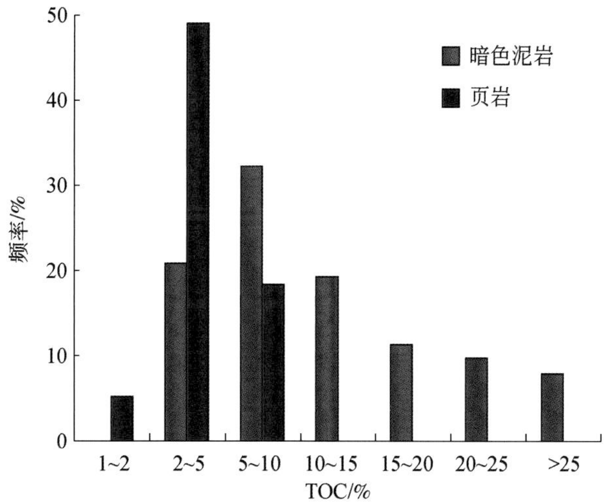

图 4-1　富有机质页岩烃源岩 TOC-频率分布图

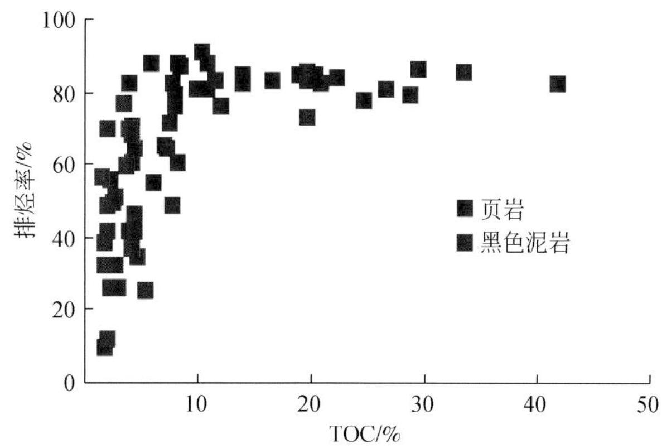

图 4-2　富有机质页岩烃源岩 TOC-排烃率相关图

由岩心热解分析结果还可以区分有机质品质好坏，图 4-3 中横坐标为烃指数 $I_{HC}=S_1\times 100/TOC$，S_1 是岩石中自由烃的含量（mg HC/g 岩石），纵坐标是含油饱和度（%），I_{HC} 表示干酪根排烃能力的强弱，一般来说 $I_{HC}>100$ 指示干酪根排烃能力强，含油饱和度大于 50%。从图中可以看到大部分中–高伽马硅质页岩，其排烃能力相对较好，而高伽马凝灰岩及特高伽马硅质页岩其排烃能力相对较弱。

图 4-4 是 TOC 和 S_1+S_2（单位 mg/g，表示含烃潜力）交会图，其纵坐标为 S_1+S_2(mg/g)，横坐标表示 TOC（%），该图可以用来区分有机质品质的好坏，从交会图中可以看到，大部分样本点都落在烃源岩品质较好区域，少数点落在中等区域。

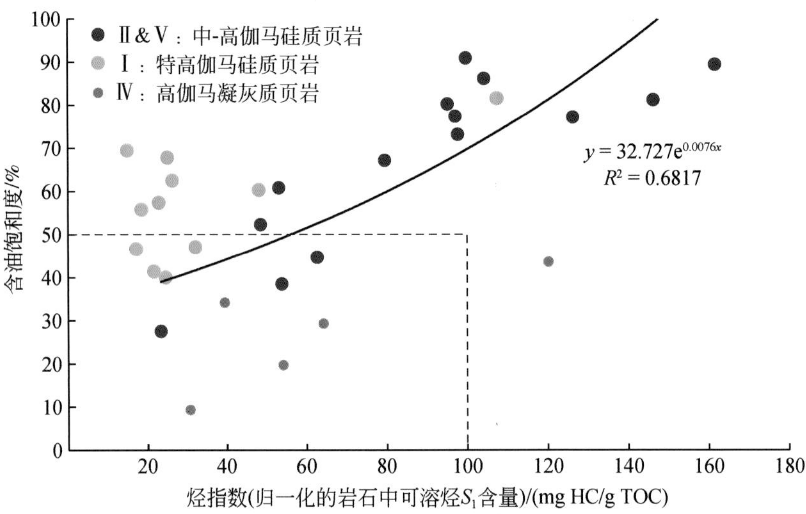

图 4-3　富有机质页岩地层烃指数与含油饱和度交会图

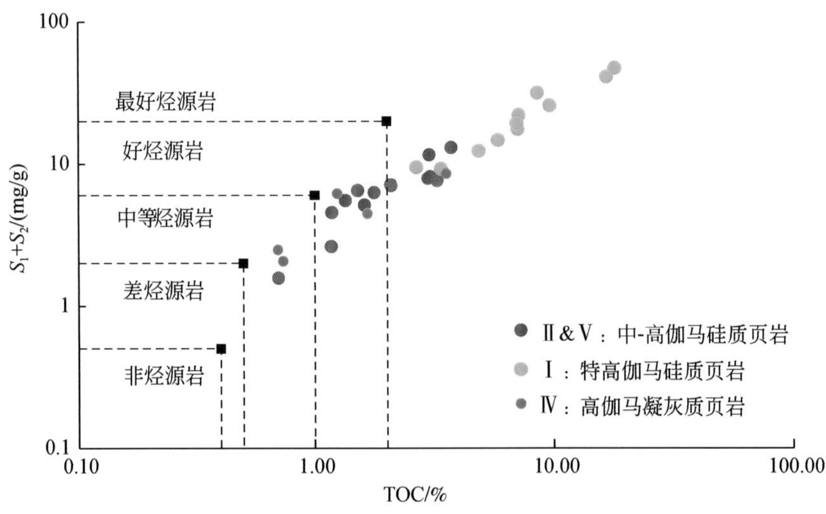

图 4-4　富有机质页岩地层有机质评价图

综合图 4-3、图 4-4 可以得出结论，富有机质页岩的有机质品质整体较好，其中高-中伽马硅质页岩具有的排烃能力最强，特高伽马硅质页岩的排烃能力次之，高伽马凝灰质页岩的排烃能力最弱。

岩心和数字岩心分析结果表明：页岩储层中的有机质分布呈现层状或网状分布（图 4-5、图 4-6）（主要形成于特高伽马硅质页岩中）、分散状（图 4-7）（主要形成于中-高伽马硅质页岩中）两种主要分布形式。其在成像测井图上也有很好的对应性。

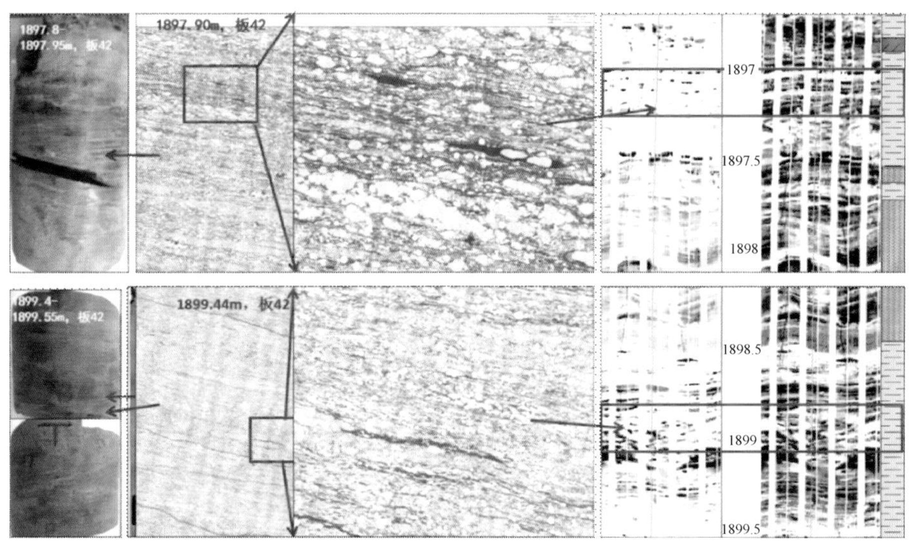

图 4-5　特高伽马硅质页岩有机质分布形式（层状）

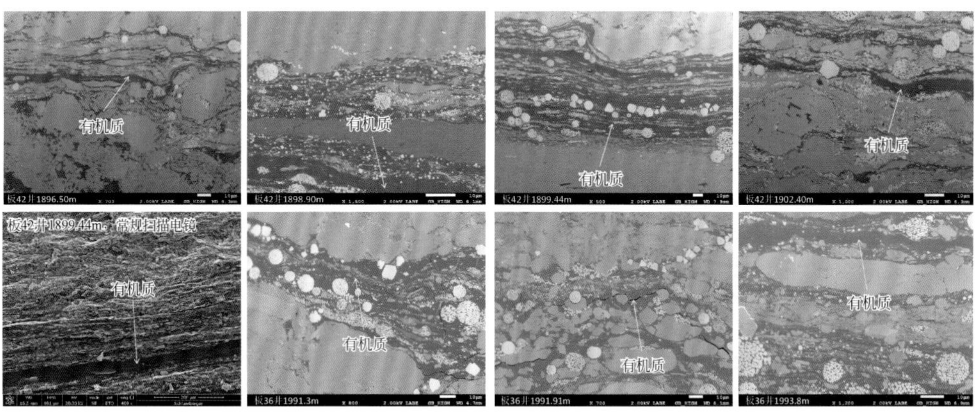

图 4-6　特高伽马硅质页岩有机质分布形式

除左下角小图为常规扫描电镜外其余为氩离子抛光扫描电镜样品，图中暗色部分为有机质

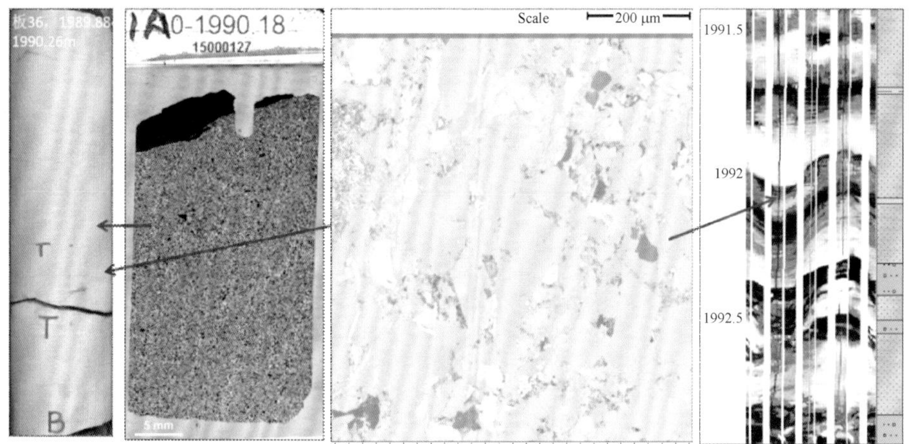

图 4-7　中-高伽马硅质页岩有机质分布形式（分散状分布）

（二）封闭咸化湖盆

在咸化湖盆环境下，总体上表现为岩性控制烃源岩特性，但由于受古沉积环境的影响，其岩性与烃源岩关系具有特殊性，如柴达木盆地古近系—新近系烃源岩即为咸化湖盆环境下形成的。受古沉积环境的影响，烃源岩具有丰度低、生烃早、转化率高的特点。热模拟表明，咸化环境烃源岩 $R^o=0.65\%$ 已经开始生油，$R^o=0.95\%$ 时达到最大生油量350mg/gTOC，相比国内其他油藏，其生烃早，持续时间长。

地质研究表明，只有在深水安静的还原环境下沉积的细粒岩石才有可能成为烃源岩，因为其可能富含有机质并且得以保存。碳酸盐岩所占比例的高低在一定程度上能够反映沉积水体的深浅，水体较深时，湖水受注入淡水影响小，盐度高，易于钙质的析出和有机质的保存；水体较浅时，湖水受注入淡水影响大，盐度相对较低，钙质的析出往往会受到影响，此外，水中携带的氧易将有机质氧化。钙质含量的高低与有机质的保存在统计规律上呈现一定的正相关性（图4-8、图4-9）。研究发现，咸化湖盆中生烃泥岩主要存在两种类型，暗色泥（灰）岩和棕灰色泥岩（图4-10），棕灰色泥岩为无效烃源岩，暗色泥灰岩和灰质泥岩为滨浅湖-半深湖相沉积，水体较深有利于有机质的保存，属于有效烃源岩。通过对比发现，与其他地区明显不同的是，咸化湖盆灰质泥岩的有机碳含量高，为研究区优质烃源岩，暗色泥岩的有机碳含量低，为次烃源岩。

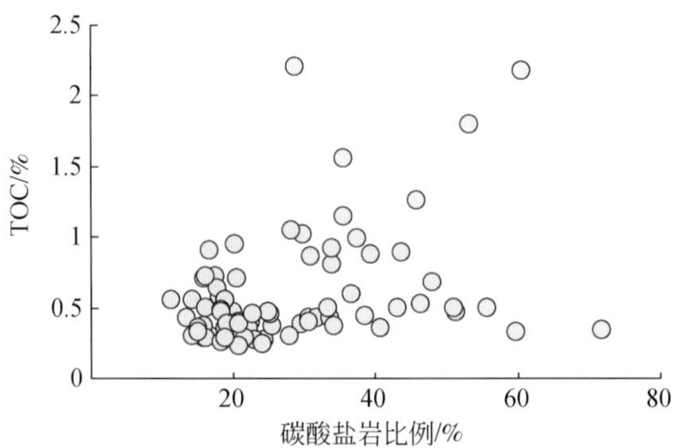

图4-8　咸化湖盆碳酸盐岩含量与TOC相关性分析

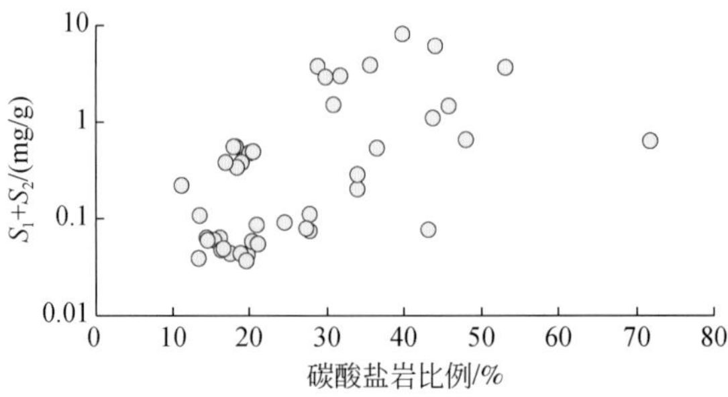

图4-9　咸化湖盆碳酸盐岩含量与 S_1+S_2 相关性分析

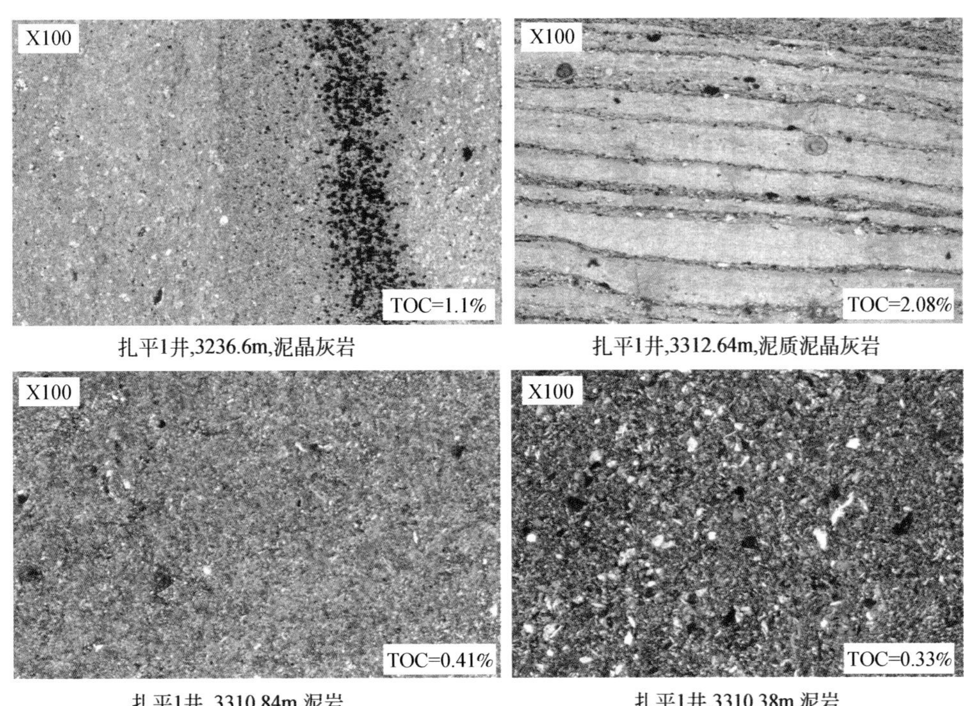

图4-10　咸化湖盆不同岩性的烃源岩薄片

根据岩性划分标准，按碳酸盐岩所占比例25%将烃源岩分为两类（图4-11、图4-12），对比可以发现大部分碳酸盐岩所占比例小于25%的源岩（泥岩类烃源岩）S_1+S_2 都很低，甚至有部分TOC大于2%的源岩 S_1+S_2 值依然在0.5mg/g以下，对于碳酸盐岩所占比例大于25%的源岩（泥灰岩类烃源岩），当TOC大于0.6%后，S_1+S_2 普遍较高，初步认定0.6%是优质烃源岩下限。泥岩类烃源岩TOC平均为0.51%，泥灰岩类烃源岩TOC平均为0.9%。

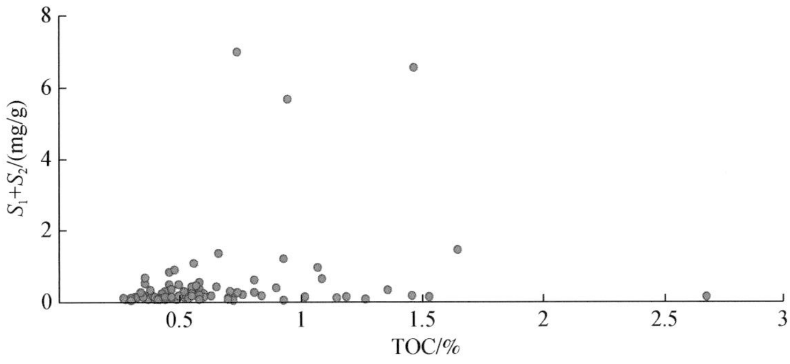

图4-11　咸化湖盆TOC与 S_1+S_2 相关性分析（碳酸盐比例<25%）

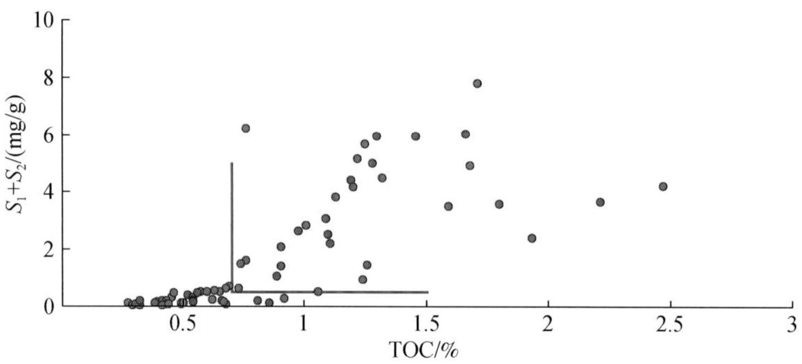

图 4-12　咸化湖盆 TOC 与 S_1+S_2 相关性分析（碳酸盐岩比例>25%）

测井图上，两类烃源岩具有显著不同的特征，泥灰岩类烃源岩在岩性扫描测井上一般可直观识别，其钙质相对较高，指示泥灰质发育，常规测井上呈现三高一低的特征（GR、U、Rt 高值，AC 低值，图 4-13 所示 3277～3280m）。泥岩类烃源岩在岩性扫描测井显示泥质较高，钙质含量低，常规测井上具有三高两低的特征（GR、AC、KTH 高值，Rt、U 低值，图 4-13 所示 3269～3272m）。

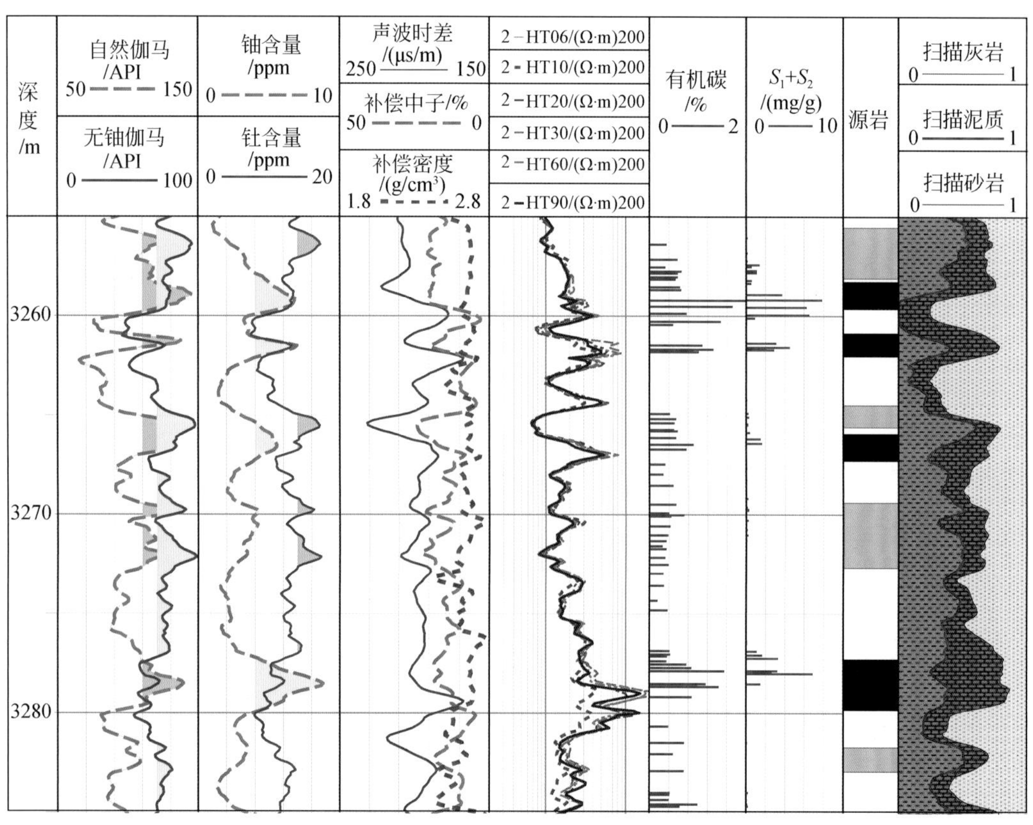

图 4-13　咸化湖盆烃源岩测井特征

二、岩性控制物性

中国陆相致密油的岩性可分为两类，即粉细粒级碎屑岩和致密型碳酸盐岩，尽管其种类复杂多样，组分含量变化也大，但其对物性的控制作用十分显著，这是个共性规律。

（一）砂岩致密油

一般地，粉细粒级碎屑岩以微细小孔喉、中低孔隙度和低渗透率为主要特征，如鄂尔多斯盆地三叠系延长组长 7、松辽盆地白垩系高台子油层、准噶尔盆地二叠系芦草沟组和渤海湾盆地古近系沙河街组等致密油储层。碳酸盐岩类致密油储层常为细粒碎屑滩沉积，具有一定的储集空间，有时可形成相对高孔隙度储层（如准噶尔盆地芦草沟组上段储层），但以低孔隙度分布为主，如四川盆地川中地区侏罗系大安寨段的介壳灰岩的孔隙度小于 2%，喉道半径为 0.004～0.036μm。

如表 4-2 所示，岩性控制物性作用明显：随着砂岩粒径减小，孔渗快速降低、排驱压力大幅加大，由此导致储层产能级别差异大，细–粗砂岩可获得较高的自然产能，极细–粉砂岩具有一定的自然产能但压裂后可获得高产，而灰质砂岩–粉砂岩则产能低。

表 4-2　柴达木盆地扎哈泉地区中新统致密油的岩性–物性特征

岩性	储集空间类型	孔隙度/%	渗透率/mD	排驱压力/MPa	孔喉半径峰值/μm	含油级别	试油情况
细–粗砂岩	原生孔、溶蚀孔、微裂隙	6～12	>1	<1	20～10	油斑–油浸	自然产能高
极细–粉砂岩	原生孔、溶蚀孔	5～8	0.2～1	1～10	10～2	油斑–油迹	具自然产能，但压裂后高产
灰质砂岩–粉砂岩	原生孔、溶蚀孔、晶间孔	3.5～5	0.05～1	>10	<2	油迹–荧光	压后具有一定产能

松辽盆地南部扶余致密油储集层主要为网状河道、决口河道、分流河道和席状砂沉积，根据储层粒度分析和薄片鉴定结果，扶余油层以细砂岩和粉砂岩为主，碎屑成分主要为石英、长石和岩屑。岩石物理实验结果表明，储层岩性对物性具有较强的控制作用，随岩性变细，泥质含量增加，储层孔隙度和渗透率均降低，尤其是渗透率降低明显。图 4-14 为泉四段储层取心分析与测井响应关系图，2039～2085m 层段储层以砂泥岩薄互层为主，取心岩性描述以粉砂岩为主，测井响应表现为高伽马特征，岩心分析孔隙度较低，主要为 1.5%～6%，少量可达 8%，渗透率整体小于 0.1mD；而 2100～2131m 层段储层以厚层细砂岩为主，局部夹有泥岩，测井响应为低伽马特征，岩心分析孔隙度为 8%～10%，渗透率整体上大于 0.3mD，储层物性明显优于粉砂岩储层。根据储层孔隙结构研究分析结果，

一类储层以细砂岩为主，二类储层和三类储层以粉砂岩为主。

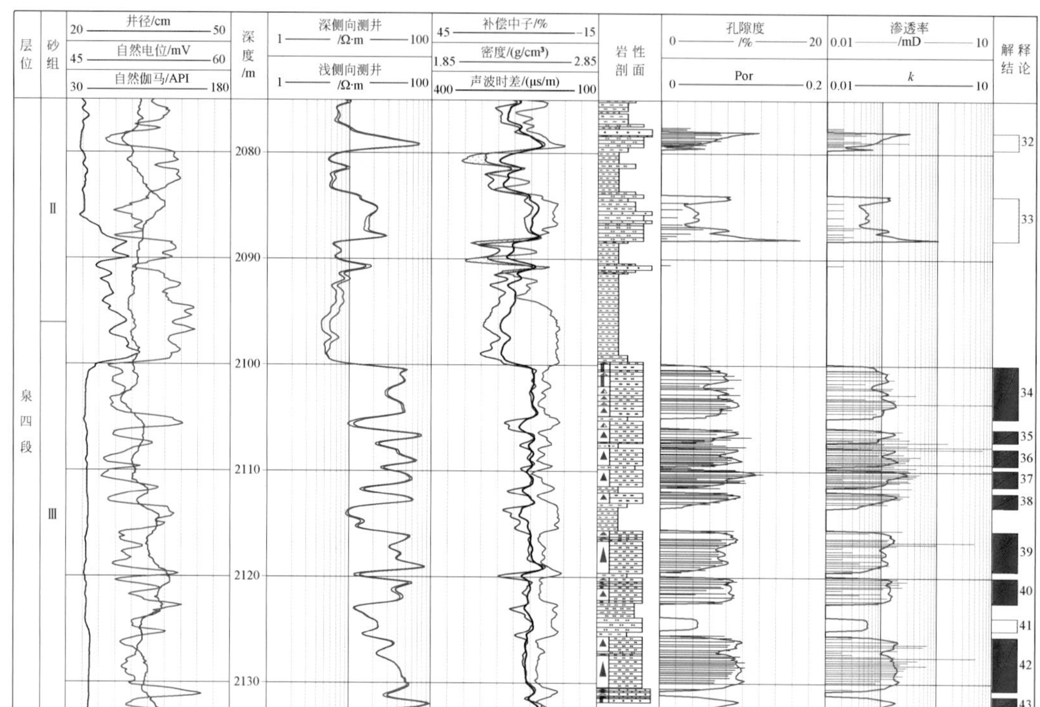

图 4-14　松辽盆地扶余油层储层物性与岩性关系测井综合图

（二）混积岩致密油

渤海湾盆地束鹿凹陷沙三下泥灰岩段整体上孔渗分布杂乱复杂（图 2-32），基本无规律可循，但细究后即可知，此为岩性种类的复杂性而致，物性优劣与岩性关系紧密。整体上，颗粒支撑砾岩储层孔隙度最好，纹层状泥灰岩、块状泥灰岩次之，杂基支撑砾岩和岩屑砂岩较差。储层渗透性变化大，主要受裂缝发育程度影响。泥灰岩类中，纹层状泥灰岩因顺层缝发育，物性好于块状泥灰岩；砾岩类中，颗粒支撑砾岩物性好于杂基支撑的砾岩。纹层状泥灰岩和颗粒支撑砾岩中往往发育高角度裂缝（裂缝角度为 60°～80°），可进一步改善储层的渗透性。

吉木萨尔芦草沟组储层岩性复杂，主要的储集层为白云岩类和粉细砂岩类，根据不同岩性的孔渗分析结果可以看出（图 4-15～图 4-17），岩性对储层物性具有一定的控制作用，物性较好的岩性主要为云屑粉细砂岩、粉细砂岩和砂屑云岩；随黏土含量增加，储层孔隙度和渗透率变差；随砂质含量增加，储层孔隙度和渗透率变好。测井综合评价结果也表明，砂屑云岩类和粉细砂岩类为致密油主要“甜点”储层的岩石类型。

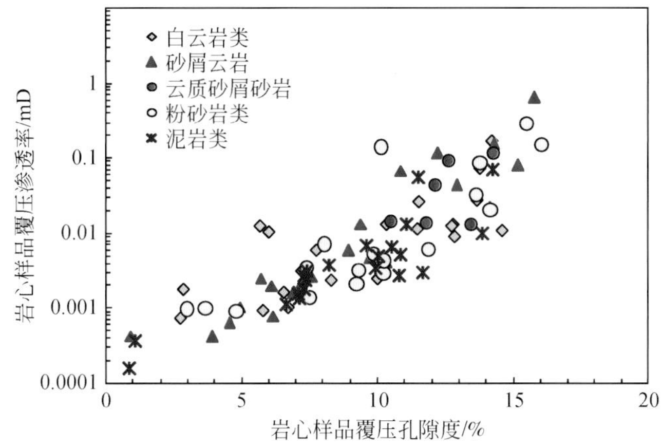

图 4-15　吉木萨尔芦草沟组储层岩性与物性关系

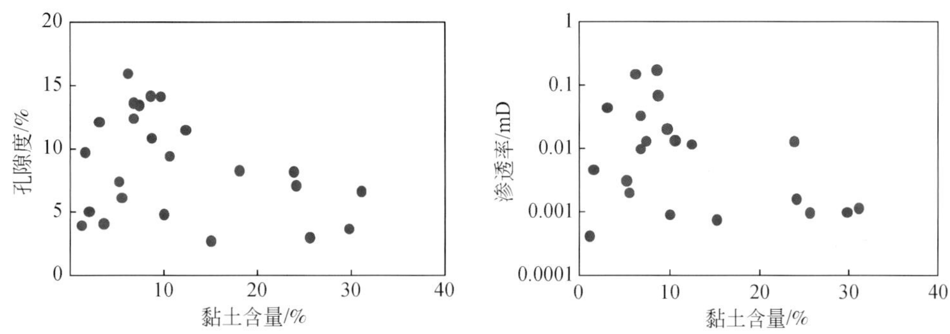

图 4-16　黏土含量与孔隙度-渗透率关系图

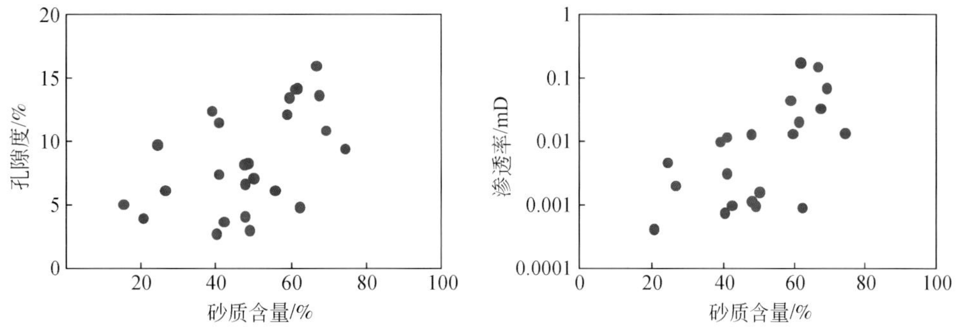

图 4-17　砂质含量与孔隙度-渗透率关系图

根据全岩 X 衍射分析数据，三塘湖盆地二叠系条湖组沉凝灰岩致密油储层物性与黏土总量关系密切（图 4-18）。由图可知，随黏土总量的增加孔隙度与渗透率逐渐减小。石英为刚性成分，随石英含量增加，岩石的刚性增加，抗压能力增加，颗粒质点间孔隙得以保存，而黏土为塑性成分，受压易变形，其含量越多对储层孔隙保存越不利，同时黏土增多，孔隙减小，储层渗透性降低。岩心分析黏土总量小于 6% 的储层物性相对较好，反之物性较差。

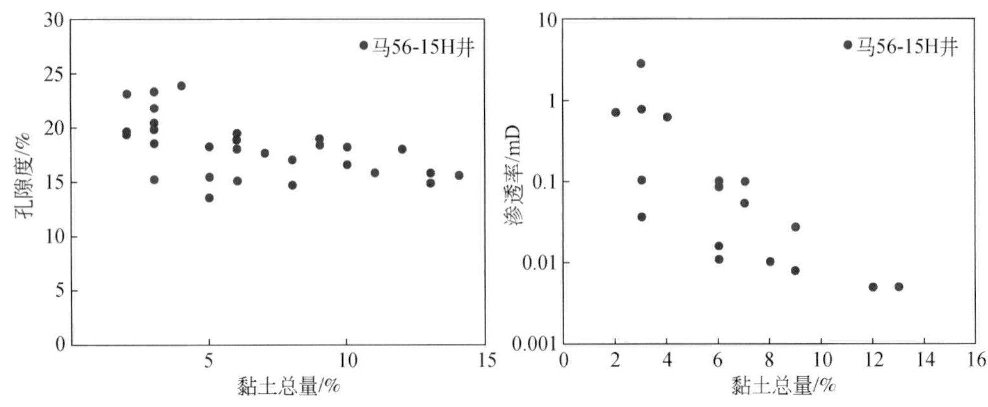

图 4-18　条湖组二段致密油储层岩石黏土含量与孔渗关系

需要指出的是，对于源储一体型致密油，烃源岩对物性也有一定的改造作用。沉积初期未成熟的源岩会排出腐殖酸，而成熟的源岩则会排出羧酸，这些有机酸进入储层后，将会占据一定的储集空间、缩减一定的喉道半径，这对储层的物性不利。但是，当储层中含有碳酸盐岩类岩性时，这些有机酸可产生溶蚀孔，加大孔隙度、提高渗透性，对储层的物性有一定的改善作用（图 4-19）。

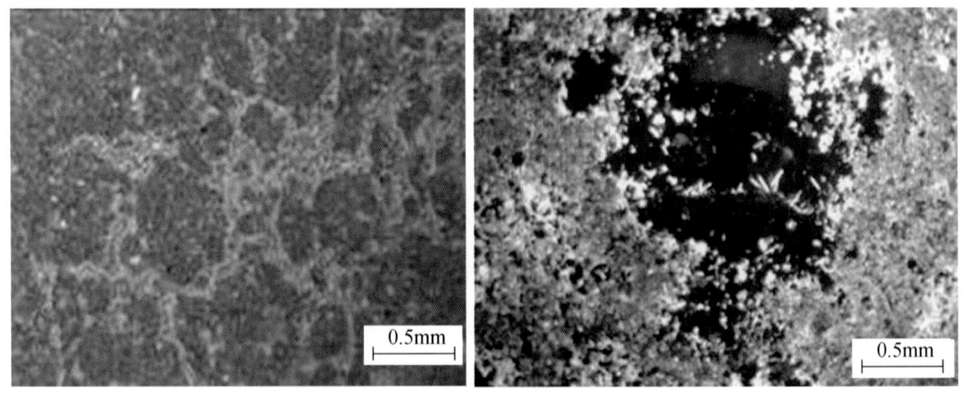

图 4-19　砂屑云岩溶蚀孔隙改善储层物性

三、烃源岩特性与储层物性双重作用控制含油性与电性

致密油的含油性和电性受烃源岩特性与储层物性的双重作用控制，具体取决于三个因素，即烃源岩的生排烃能力、储层储集油气的能力以及源储配置关系。

一般地，烃源岩排烃能力越大、储层物性越好、离烃源岩越近，储层的含油饱和度越高。当然，储层的含油饱和度不可能一直增高，这与两个因素有关，一是储层中的束缚水饱和度，其值与储层孔隙结构相关，孔隙结构越差，束缚水饱和度越高，即能够达到的最大含油饱和度值低；二是当烃类物质进入储层后，自然会升高储层的孔隙压力，当孔隙压力与排驱压力之和等于烃压力时，成藏过程达到动态平衡，含油饱和度达到最大值。

对于源内致密油，当烃源岩的生排烃能力强时，排烃增压作用明显，在此压力驱动下，烃类物质可源源不断地注入储层中，尤其是对于物性较好、孔喉半径较大、排驱压力较低的储层，这种作用更强，由此导致含油性好、含油饱和度高，即在同一烃源岩背景下储层物性越好，含油性越好，测井电阻率越高。相反地，如果烃源岩排烃压力小于储层排驱压力，则储层难以成藏。因此，源内致密油的成藏与否，取决于烃源岩排烃压力和排驱压力的相对大小关系。

图 4-20 指出，松辽盆地青山口组青一段源内致密油的含油性受物性控制作用明显。油浸粉砂岩的孔隙度大于 10%，油斑粉砂岩的孔隙度介于 8% ~10%，油迹粉砂岩的孔隙度介于 3% ~8%。孔隙度小于 3% 的粉砂岩，基本上不含油，即油气不能突破此类低孔隙度储层的排驱压力而成藏。

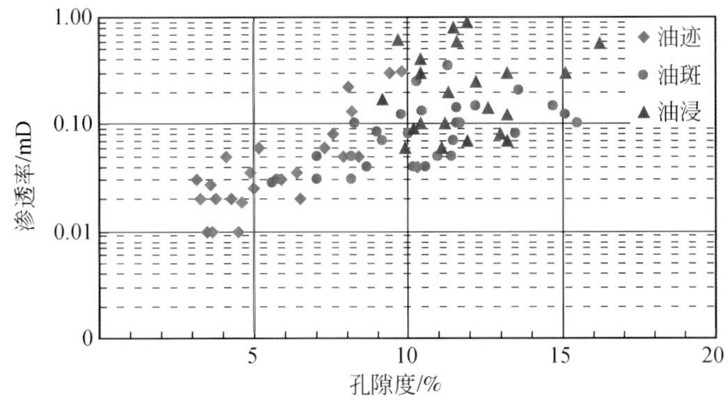

图 4-20 松辽青山口组青一段源内致密油储层含油性与物性关系

图 4-21 为吉木萨尔芦草沟组源内致密油储层含油性与物性关系，由图可见，随储层物性变好，储层含油性级别升高，反映物性控制含油性作用明显。孔隙度大于 9%、渗透率大于 0.005mD 的储层以油浸和油斑为主，孔隙度小于 5%、渗透率小于 0.003mD 的储层为荧光显示，反映储层含油性较差，油气难以突破此类储层的排驱压力而成藏。

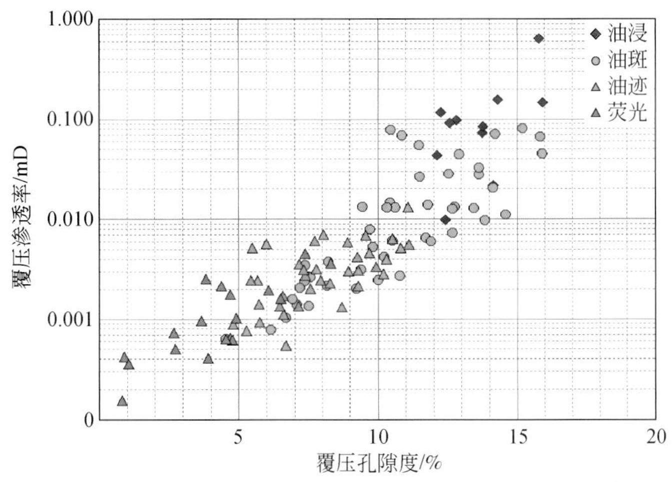

图 4-21 吉木萨尔芦草沟组源内致密油的含油性与物性关系

近源致密油储层的含油性主要受烃源岩品质、储层物性、源储距离等因素控制。当烃源岩相近时，储层含油性与物性相关性好。从沉凝灰岩储层荧光薄片资料可以看出，储层主要为基质含油（图4-22），沉凝灰岩储层含油饱和度较高，含油饱和度大于40%的占80%，含油性与孔隙度呈正相关，即储层物性越好、含油饱和度越高。

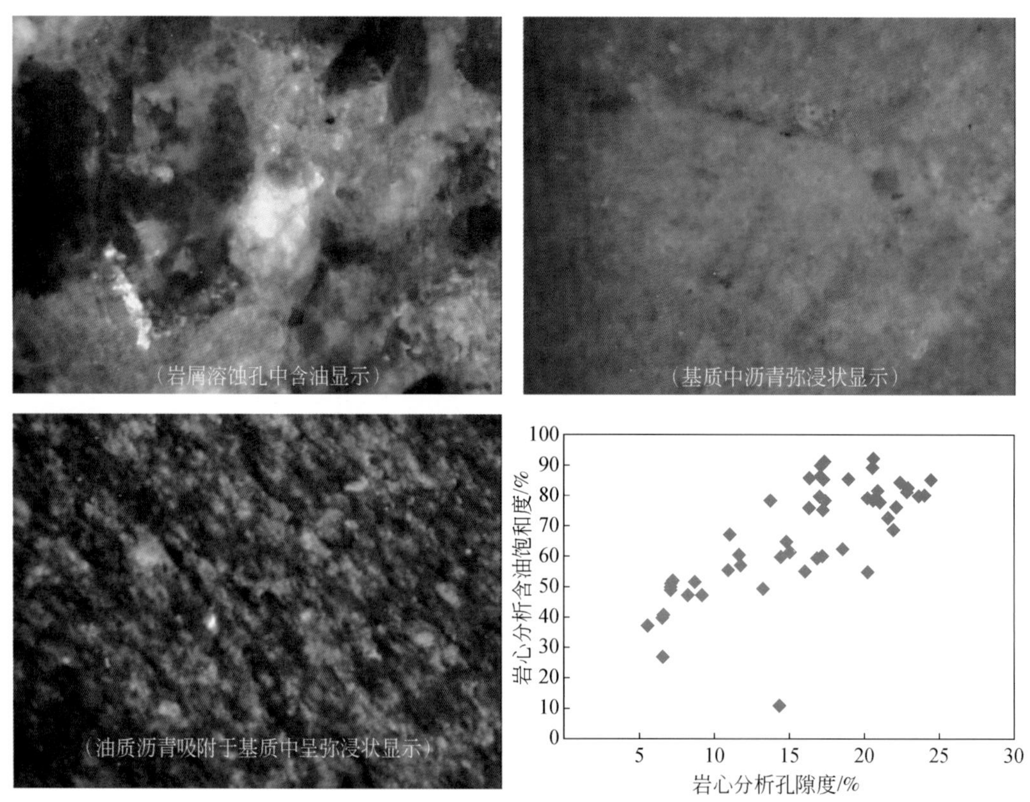

图4-22　条湖组荧光薄片及含油性统计

图4-23为鄂尔多斯盆地陇东地区致密油储层不同物性条件下储层含油性和电性测井曲线图。有图可见，与底部烃源岩直接接触到储集层砂体含油性受物性控制作用明显，2221～2230m层段储层物性优于2230～2248m层段，岩心分析含油饱和度和测井电阻率均较高，虽然2230～2248m层段储层距离烃源岩更近，但由于储层物性差，含油性和电性均较差。

对于近源致密油，含油性不仅与烃源岩特性和物性的双重控制作用有关，而且与源储间距离有关。当储层离烃源岩较远时，在烃浓度扩散作用下导致烃压力减小，其成藏难度大，含油性会逐渐变差。如图4-24所示，松辽盆地扶余油层是源下致密油，其试油效果显示，距离烃源岩越远，测试的水层数越多。究其原因是，物性相对较好的储层离青一段烃源岩较远，含油性变差；而物性相对较差的F3和F4油层组的源储接触较好，含油性较好。

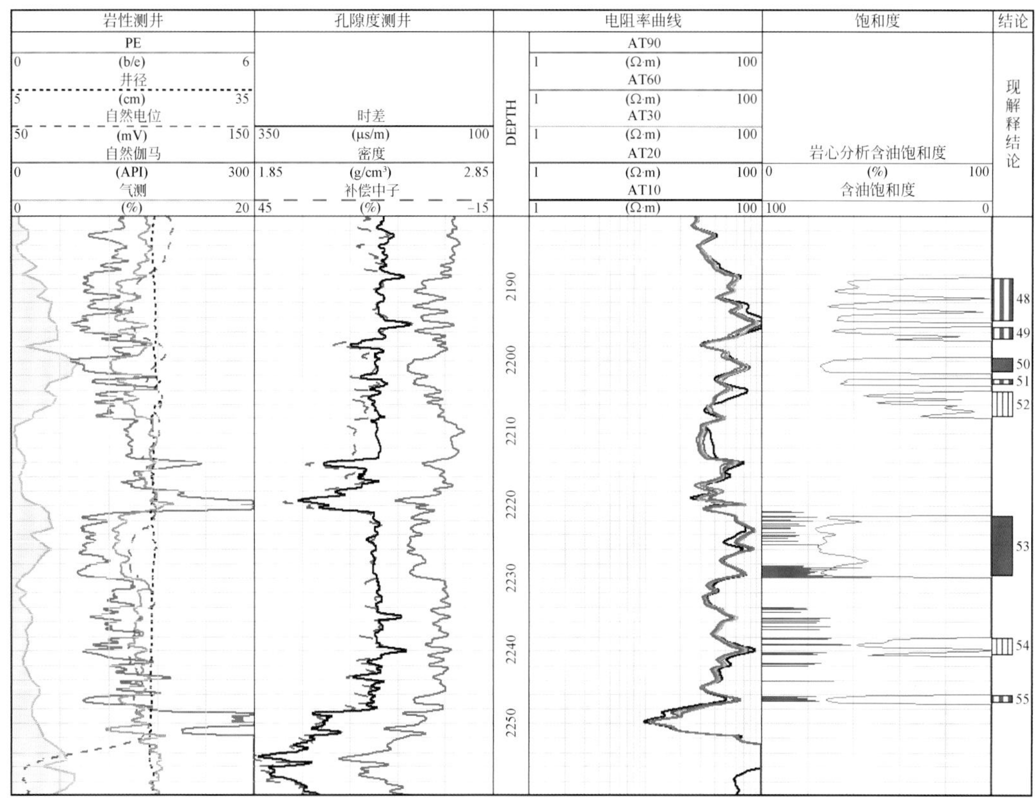

图 4-23 鄂尔多斯盆地致密油储层物性与含油性和电性关系

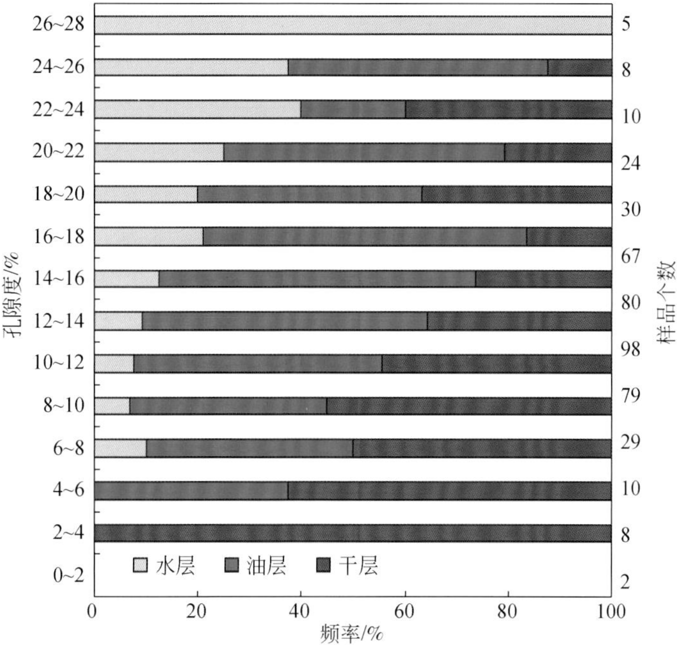

图 4-24 松辽盆地北部扶余油层含油性与流体类型的关系

鄂尔多斯盆地致密油分布及含油性和电性与烃源岩分布范围密切相关，盆地中心烃源岩厚度大，有机质丰度高，TOC 大，与之紧邻的致密油储层含油饱和度和测井电阻率均较高；随着距盆地中心距离增加，储层含油性逐渐变差，到盆地边缘时致密油成藏时以侧向运移为主，储层含油性和电性变差，充注程度低，油水同层较发育。图 4-25 和图 4-26 为鄂尔多斯盆地距烃源岩不同距离的致密油成藏模式与测井响应。由图可以看出，储层物性相近时，随距烃源岩距离增加，致密油储层的测井电阻率降低，反映储层含油饱和度呈逐渐降低的趋势。

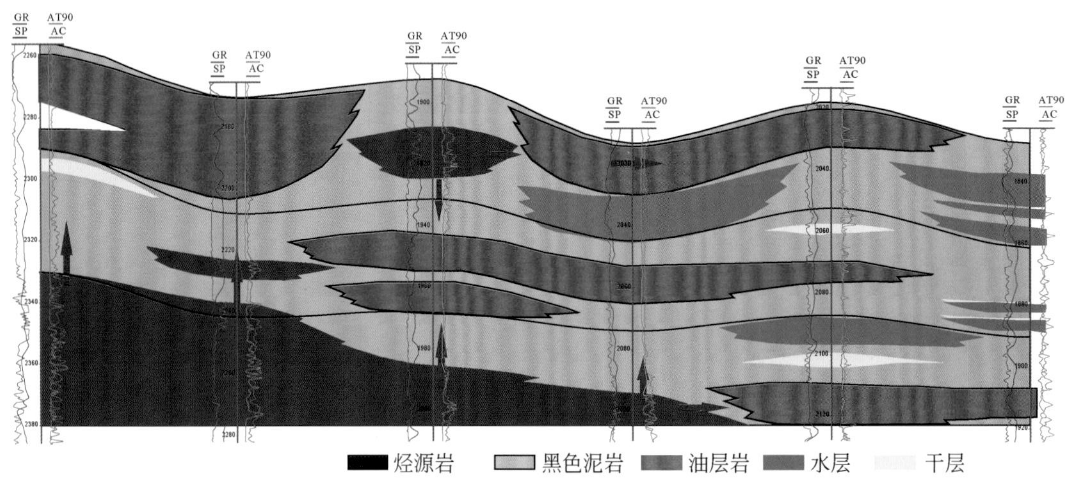

图 4-25　近源致密油储层含油性和电性与距烃源岩距离关系

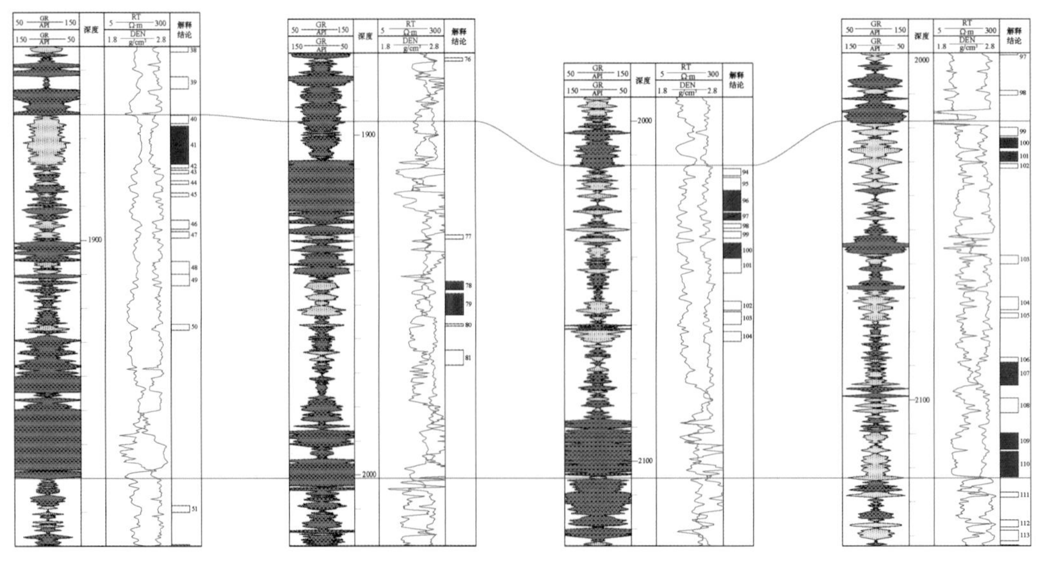

图 4-26　近源致密油储层测井解释油层与烃源岩关系

与常规油气一样，含油性和物性对电性控制作用的特征是相同的，即含油性好，则含油饱和度高，这将使得储层电阻率值增大，在充注程度较高的致密油储层中，测井电阻率大小主要受含油饱和度的影响，测井电阻率可较好地反映储层含油饱和度的变化。

四、岩性与物性双重作用控制脆性与岩石力学参数

1. 岩性控制脆性

不同种类的岩石，其脆性差异较大，两者息息相关。通常地，黏土含量较低的“纯净”碎屑岩和碳酸盐岩脆性较好，而石英含量增加则脆性提高，如图4-27所示。岩石结构对脆性有一定的控制作用，胶结物的成分与含量对脆性的控制作用尤其明显。

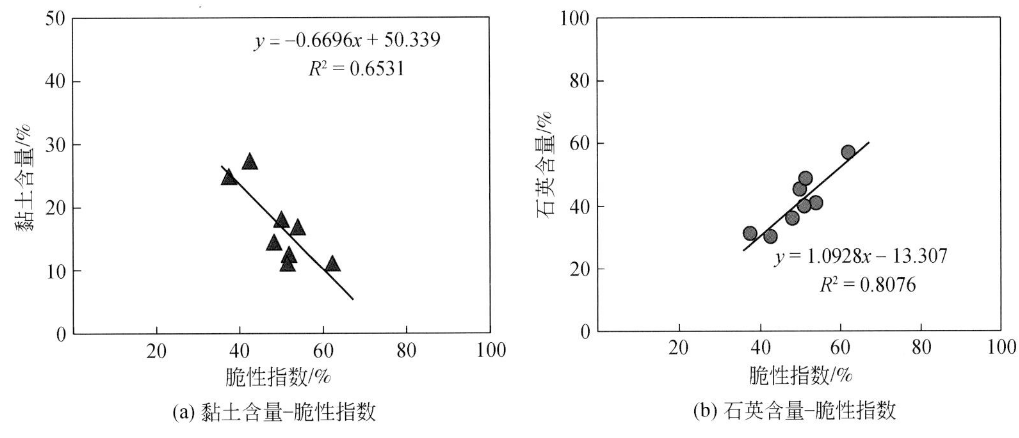

(a) 黏土含量-脆性指数　　(b) 石英含量-脆性指数

图4-27　鄂尔多斯盆地长7段岩石脆性指数的变化规律

在混积岩和沉凝灰岩等复杂岩性储层中，不同岩性储层脆性和岩石力学参数不同，阵列声波测井计算的岩石力学参数表明（图4-28），云质颗粒支撑砾岩抗张强度大、塑性

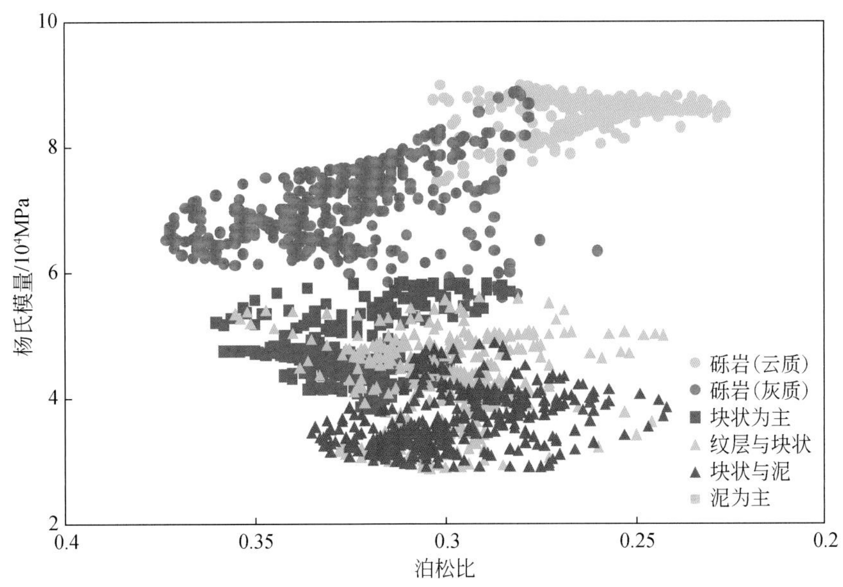

图4-28　不同岩性储层岩石力学参数特征和脆性特征

小、容易压裂；块状泥灰岩抗张强度小、塑性大、不容易压裂。条湖组测井评价结果表明(图4-29)，沉凝灰岩段的泊松比、最大和最小水平主应力、破裂压力均小于泥岩段和玄武岩段，易于压裂（表4-3）。

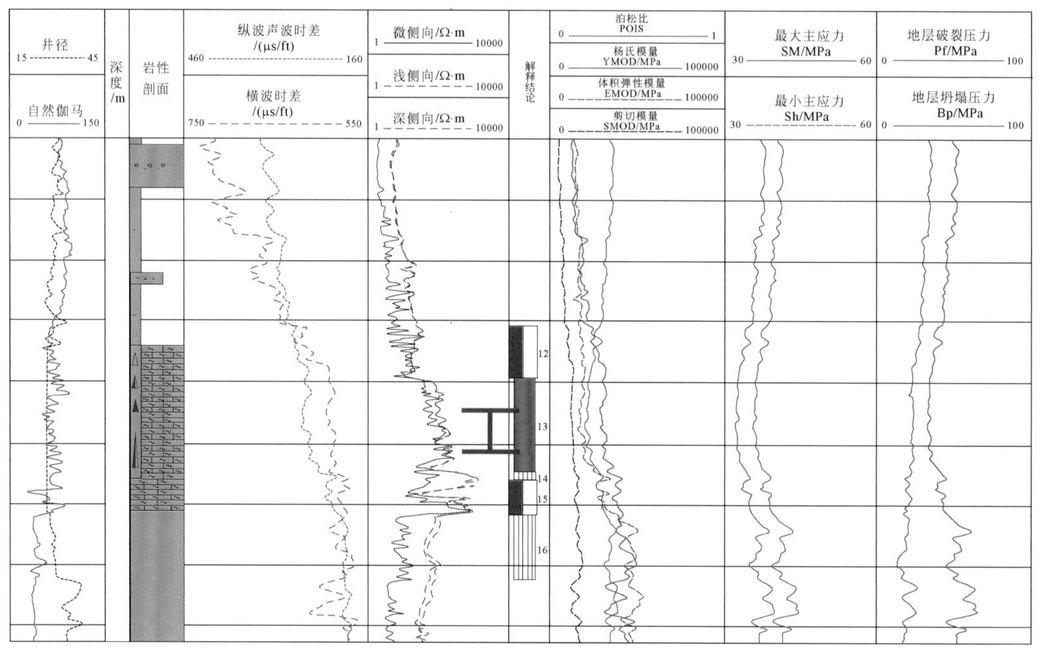

图4-29　储层岩石力学参数测井评价结果

表4-3　不同岩性储层岩石力学参数特征表

岩性	纵波时差/(μs/m)	横波时差/(μs/m)	泊松比	杨氏模量/GPa	破裂压力/MPa	最大主应力/MPa	最小主应力/MPa
泥岩	312.1	634.0	0.338	14.8	48.3	47.4	41.7
凝灰岩	256.5	428.1	0.219	30.7	34.2	40.3	34.2
玄武岩	195.4	410.7	0.351	40.8	53.7	49.8	42.1

2. 物性控制脆性

对一般的碎屑岩，特别是泥质胶结的细粒级的粉细砂岩，孔隙度越大，脆性越差。但是，对于以溶蚀孔隙为主的碳酸盐岩或钙质、硅质胶结的粉细砂岩，岩石的脆性一般不受物性的控制，并且会出现孔隙度越大，脆性越好的情况。

3. 脆性与力学特性密切相关

岩石的脆性与岩石的其他力学性质直接相关。在埋深相同的条件下，黏土含量低，则储层的杨氏模量高、泊松比低、地应力相对较小、闭合应力低、破裂压力小。反之，黏土含量高，杨氏模量低、泊松比大、地应力数值较大、闭合压力高、破裂压力大，这是一般泥岩的闭合应力和破裂压力高于储层的基本成因。图4-30指出，砂岩的杨氏模量均较泥岩大，而砂岩的泊松比则较泥岩小，这种差异性较为明显，且动态参数的差值较静态参数差值要大一些。

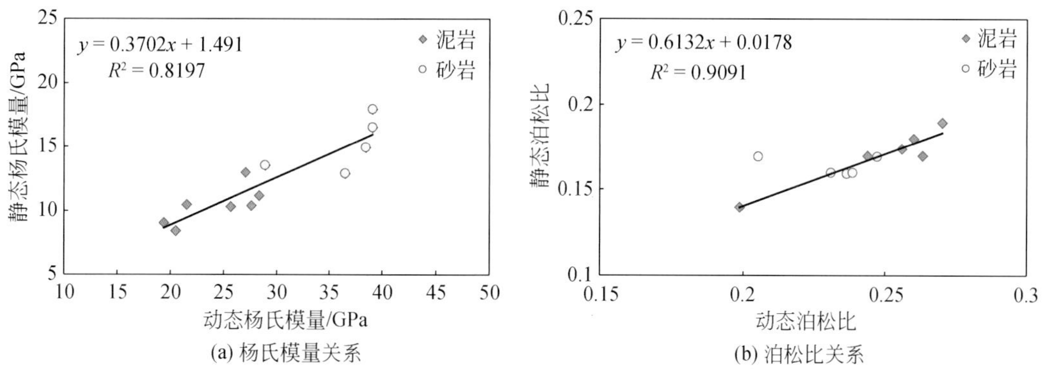

图 4-30　松辽盆地扶余油层的动静态杨氏模量、泊松比关系图

岩石的脆性除与岩性和物性有关外，还与储层的砂体结构有关。图 4-31 为模拟不同泥质含量储层从块状砂岩到薄互层砂岩的脆性变化关系，由图可见，随砂体结构变差和泥质含量增加，储层的脆性减小。

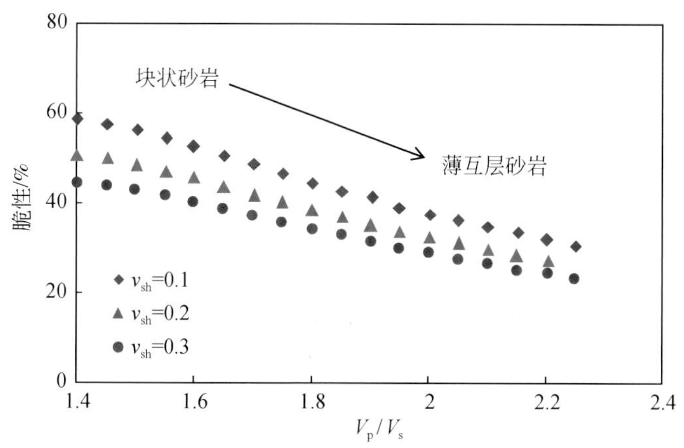

图 4-31　不同砂体结构储层脆性模拟结果

Deer 和 Miller（1969）根据大量室内试验结果建立起来的砂岩和碳酸盐岩单轴抗压强度的变化规律，也清楚地说明岩石力学性质与泥质含量间存在明显的关系。

对于砂岩该规律为

$$\sigma_c = 0.0045E_d(1-V_{sh}) + 0.008E_d \cdot V_{sh} \tag{4-1}$$

对于碳酸盐岩地层该规律为

$$\sigma_c = 0.0026E_d(1-V_{sh}) + 0.008E_d \cdot V_{sh} \tag{4-2}$$

式中，σ_c 为单轴抗压强度，MPa；E_d 为动态杨氏模量，MPa；V_{sh}为泥质含量，小数。

第二节　典型井的“七性关系”

“七性关系”研究是致密油测井评价的基础工作。为了做好致密油测井评价，需要选取关键井，从岩石物理实验到“七性”特征参数测井计算开展系统的研究工作，并在单井测井解释成果图上展现出来，即建立致密油“七性关系”铁柱子井。

铁柱子井一般由两部分组成。一部分是连续的全井段的岩心实物样品；另一部分是以连续、系统取心资料为基础的综合岩心实验分析化验资料、测井资料研究成果的单井综合评价成果图。铁柱子的内涵是具有系统的岩心基础资料（分析化验资料连续、配套）、测井资料齐全、岩心刻度测井的“七性”表征参数经岩心实验数据的检验准确、可靠，是检验各种研究成果质量的标尺。

一、源内致密油铁柱子井

（一）准噶尔盆地二叠系芦草沟组云质岩致密油-J174 井

J174 井是准噶尔盆地二叠系芦草沟组的一口典型井，下面以其为例分析源内致密油的“七性关系”，如图 4-32 所示。

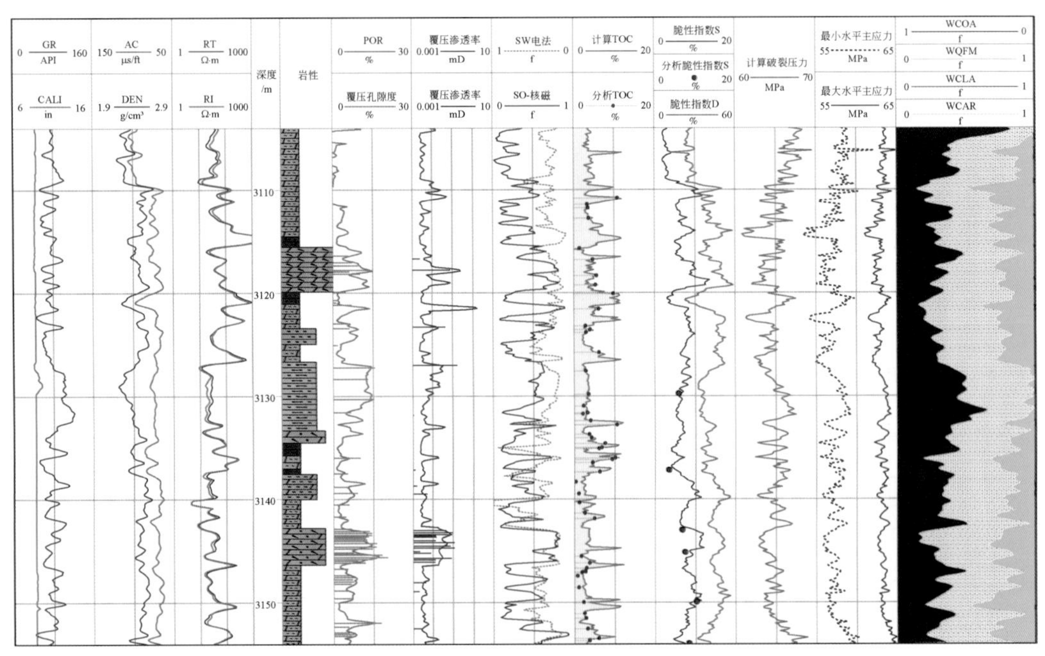

图 4-32　准噶尔盆地二叠系芦草沟组致密油典型井的“七性关系”图

岩性对源岩特性的控制作用明显。碳质泥岩源岩品质最好，TOC 普遍可达 10% 以上，其次为砂质和云质泥岩，TOC 主要分布在 2% ～6%。储层本身也具有一定的生油能力，抽提得到碳酸盐岩类储层的 TOC 平均值为 3.2%，粉细砂岩的 TOC 为 0.97%，具有典型的源储一体的特征。

芦草沟组致密油常见细粒级的碎屑岩和碳酸盐岩两类储层，该井主要储层段的特征如下：

3116～3120m 层段：储层为云屑滩沉积，主要岩性为细砂或粉砂级砂屑云岩，夹厘米级的泥晶和微晶云岩。云屑成分从上到下逐渐增加，相应地，脆性指数增大，破裂压力降低，最小水平主应力在 56MPa 左右。含油饱和度高，主要为 70%～80%。

3127～3134m 层段：储层为三角洲前缘沉积，岩性为长石岩屑粉细砂岩。岩性从上到下逐渐变细，黏土含量增加，物性和脆性从上到下逐渐变差，破裂压力和最小水平主应力逐渐增大。含油饱和度较高，主要为 60%～70%。

3143～3146.5m 层段：储层为内外碎屑混合沉积的产物，主要岩性为云屑粉细砂岩。上部云屑含量高、黏土含量低，物性和脆性好，破裂压力低。含油饱和度高，主要为 70%～80%。

由上面的分析可知：

（1）芦草沟组致密油的岩性对物性的控制作用明显，储集空间以无机孔为主，黏土含量对储层物性具破坏作用，泥岩基本无储层。

（2）岩性对脆性的控制作用明显。储层的脆性明显好于泥岩和源岩，白云石含量高的储层脆性好于粉细砂岩储层，且随黏土含量的增加，这两类储层的脆性明显变差。

（3）岩性对破裂压力和闭合应力控制明显。泥岩的闭合应力和破裂压力均高于致密油储层段 4MPa 左右，对压裂具有一定的应力遮挡作用。储层段的闭合应力较高（56～58MPa）。

（4）源岩特性、物性和源储配置关系控制含油性。由于储层本身具有一定的生油能力，且储层上下均有优质生油岩（碳质泥岩）发育，这三段储层含油饱和度高。而且，储层物性越好，含油性越好。3116～3120m 砂屑云岩，从上到下物性变好，饱和度逐渐增加；3127～3134m 长石岩屑粉细砂岩，向上物性变好，饱和度增大。好的储层段孔隙度主要分布在 9%～15%，饱和度主要分布在 70%～80%。

（二）渤海湾盆地束鹿凹陷沙三段泥灰岩致密油-ST3 井

ST3 井是渤海湾盆地沙三段的一口致密油典型井，其“七性关系”如图 4-33 所示。

岩性对源岩特性的控制作用明显。纹层状泥灰岩和块状泥灰岩源岩品质最好，暗色烃源岩母质类型好，类型指数平均在 250～450，甚至有的大于 450，有机质类型为 II_1 型；有机质丰度高，特别是可溶有机质丰度和转化率都较高，TOC 为 1.2%～2.18%，氯仿沥青“A”为 0.116～0.18mg/g，生烃潜量 11kg/t，是很好的烃源岩。有机质成熟度热演化分析表明，T_{max} 大于 435℃、R^o 大于 0.5%、埋深大于 2800m。Ⅰ、Ⅱ类烃源岩均以泥灰岩为主。同时泥灰岩也是主要的储层类型，束鹿凹陷致密油具有典型的源储一体的特征。

根据测井评价结果，将 ST3 井综合划分储层 599.6m/130 层，其中，Ⅱ类储层 201.4m/53 层，Ⅲ类储层 398.2m/77 层。全井优化 5 段进行压裂改造。图 4-33 为 ST3 井测井解释综合成果图。该井致密油储层主要有两类，即泥灰岩储层和砾岩储层。

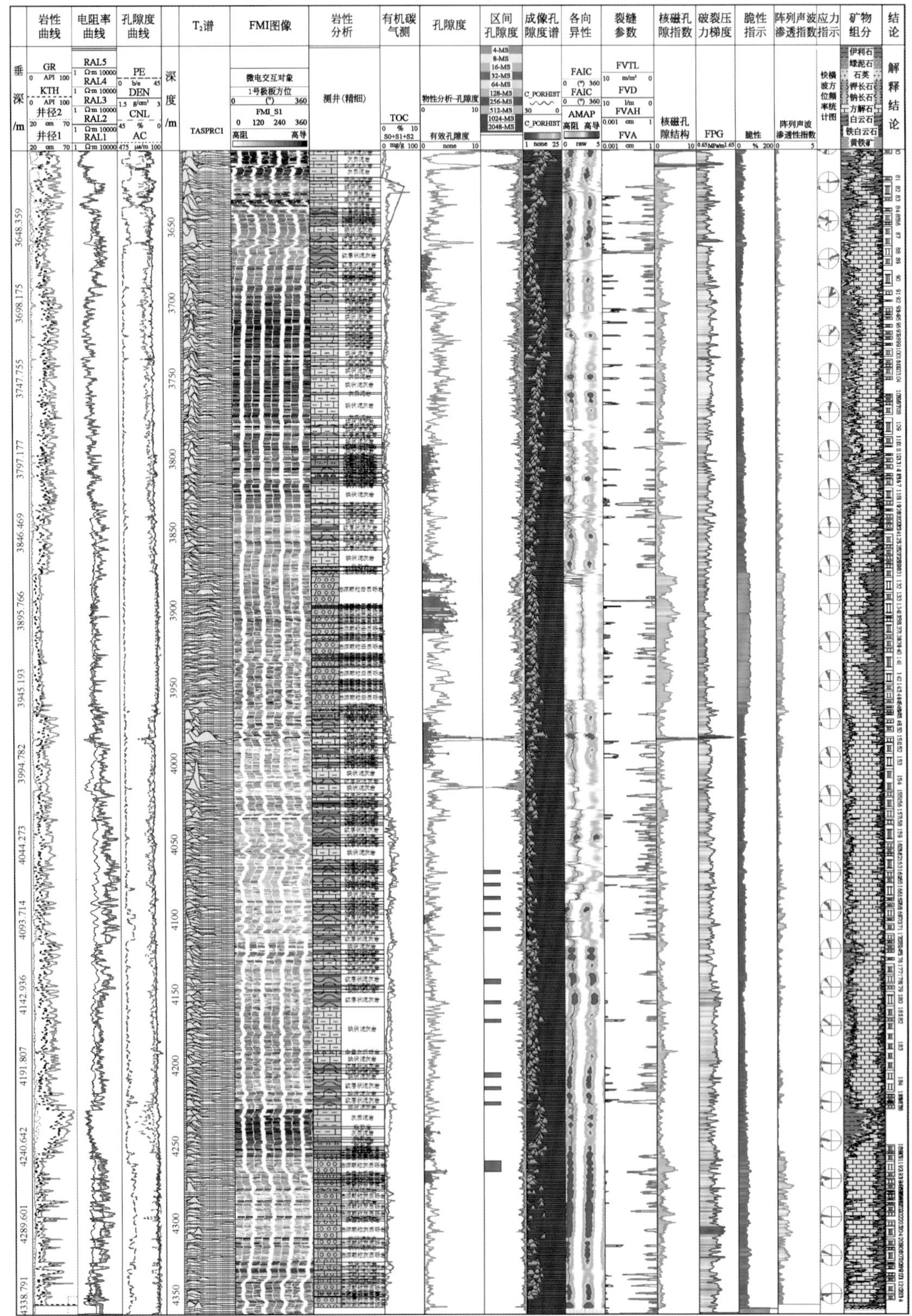

图 4-33 渤海湾盆地束鹿凹陷 ST3 井致密油“七性关系”图

第一段：4248.8～4325.0m，厚度76.2m，二类储层18.8m/8层，三类储层48.0m/10层。岩性为砾岩，气测、岩心含油气显示好，核磁孔隙结构好，电成像孔隙度谱右峰明显，裂缝较发育，阵列声波渗透性指示好，各向异性强，破裂压力低，脆性好，有机碳含量低。

第二段：4130.0～4229.8m，厚度99.8m，二类储层40.8m/8层，三类储层48.8m/4层。岩性以块状泥灰岩为主，气测、岩心含油气显示偏差，核磁孔隙结构偏差，电成像孔隙度谱右峰不明显，有一定裂缝发育，阵列声波渗透性指示偏差，各向异性中等到强，破裂压力偏高，脆性偏差，有机碳含量高。

第三段：4020.0～4130.0m，厚度110m，二类储层29.8m/7层，三类储层57.4m/10层。岩性以纹层状泥灰岩为主，气测、岩心含油气显示较好，核磁孔隙结构偏差，电成像孔隙度谱右峰不明显，裂缝比较发育，阵列声波渗透性指示偏差，各向异性弱，破裂压力低，脆性好，有机碳含量高。

第四段：3736.0～3857.4m，厚度121.4m，二类储层19.4m/8层，三类储层67.0m/17层。岩性以块状泥灰岩为主，气测、岩心含油气显示较差，核磁孔隙结构偏差，电成像孔隙度谱右峰较明显，裂缝比较发育，阵列声波渗透性指示偏差，各向异性不强，破裂压力低，脆性中等，有机碳含量偏低。

第五段：3620.0～3708.0m，厚度88.0m，二类储层17.4m/5层，三类储层49.4m/8层。岩性为块状泥灰岩与纹层状泥灰岩互层，气测、岩心含油气显示较差，核磁孔隙结构较好，电成像孔隙度谱右峰较明显，裂缝比较发育，阵列声波渗透性指示偏差，各向异性中等到强，破裂压力低，脆性中等到好，有机碳含量较高。

由上面的分析可知：

岩性与物性优劣关系紧密。泥灰岩储层孔渗关系复杂，岩性对储层物性优劣具有明显的控制作用。泥灰岩类中，纹层状泥灰岩因顺层缝发育使其物性好于块状泥灰岩。砾岩类中，颗粒支撑砾岩物性好于杂基支撑砾岩。

源岩特性和物性控制储层含油性。泥灰岩储层本身既是烃源岩又是储层，源储共生，充注条件好，储层物性越好（裂缝越发有），含油性越好。如第三段纹层状泥灰岩储层，物性好、裂缝发有，气测、岩心含油显示好，测井电阻率高。第四段块状泥灰岩储层物性差，烃源岩TOC低于第三段纹层状泥灰岩，气测和岩心含油显示较差，测井电阻率较低。

物性和含油性控制电性。以块状泥灰岩为主的储层物性较差，含油性较差，测井电阻率较低，如第二段、第四段。而纹层状泥灰岩储层物性好、裂缝发有，含油性好，测井电阻率高，为最好的储层。

岩性控制脆性。脆性与储层岩性关系密切，根据ST3井测井评价结果，砾岩和纹层状泥灰岩储层脆性最好，块状泥灰岩与纹层状泥灰岩互层的储层脆性次之，块状泥灰岩储层脆性最差。

二、近源致密油“铁柱子”井

（一）鄂尔多斯盆地延长组长7_2段砂岩致密油C96井

C96井是鄂尔多斯盆地三叠系延长组的一口系统取心井，属于半深湖、深湖重力流沉积，发育一套灰黑色、黑色的泥岩、页岩与灰色、灰褐色的粉细砂岩互层的储集体。该井测井系列配套齐全，开展了系统的岩石物理实验分析和测井评价，下面以其为例分析近源致密油的“七性关系”，如图4-34所示。

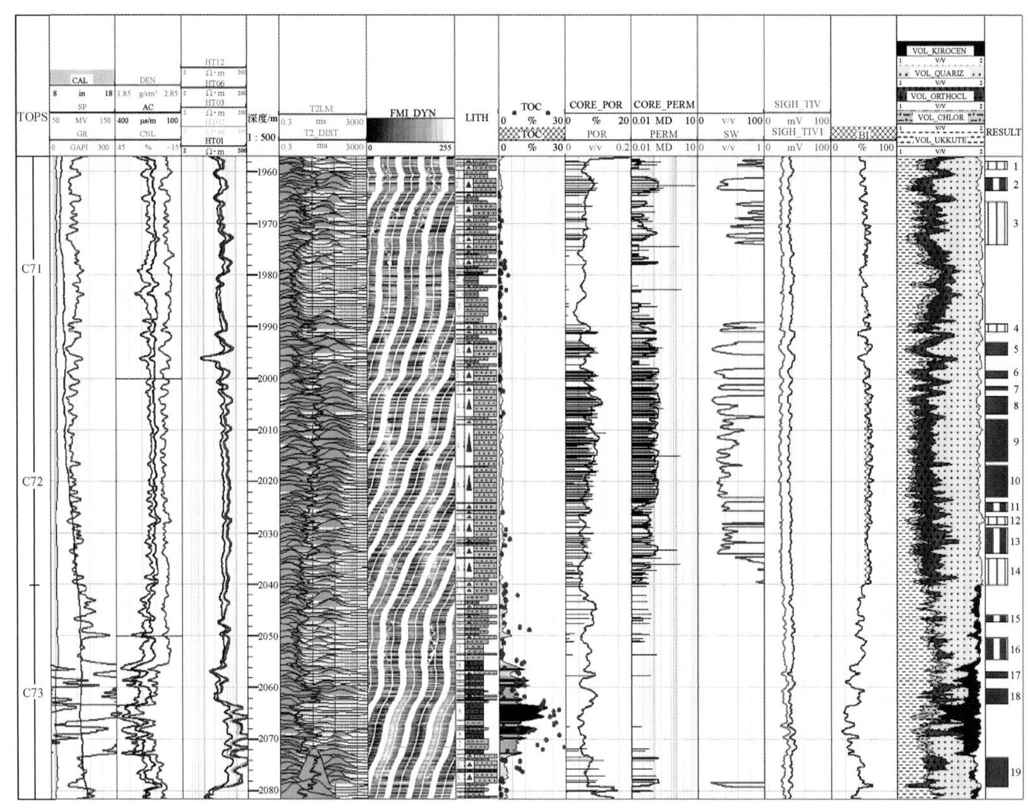

图4-34 鄂尔多斯盆地三叠系延长组致密油典型井测井综合评价成果图

岩性对源岩特性的控制作用明显。C96井长7_3段为主力生油岩，以页岩岩相和泥岩岩相为主，烃源岩厚度达到18m。其中页岩源岩品质最好，黑色泥岩次之，一般泥岩最差。通过Lithsanner测量的有机碳计算结果表明，长7_3段平均TOC为9.5%，与岩心分析结果一致性较好，以Ⅰ类和Ⅱ类烃源岩为主。

通过烃源岩地球化学参数和储层物性对比分析，盆地长7致密油段，大面积展布的砂岩储集体与页岩、黑色泥岩互邻共生，近源储层在异常高压的持续作用下，油气就近连续充注，油气富集程度高，形成了大面积连续性致密油藏。

岩性对物性和脆性控制作用明显。从常规测井解释剖面及岩心描述来看，该井长7_1段主要为层状砂岩，泥质中间夹少量薄砂岩，以粉砂岩和细砂岩为主，物性较差；长7_2段以块状细砂岩为主，物性较好。针对长7_2主力砂岩段通过X衍射全岩分析数据标定Lithscanner模型处理参数，定量解释了石英、长石、碳酸盐、黏土、黄铁矿、干酪根等岩石组分，其中脆性矿物平均含量达54.3%；长7_3段富含黄铁矿和干酪根。

储层物性与砂体结构特征控制含油性。从核磁孔隙结构测井定量评价结果看，该井长

7_2上部储层物性相对较好，砂体结构为块状砂体，核磁有效孔隙度为7%～9%，长T_2谱比较发育，反映可动流体饱和度高，测井解释含油饱和度高达70%以上；下部储层物性变差，砂体结构逐步变为层状砂体，核磁有效孔隙度降低，孔隙连通性变差，可动流体饱和度低，测井解释含油饱和度约60%。

通过对长7_2段岩石岩性、矿物组分、物性、砂体结构、孔隙结构及可动流体等的综合分析，明确了C96井长7优质储层控制因素，根据储层品质优选了致密砂岩射孔井段。

地应力特性、储隔层应力差与储层品质相结合优化射孔层段压裂方案设计。基于电成像测井，通过井眼崩落、诱导缝及快慢横波判断C96井旁现今最大水平水平主应力方位为NE85°，近东西向。基于阵列声波地应力计算以及岩心试验结果表明，该井长7_2射孔段上下储隔层应力差大于5MPa，上下隔层厚度约15m，破裂压力为15MPa，将弹性模量、岩石强度、地应力等参数输入压裂模拟软件，综合确定压裂设计基本参数为净液量854m^3，砂量86m^3，排量5m^3，砂浓度18%。

综上所述，根据C96井“七性关系”分析和烃源岩品质、储层品质、工程力学品质等测井定量评价，识别出井眼剖面上地质和工程“甜点”，为压裂改造层段优选、压裂方案优化设计提供了技术支持。最终通过对长7_2段致密油层实施纤维体积压裂，试油获得21.42t的工业油流，取得了较好效果。

（二）松辽盆地泉四段砂岩致密油-R59井

R59井是松辽盆地南部扶余油层一口系统取心井，测井系列和岩石物理实验分析配套齐全，下面以其为例分析松辽盆地扶余近源致密油的“七性关系”特征，如图4-35所示。

岩性对源岩特性的控制作用明显。松辽盆地南部青一段为主力生油岩，烃源岩厚度达60～80m，青一段下部黑色泥岩品质最好。整体上青一段下部烃源岩TOC高于上部烃源岩，下部源岩TOC大于2%的分布面积广，且青一段下部靠近泉四段的烃源岩品质好坏与油气富集有一定关系。Ⅰ类源岩主要分布在湖盆沉积中心的红岗西部和长岭凹陷北部区域。

岩性对脆性控制作用明显。岩石均质时，岩石脆性与脆性矿物含量成正比，与孔隙度成反比。砂岩岩石结构由块状过渡到薄互层或有层理界面时，岩石脆性变差。储层泥质含量增加时储层脆性变差。

岩性控制储层物性、物性控制含油性特征明显。从常规测井解释剖面及岩心描述来看，该井岩性对物性具有较好的控制作用。如图4-35所示，41号层岩心描述以泥质粉砂岩为主，自然伽马测井值较高，密度测井反映储层物性较差，岩心渗透率低于0.01mD（仪器测量下限），取心无显示，测井解释为干层。取心描述为细砂岩的储层自然伽马测井均为低值，储层物性较好，平均渗透率约为0.5mD，取心显示以油斑为主，测井均解释为油水同层。

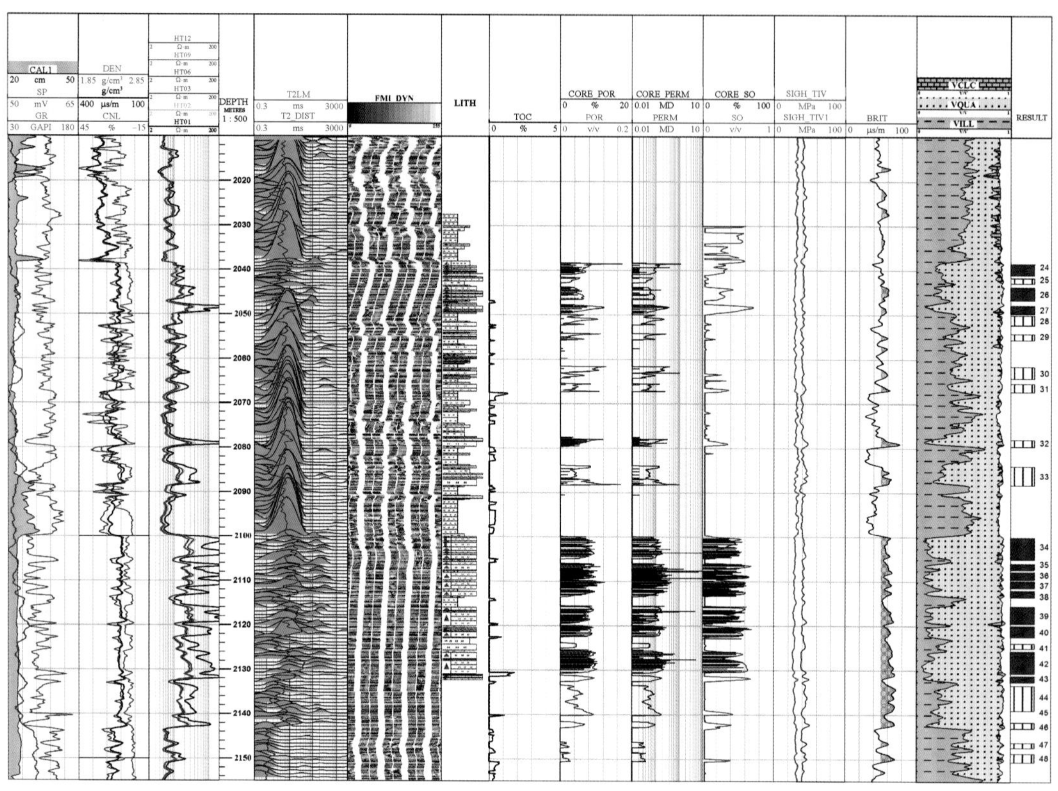

图 4-35　松辽盆地白垩系泉四段致密油典型井测井综合评价成果图

第五章　致密油“三品质”测井评价

从“七性关系”评价中，可以得到烃源岩、岩性、物性、含油性、电性与饱和度、脆性和地应力等特性参数，它们是致密油评价的基础，据此可进一步开展“三品质”评价优选出油气“甜点”，这是致密油评价的最终目的。评价的关键点之一是，“三品质”测井上如何表征；关键点之二是，如何借助于“三品质”评价成果开展源储配置分析优选出油气“甜点”。

第一节　烃源岩品质评价

烃源岩品质主要与其总有机碳含量、成熟度、有效厚度和生排烃效率等因素有关，即

$$Q_{烃源岩}=f(总有机质碳含量,成熟度,生排烃效率,有效厚度) \tag{5-1}$$

式中，$Q_{烃源岩}$为烃源岩品质。

总有机碳含量和成熟度是烃源岩品质评价的关键参数，以其为基础，可进一步开展烃源岩品质评价，下面主要论述排烃效率法和等效厚度法。

一、排烃效率烃源岩品质评价法

烃源岩中只有一部分有机质能够转化成为油气并排替出去，大部分仍残留在烃源岩中，因此，只有能够生成烃并能够排出烃的烃源岩才是有效烃源岩，即评价源岩的排烃能力十分重要。

考虑到碳是有机质中含量大、稳定程度高的元素，可用总有机碳含量来近似地反映烃源岩原始有机质丰度并估算其原始生烃潜力。以地球化学实验室分析数据为基础，在测井计算的 TOC 基础上估算出烃源岩的总氯仿沥青“A”以评价其生烃潜力大小，对于泥岩而言，其估算的经验公式可为

$$AT=(29.71\ln TOC+9.912)\times TOC/100 \tag{5-2}$$

式中，AT 为烃源岩所生的总氯仿沥青“A”，即生烃潜力，重量百分比,%。

考虑到不同类型岩石生烃潜力的差异，可以分岩性估算生烃潜力，即

粉砂质泥岩：

$$AT=(27.79\ln TOC+10.55)\times TOC/100$$

灰质泥岩与白云质泥岩：

$$AT=(46.72\ln TOC+59.18)\times TOC/100$$

第四章第一节中，描述了如何以测井资料估算出烃源岩中的残余氯仿沥青“A”，据此即可确定出已经排出烃源岩的烃量为总生烃量与残余氯仿沥青“A”之差，而排烃效率则为

$$RA=\frac{AT-A}{AT}\cdot 100 \tag{5-3}$$

式中，RA 为排烃效率,% 。

当 RA<0 时，令 RA=0。当 RA>0 时，表明烃源岩有烃类物质排出至储层中，即该烃源岩为有效烃源岩。RA 值越大，排烃效率越高，烃源岩品质好，反之亦然。

图 5-1 是排烃效率分析图。图中 2828m、2835m 以及 2850～2870m 处，TOC 较高而残余氯仿沥青“A”较低，计算出的烃源岩总生烃量远大于其残余烃量，表明这些深度上的烃源岩品质好、排烃效率高，十分有利于近储层的油气赋存，从而导致其含油饱和度高（可达 80%）。

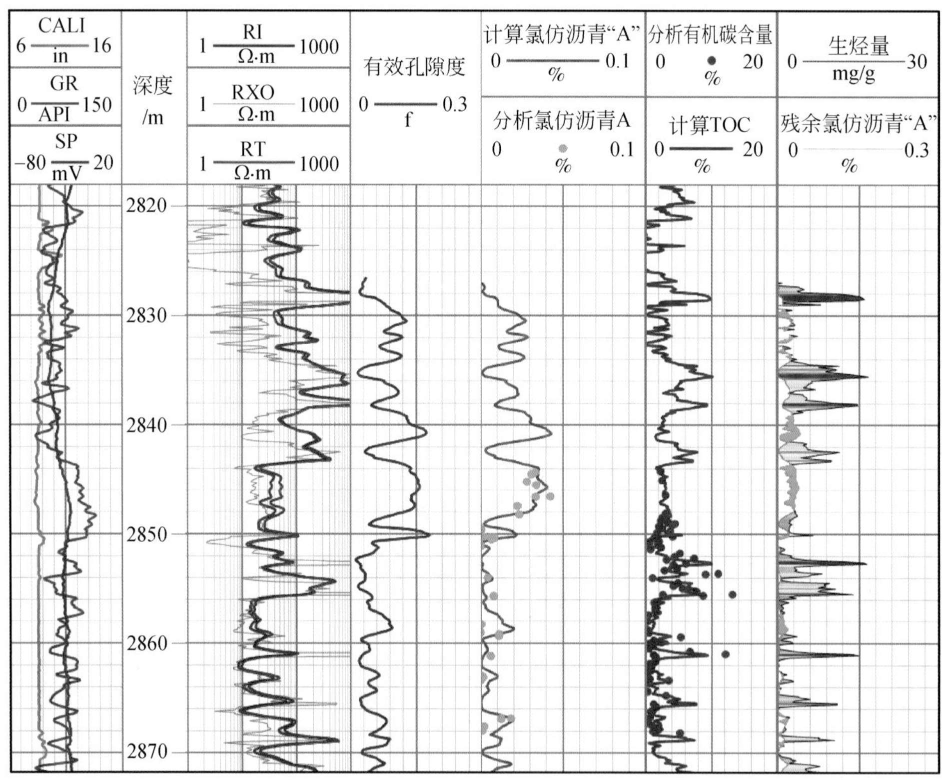

图 5-1 烃源岩排烃效率分析图

二、等效厚度烃源岩品质评价法

为了确定烃源岩的等效厚度，首先要对烃源岩进行测井分类，在分类的基础上，计算出各类的厚度，其后确定出等效有效厚度。

对于中国陆相致密油，不同盆地、不同层系的烃源岩沉积背景和生烃演化特征差别大，决定着其类别划分标准不能采用同一标准，具体问题要具体分析。

根据岩性特征和有机地球化学分析，可将鄂尔多斯盆地长 7 段泥页岩划分为油页岩（优质烃源岩）、黑色泥岩（较好烃源岩）和一般泥岩（非烃源岩）三种类型。因此，在岩性识别和TOC计算的基础上结合自然伽马和密度等测井曲线特征，可建立烃源岩类别划分图（图5-2），并确定烃源岩测井分类标准（表5-1）。

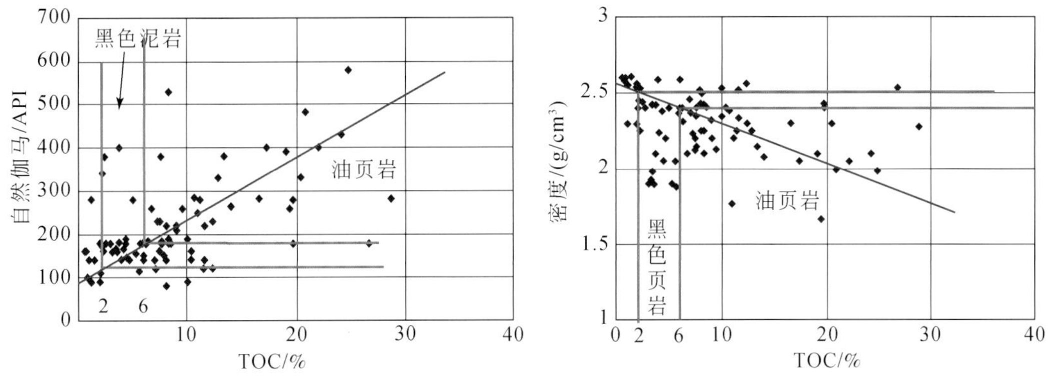

图5-2　鄂尔多斯盆地长7段烃源岩的类别识别图

表5-1　鄂尔多斯盆地长7段泥岩测井分类标准

长7泥岩类型	自然伽马/API	密度/(g/cm³)	TOC/%	划分类型
油页岩	>180	<2.3	>10	Ⅰ类
		2.3～2.4	6～10	Ⅱ类
黑色页岩	120～180	2.3～2.5	2～6	Ⅲ类
一般泥岩	<120	>2.5	<2	

对于松辽盆地青山口组烃源岩，建立了综合考虑总有机质碳含量、成熟度和排烃效率三种因素的烃源岩分类评价标准，如表5-2所示。

表5-2　松辽盆地青山口组致密油烃源岩分类评价标准

评价参数	烃源岩类别		
	Ⅰ	Ⅱ	Ⅲ
TOC/%	>2	1～2	0.5～1
R^o/%	1.0～1.3	0.8～1.0	0.75～0.8
RA/%	70～85	10～70	10

据表5-1或表5-2即可实现烃源岩类别划分。

根据研究区“岩心刻度测井”建立的TOC测井计算模型对测井资料进行处理，并根据岩性特征、有机地球化学指标，结合测井响应特征，对烃源岩进行有效划分是烃源岩品质评价的一项基础工作。以鄂尔多斯盆地为例，根据烃源岩分类标准可将烃源岩划分为三种类型，将该分类标准应用于实际测井资料处理中，可进行单井纵向剖面上的烃源岩类型划分（图5-3），并统计每类烃源岩的累计厚度，为分析全区烃源岩分布提供基础。图5-4为松辽盆地南部Q225井青一段烃源岩TOC和S_1测井计算结果，根据17口井取心实验检验，计算S_1/实测S_1相对误差平均为0.3%～0.7%。

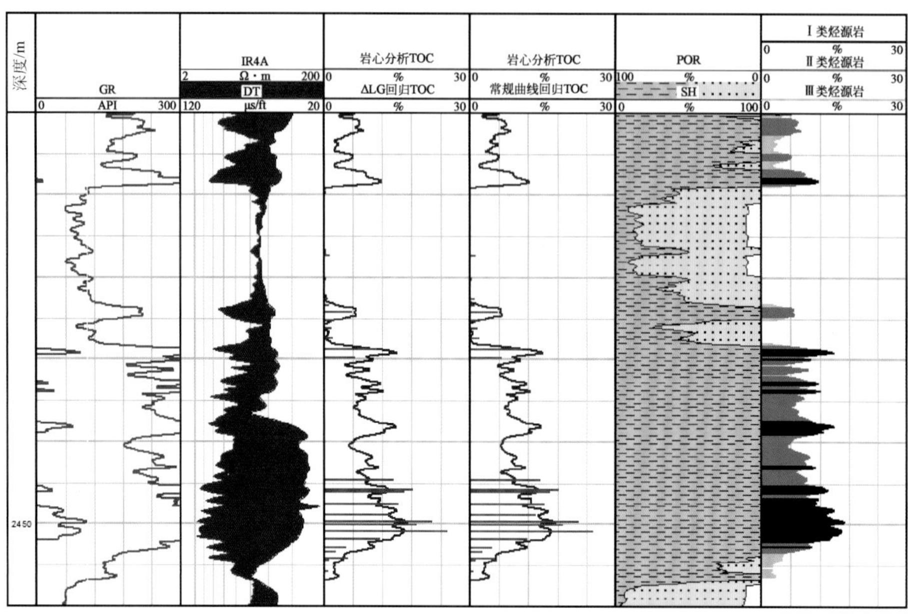

图 5-3　L147 井长 7 段测井计算烃源岩 TOC 及分类

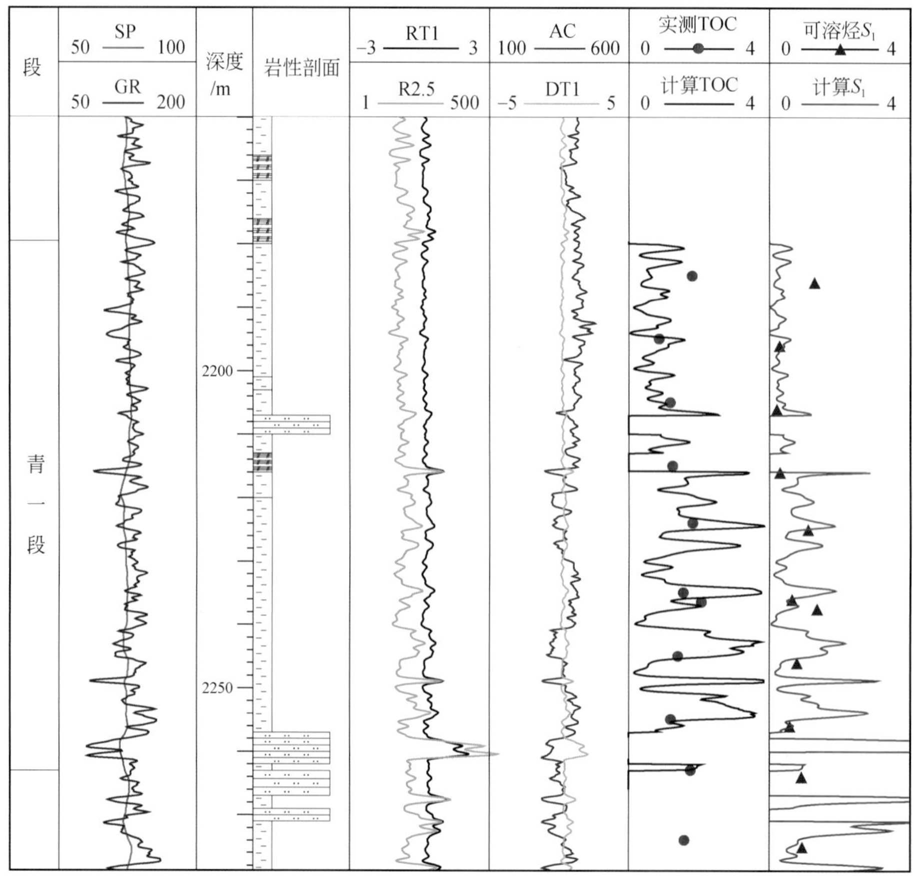

图 5-4　Q225 井青一段烃源岩 TOC 和 S_1 测井计算结果

根据测井计算烃源岩 TOC、可溶烃 S_1、烃源岩厚度等参数可对烃源岩品质进行分类评价，并构建适用于研究区的烃源岩分类标准或烃源岩品质参数标准。根据测井单井处理结果，对研究区烃源岩分布及烃源岩品质进行综合评价，图 5-5 为松辽盆地南部青一段下部排烃强度等值线图，测井解释油水同层主要位于烃源岩排烃强度大的区域。

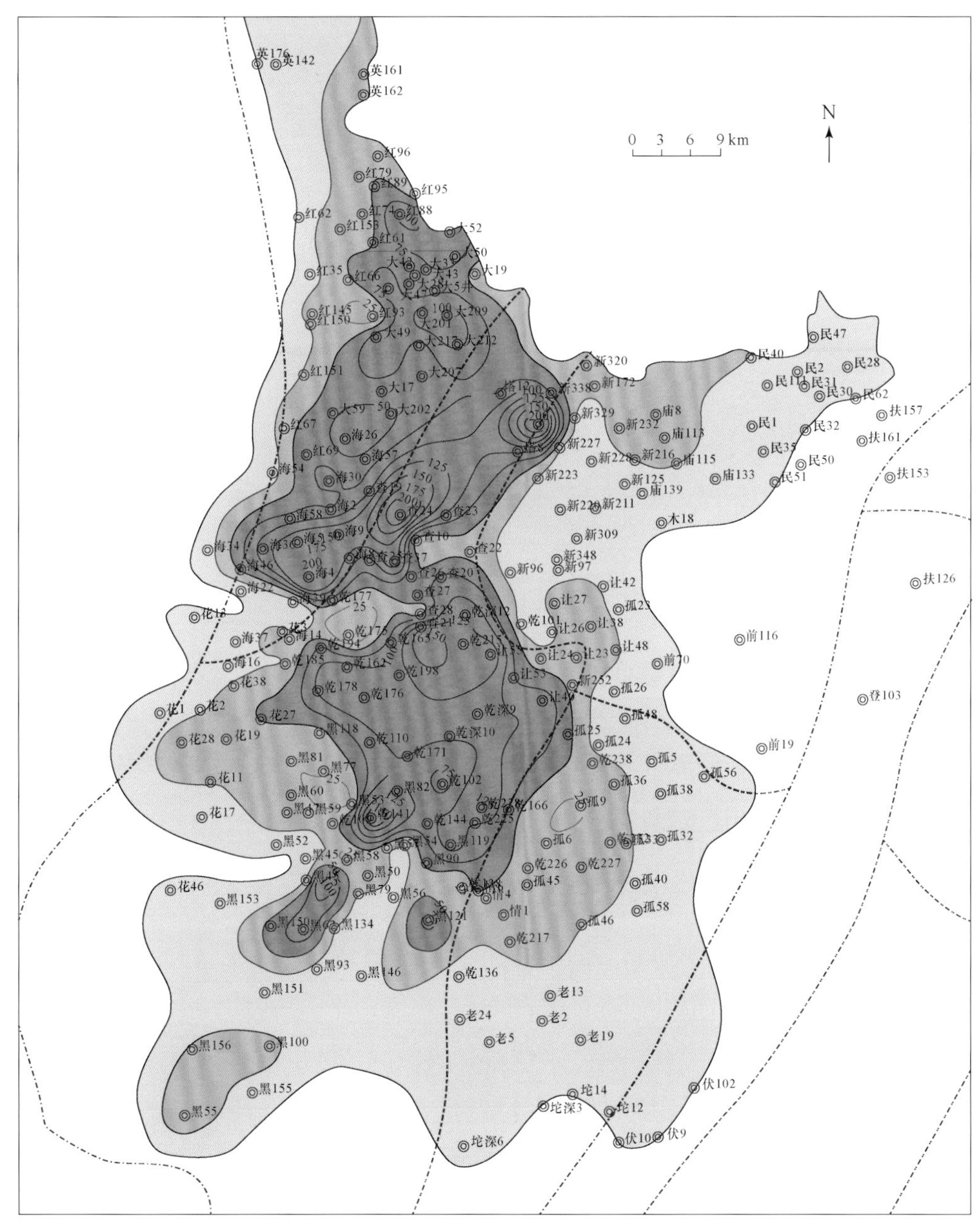

图 5-5　松辽盆地南部青一段下部排烃强度等值线图

针对鄂尔多斯盆地长 7 构建了烃源岩品质参数 TOC×H（反映了烃源岩中的有机质富集程度）评价烃源岩有机质的丰富程度，判断生油气效率。图 5-6 为西 233 井区烃源岩品质分布图，图中粉色圈起来的均为试油较差区域，但是这些区域在烃源岩厚度图上基本与其他试油较好区域烃源岩厚度一致。因此与以往烃源岩厚度图相比，TOC×H 能更好地反映烃源岩品质，为下一步源储配置测井评价奠定良好的基础。

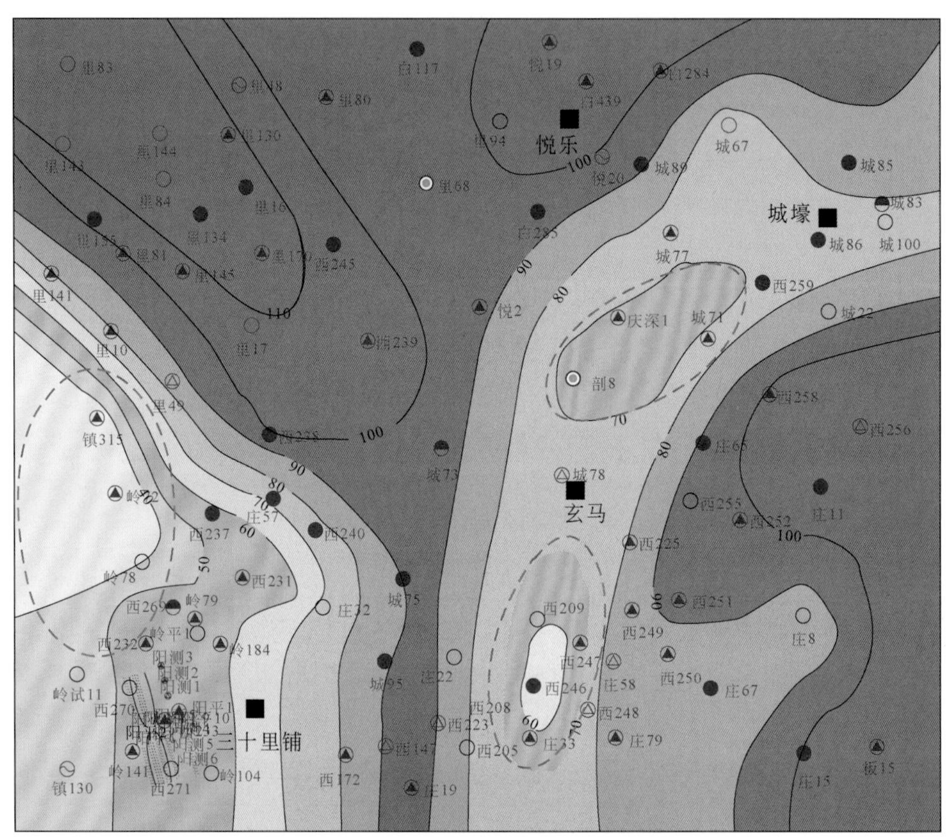

图 5-6　西 233 井区烃源岩品质（TOC×H）分布图

考虑到同一井剖面上可能存在即使在同一套烃源岩中，也存在多个类别不同厚度的烃源岩小层。显然，这些不同类别不同厚度的烃源岩小层对整个烃源岩的生排烃贡献存在明显差异，类别好、厚度大的小层贡献大，类别差、厚度小的小层贡献小。为此，引入加权均衡方法综合确定出单井剖面中每套烃源岩的等效厚度，即

$$H_{\mathrm{S}} = \sum_{i=1}^{3} \mathrm{SW}_i \cdot \mathrm{SH}_i \tag{5-4}$$

式中，H_{S} 为烃源岩的等效厚度，m；SH_1、SH_2、SH_3分别为同一地质单元的烃源岩特征类别为Ⅰ、Ⅱ和Ⅲ的累计厚度，m；SW_1、SW_2、SW_3分别为同一地质单元的烃源岩特征类别为Ⅰ、Ⅱ和Ⅲ的权系数，可分别赋值为0.6、0.3、0.1，无量纲。

采用等效厚度可将烃源岩分成三类：等效厚度>80m，优质烃源岩；40m<等效厚度≤80m，中等烃源岩；等效厚度≤40m，一般烃源岩。

以式（5-4）可以计算出每口井每套烃源岩品质的等效厚度。应用表 5-2 所列分类标准及上述评价方法，系统确定了基于测井资料的松辽盆地北部 450 口井的烃源岩等效厚

度，并制作出了等效厚度分布图（图5-7）。该图指出，青山口组优质烃源岩分布面积大，平面分布规律性强：优质烃源岩主要分布于南部，中等烃源岩分布于东部，一般烃源岩分布于西部和北部。

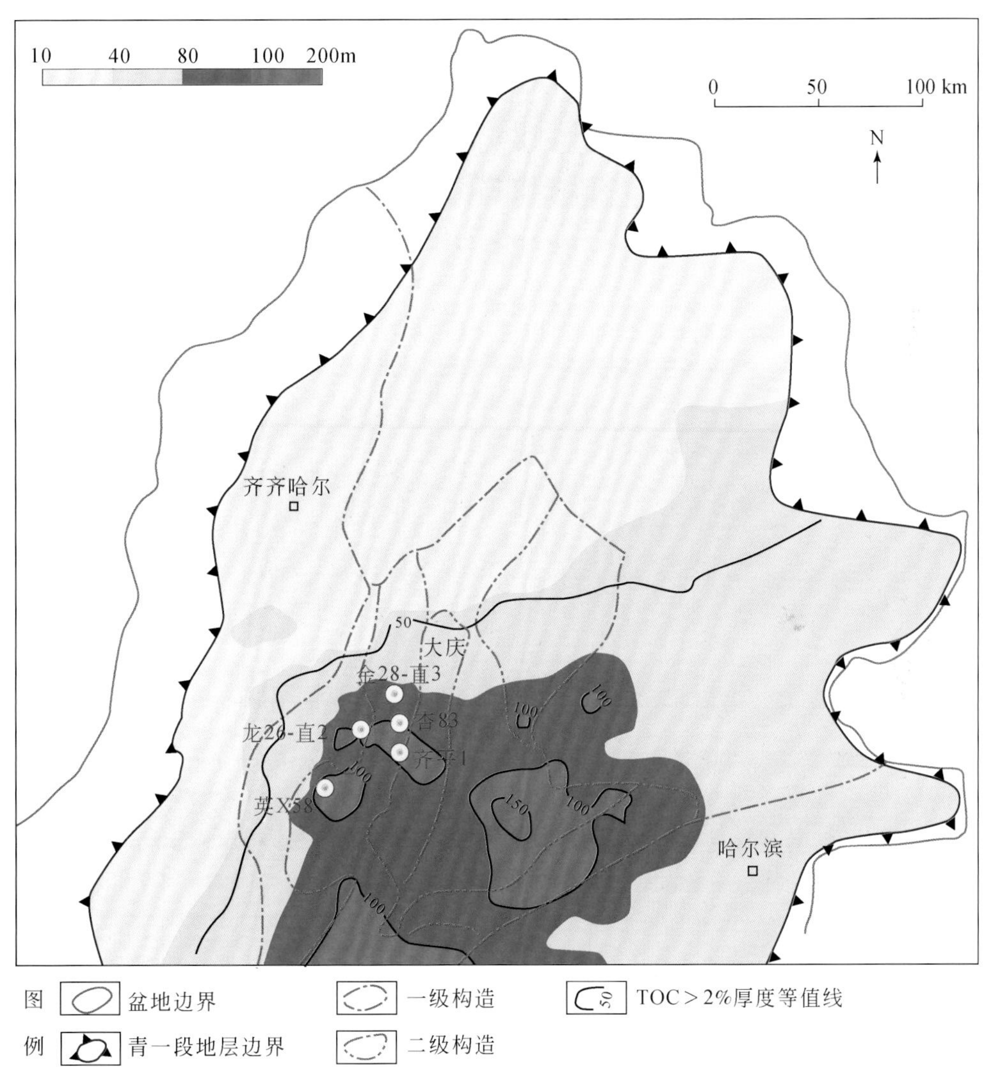

图5-7　松辽盆地北部青山口组烃源岩品质类别分布

第二节　储层品质评价

储层品质评价是致密油评价的核心内容之一，是油层测井解释分类和射孔层段选择的主要依据，主要与其岩性、物性（孔隙度、渗透率和裂缝）、含油饱和度、宏观结构与各向异性、微观孔隙结构与非均质性以及等效厚度等因素有关，即

$$Q_{储层}=f(岩性，物性，含油饱和度，宏观结构，微观孔隙结构，等效厚度) \quad (5\text{-}5)$$

式中，$Q_{储层}$为储层品质。

岩性、物性和饱和度是储层品质评价的关键参数，以其为基础，可进一步开展储层品质评价，下面主要论述砂体结构法和孔隙结构法等储层品质评价方法。

一、砂体宏观结构评价法

中国陆相致密油的储层单层厚度较小，常呈薄互层状分布，宏观各向异性强，微观孔隙结构复杂、非均质性强，即使如鄂尔多斯盆地延长组长 7 段那样优质的致密油常常也有如此表现，图 5-8 为长 7 野外露头多期沉积叠置的薄互层结构特征。因此，陆相致密油的储层品质评价就不应该仅仅采用常规储层以孔渗等物性参数衡量其优劣，应综合考虑储层宏观结构与微观结构而评价其品质。

图 5-8　鄂尔多斯长 7 野外露头显示的薄互层状砂体宏观结构

致密油储层纵向上具有宏观非均质性特征，在同一小层内部相对均质，可根据不同小层之间的储层岩性和物性变化关系，利用曲线幅度与形态、孔隙度和饱和度等参数描述储层宏观结构特征。

数学上常用变差方差根函数来描述曲线的光滑性，将该函数引入到储层非均质性评价中可较好反映储层非均质性强弱，为致密油储层品质评价提供量化标准。以变差方差根 GS 反映曲线光滑程度，其计算公式如下：

$$GS=\sqrt{\gamma(1)+\gamma(2)+\cdots+\gamma(h)+S^2} \tag{5-6}$$

式中，S^2 为方差，反映深度段上曲线数据的整体波动性；$\gamma(h)$ 为变差函数，反映曲线数据局部波动性。

GS 反映储层的光滑程度，即表征储层的宏观结构。GS 越小，则曲线越光滑，曲线波动性越小，砂体越接近块状；反之，GS 越大，曲线越不光滑，曲线的波动性越大，砂体形态越接近砂泥互层。

考虑到自然伽马和泥质含量对储层岩性各向异性的敏感性强，密度测井对储层物性各向异性敏感性强，因此，可以 GR 曲线构建分别反映砂体的岩性及含油非均质程度的测井表征参数 P_{ss} 及 P_{pa}，定义如下：

$$P_{ss}=GS(GR)\cdot V_{sh} \tag{5-7}$$

$$P_{pa}=\frac{\sum_{i=1}^{n}H_i\cdot\phi_i\cdot S_{oi}}{GS(GR)} \tag{5-8}$$

式中，H_i、ϕ_i 和 S_{oi} 分别为深度段内第 i 小层的厚度、孔隙度和含油饱和度；V_{sh} 为泥质含量；GS(GR) 和 GS(DEN) 分别为自然伽马和密度曲线的变差方差根。

图 5-9 是储层宏观结构和储层含油非均质性参数应用实例。上部储层的伽马曲线为微齿化的中幅箱形，主要体现为块状砂体，砂体整体上均质性较好。下部储层的自然伽马曲线为变化较剧烈齿化特征，变化幅度较大，表明为砂泥互层结构，非均质性较强。且上部储层密度测井反映储层物性层内变化小，非均质性弱，下部储层密度测井反映储层物性变化大，层内非均质性强。综合评价认为，上部储层品质较好，测井计算 P_{ss} 值小，P_{pa} 值大，综合解释为油层，压裂后日产油量达 31t；下部储层品质较差，测井解释为差油层。

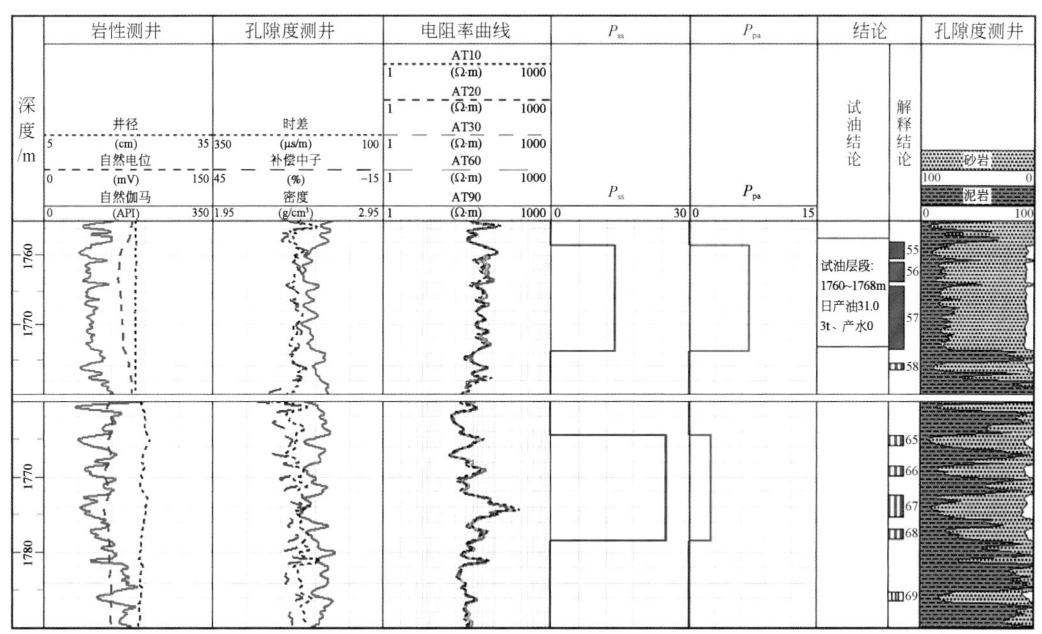

图 5-9　储层宏观结构参数计算结果

根据测井计算的储层砂体结构参数 P_{ss} 和含油非均质性参数 P_{pa} 可快速实现对致密油储层品质的分类评价。图 5-10 和图 5-11 分别为两口井的致密油储层段 P_{ss} 和 P_{pa} 测井计算结果，据此可快速判断出储层的砂体结构类型，分别为块状砂体和薄互层砂体，块状砂体储层品质好，含油性好，试油日产油 13.09t，为高产工业油流；薄互层砂体储层品质相对较差，试油日产油 4.42t。

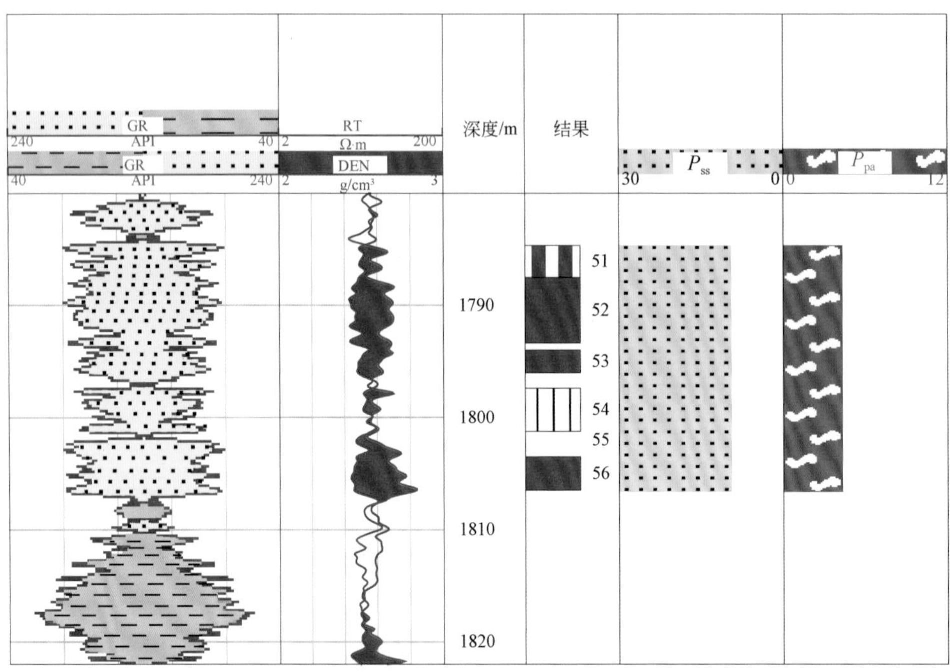

图 5-10　块状砂体测井评价砂体结构和含油非均质性结果

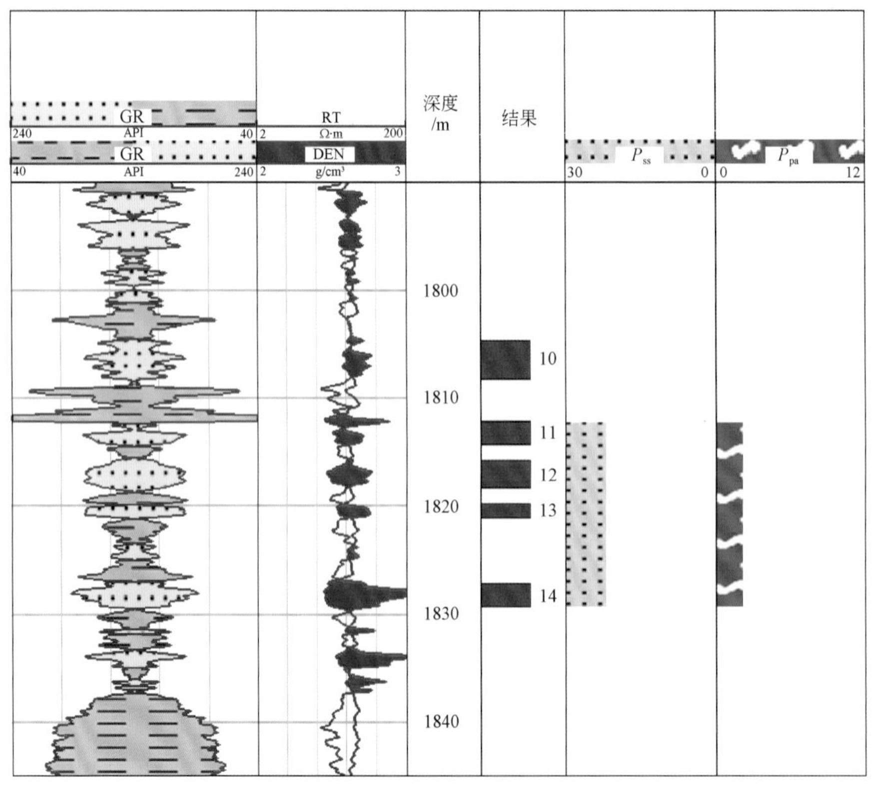

图 5-11　薄互层砂体测井评价砂体结构和含油非均质性结果

通过对大量测井资料处理，结合试油结果分析，可以 P_{ss} 和 P_{pa} 两参数制作储层宏观砂体结构分类识别图版，如图 5-12 所示。该图指出，当 P_{ss} 由大变小时，储层由互层状砂体变为块状砂体，储层宏观砂体结构逐渐变好，各向异性较弱；P_{pa} 由小变大时，表明储层含油性及其层内均质程度由差到好。因此，落在右上角的储层产量高，落在左下角的储层产量低（图中圆点表示产油大于 10t/d，三角点表示产油小于 10t/d。）

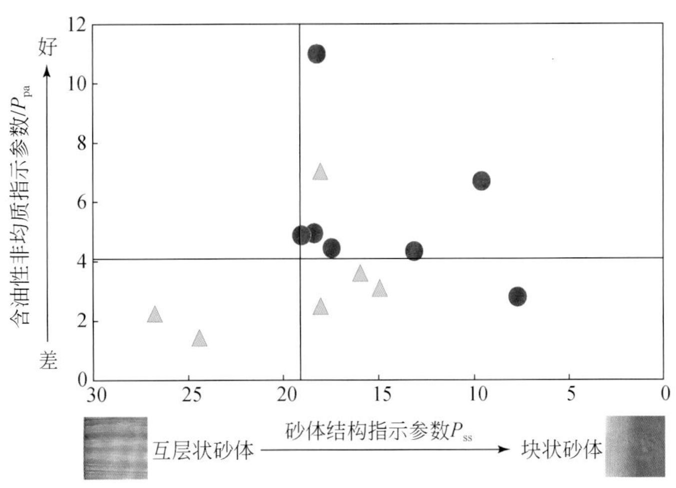

图 5-12　储层宏观结构类别划分图版

二、储层孔隙结构评价法

表征储层孔隙结构的参数有孔隙度、渗透率、饱和度以及描述微观结构的排驱压力、中值半径和孔喉比等，这些参数均能由测井处理解释而求得，综合考虑它们，可以精细地评价储层品质优劣并实现分类。

中国陆相致密油千差万别，决定着不能简单地采用统一的孔隙结构标准评价储层品质，要结合岩石物理分析与试油压裂产液情况，研究孔隙结构表征参数的种类选取及其下限值确定，保证储层品质评价结果的合理性。下面将主要介绍 3 种储层分类方法及其标准，并在此基础上介绍储层品质表征方法。

1）储层微观结构法

储层微观结构评价是致密油储层品质评价的关键，也是测井评价的重点和难点。致密油储层整体上孔喉半径较小，以小微孔为主，孔隙结构复杂（图 5-13）。单一的储层物性参数难以有效划分储层品质类型，需要综合考虑储层孔渗条件、孔喉分布情况等建立储层微观结构表征参数。

表 5-3 是近源砂岩致密油储层孔隙结构评价标准。从表中可以看出，如采用单一的参数（孔隙度、渗透率、排驱压力和中值半径），不同类别的储层间参数分布区间有所重叠，表明单一参数难以较好地划分储层品质类型。为此，构建了一个反映储层孔隙结构的综合评价指标 PTI，即

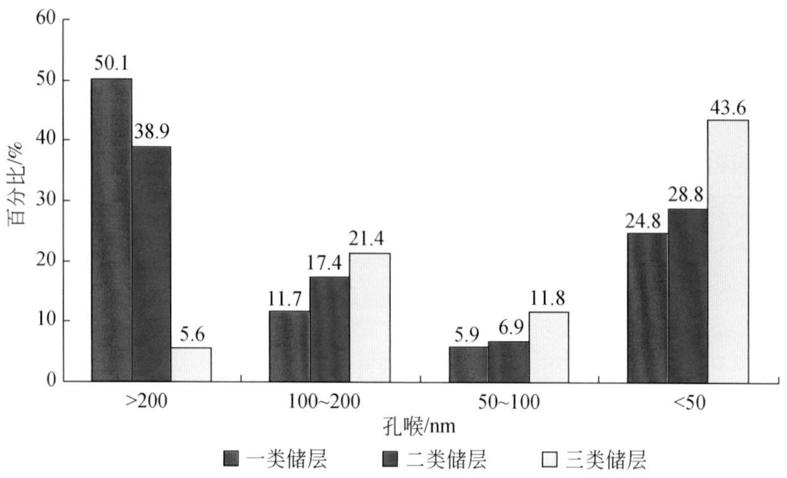

图 5-13　致密油储层微观孔喉尺寸分布图

$$\mathrm{PTI}=\omega_1 f_1(R_{\max})+\omega_2 f_2(R_{pt50})+\omega_3 f_3(\phi) \tag{5-9}$$

式中，ω_1、ω_2、ω_3 为权系数；f_1、f_2、f_3 分别为最大孔喉半径、中值半径和孔隙度等参数的归一化函数。

表 5-3　基于孔隙结构参数的砂岩致密油储层品质评价标准

分类参数		储层品质分类			
		好	较好	中等	差
单参数	ϕ/%	>12	12 ~ 10	11 ~ 8	9 ~ 6
	K/mD	>0. 12	0. 12 ~ 0. 08	0. 09 ~ 0. 05	0. 07 ~ 0. 03
	排驱压力/MPa	<1. 5	1. 5 ~ 2. 5	2. 0 ~ 3. 5	>3. 5
	中值半径/μm	>0. 15	0. 15 ~ 0. 06		<0. 1
综合参数（PTI）	孔喉结构指数	>0. 8	0. 8 ~ 0. 6	0. 6 ~ 0. 4	<0. 4

应用配套的岩石物理实验，确定出每块岩心对应的孔隙结构参数，采用 PTI 计算结果结合毛管压力曲线，可将储层品质清晰地分为四类，参数值不存在重叠区间，可较好地实现储层微观结构分类，规避了测井处理解释中的多解性问题。

以核磁共振测井确定出式（5-9）中的储层微观参数（如最大孔喉半径和中值半径），为了提高计算精度，尤其是复杂岩性储层，也以核磁共振测井计算储层孔隙度。

应用基于 Swanson 参数模型的核磁毛管压力曲线构造方法，确定出核磁毛管压力曲线，据此可以计算出反映储层孔隙结构的微观参数。

排驱压力：

$$\lg(P_{\mathrm{d}})=3.64\lg(\mathrm{T}_{2\mathrm{g}})2-5.69\lg(\mathrm{T}_{2\mathrm{g}})+1.35 \tag{5-10}$$

分选系数：

$$\lg(S_{\mathrm{p}})=-1.04\lg(\mathrm{T}_{2\mathrm{g}})2+1.65\lg(\mathrm{T}_{2\mathrm{g}})-0.13 \tag{5-11}$$

中值喉道半径：

$$\lg(R50) = -2.92\lg(T_{2g})^2 + 4.68\lg(T_{2g}) - 1.76 \tag{5-12}$$

式中，P_d 为排驱压力，MPa；T_{2g}为 T_2 几何均值，ms；S_p 为分选系数，无量纲；R50 为中值喉道半径，μm。

图 5-14 为据核磁共振测井构造的毛管压力曲线处理成果图，该图显示，储层段的孔隙结构较好，中值喉道半径平均为 0.41μm，压裂试油获得 20.83t/d 的工业油流。

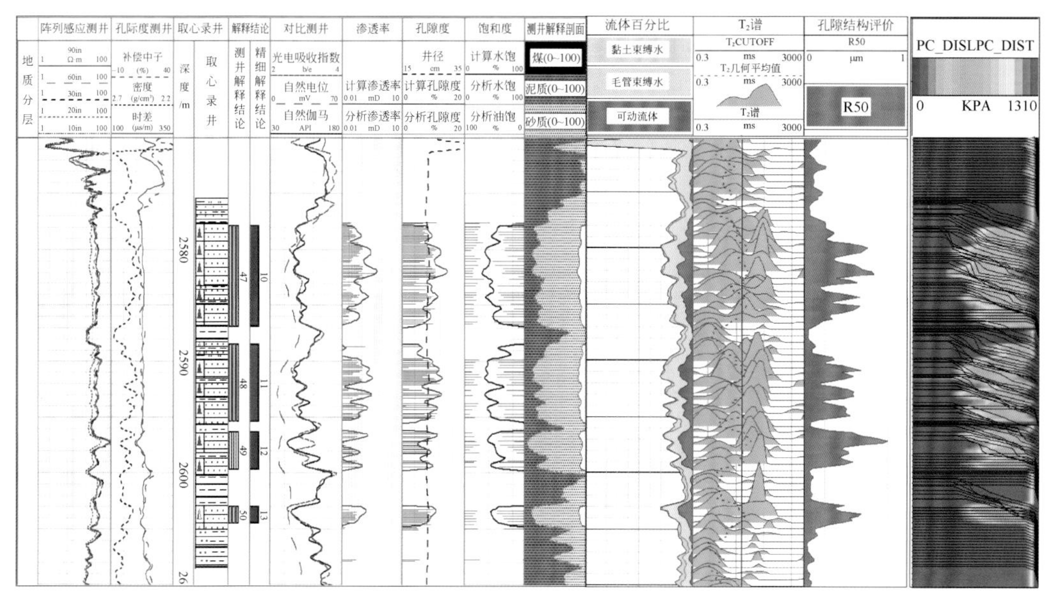

图 5-14 核磁共振测井的孔隙结构评价成果图

图 5-15 为应用核磁共振测井计算的储层微观孔隙结构参数及应用式（5-9）计算的综合分类参数 PTI 结果，根据表 5-3 对储层分类结果见图中第九道，对以一、二类储层为主的 104 和 106 号层测井解释为油层，对以三、四类储层为主的 105 号层测井解释为差油层，104 和 106 号层合试，日产油 13.35t，为高产工业油流。

当无核磁共振测井资料时，该方法难以计算储层微观孔隙结构参数，从而难以对储层品质进行有效分类。如何应用常规测井资料对储层品质进行分类是测井的一项重要任务。为此，通过常规测井曲线与核磁共振分类结果 PTI 的相关性分析，应用神经网络等数学方法建立常规测井预测储层类别的方法。

图 5-16 为应用神经网络法建立的常规测井预测孔隙结构 PTI 分类方法，预测结果表明，常规方法预测结果与核磁共振测井计算结果具有很好的一致性。以 2220～2250m 层段为学习样本建立预测模型，并对该段样本进行预测，预测结果与核磁共振计算 PTI 结果一致；应用该预测模型预测 2180～2210m 层段 PTI 值，其结果与核磁共振技术结果基本一致，反映该方法具有较好的适用性。一般地，在地质条件相近的同一区块，应用核磁共振测井建立孔隙结构 PTI 评价模型，然后通过神经网络等数学方法建立常规测井计算孔隙结构 PTI 的预测模型，可较好地实现多井测井孔隙结构评价。不同区块不同地质条件下，需要重新标定建立新的预测模型。

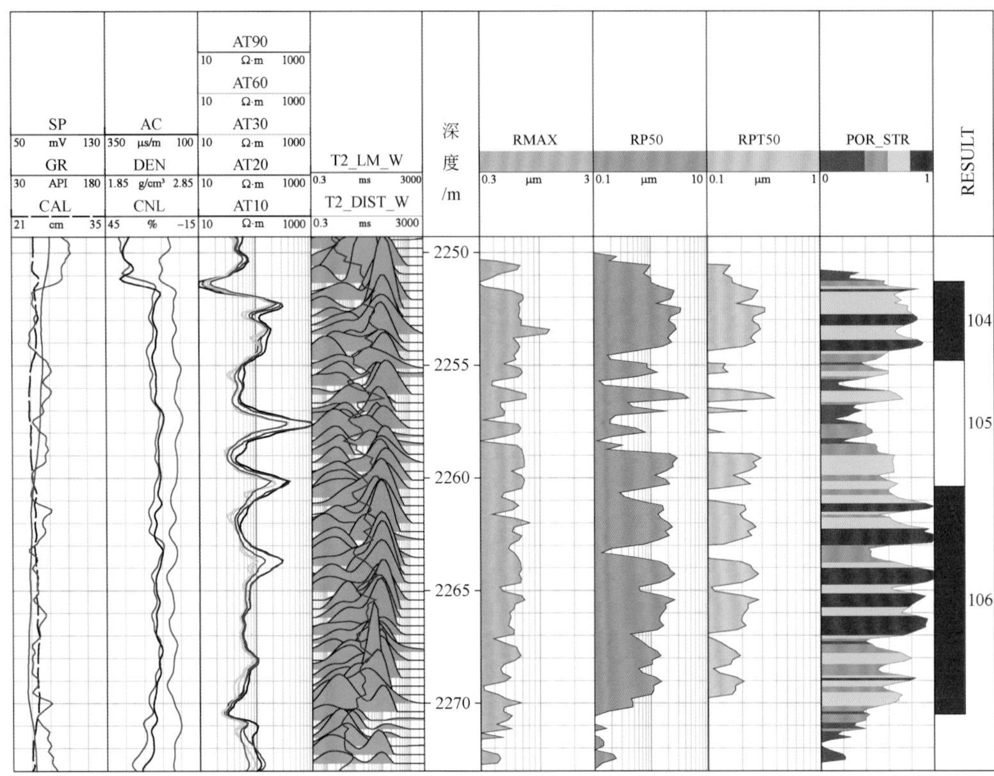

图 5-15　核磁共振测井计算储层孔隙结构参数与储层分类

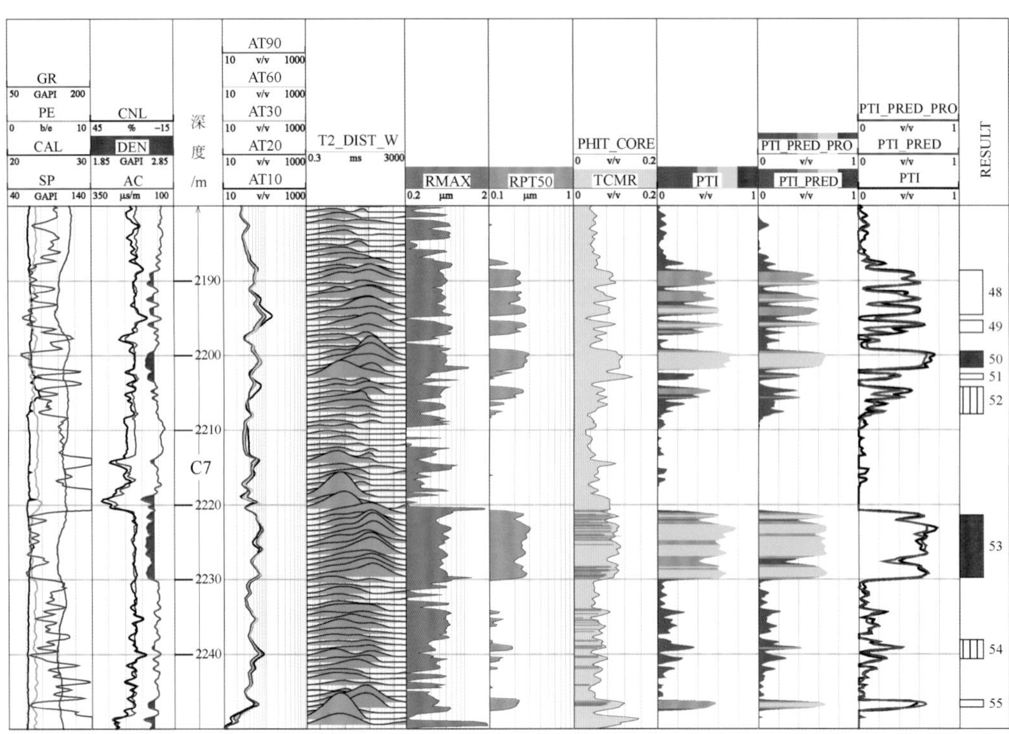

图 5-16　应用常规测井对储层品质分类与核磁共振测井分类结果对比

2）产能品质因子法

针对松辽盆地青山口组致密油，通过研究提出了综合利用储层宏观尺度和微观尺度参数与采油强度结合，考虑加砂量及储层物性、含油性参数确定储层采油强度，通过敏感性分析确定孔隙度、孔喉半径均值、脆性指数、破裂压力等反映储层产能的敏感参数，并以此构建宏观储层品质和微观孔隙结构品质因子，建立综合性致密油储层品质分类标准。

通过对研究区储层试油试采资料进行统计分析，根据地区情况将储层品质划分为三类。I_1类：常规压裂达到工业油层，采油强度大于0.3t/(d·m)；I_2类：缝网压裂后产能改善明显，达到工业油层，采油强度为0.03～0.3t/(d·m)；Ⅱ类：缝网压裂后产能无明显改善，仍为低产油层，采油强度小于0.03t/(d·m)。

在对储层品质宏观参数分析的基础上，选择孔隙度和含油饱和度构建储层的宏观品质因子：

$$RQ_1=\phi\cdot S_o \tag{5-13}$$

式中，RQ_1为宏观储层品质；ϕ为孔隙度；S_o为含油饱和度。

在对微观孔隙结构分析的基础上，选择半径均值、排驱压力和渗透率构建储层的微观孔隙结构品质因子：

$$RQ_2=\mathrm{Dm}\cdot \mathrm{Pd}\cdot K \tag{5-14}$$

式中，RQ_2为储层的孔隙结构指数；Dm为孔喉半径均值，μm；Pd为排驱压力，MPa；K为渗透率，mD。

考虑到各产能敏感参数变化区间大小不同，对产能的影响也有差异，为了消除各测井曲线间的误差，对产能敏感参数进行了归一化处理。选取研究区内多个试油层各产能敏感参数分别与采油强度进行交会分析，根据交会分析结果，得到不同储层品质类别的各个敏感参数取值区间，如表5-4所示。

表5-4　不同储层品质类别产能敏感参数取值区间表

储层品质类别	孔隙度/%	含油饱和度/%	渗透率/mD	半径均值/μm	排驱压力/MPa	破裂压力/MPa	脆性指数/%
I_1类	>11	>50	>0.3	>0.3	<1	<35	>56
I_2类	8～11	30～50	0.06～0.3	0.1～0.3	1～4	35～40	47～56
Ⅱ类	<8	<30	<0.06	<0.1	>4	>40	<47

为了使相同的储层品质类别归一化到同一个区间，需要选择合适的归一化方式及最大和最小值，如表5-5所示。

表5-5　敏感参数归一化方式及最大值最小值结果表

敏感参数	孔隙度	含油饱和度	渗透率	半径均值	排驱压力	破裂压力	脆性指数
归一化方式	正向线性归一化	正向对数归一化	正向对数归一化	正向对数归一化	反向对数归一化	反向线性归一化	正向线性归一化
最大值	20	84	10	10	56	55	85
最小值	0	0	0.005	0.005	0.04	25	25

图 5-17 为宏观储层品质与微观孔隙结构品质交会图。由图可见，经对各参数归一化处理后，可有效对储层品质进行分类，不同类别储层界限清晰，便于储层品质快速评价。

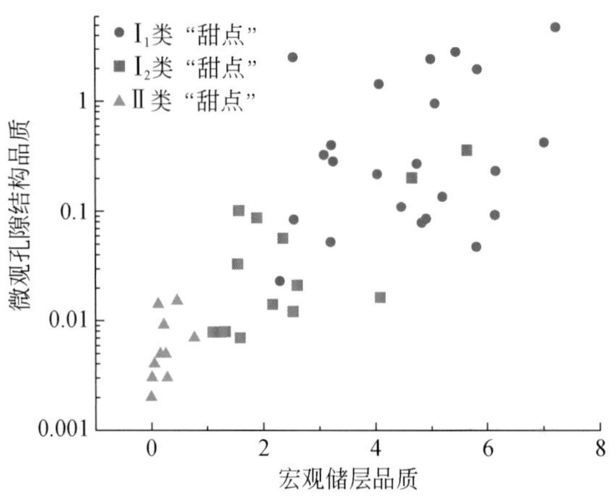

图 5-17　宏观储层品质与微观孔隙结构品质交会图

3）裂缝型储层有效性评价法

源储一体碳酸盐岩类致密油储层孔隙类型多样，一般均发育裂缝，其储层品质评价方法与砂岩致密油储层不同。以束鹿凹陷为例，其致密油储层裂缝较发育，以核磁共振测井、阵列声波测井和电成像测井评价储层有效性效果较好，据此实现储层分类评价储层品质。

以核磁共振测井计算出的不同孔径所占的比例和核磁有效孔隙度表征储层孔隙结构的指数，以斯通利波能量衰减和泥质含量表征储层渗透性指数，以电成像测井确定出孔隙度谱并计算谱峰右侧宽度和谱峰右侧面积，通过这三类参数评价储层有效性，确定储层类别划分标准，如图 5-18 和表 5-6 所示。测井评价储层核磁孔隙结构指数越大，斯通利波反映储层渗透性指数越高，储层品质越好；反之越差。根据成像测井计算孔隙度谱分布的原理可知，孔隙度谱峰右侧越大，反映储层次生孔隙越发育，其右侧宽度越大，反映次生孔隙大小变化大，谱峰右侧面积越大，反映次生孔隙所占比例越高，大孔隙越发育。

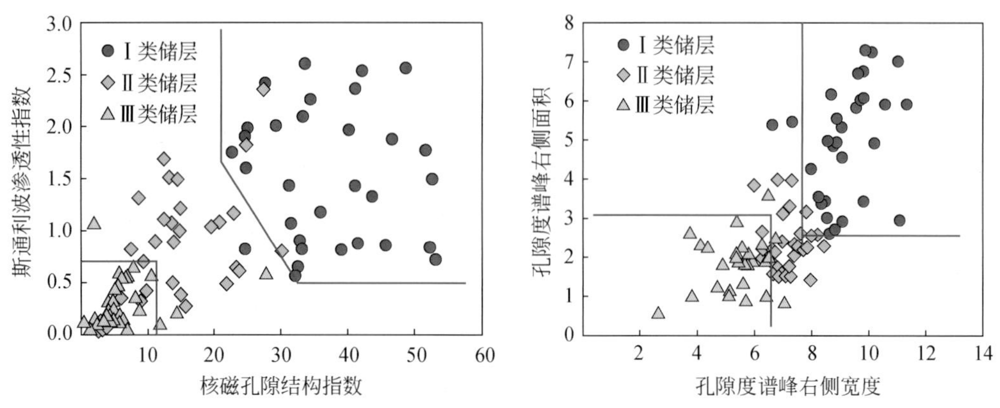

图 5-18　裂缝型碳酸盐岩砾岩储层有效性评价标准

表 5-6　束鹿凹陷泥灰岩储层有效性评价标准

岩性	储层级别	电阻率 /Ω·m	自然伽马 /API	孔隙度 /%	渗透率指数	孔隙结构指数	裂缝密度 条/m	孔隙度谱宽度	孔隙度谱面积
砾岩	Ⅰ	20～50	30	≥6	≥0.5	≥20	≥20	≥8	≥3
	Ⅱ	150～500	35	2～6	0.2～0.5	10～20	10～20	≥6	≥2
	Ⅲ	900～1800	40	<2	<0.2	10	<10	2～6	0.5～6
泥灰岩	Ⅰ	40～70	30～40	≥5	≥3	—	30	≥5	≥2
	Ⅱ	40～300	25～45	2～5	1～3	—	10～30	≥3	≥2
	Ⅲ	50～1000	40～65	<2	<1	—	<10	2～3	0.5～6

4）储层品质表征方法

采用表征储层孔隙结构的参数及其分类标准，可以确定出储层特征类别。考虑到同一井剖面上同一套储层中，可能存在储层品质类别及其厚度的差异性，为此，以加权均衡方法综合确定出各井每套储层的等效厚度，即

$$H_e = \sum_{i=1}^{3} \mathrm{RW}_i \cdot \mathrm{RH}_i \tag{5-15}$$

式中，H_e为储层的有效厚度，m；RH_1、RH_2、RH_3分别为同一地质单元的储层品质类别为Ⅰ、Ⅱ和Ⅲ的累计厚度，m；RW_1、RW_2、RW_3分别为同一地质单元的储层特征类别为Ⅰ、Ⅱ和Ⅲ的权系数，可分别赋值为0.6、0.3、0.1，无量纲。

以式（5-15）可计算出综合考虑储层类别与厚度差异的等效厚度，以此为基础，评价储层品质优劣。以图5-19为例，该套砂体厚度为38m，根据测井解释结果，5号层到10

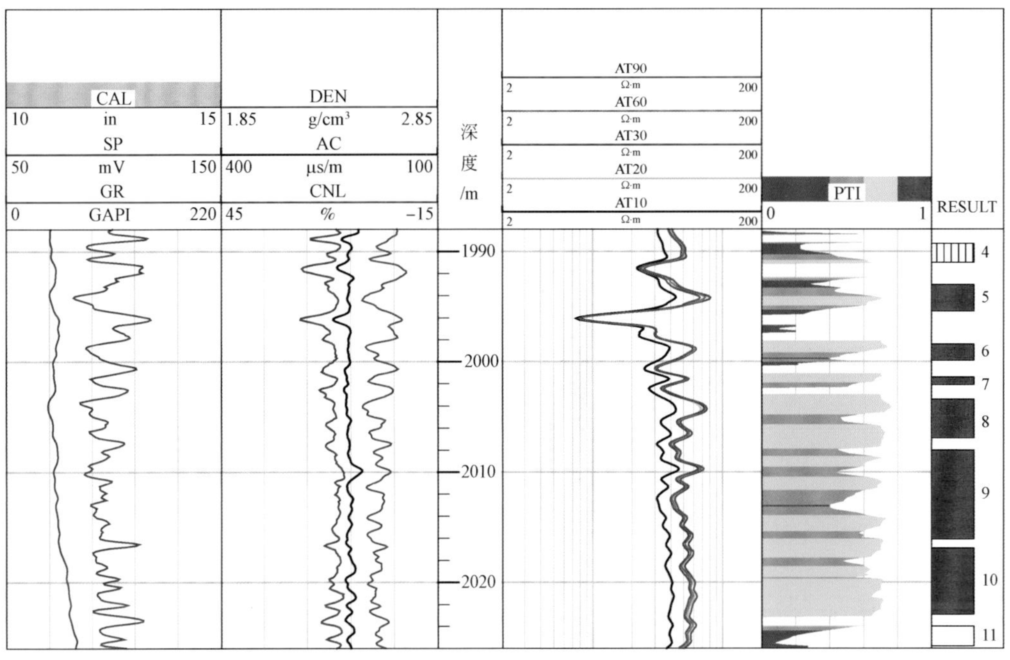

图 5-19　储层孔隙结构测井分类结果与等效厚度计算实例

号层测井解释油层累计厚度为23m，根据测井资料对储层孔隙结构进行分类，以Ⅱ类储层为主，应用上述方法计算该套砂体的油层等效厚度为11.3m。通过对多井进行油层等效厚度计算并做平面等值图，可明确储层品质在区域上的分布情况，为优选优质储层提供依据。

采用上述方法，在多井对比分析的基础上，可制作储层品质平面分布图，如图5-20所示。该图指出，Ⅰ、Ⅱ砂组的储层品质较好区位于Q246井区，而Ⅲ、Ⅳ砂组储层品质较好区主要位于R53井区。

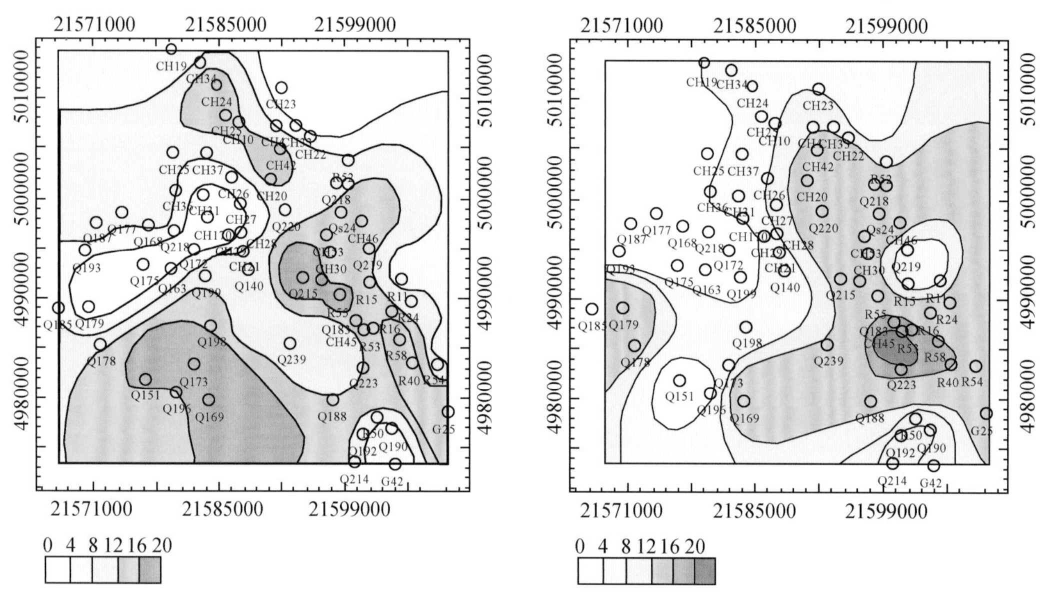

图5-20　储层品质等效厚度平面分布图

三、水平井储层品质分级评价

针对致密油气储层和页岩储层的地质与岩石物理特征，国内外普遍采用水平井钻进、勘探开发一体化的作业模式，水平井是提高致密油单井产量的主要技术手段，水平井开发可减少钻井数量、节约土地资源，是实现致密油有效动用、提高勘探开发整体效益的关键（贾承造等，2012a）。

我们常见的直井或近似直井中，一般假设井眼与地层界面都是正交或近似于正交，测井探测的径向范围没有邻层及界面的影响，地层界面易划分。而大斜度井或水平井与地层界面的相交关系则有以下几种可能。

（1）层面与井眼相交：层面以非常低的角度与井眼相交，很难在水平井测井曲线上指示地层与流体界面，反映出的地层界面是一个“区间”；

（2）层面靠近井眼：层界面离井眼较近，在仪器探测范围内，测量结果受界面影响严重；

(3) 层面远离井眼：不在仪器探测范围之内，测井曲线不受邻层及层界面的影响。

直井中，电阻率测井主要受径向上流体分布特征及储层岩性、物性的影响，一般假设径向上储层岩性、物性不变，不同探测深度的电阻率主要反映侵入导致的流体性质的改变，围岩的影响相对较小甚至不予考虑（厚层块状地层条件下）。

与之对应的是，水平井中电阻率测井受围岩影响程度要大得多，特别是当井眼轨迹与围岩接近时。电阻率主要受储层物性、流体性质及围岩的影响。水平井测井处理评价的首要任务就是要准确确定井眼与地层的几何关系，在此基础上判断围岩的影响程度及校正方法，应用校正后的电阻率进行水平井储层品质分级评价，水平井测井处理解释流程图见图5-21。

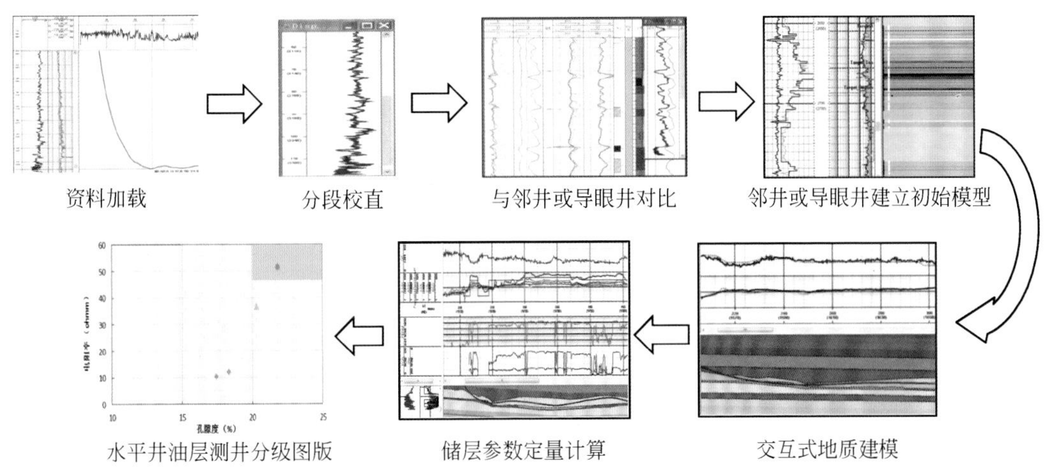

图5-21　水平井测井处理解释流程图

对水平井进行反演处理解释得到水平井条件下的储层参数计算结果，根据测井计算的岩性参数（V_{sh}）、含油性指数（RI）、结合声波时差（AC）构建水平井储层品质综合评价指数开展致密油水平井储层分类评价。

$$Z=(AC/AC_{下限})\times(1-V_{sh})\times RI \tag{5-16}$$

根据水平井储层品质综合评价指数 Z 将储层品质分为三类，见表5-7。结合多信息融合技术开展水平井分段分级评价，为水平井射孔压裂提供技术支持，图5-22为水平井储层品质测井分段分级评价成果图，优选射孔压裂层段试油，获日产油123.68t的高产油流。

表5-7　水平井储层品质测井分类标准

分级	解释结论	综合指数	声波时差/(μs/m)	RI	孔隙度/%	泥质含量/%
Ⅰ类储层	油层	>3	>218	>3	>10	<25
Ⅱ类储层	差油层	1.5~3	208~218	2~3	7~10	<35
干层	干层	<1.5	<208	<2	<7	<45

需要强调的是，在水平井储层品质测井评价中，需要先进行地质建模，再对水平井进行反演处理解释，在明确水平井井眼轨迹及与地层关系的基础上进行储层品质评价，以获得客观的评价结果。

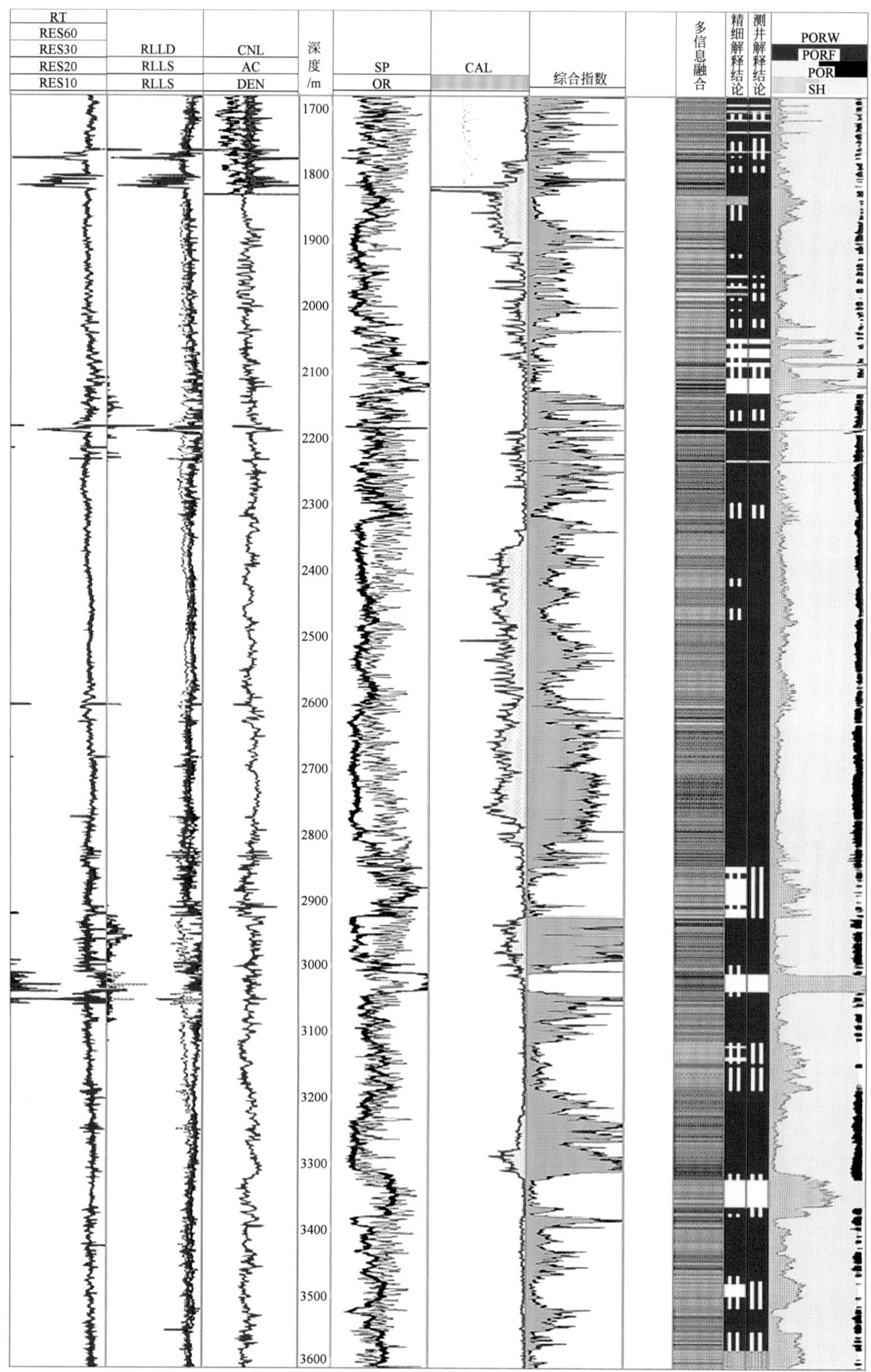

图 5-22　水平井储层品质测井分段分级评价成果图

第三节　工程品质评价

“七性关系”评价中，与工程品质有关的参数主要为脆性指数、地应力方位与大小、应力差以及岩石弹性参数等，以这些参数为基础，开展工程品质评价（尤其是可压性评价），优选压裂层段、优化压裂参数并提供水平井井眼轨迹设计的技术支持。以源储品质及其配置关系为基础，并兼顾与之对应的工程品质，优选出压裂层段，达到以最低压裂成本获得最大累计油气量，是致密油工程品质评价的主要目的。

一、工程品质主要评价参数

1）储层脆性指数

储层脆性指数是衡量储层压裂效果的一个重要指标，直接关系压后日产量和总产量。一般地，脆性指数高，压裂求产时产量就高。如图 2-123 所示，当脆性指数大于 55% 时，压裂效果好，日产量均达到了油层标准，相反地，当脆性指数小于 55% 时，则储层压后基本上为低产油层。因此，压裂层段应优选在脆性指数较大的储层上，具体值究竟多大取决于具体区块具体层位的储层整体可压性以及脆性指数计算采用的方法等。

2）天然裂缝

天然裂缝是选择压裂层段需要考虑的因素之一，其存在与否可影响压后能否形成人造裂缝网络形态达到体积改造的效果。当储层中天然裂缝较发育且呈开启状态时，压裂液将优先进入这些裂缝中，经改造后可形成压裂液的压入和排出主通道，难以形成发达的压裂缝缝网，该压裂段对压裂总产量的贡献小。如果在裂缝带附近进行多级压裂，则可产生重复压裂裂缝段。如第二章中图 2-136 所示，在第一级压裂段处，天然裂缝发育，导致与其深度相近的第二、第三级压裂重复压裂裂缝段，而且水平井产液平面测井指出，这三段的日产量之和仅占 14 级压裂段总产量的 5% 左右。因此，为使得压裂层段达到体积改造的效果，应尽可能地规避规模发育的天然裂缝段。但在天然裂缝发育规模较小或储层微裂隙较发育时，则是体积压裂的有利条件，可获得较好的压裂效果。因此，在对致密油实施体积压裂之前应开展以电成像测井为主的裂缝评价工作，通过电成像测井定量评价天然裂缝的密度、长度、宽度及孔隙度等参数，为体积压裂设计提供重要的参考。如图 5-23 为 L99 井电成像测井解释裂缝发育情况，裂缝宽度中值为 0.43mm，裂缝孔隙度中值为 0.08%，整体上宏观大裂缝不发育，但小规模裂缝较发育，是体积压裂改造的有利条件。

3）最大和最小水平主地应力差

研究表明储层最大和最小水平主应力差是体积压裂能否形成复杂裂缝的重要影响因素（图 5-24）。应力差越小，与水力裂缝相遇的天然裂缝越容易被开启，主裂缝两侧越容易产生次生裂缝，更容易形成复杂裂缝；应力差越大，水力裂缝遇到天然裂缝时越容易穿过天然裂缝，沿着最大主应力方向扩展。

低应力差条件下易开启天然裂缝并发生转向，高应力差条件下易穿过天然裂缝。

由以上分析可知，应力差越小，越易进行体积压裂，其下限值为实际压力施工所能达

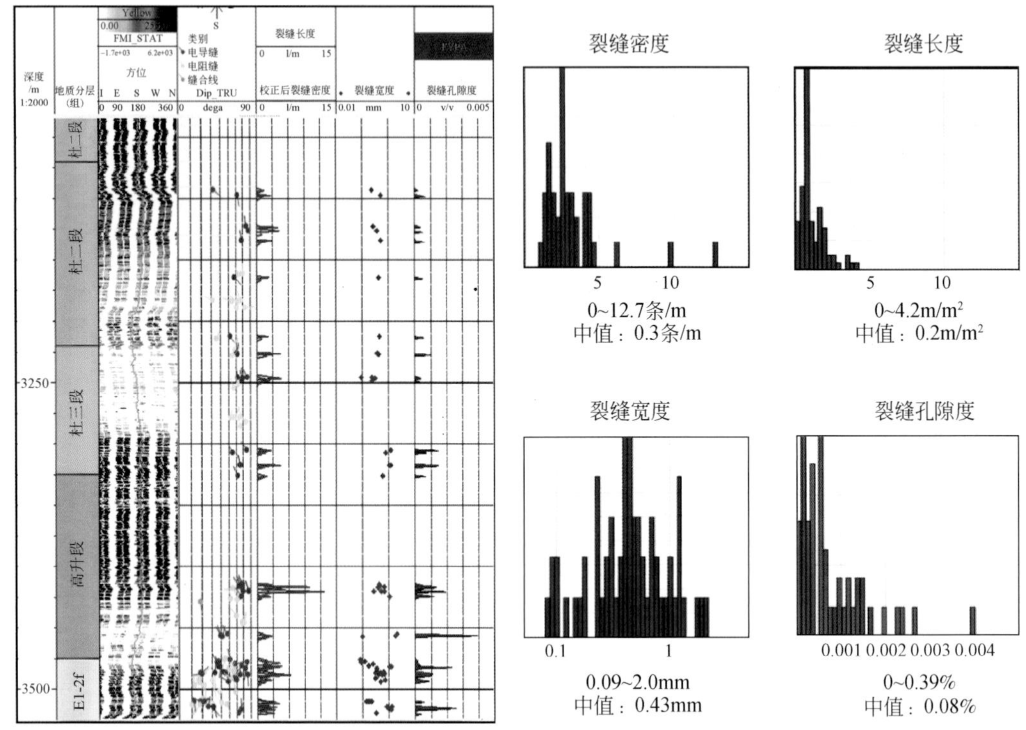

图 5-23　L99 井电成像测井裂缝评价

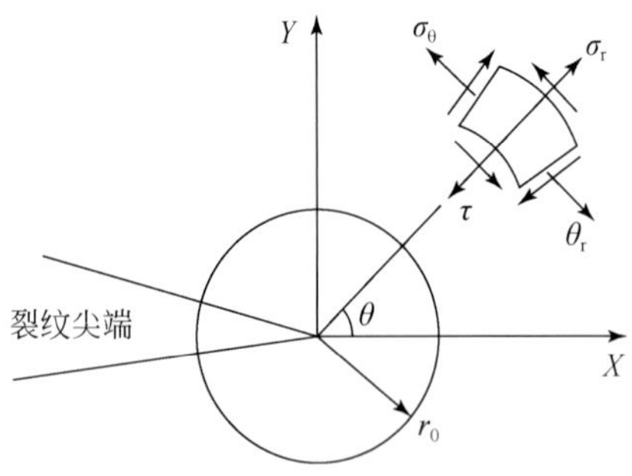

图 5-24　压裂后天然裂纹的起裂与延伸判定模式图

到的净压力值。因此差应力是可压性的重要考虑因素。

4）储隔层应力差

总结分析不同类型致密油井的试油压裂情况，可基本确定出考虑地应力特征的压裂层段选择标准。对于致密油直井，主要采用多层合压求产，为此，要求压裂层与遮挡层的应力差大于 4MPa，压裂层内不同簇间应力差小于 2MPa，射孔点选择在低应力处。对于致密油水平井，采用分段多簇压裂，为此，要求同一压裂段内储层性质相对均一，不同簇间应力差小于 2MPa，各簇射孔点弹性参数、脆性指数和地应力变化不能太大。根据鄂尔多斯盆地长 7 致密油的套后阵列声波测井和井下微地震监测的缝高测试结果，建立了储层裂缝带高度与储隔层应力差、隔层厚度之间关系图版，如图 2-143 所示，由此确定出储层缝高的控制条件，即隔层厚度大于 6m，储隔层应力差大于 3.5MPa。

5）断裂韧性

材料抵抗裂纹扩展断裂的韧性性能称为断裂韧性。断裂韧性表征材料阻止裂纹扩展的能力，是度量材料韧性好坏的一个定量指标。在加载速度和温度一定的条件下，对某种材料而言它是一个常数。

当裂纹尺寸一定时，材料的断裂韧性值越大，其裂纹失稳扩展所需的临界应力越大；当给定外力时，若材料的断裂韧性值越高，其裂纹达到失稳扩展时的临界尺寸越大。因此，断裂韧性可以表征储层压裂的难易程度，反映的是压裂过程中，裂缝形成以后维持裂缝向前延伸的能力。

尽管断裂韧性对裂缝开始扩展影响较大，但是一旦裂缝长度达到几十厘米，断裂韧性影响就非常小，因此，裂缝延伸扩展严重依赖缝长，断裂韧性只是一个可压性的参考指标。

$$K_{\mathrm{IC0}}=0.0059\times T_0^3+0.0923\times T_0^2+0.517\times T_0-0.3322$$

$$K_{\mathrm{IC}}=0.217\times P_{\mathrm{W}}+K_{\mathrm{IC0}}$$

$$K_{\mathrm{I}}=\sigma\sqrt{\pi a}$$

式中，K_{IC0} 为裂缝的断裂韧性，$\mathrm{MPa}\cdot\mathrm{m}^{\frac{1}{2}}$；$K_{\mathrm{IC}}$ 为围压下的断裂韧性，$\mathrm{MPa}\cdot\mathrm{m}^{\frac{1}{2}}$；$K_{\mathrm{I}}$ 为应力强度因子，无因次；a 为裂缝长度，mm；σ 为外加应力，MPa；P_{W} 为围压，MPa；T_0 为抗拉强度，MPa。

各主要参数对工程施工作用见表 5-8。

表 5-8　主要评价参数的作用

参数	作用
储层脆性指数	反映储层压裂难易程度
天然裂缝	影响体积改造缝网效果
最大和最小水平主地应力差	影响缝网复杂程度和效果
储隔层应力差	确定压裂规模，控制缝高
断裂韧性	反映储层压裂难易程度和规模

二、工程品质评价方法和标准

体积改造技术是解决致密油储层渗流阻力大、单井产量低等难题的有效方法。分段压裂可以有效改善井筒附近的渗透率，但是实际生产资料表明，分段压裂中的部分压裂段对产量贡献很小，影响致密油储层工程改造效果。因此，将储层品质和工程评价相结合，在储层品质评价好的层段优选工程品质较好层段进行压裂改造，指导致密油压裂改造设计和施工。体积压裂在形成一条或者多条人工主缝的同时，通过分段多簇射孔，高排量、大液量、低黏度液体以及转向材料与技术的使用，开启和扩展天然裂缝，并实现各分支缝的相互沟通，以形成的复杂裂缝网络在更大的储集空间内扩大泄油面积，提高储层整体渗透率，实现对储层在长、宽、高三维方向的全面改造。

前述研究表明，储层是否具备实施体积改造的条件，储层岩石脆性指数、天然裂缝发育状况、最大和最小水平应力差、纵向剖面地应力梯度差以及断裂韧性等因素具有重要的影响，因此，根据国内外致密油部分井的压裂情况，确定的工程品质评价标准如表 5-9 所示。需要指出的是，该标准地区经验性较强。

（1）脆性指数的分类标准除与脆性矿物含量与岩石力学参数有关外，其值大小还受储层中脆性矿物分布形式影响，并与采用的计算方法密切相关。

（2）水平地应力大小与采用的计算模型及其模型中参数选值等因素均有关。

（3）对于具体的区块，要结合使用的计算方法，综合考虑源储特征与压裂实施状况逐一明确。

表 5-9　工程品质评价标准

工程品质	分类标准				
	脆性指数/%	天然裂缝	最大与最小水平地应力差/MPa	剖面地应力梯度差/(kPa/m)	岩石断裂韧性
好	>45	较发育	3 ~ 5	>2	小
中	35 ~ 45	不发育	3 ~ 8	1 ~ 2	中
差	<35	规模发育	>8	<1	大

储层品质即为压裂的物质基础，储层品质好则具备高产的可能性。如果工程品质也好，则具备了高产的措施条件。因此，以“三品质”评价成果为基础，根据它们的配置关系，确定出压裂层段级别并从中择优选出压裂层段，如表 5-10 所示。

表 5-10　压裂层段优选原则

储层品质＼压裂层段选用级别＼工程品质	好	中	差
好	高	高	中等
中	高	中等	低
差	低	低	低

“三品质”综合评价技术在中国石油致密油探区的勘探开发中得到规模化应用，提高了致密油开发选区、选井、选层和压裂方案设计的针对性，应用效果良好。以鄂尔多斯盆地 C96 井长 7 段压裂方案设计为例（图 5-25），压裂方案设计优化主要包括射孔段优选、压裂液体系优选、施工参数优化等方面。C96 井长 7_1 段发育互层状砂体，长 7_2 段发育块状砂体，含油非均质性较强，长 7_3 段发育 18m 的烃源岩，平均 TOC 为 11.5%，源储配置较好，共解释油层 22.2m，差油层 19.3m，干层 20.8m，其中测井解释油层综合评价为Ⅱ类储层。矿物组分测井评价结果表明：长 7 段蒙脱石含量较高，达到 5.3%，在压裂液体系中需加入黏土稳定剂防止蒙脱石遇水膨胀。长 7_2 段上部储层 2003 ~ 2022m 物性最好，

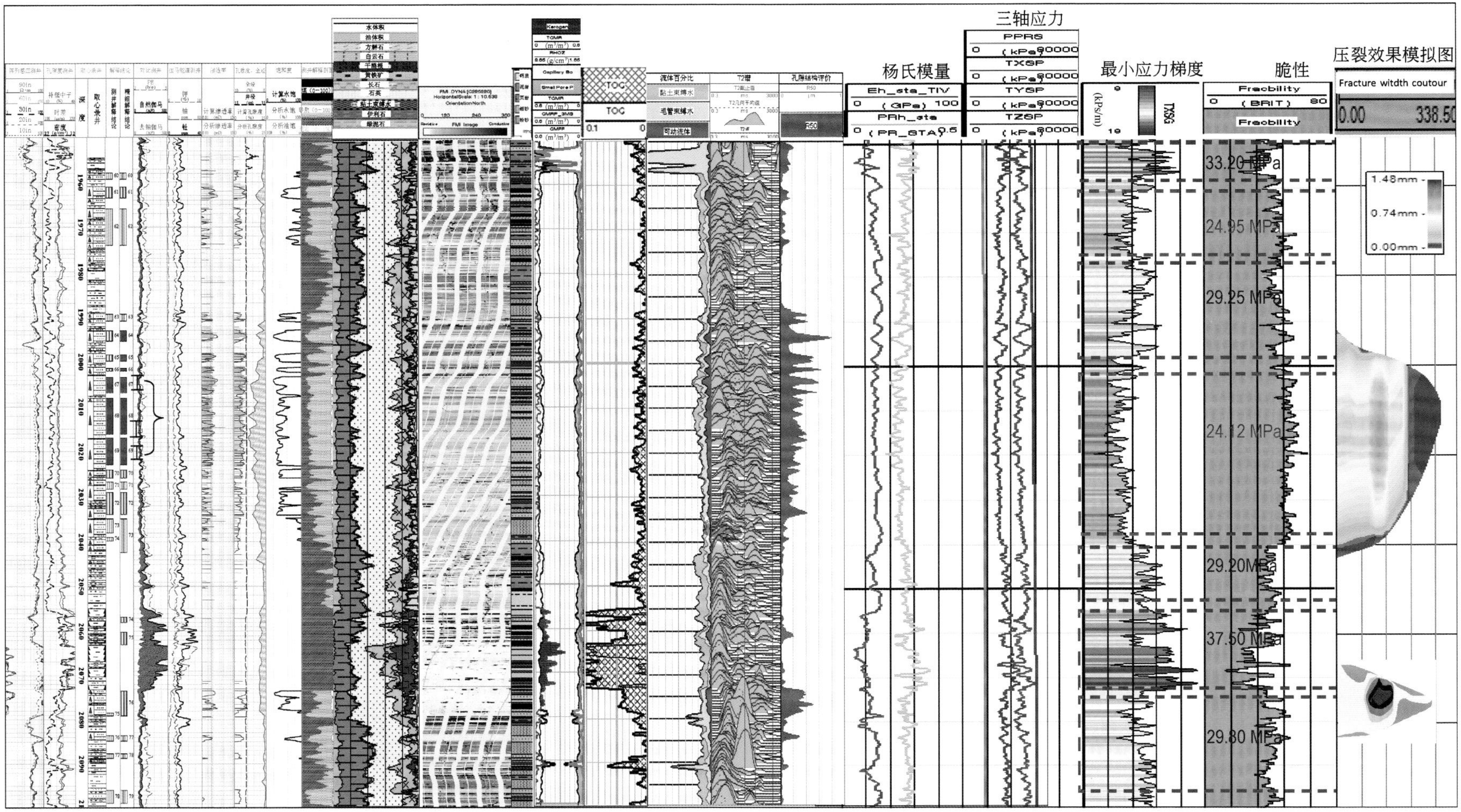

图 5-25　C96井长7致密油全要素测井评价成果图

核磁有效孔隙度为7% ~9%，中值喉道半径平均为0.48μm，计算储层可动流体饱和度为46.52%，岩石脆性指数为50.5%，上下储隔层应力差为5.1MPa，上下隔层厚度均大于10m，综合考虑储层品质与工程品质，优选2003 ~2006m、2013 ~2017m、2019 ~2022m油层为射孔层段，通过压裂模拟，设计施工参数为加陶粒88.0m^3、砂浓度18.0%、排量5.0m^3/min、加高效黏土稳定剂，优化后的压裂方案在储层得到充分改造的同时能有效控制缝高，该井压裂试油后获得21.42t/d的高产油流。通过“三品质”测井评价成果在压裂方案设计中的规模应用，大大提高了致密油的单井产量。

三、水平井井眼轨迹优化

水平井是致密油开发的主要钻井方式，可据地应力方位为水平井井眼轨迹设计提供技术支持。在地应力评价的基础上，设计水平井井眼轨迹与最小水平主应力的方位夹角等于岩石内摩擦角，以确保井眼稳定光滑，后续的压裂缝与最大水平主应力的方位一致。

1）地应力方向和岩石内摩擦角确定工程可行的井眼轨迹

水平井水平井眼方向优化的目的在于能与人工裂缝、天然裂缝产生更好的配置，从而达到更好的增产目的，在此基础上也要考虑钻井施工的难度。人工裂缝往往平行于水平主应力的方向，最优的匹配关系是水平井井眼方向沿最小水平主应力方向，但这个方向也是井眼最不稳定的容易发生垮塌的方位。因此，水平井眼方位的确定既要考虑能与人工裂缝、天然裂缝产生更好的配置，又要兼顾井眼稳定的要求，一般是保持水平井眼方位与人工裂缝垂直或保持一定的夹角。

为了保证水平井眼的顺利实施，首先开展地应力方位研究，通过诱导缝走向、椭圆井眼长轴方向以及快横波方位三种技术综合预测得到研究区的水平地应力的方位（图5-26）。为了确保压裂缝的方向与最大水平主应力方向一致，选择井眼轨迹与最小水平主应力方向的交角为岩石的内摩擦角（30°）。

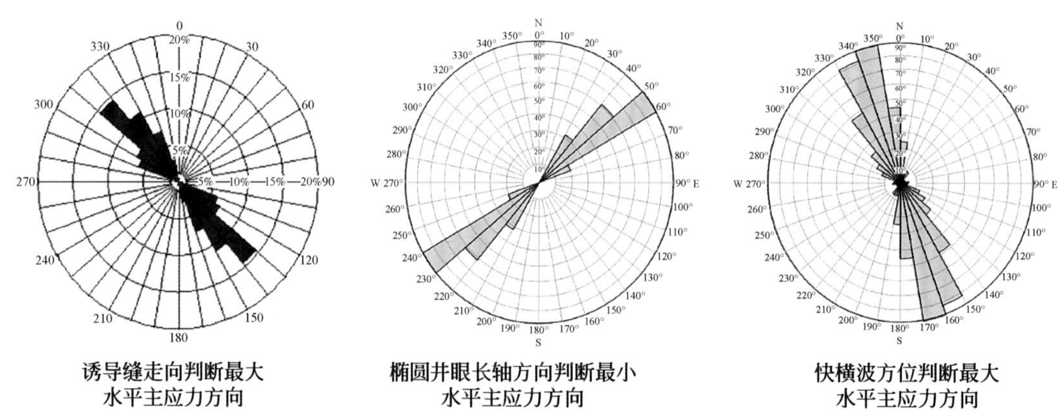

图5-26　吉木萨尔凹陷水平主应力方位图

通过上述技术的综合运用，J172-H水平井按设计顺利完钻，水平段长度为1233m，解释油层1151m，油层钻遇率为93%。井眼光滑，无扩径和大的椭圆井眼，压裂管柱安全下至预定井深，实现了预期的钻井效果。

2）工程、地质一体化的体积压裂配套技术

致密油有效开发的另一个关键技术是体积压裂技术，为了获得研究区致密油储层更好的体积压裂效果，以“七性”研究成果为指导，优化改造层段、压裂方式和射孔方式，选择配套的压裂液体系和施工工艺，实现近井地带造复杂网状缝，远井地带造长缝的体积压裂目标。为此，引进了与自有技术相融合的 8 项工艺技术，提出了“三个一”的工作模式。

图 5-27 是 J172-H 水平井的完井测井图。测井评价油层孔隙度主要分布在 14% ~ 16%，含油饱和度主要分布在 60% ~80%，压裂物性条件好；地层最大和最小水平主应力差异小；水平井中段脆性好，两端脆性中等；水平段井眼轨迹沿“上甜点体”中部穿行。

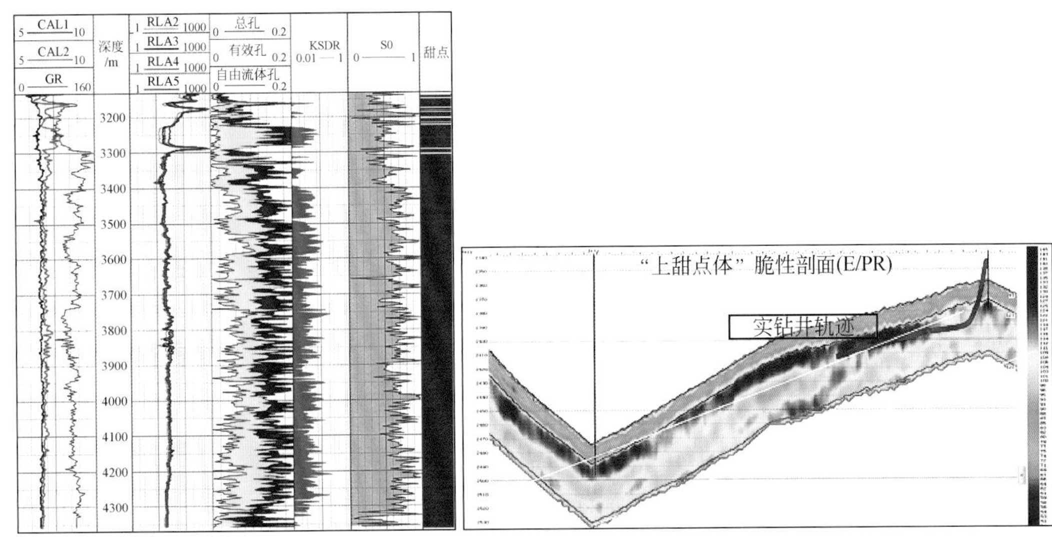

图 5-27　J172-H 水平井段综合测井图

根据储层物性基础、岩石力学参数、井眼情况进行分段优化，确定 15 级压裂；采用大排量（6 ~ 8m^3/min）施工造复杂缝；采用变黏度混合压裂液体系，既满足造复杂缝的目的，又能在纵向上改造整个“甜点体”、在横向上造出长缝，最终实现体积压裂。同时由于储层深度大，施工泵压高，压裂试油的难度相应增大，为此制定了优化泵注程序的方法。

（1）裸眼压裂，压裂液滤失大：前置液选用高黏冻胶液；前置液添加暂堵剂；伴注 2 个段塞。

（2）加大施工排量，可以提高裂缝宽度，但压裂层段深度较大，管柱及球座的摩阻较大，根据施工泵压优化施工排量，井口施工泵压控制在 85MPa 以下，优化后排量为 6 ~ 8m^3。

（3）裂缝宽度窄，选用 30 ~ 50 目陶粒作为主要支撑剂，尾追 20 ~ 40 目陶粒。

（4）前置液量为总液量的 35% ~ 38%。

（5）线性加砂，逐步提高砂比，最高砂比不超过 500kg/m³。

（6）根据测试压裂和压裂施工情况动态调整施工排量、砂比等参数。

四、压裂效果检测

压裂施工完成后，是否产生裂缝、裂缝有多长、裂缝主要延伸方向、是水平裂缝还是垂直裂缝等问题，是评价裂缝施工达到目的与否的重要指标，也是分析压裂井是否会与周围的油水井连通，造成水淹、水窜等问题的主要依据。因此，压裂效果评价成为工程品质评价的一项重要内容。

通过套后偶极横波、水平井产液剖面和示踪剂等测井方法，可量化评价各压裂层段的压裂状况和产液贡献等参数。

1）套后偶极横波方法

如图 5-28 所示，对比分析压裂前后横波的能量差、时差各向异性以及快慢横波频散曲线特征等，确认压后的强各向异性是由地层中压裂人工裂缝所引起的，裂缝上延至 2637.0m，下延至 2681.0m，检测缝高为 44.0m，表明压裂成功，达到了预期的效果。

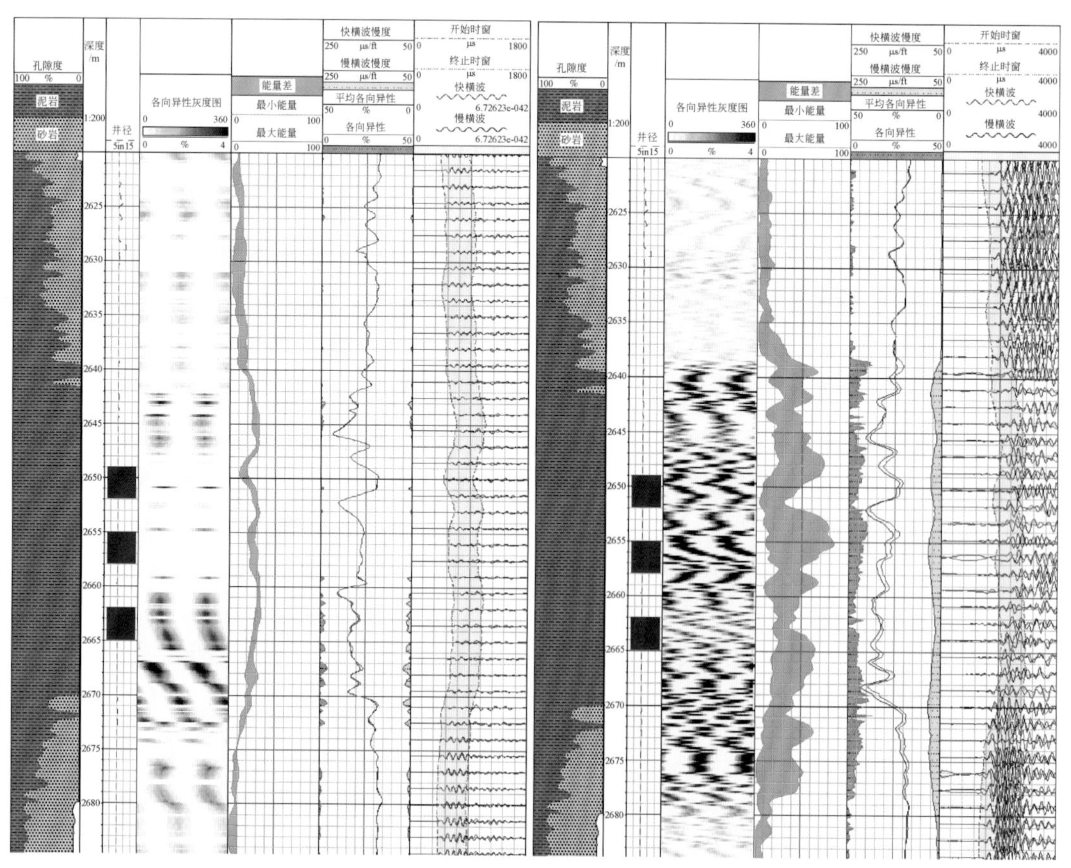

图 5-28　长 7 段致密油压前、压后各向异性成果图

2）示踪剂法

如图 5-29 所示，应用示踪剂可以检测各层段压裂后的贡献率，对比分析表明，随孔隙度、裂缝密度、脆性等增大，压裂后贡献率增大，即压裂效果与储层品质和工程品质密切相关，示踪剂检测效果表明压裂成功，达到了预期的效果。

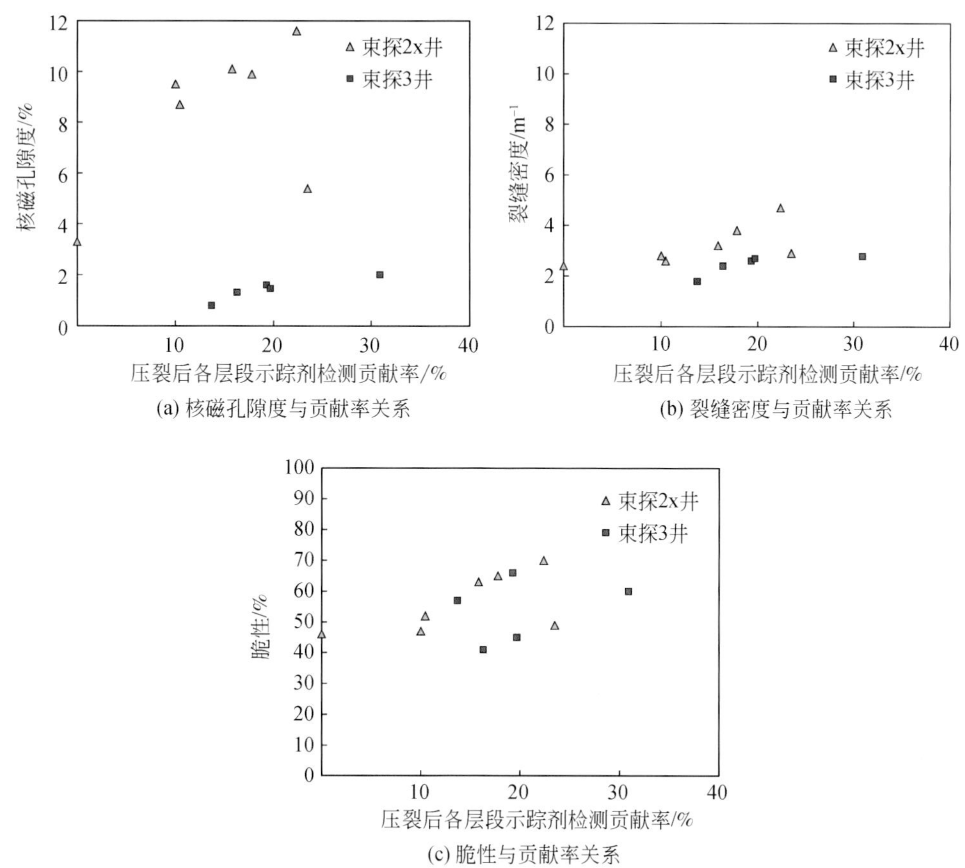

图 5-29　束鹿致密油压后各层段示踪剂检验压裂效果

第六章　致密油“甜点”测井评价

以上述“七性关系”和“三品质”评价成果为基础，以源储配置关系分析为重点，开展油气“甜点”测井评价，明确油气有利分布区域，掌握油气富集规律，优选致密油“甜点区”，为致密油储层参数计算、“甜点”预测、老井复查和水平井井位部署等提供关键技术支撑，提高致密油勘探开发效益。致密油的源储配置关系控制着“甜点”的分布，在“甜点”测井评价中，需要在源储匹配模式指导下，通过优选敏感参数建立相应的“甜点”测井评价方法，如油气富集指数法、“三品质”平面叠加对比法等，达到优选“甜点”和指导勘探开发部署的目的。

第一节　源储配置关系分析

源储配置对致密油分布至关重要，油气“甜点”优选应在分析目的层系源储配置关系的基础上开展。通观中国陆相致密油的源储深度上的相对关系，如以储层为参照位置，则主要存在三种源储配置关系，即源上型、源下型和源内型，而源内型又可细分为源储一体型和源储共生型，如图 6-1 所示。

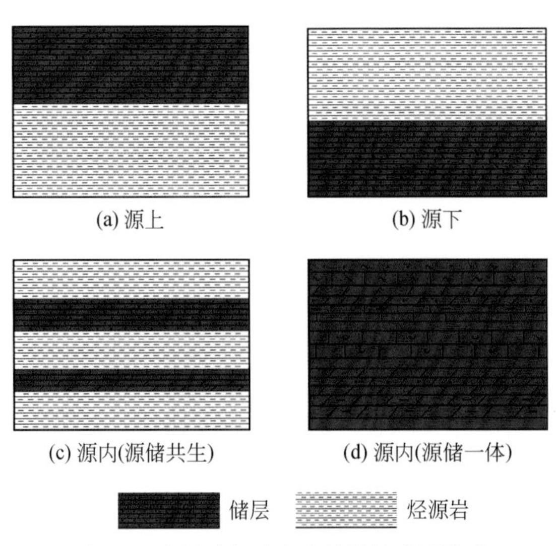

图 6-1　中国陆相致密油的源储配置类型

顾名思义，所谓源上型的源储配置关系即为储层分布于烃源岩之上，如鄂尔多斯盆地延长组长 7_2 和长 7_3 致密油；源下型的源储配置关系即为储层分布于烃源岩之下，如松辽盆地扶余致密油；源内源储共生型为源储相互叠置，如松辽盆地高台子油层；源内源储一体型配置关系则为烃源岩与储层为一体，储层即为烃源岩、烃源岩即为储层，两者并没有清晰界别，难以划分，如准噶尔盆地吉木萨尔凹陷芦草沟组和渤海湾盆地束鹿凹陷沙三段泥灰岩致密油。

这三类源储配置关系对致密油的聚集作用是不同的，如表 6-1 所示。一般地，源内型致密油的成藏条件最好，烃源岩的充注强度大而且就近成藏，含油饱和度较高（可达 70% ~90%），原油品质好（0.75 ~0.80g/cm^3）。当然，这种分布规律是基于烃源岩品质和储层品质同等条件下而言的。当源储品质均好时，尽管是源上型致密油（如鄂尔多斯长 7_2和长 7_3），由于源储距离很短，致密油的含油饱和度也很高。相反地，由于储层品质中等或一般，致密油的含油饱和度也不会高（如柴达木扎哈泉和四川大安寨）。因此，致密油的“甜点”分布取决于烃源岩品质、储层品质和源储配置三要素。

表 6-1 中国陆相致密油的源储品质与饱和度的关系

盆地	区块	层位	烃源岩品质	储层品质	源储配置	含油饱和度/%	原油密度/(g/cm^3)
准噶尔	吉木萨尔	芦草沟组	好	好	源内（源储一体）	70 ~95	0.87 ~0.92
渤海湾	束鹿凹陷	沙三段泥灰岩	好	中等	源内（源储一体）	70 ~85	0.75 ~0.82
柴达木	扎哈泉	古近系	中等	中等	源内（源储共生）	50 ~65	0.87
四川	川中	大安寨段	中等	一般	源内（源储共生）	52 ~65	0.76 ~0.87
鄂尔多斯	陇东	长 7_2和长 7_3	好	好	源上	80 ~90	0.80 ~0.86
	陕北	长 7_2	中等	好	远源	60 ~70	0.80 ~0.86
松辽	齐家	扶余油层	好	中等	源下	40 ~50	0.78 ~0.87

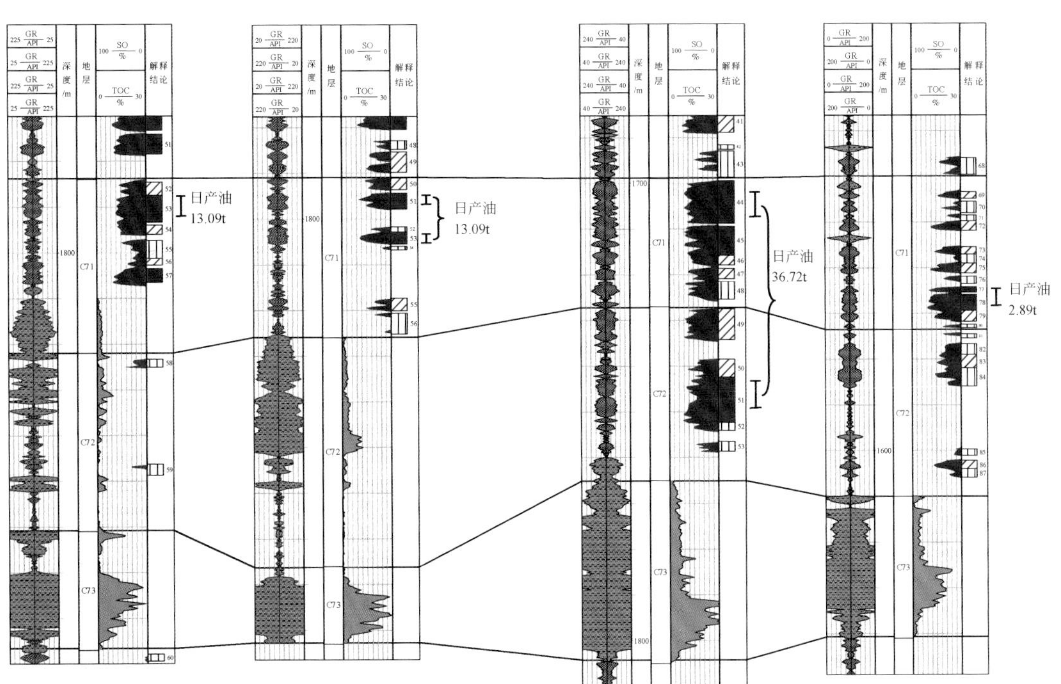

图 6-2 测井多井对比源储配置关系分析

图 6-2 为鄂尔多斯陇东地区长 7 致密油的源储配置关系分析实例，该图指出，源储配置对油气产量的控制作用明显。当烃源岩有机碳含量高（图中灰色充填部分）、厚度大，储层物性好、砂体结构好时，含油富集程度越高，单井产能越高；反之亦然。整体上，湖盆中部烃源岩厚度大，储层厚度大，含油性较好，源储配置关系有利。

源储配置分析的核心参数是源储压差。该压差值越大，致密油成藏越好，含油饱和度越高。源储压差为源岩品质、储层品质和源储配置的综合。当烃源岩品质较好时，其生烃增压能力就强，可产生较大源储压差，有利于油气连续充注聚集成藏。如图 6-3 所示，松辽盆地青一段与其下泉四段储层的源储压差达 8 ~ 15MPa，是运移聚集扶余致密油的主要动力。当储层品质较好，其排驱压力较低，在烃源岩增压一定的条件下，等效于源储压差较大，由此易于致密油成藏；反之，储层品质较差时，其排驱压力较高，如要成藏就需的烃源岩生烃压力以克服该排驱压力。

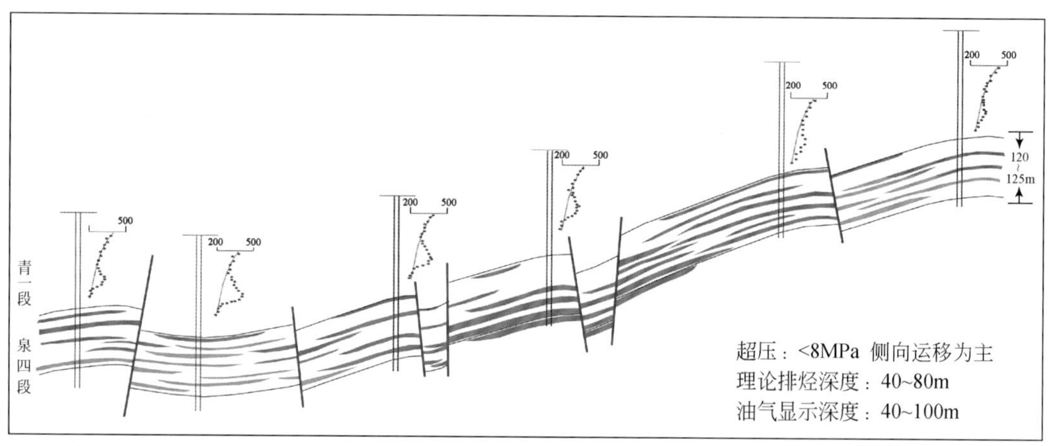

图 6-3　松辽盆地南部扶余油层成藏模式图

源储压差与烃类聚集距离及运移通道有关。当烃类聚集距离越长时，即使烃源岩生烃压力不变，在扩散作用下，到达储层的烃类压力相应地降低，成藏动力减弱。如图 6-4 所示，同等孔隙度条件下，陇东地区的长 7 致密油含油饱和度高，而离生烃中心较远的陕北地区的长 7 致密油就较低，如孔隙度为 6% 时，前者的含油饱和度为 60% ~80%，而后者则为 40% ~65%，多为油水同层甚至存在水层，两者差距较大。进一步分析发现，这种差距随着孔隙度的减小而加大，此意味着当源储距离加大时，排驱压力较大、品质较差的储层成藏难度加大。

柴达木盆地扎哈泉地区 N_1 致密油源储配置关系分析表明，烃源岩与储层的配置关系直接控制致密油的成藏与分布。扎哈泉地区 N_1 烃源岩按照岩性主要分为泥灰岩和泥岩两类；咸化湖盆中，碳酸盐岩含量的高低能够反映沉积水体的深浅，灰质含量高说明沉积环境偏还原，有利于有机质的保存；泥灰岩 TOC 平均值为 0.9%，为研究区优质烃源岩；泥岩 TOC 平均值为 0.51%，与其他致密油探区相比，烃源岩 TOC 值明显较低。根据生烃评价结果，该区的优质烃源岩 TOC 下限为 0.6%，致密油成藏需要储层与烃源岩具有良好的匹配关系。

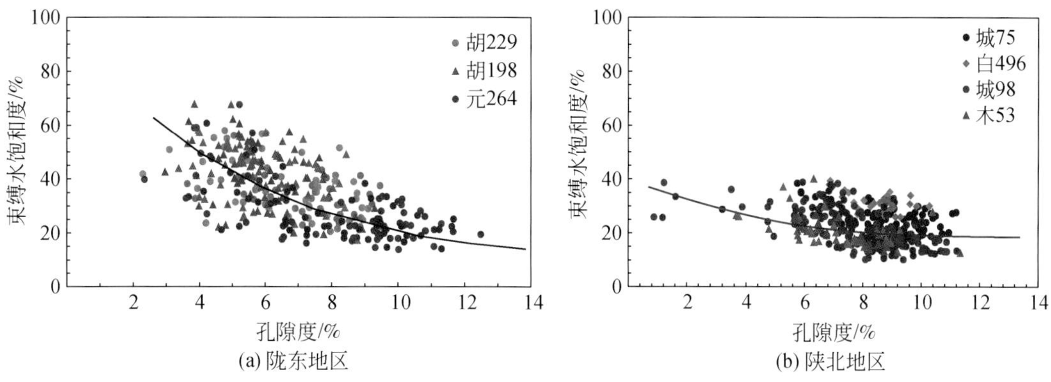

图 6-4　鄂尔多斯盆地长 7 密闭取心孔隙度与含水饱和度关系图

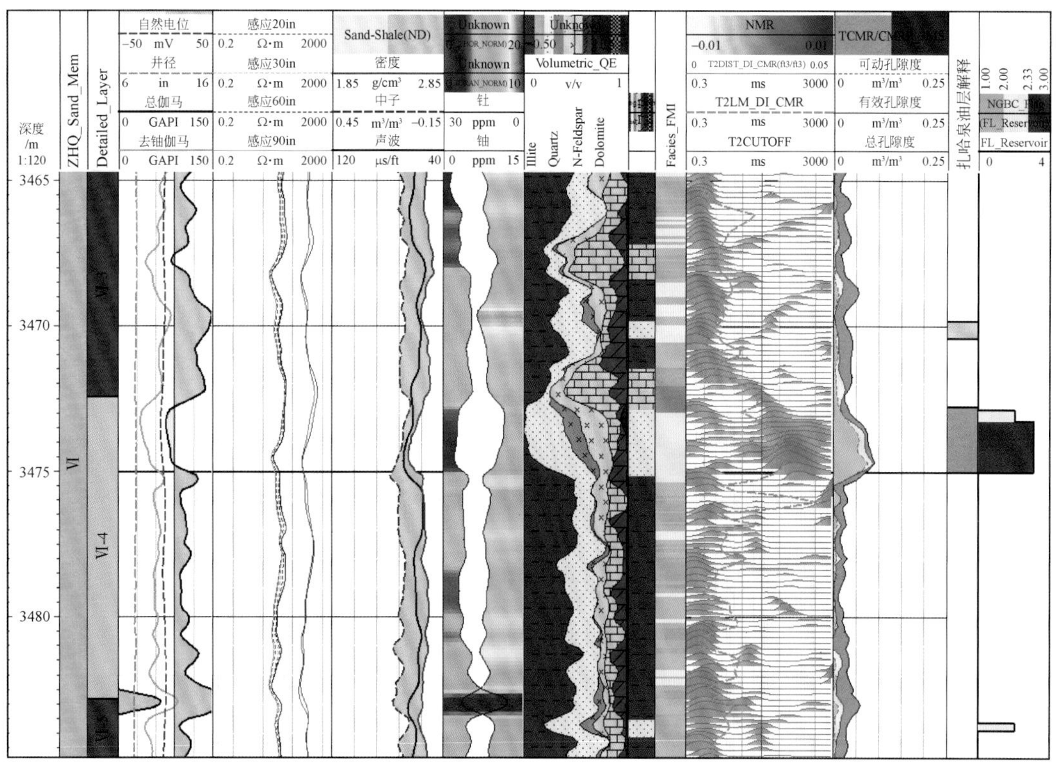

图 6-5　柴达木盆地 N_1 致密油优源岩+优储层匹配关系图

根据源储配置关系分析，该区具有四种配置类型：优质源岩与优质储层、优质源岩与差储层、差源岩与优质储层、差源岩与差储层。其中，优质源岩与优质储层模式为最好的匹配类型，图 6-5 所示 3466～3475m 段即为这一模式，源岩为泥灰岩，高铀，计算的 TOC 超过 0.8%；储层为滨浅湖的滩坝，厚度为 2～4m，孔隙度为 8%～10%，孔隙结构好，与上覆源岩直接接触，测井解释为油层。图 6-6 所示 3512.5～3515m 为差源岩与优质储层模式，源岩为滨浅湖相泥，铀低，计算的 TOC 小于 0.6%；储层为滨浅湖的滩坝，厚度超过 1m，孔隙度为 7%～12%（典型水层，物性好，电阻率低）。

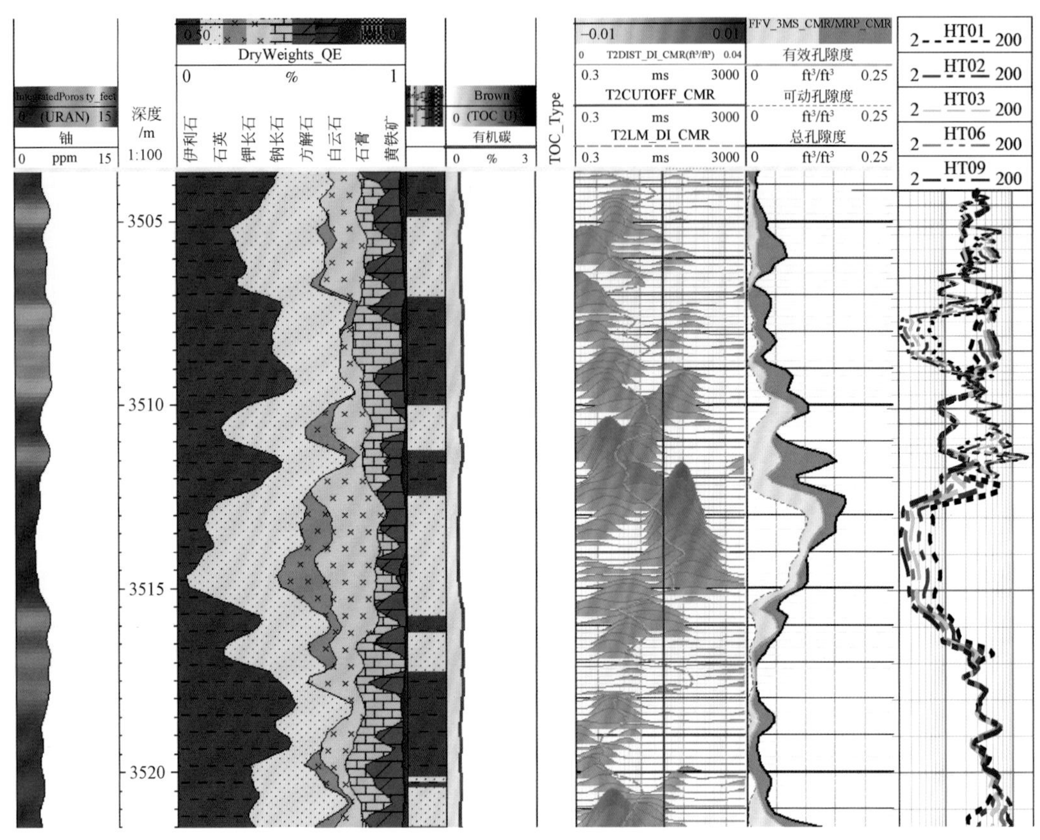

图 6-6　柴达木盆地 N_1 致密油差源岩与优质储层匹配关系图

第二节　“甜点”测井评价方法

考虑源储配置关系确定出致密油“甜点”类别，具体评价标准见表 6-2，以此圈定致密油的“甜点”类别。如前所述，在优选致密油“甜点”时，还应考虑源储接触关系和源储运移距离与通道属性等，并考虑致密油的分布面积大小等，综合优选出致密油的平面分布。

表 6-2　致密油“甜点”评价标准

储层品质 / 致密油“甜点”类别 / 烃源岩品质	Ⅰ	Ⅱ	Ⅲ
Ⅰ	Ⅰ	Ⅰ	Ⅱ
Ⅱ	Ⅰ	Ⅱ	Ⅲ
Ⅲ	Ⅱ	Ⅲ	Ⅲ

以表6-2的“甜点”评价标准为基础，综合考虑四川盆地川中地区大安寨段和鄂尔多斯盆地陇东地区长7段等致密油“甜点”优选实例，分别形成了油气富集指数法和三品质平面叠加对比法等“甜点”测井评价方法。

一、油气富集指数法

四川盆地川中地区侏罗系大安寨段介壳灰岩为裂缝-孔隙储层，其基质孔隙度小于2%、渗透率小于0.1mD，其产能与裂缝发育密切相关。为此，综合考虑厚度、基质孔隙度和裂缝孔隙度等因素构建表征储层品质的参数RQI：

$$\mathrm{RQI}=204.4\times\phi_{\mathrm{F}}+21.9\times\phi\times H-3.04 \tag{6-1}$$

式中，ϕ为基质孔隙度，小数；ϕ_{F}为裂缝孔隙度，小数；H为储层厚度，m。

同时，以烃源岩的总有机质碳含量及其等效厚度表征烃源岩品质SQI，即

$$\mathrm{SQI}=\mathrm{TOC}\times H_{\mathrm{e}} \tag{6-2}$$

以RQI和SQI两参数建立油气“甜点”类别识别图（图6-7），其识别标准如表6-3所示。综合RQI和SQI定义含油富集指数VOIL，可划分出油气“甜点”类别（图6-8）并建立识别标准（表6-3），进一步评价致密油含油富集规律，定义油气富集指数为：

$$\mathrm{VOIL}=1.02\times\mathrm{RQI}+0.05\times\mathrm{SQI}-1.7 \tag{6-3}$$

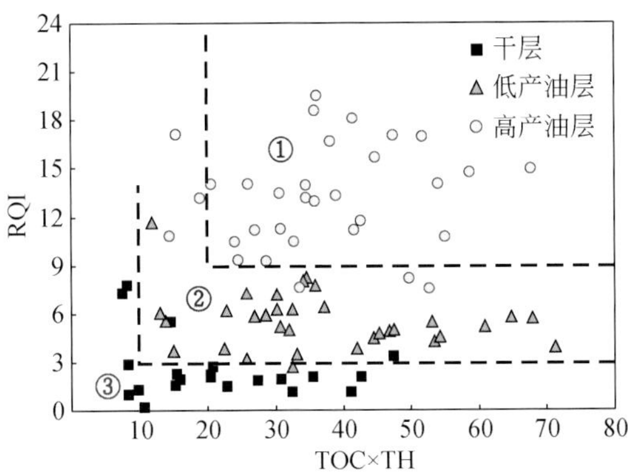

图6-7　川中地区大安寨段致密油测井识别图版（据86口试油井）

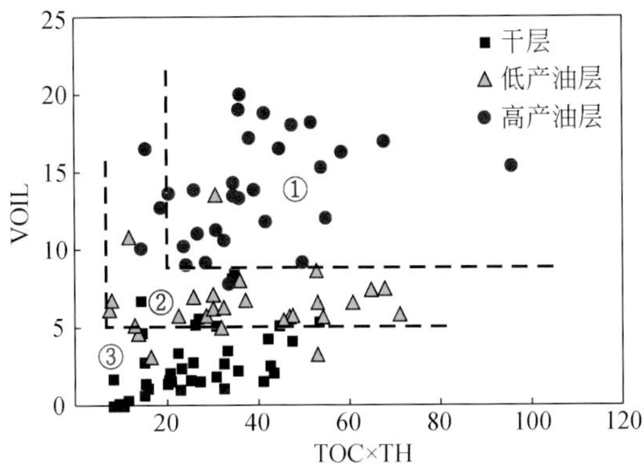

图6-8　川中地区大安寨段致密油“甜点”评价图版（据86口试油井）

表 6-3　大安寨段致密油层测井综合评价标准表

“甜点”类别	RQI	SQI	VOIL
高产油层	≥9	≥20	≥9
低产油层	3 ~ 9	10 ~ 20	5 ~ 9
干层	<3	<10	<5

根据上述油气“甜点”类别识别方法，优选了川中地区大安寨段勘探程度较低的致密油层相对富聚区域（图 6-9），即仁合地区、磨溪地区、蓬莱地区和 LG9 井区。2013 年成功部署的 GQ1H 井即位于预测的高产油区，测井评价为“甜点”一类区，对该井 1000m 水平段进行压裂试油（图 6-10），获日产油 63.5t，气 5849m^3，为高产工业油流，“甜点”测井评价技术有效地指导了四川盆地大安寨段致密油的勘探部署。

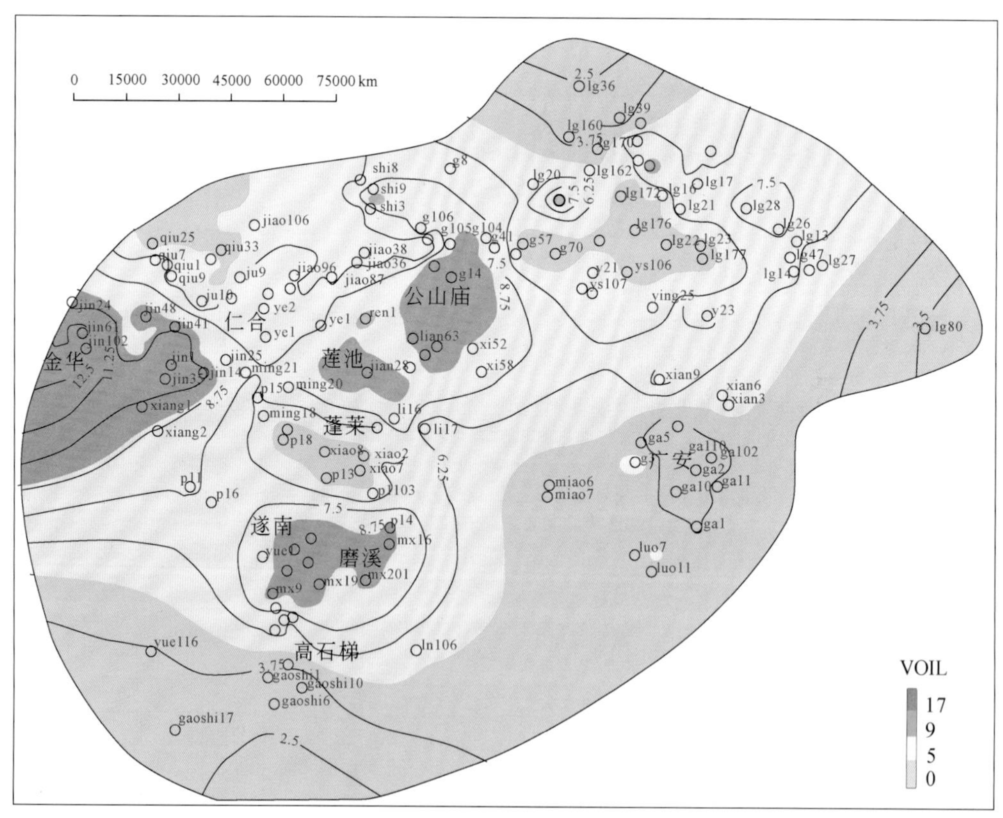

图 6-9　川中大安寨新井分布图

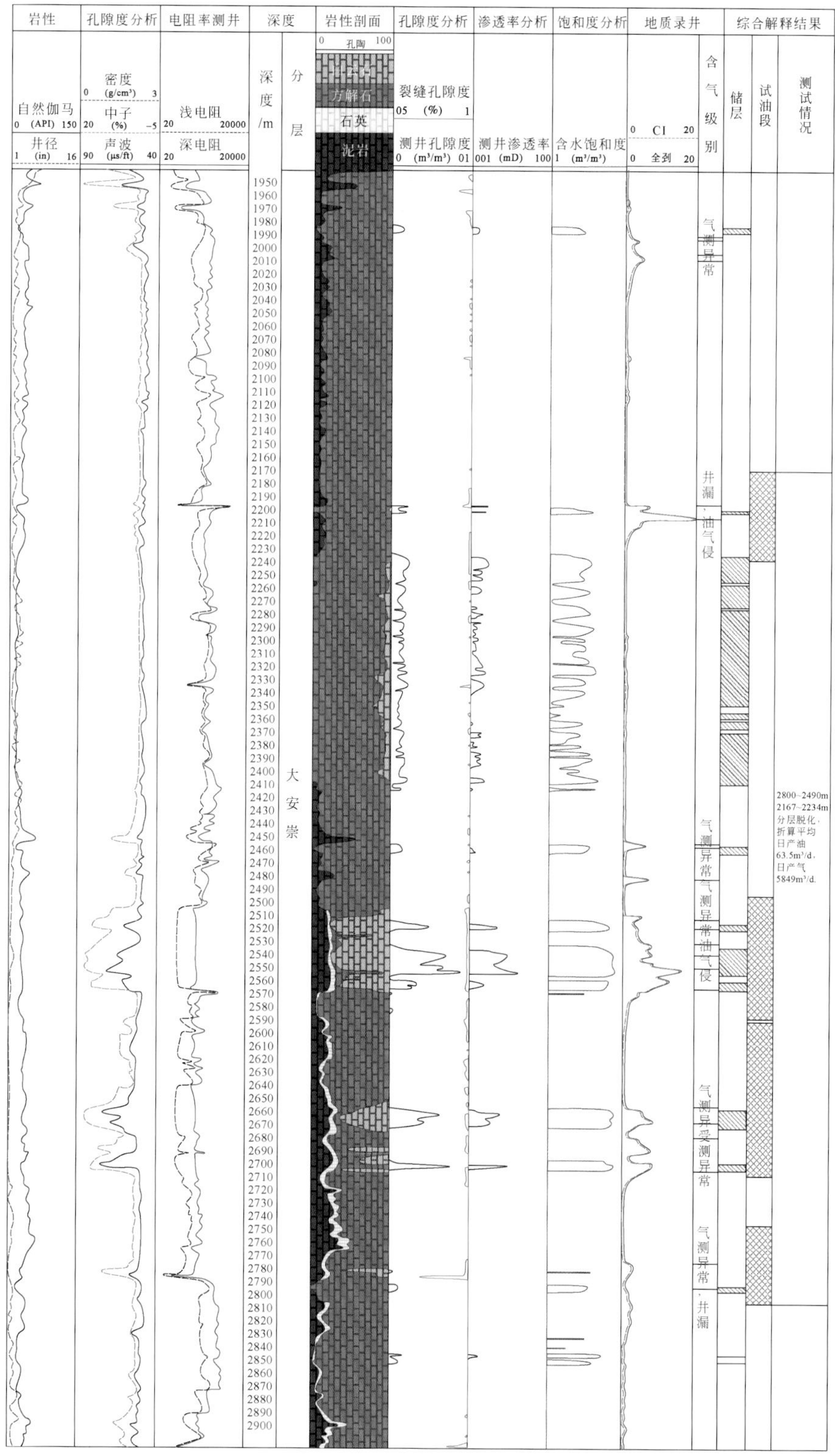

图 6-10　GQ1H 井水平井测井评价成果图

二、三品质平面叠加对比法

鄂尔多斯盆地陇东地区钻遇长7段致密油的井很多，因此，采用针对性的“七性关系”和“三品质”的评价方法以及“甜点”优选方法，在多井精细对比分析的基础上，可逐一制作出烃源岩品质（TOC×*H*）、储层品质（砂体结构）和工程品质（脆性指数）的类别平面分布图，对比分析这些图件，圈定出油气富聚区域，形成了多参数平面叠加法。

以Z230井区为例，“三品质”平面分布图如图6-11～图6-13所示，以这些图为基础并考虑测井评价出的各井油气层分布和源储配置关系，确定出了致密油“甜点”分布区域（图6-14）。该图指出，一级“甜点”区位于Z230井、Z176井、Z188井和Z143井控制的区域，二级“甜点”区位于一级“甜点”的周边与以Z146、Z193、Z53和Z73等井控制边界间的环带。为此，基于“甜点”分布的认识，建立了致密油开发示范区，成功部署了40余口水平井，这些井的初期产油量均达8～10t/d，开发效果很好。

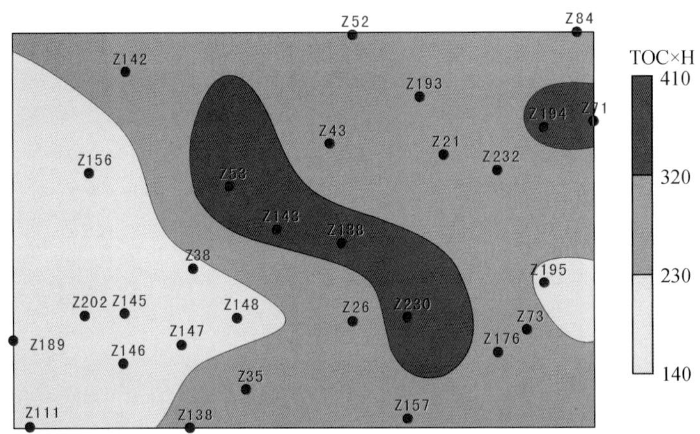

图6-11　Z230井区烃源岩品质分布图

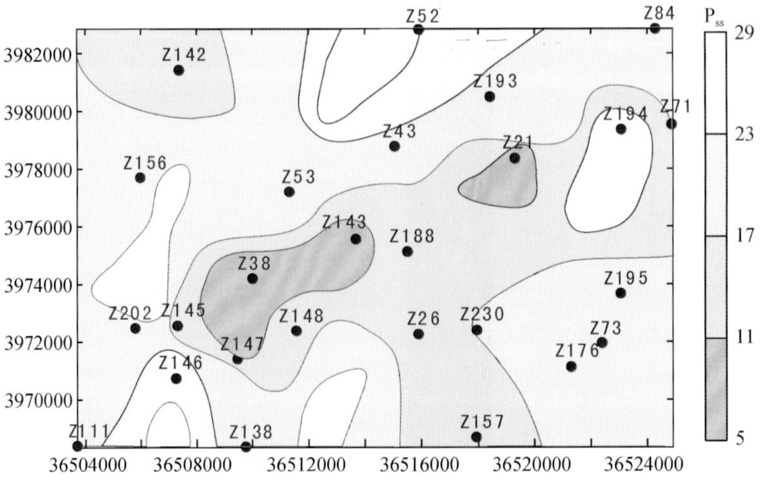

图6-12　Z230井区储层品质（砂体结构）分布图

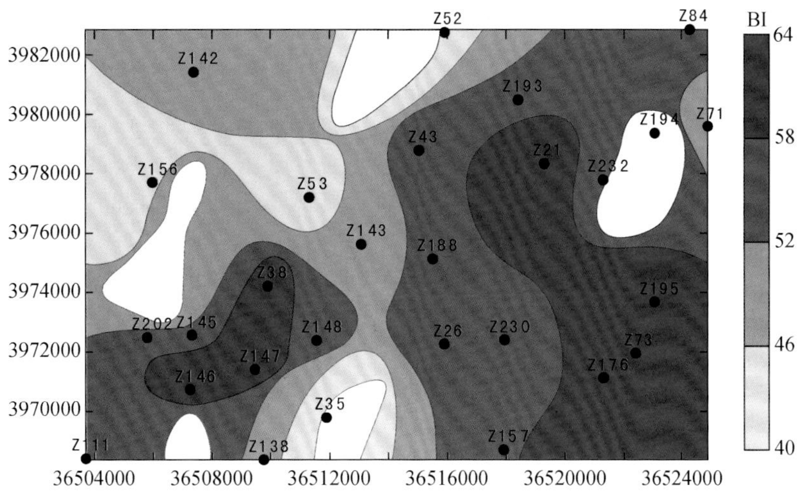

图 6-13　Z230 井区长 7 致密油工程品质（脆性指数）分布图

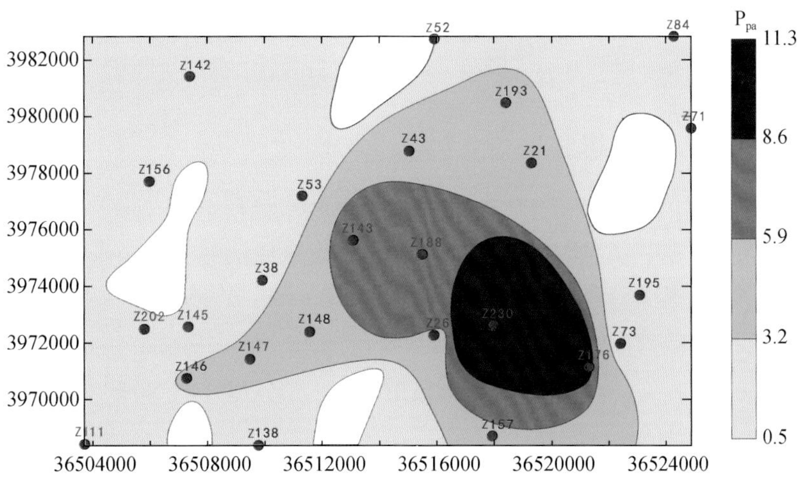

图 6-14　Z230 井区长 7 段致密油“甜点”分布图

三、产能品质因子与工程品质综合判别法

“甜点”测井评价中，除考虑储层品质外，工程品质也是重要的评价依据之一。选择脆性指数和破裂压力构建储层的工程品质因子：

$$CQ = BRIT \times FR \tag{6-4}$$

式中，BRIT 为岩石脆性指数；FP 为破裂压力。

结合第五章第二节中所述的产能品质因子（宏观储层品质 RQ_1 和微观孔隙结构品质 RQ_2），建立 RQ_1、RQ_2 与 CQ 的三维交会图版（图 6-15），由图可见，该图版能较好地进行储层“甜点”类别划分。同时基于 SPSS 统计分析软件，采用 Fisher 判别分析，建立三类储层“甜点”的判别表达式［式（6-5）～式（6-7）］，其中样本点共 49 个，判断正确的为 45 个，正确率为 91.8%。

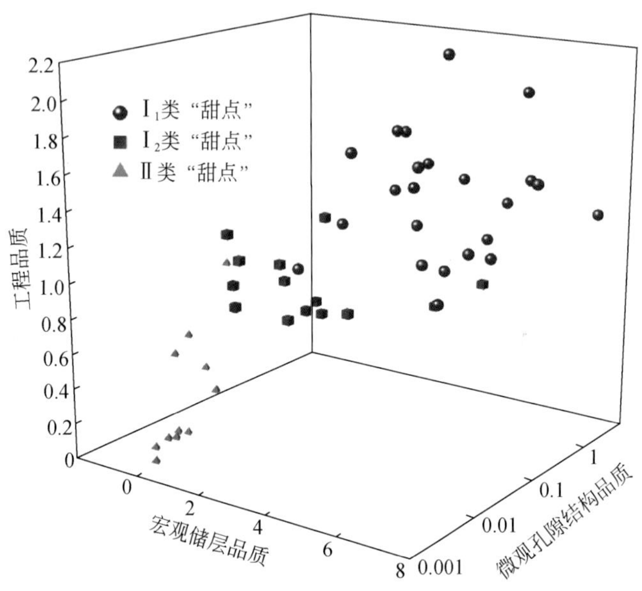

图 6-15　高台子储层“甜点”分类图版

Y_1、Y_2 和 Y_3 分别为Ⅰ$_1$类、Ⅰ$_2$类和Ⅱ类“甜点”储层的判别式，对于新的样本点，为了判断其储层“甜点”类别，可以将该样本点的宏观储层品质、微观孔隙结构品质和工程品质分别代入上述式（6-5）～式（6-7），然后得到 Y_1、Y_2 和 Y_3，比较其大小，Y 值大的表达式，表示样本点属于该 Y 值对应的类。

$$Y_1=3.676\times RQ_1-0.648\times RQ_2+19.704\times CQ-23.801 \tag{6-5}$$

$$Y_2=2.158\times RQ_1-1.006\times RQ_2+13.349\times CQ-10.077 \tag{6-6}$$

$$Y_3=0.308\times RQ_1-0.192\times RQ_2+4.658\times CQ-1.954 \tag{6-7}$$

针对有单层试油资料的 5 口井 6 个层计算结果分别代入 Fisher 判别式中，并放入图版中（图 6-16），经 Fisher 判别分析后，储层“甜点”类型均为Ⅰ$_1$类，与试油结论相吻合，证实了“甜点”分类方法的可行性。

根据该判别方法对“甜点”进行分类，并结合烃源岩品质，通过源储配置关系研究，结合构造背景、砂体横向展布、油水分布关系等因素，在平面上优选了 QP1、J28-Z3、L26-Z2 等 19 个“甜点”区（图 6-17），有力指导了水平井井位部署和实施。近三年来，致密油层水平井砂岩钻遇率平均在 97% 以上，油层钻遇率平均在 93% 以上，取得了较好的地质效果。在“甜点”区内通过优化水平井压裂方案设计，采用大规模体积压裂，水平井初期平均产量为 19.5m^3/d，比周围直井平均提高 30 倍，实现了产能突破。

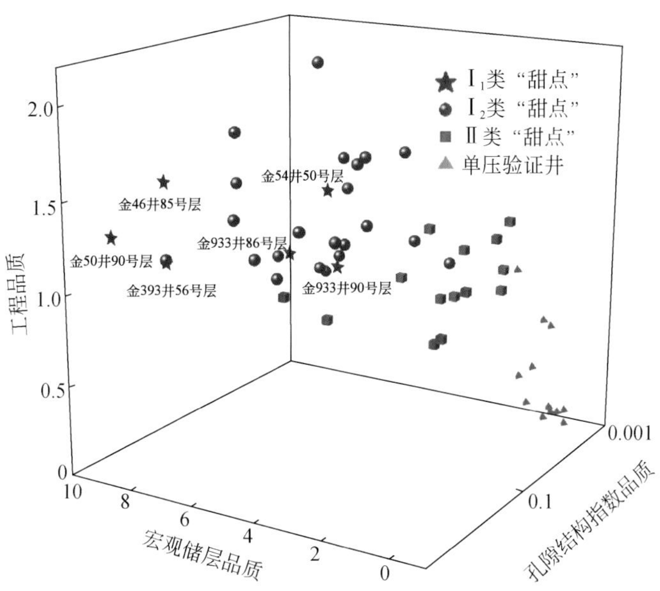

图 6-16　单层压裂试油检验成果图

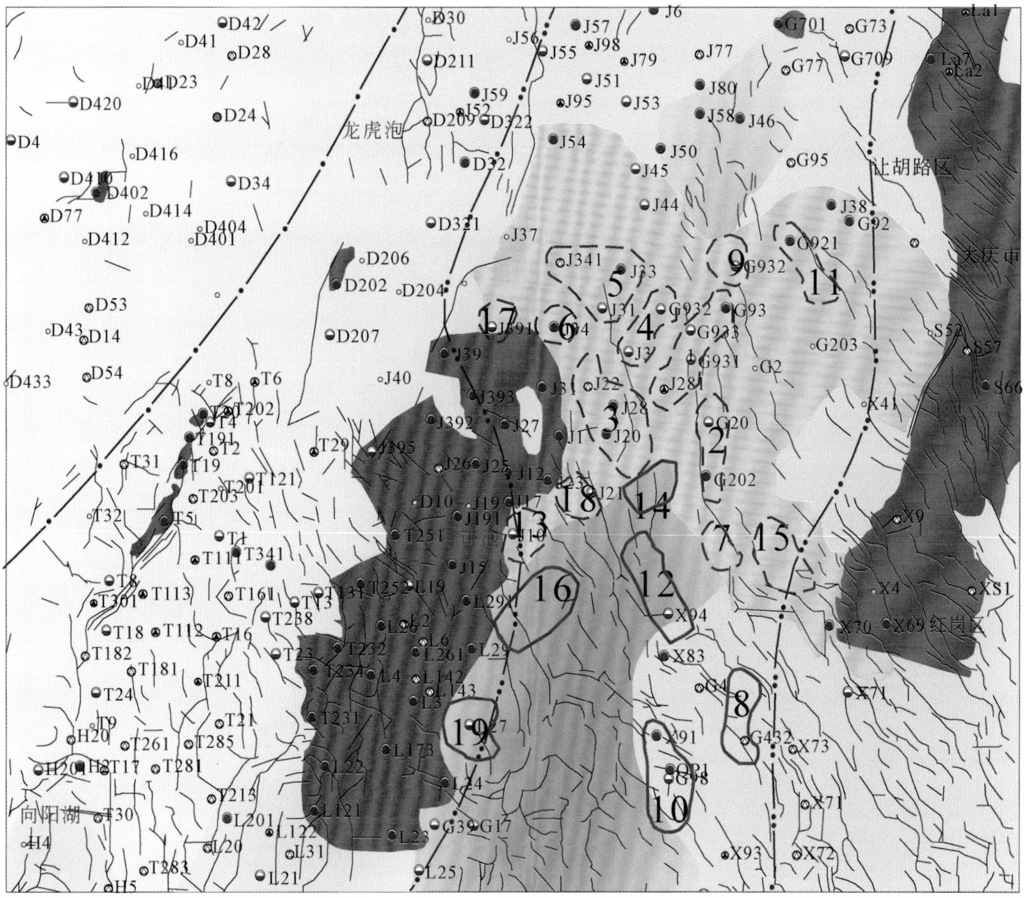

图 6-17　高台子油层致密油“甜点”区分布图

四、主控参数平面叠合对比法

在“七性”关系研究的基础上，分析致密油产能的影响因素，应用主要影响因素进行多参数平面叠合对比确定致密油“甜点”分布。雷家地区在构造上位于辽河拗陷西部凹陷中北部，沙四段杜家台油层组、高升油层组为致密油勘探目的层。平面上由西向东沉积了砂岩、粒屑云岩、泥质白云岩、云质页岩。通过开展致密油“七性”关系研究，明确该区致密油分布的主控因素为岩性、物性和孔隙结构。

(1) 岩性控制储集空间类型及物性。通过不同类型岩石储集空间类型分析，随着岩心中泥质、方沸石含量增大，岩性由碳酸盐岩向泥页岩或方沸石岩过渡，储集空间由以孔隙为主向以裂缝为主变化。白云岩类储集空间以次生溶蚀孔隙为主，方沸石岩类储集空间以裂缝为主。在白云岩中，随着泥质含量增大，储层渗透率急剧降低；随着方沸石含量增大，孔喉变小，储层物性变差。

(2) 岩性、孔隙结构及孔喉影响产能。根据杜家台油层储层微观孔隙结构分析结果，随着储层中白云石含量降低、泥质含量升高，岩石比表面积增大，油气所能进入的孔喉减小（岩心含油气饱和度增大），油气采出所需要的突破压力增大。

应用前述的“七性”参数测井计算方法对沙四段致密油进行测井多井解释评价，根据“七性关系”研究成果，结合产能分析可知，沙四段致密油的分布主要受岩石矿物成分、孔隙结构及物性控制。白云石含量越高，物性变好（孔喉增大），含油性相应变好，储层产能变好。工区内沙四段工业油流井白云石含量大于40%，高产工业油流井白云石含量大于50%。

针对上述认识，采用构造、白云石、泥质含量、油层有效厚度、原油密度、脆性指数等参数进行平面叠合（图6-18），建立致密油评价标准（表6-4），确定雷家沙四段湖相碳酸盐岩致密油“甜点”分布范围（图6-19），并得到新井验证。

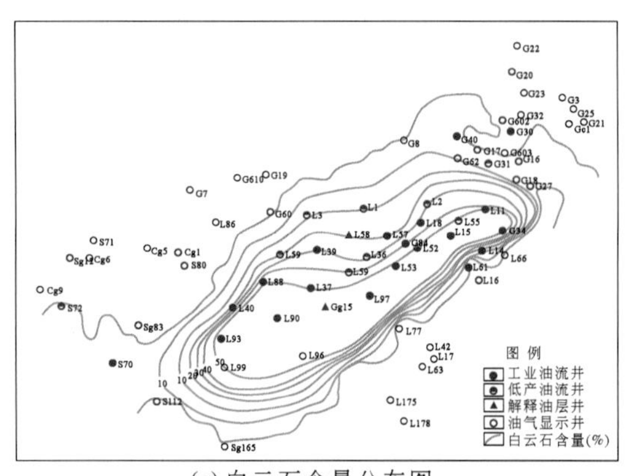

(a) 白云石含量分布图

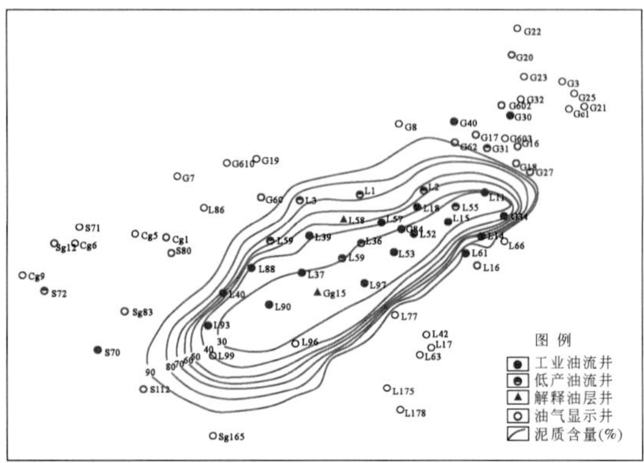

(b) 泥质含量分布图

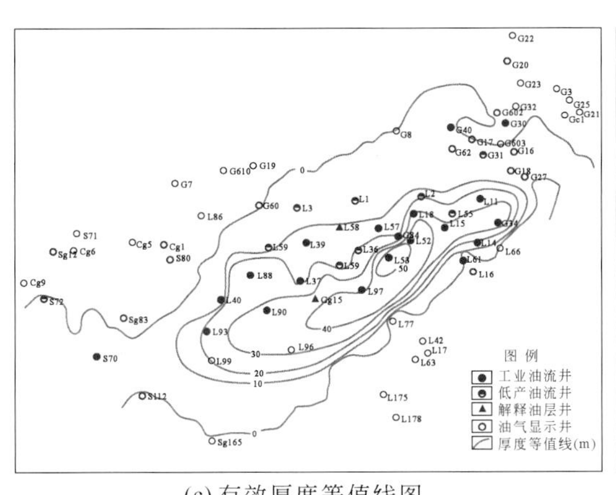

(c) 有效厚度等值线图

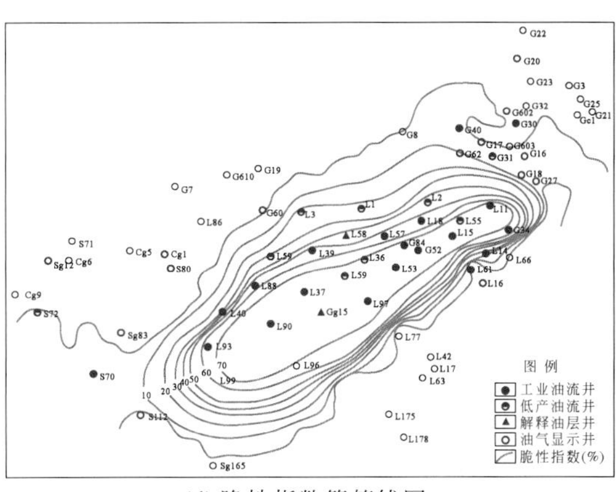

(d) 脆性指数等值线图

图 6-18　主控参数平面分布图

表 6-4　致密油主控参数评价标准表

油层分类	岩性				岩心分析孔隙度/%	含油性		岩石脆性指数/%
	主要岩性	岩石矿物成分/%：白云石	方沸石	泥质		岩心含油级别	含油饱和度/%	
Ⅰ类	含泥（方沸石）泥晶云岩	>50	0～10	<40	>10	油斑以上为主	>80	40～75
Ⅱ类	含泥含方沸石泥晶云岩	>40	10～20	<50	>6	油斑油迹为主	60～80	40～75
	泥质泥晶云岩	>50	0	<50	>6	油斑油迹为主		60～75
Ⅲ类	泥质云岩、云质页岩互层	<50	0	>50	>6	荧光以上	40～60	30～60
	方沸石质岩类	<30	>20	<50	<6			30～75

2015 年以来，在Ⅰ类区和Ⅱ类区内完钻 3 口井（L88-H1、L96、L99），均取得成功。水平井 L88-H1 于沙四段杜家台油层完钻，水平段长 752.45m，2015 年 8 月 4 日开始压后排液，2mm 油嘴，日产油 10t；2016 年 2 月 1 日下泵生产，日产油 11.8t；目前日产油 9.3t，累产油 1839t。L96 井在沙四段杜家台油层测井解释Ⅰ类+Ⅱ类+Ⅲ类层 65.6m/13 层，L99 井在沙四段杜家台油层测井解释Ⅰ类+Ⅱ类+Ⅲ类层 64.5m/9 层。目前 L96、L99 井在杜家台油层下部的高升油层试油获工业油流，试采结束后将上返杜家台油层进行试油，预计这 2 口井在杜家台油层均可获得工业油流。

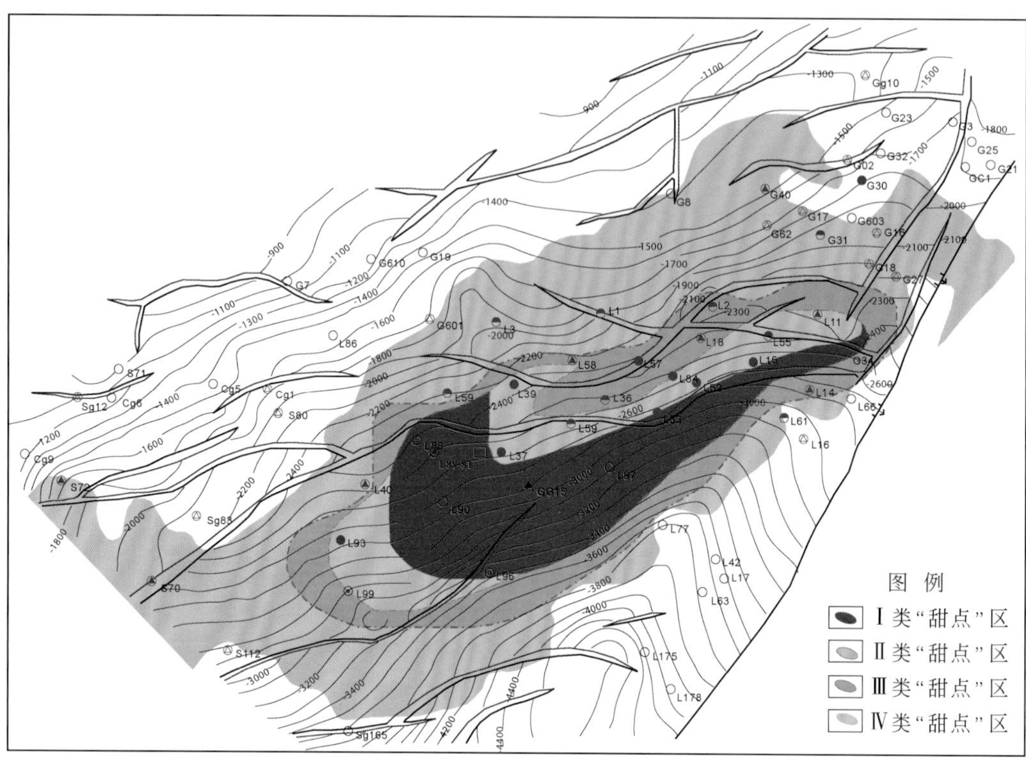

图6-19　测井优选致密油“甜点”分布图

参考文献

杜金虎，何海清，杨涛，等 . 2014. 中国致密油勘探进展及面临的挑战，中国石油勘探，19（1）：1-9.

杜金虎 . 2016. 中国陆相致密油 . 北京：石油工业出版社 .

贾承造，郑民，张永峰 . 2012a. 中国非常规油气资源与勘探开发前景 . 石油勘探与开发，39（2）：129-136.

贾承造，邹才能，李建忠，等 . 2012b. 中国致密油评价标准、主要类型、基本特征及资源前景 . 石油学报，33（3）：343-350.

贾承造，郑民，张永峰 . 2014. 非常规油气地质学重要理论问题 . 石油学报，35（1）：1-10.

匡立春，孙中春，欧阳敏，等 . 2013. 吉木萨尔凹陷芦草沟组复杂岩性致密油储层测井岩性识别 . 测井技术，37（6）：638-642.

尹辉明，王炜 . 2001. 横观各向同性板的精化理论 . 北京大学学报（自然科学版），37（1）：23-33.

赵政璋，杜金虎，等 . 2012. 致密油气 . 北京：石油工业出版社 .

邹才能 . 2014. 非常规石油地质学 . 北京：地质出版社 .

邹才能，杨智，陶士振，等 . 2012. 纳米油气与源储共生型油气聚集 . 石油勘探与开发，39（1）：13-26.

邹才能，张国生，杨智，等 . 2013. 非常规油气概念、特征、潜力及技术 . 石油勘探与开发，40（4）：385-399.

邹才能，朱如凯，白斌，等 . 2015. 致密油与页岩油内涵、特征、潜力及挑战 . 矿物岩石地球化学通报，34（1）：3-17.

Barton C A，Zoback M D. 1988. Determination of in situ stress orientation from borehole guided waves. Journal of Geophysical Research Solid Earth，93（7）：7834-7844.

Deere D U，Miller R P. 1969. Engineering Classification and Index Properties for Intact Rock. USA：Air Force Weapons Lab，Kirtland Air Force Base.

Hood D，Gutjahr C C M，Heacock R L. 1975. Organic metamorphism and the generation of petroleum. BullAAPG，59：986-996.

Passey Q R，Creaney S，Kulla J B，Moretti，et al. 1990. A practical model for organic richness from porosity and resistivity logs. bulle AAPG，74（12）：1777-1794.

Rickman R，Mullen M，Peter E，et al. 2008. A practical use of shale petrophysicsfor stimulation design optimization：all shale plays are not clones of the barnett shale. SPE 115258.

常用测井参数中英文对照表

英文缩写	中文解释	单位
CAL	井径	cm 或 in
SP	自然电位	mV
GR	自然伽马	API
CGR	去铀伽马	API
KTH	去铀伽马	API
HURA	地层铀浓度	ppm
RXO	冲洗带电阻率	Ω·m
RI	侵入带电阻率	Ω·m
RT	原状地层电阻率	Ω·m
RLLD	深侧向电阻率	Ω·m
RLLS	浅侧向电阻率	Ω·m
RMSFL	微球聚焦电阻率	Ω·m
RILD	深感应电阻率	Ω·m
RILM	中感应电阻率	Ω·m
RLL8	八侧向电阻率	Ω·m
RMLL	微侧向电阻率	Ω·m
RLA1,RLA2,RLA3,RLA4,RLA5	阵列侧向 5 条探测深度曲线	Ω·m
R2M1,R2M2,R2M3,R2M6,R2M9,R2MX	HDIL 阵列感应测井 2ft 纵向分辨率 6 种探测深度曲线	Ω·m
AO10,AO20,AO30,AO60,AO90	AIT 阵列感应测井 1ft 纵向分辨率 5 种探测深度曲线	Ω·m
AT10,AT20,AT30,AT60,AT90	AIT 阵列感应测井 2ft 纵向分辨率 5 种探测深度曲线	Ω·m
AF10,AF20,AF30,AF60,AF90	AIT 阵列感应测井 4ft 纵向分辨率 5 种探测深度曲线	Ω·m
DEN	补偿密度	g/cm^3
PE	光电吸收截面指数	b/e
CNL	补偿中子	百分数(%)或小数

续表

英文缩写	中文解释	单位
AC	声波时差	μs/m 或 μs/ft
TNPH	中子孔隙度	百分数(%)或小数
RHOB	体积密度	g/cm^3
RHOZ	地层密度	g/cm^3
TOC	总有机碳	百分数(%)
S1	游离烃	百分数(%)
S2	热解烃	百分数(%)
T2	横向弛豫时间	ms
TCMR	核磁共振计算总孔隙度	小数
CMRP	核磁共振有效孔隙度	小数
CMFF	核磁共振自由流体体积	小数
TASPEC	A 组 T2 分布	ms
TDAMSIG	极化与含氢指数校正后的总孔隙度	百分数(%)
TDAMPHI	极化与含氢指数校正后的有效孔隙度	百分数(%)
BOIL	滤波后的含油孔隙度	百分数(%)
BWTR	滤波后的含水孔隙度	百分数(%)
TNPH	中子孔隙度	百分数(%)或小数
RHOB	体积密度	g/cm^3
RHOZ	地层密度	g/cm^3
VILL	伊利石含量	小数
VCHL	绿泥石含量	小数
VXBW	黏土束缚水含量	小数
VQUA	石英含量	小数
VORT	正长石含量	小数
VALB	钠长石含量	小数
VCLC	方解石含量	小数
VDOL	白云石含量	小数
VPYR	黄铁矿含量	小数
VSML	特殊矿物含量	小数
VUOI	含油饱和度	小数
VUWA	含水饱和度	小数

续表

英文缩写	中文解释	单位
VQFM	石英、长石、云母之和的含量	小数
SH	泥质含量	百分数(%)或小数
POR	孔隙度	百分数(%)或小数
Sw	含水饱和度	百分数(%)或小数
So	含油饱和度	百分数(%)或小数
R41PHF	随钻测井 41in 高频相位电阻率	Ω·m
RSAND	砂岩电阻率	Ω·m
RH_SHALE	泥岩水平电阻率	Ω·m
RV_SHALE	泥岩垂直电阻率	Ω·m
RH72	探测深度 72in 水平电阻率	Ω·m
RA72,RA54,RA39	不同探测深度垂直与水平电阻率之比	无量纲
DTCO	纵波时差	μs/m 或 μs/ft
DTSM	横波时差	μs/m 或 μs/ft
Eh,Ev	水平和垂直方向的杨氏模量	GPa
Eh_DYN,Ev_DYN	水平和垂直方向的动态杨氏模量	GPa
Eh_STA,Ev_STA	水平和垂直方向的静态杨氏模量	GPa
PRh_STA,PRv_STA	水平和垂直方向的静态泊松比	无量纲
Sigh_TIV	TIV 模型计算最小水平应力	kPa 或 MPa
SigH_TIV	TIV 模型计算最大水平应力	kPa 或 MPa
Sigh_Iso	各向同性模型计算最小水平应力	kPa 或 MPa
SigH_Iso	各向同性模型计算最大水平应力	kPa 或 MPa
BI	脆性指数	百分数(%)
FPG	破裂压力梯度	MPa/m
FVTL	裂缝长度	m/m^2
FVDC	校正后裂缝密度	1/m
FVA	裂缝视张开度	cm
FVAH	裂缝宽度	cm
FVPA	视裂缝孔隙度	百分数(%)